高职高专“十二五”规划教材

计算机专业系列

Windows XP 基础与上机实训

(第二版)

陈 笑 编著

南京大学出版社

内容简介

本书由浅入深、循序渐进地介绍了新版 Windows XP Service Pack 2 操作系统的使用方法和操作技巧。全书共分 14 章，内容涵盖了桌面的使用与管理、文件与文件夹管理、应用程序的管理和运行、系统账户管理，以及设置 Windows XP、安装和设置中文输入法、维护和管理磁盘、多媒体与游戏，还有注册表和系统的性能维护、配置 Windows XP 网络、浏览 Internet 信息以及系统安全管理等。

本书内容丰富、结构清晰、语言简练，具有很强的实用性和可操作性，可作为高职高专学校计算机基础课程的教材，也可供广大计算机初、中级用户参考。

图书在版编目(CIP)数据

Windows XP 基础与上机实训 / 陈笑编著. -- 2 版
. -- 南京 ：南京大学出版社，2015.1
高职高专“十二五“规划教材. 计算机专业系列
ISBN 978-7-305-14553-7

Ⅰ. ①W… Ⅱ. ①陈… Ⅲ. ①Windows 操作系统—高等职业教育—教材 Ⅳ. ①TP316.7

中国版本图书馆 CIP 数据核字(2015)第 002411 号

出版发行 南京大学出版社
社　　址 南京市汉口路 22 号　　　邮　编 210093
出 版 人 金鑫荣

丛 书 名 高职高专“十二五”规划教材·计算机专业系列
书　　名 **Windows XP 基础与上机实训(第二版)**
编　　著 陈　笑
责任编辑 王棨娉　蔡文彬　　　编辑热线 025-83592123
审读编辑 曹晓玉

照　　排 南京南琳图文制作有限公司
印　　刷 南京新洲印刷有限公司
开　　本 787×1092　1/16　印张 16　字数 389 千
版　　次 2015 年 1 月第 2 版　2015 年 1 月第 1 次印刷
ISBN 978-7-305-14553-7
定　　价 32.00 元

网址：http://www.njupco.com
官方微博：http://weibo.com/njupco
官方微信号：njupress
销售咨询热线：(025) 83594756

前　言

Windows XP 是 Microsoft 公司为向家庭用户和各级企业用户提供一体化解决方案而推出的一款图形界面操作系统。Windows XP 在其前辈原有的基础上，又增添了许多新功能。特别是在 Internet、多媒体和家庭网络方面作了进一步的加强，使其界面更亮丽、使用更容易、操作更简单、系统更安全。

本书以全新的思路，结合作者多年 Windows XP 的操作经验，以生动、活泼的形式，向广大读者介绍了 Windows XP 操作系统的各种基础知识。全书共分 14 章，第 1、2 章介绍了 Windows XP 操作系统的基础知识，包括 Windows XP 概述、设置桌面等；第 3～5 章介绍了文件和文件夹、应用程序、用户账户等方面的设置与管理等内容；第 6 章介绍了 Windows XP 的各种运行环境设置技巧；第 7 章介绍了中文输入法的安全与使用；第 8、9 章分别介绍了磁盘、注册表、系统性能的管理与维护；第 10 章介绍了 Windows 自带的多媒体与游戏工具；第 11、12 章主要针对 Windows 网络应用，介绍了网络的配置以及 Internet 应用；第 13 章介绍了操作系统安全管理方面的内容；第 14 章通过几个典型的应用实训，让读者通过具体操作及时巩固本书所讲述的各个重点知识。

为了让广大用户快速、全面地了解和掌握 Windows XP 的基础知识，我们策划并编写了本书。本书在内容编写和结构编排上充分考虑到广大初学者的实际情况，采用由浅入深、循序渐进的方法，引导用户逐渐步入 Windows XP 世界。本书着重突出了各种实用的功能，以面向任务的方式，通过大量实用的操作指导和有代表性的上机实训，让读者能够更加直观、迅速地了解 Windows XP 操作系统的奥秘，并能在实践中快速掌握 Windows XP 操作系统的功能与应用技巧。

本书可作为高职高专学校计算机基础课程的教材，也可供广大计算机初、中级用户参考。

本书由陈笑编著，参加本书制作的有姚倩倩、曾巧智、马建红、王祥仲、李玉玲、耿向华、傅艳玲、尹辉、程凤娟、皮微云、乔小军、陈笑、管正、徐帆、孔祥亮等。

由于作者水平有限，加之创作时间仓促，本书不足之处欢迎广大读者批评指正。

作　者

目　录

第1章　操作系统概述 ………………………… 1
1.1　常用操作系统简介……………… 1
1.1.1　Windows 操作系统 ……… 1
1.1.2　DOS 操作系统 …………… 2
1.1.3　Linux 操作系统 ………… 2
1.1.4　UNIX 操作系统 ………… 3
1.1.5　OS/2 操作系统 ………… 4
1.2　Windows XP 简介 …………… 4
1.3　Windows XP SP2 新功能概览 …………………………… 5
1.3.1　提供全面保护 …………… 5
1.3.2　广告屏蔽…………………… 5
1.3.3　安全中心…………………… 6
1.3.4　自动更新…………………… 6
1.4　安装 Windows XP ………… 6
1.4.1　安装概述…………………… 6
1.4.2　系统硬件需求 …………… 7
1.5　启动、注销和关闭 Windows XP …………………………… 8
1.5.1　启动 Windows XP ……… 8
1.5.2　注销 Windows XP ……… 8
1.5.3　关闭 Windows XP ……… 9
1.6　获取系统帮助信息……………… 9
1.7　思考与练习 …………………… 11
第2章　使用与管理 Windows XP 桌面 …………………………… 12
2.1　Windows XP 桌面简介 …… 12
2.1.1　桌面组成 ………………… 12
2.1.2　桌面图标说明 …………… 13
2.2　任务栏的管理和使用 ……… 14
2.2.1　任务栏简介 ……………… 14
2.2.2　管理任务栏 ……………… 15
2.3　桌面与图标 …………………… 17
2.3.1　桌面背景 ………………… 17
2.3.2　应用程序图标 …………… 17
2.4　窗口管理 ……………………… 19
2.4.1　单窗口操作 ……………… 19
2.4.2　多窗口排列 ……………… 23
2.5　思考与练习 …………………… 25
第3章　管理文件和文件夹…………… 27
3.1　“我的电脑”窗口和资源管理器 …………………………… 27
3.1.1　“我的电脑”窗口 ………… 27
3.1.2　资源管理器 ……………… 28
3.2　文件系统和文件类型 ……… 29
3.2.1　文件系统 ………………… 29
3.2.2　文件类型 ………………… 30
3.3　文件和文件夹操作 ………… 30
3.3.1　创建文件夹 ……………… 30
3.3.2　选择文件或文件夹 ……… 31
3.3.3　创建快捷方式 …………… 32
3.3.4　移动和复制文件及文件夹 …………………………… 32
3.3.5　重命名文件或文件夹 …… 34
3.3.6　删除文件或文件夹 ……… 34
3.3.7　搜索文件或文件夹 ……… 35
3.4　设置文件夹属性 …………… 37
3.4.1　自定义文件夹 …………… 37
3.4.2　设置文件夹选项 ………… 38
3.4.3　注册文件类型 …………… 39
3.5　备份和还原文件 …………… 41
3.5.1　使用备份或还原向导 …… 41
3.5.2　还原文件 ………………… 42
3.5.3　安排备份计划 …………… 43
3.6　使用和设置“回收站” ……… 46
3.6.1　使用“回收站” …………… 46

3.6.2 设置“回收站”的工作方式 …… 47
3.7 思考与练习 …… 48
第 4 章 管理和运行应用程序 …… 49
4.1 启动应用程序 …… 49
4.1.1 从“开始”菜单中启动应用程序 …… 49
4.1.2 在资源管理器中启动应用程序 …… 49
4.1.3 创建应用程序的快捷方式 …… 51
4.1.4 直接运行程序 …… 51
4.1.5 通过文件启动 …… 51
4.2 关闭应用程序 …… 52
4.3 安装和删除应用程序 …… 52
4.3.1 安装应用程序 …… 52
4.3.2 删除应用程序 …… 55
4.4 在应用程序间切换 …… 56
4.4.1 使用任务管理器 …… 56
4.4.2 使用 Alt+Tab 组合键 …… 57
4.5 运行 DOS 应用程序 …… 57
4.6 应用程序兼容模式 …… 58
4.7 Windows 任务管理器 …… 58
4.8 思考与练习 …… 59
第 5 章 用户账户与权限管理 …… 60
5.1 创建用户账户 …… 60
5.2 修改用户账户 …… 61
5.2.1 修改账户名称 …… 61
5.2.2 创建账户密码 …… 62
5.2.3 修改账户图片 …… 63
5.2.4 更改账户权限 …… 64
5.3 删除用户账户 …… 65
5.4 启用来宾账户 …… 66
5.5 创建密码重设盘 …… 67
5.6 快速切换用户 …… 69
5.7 管理用户组 …… 69
5.7.1 添加用户账户 …… 69
5.7.2 创建新的组 …… 71
5.8 禁用/激活用户账户 …… 72
5.9 获取权限 …… 73
5.10 思考与练习 …… 75
第 6 章 设置 Windows XP 运行环境 …… 76
6.1 个性化桌面显示 …… 76
6.1.1 自定义桌面背景 …… 76
6.1.2 设置屏幕保护程序 …… 77
6.1.3 设置 Windows XP 显示外观 …… 78
6.1.4 设置显示模式 …… 79
6.1.5 设置动态桌面 …… 81
6.2 定制“开始”菜单 …… 83
6.2.1 设置“开始”菜单样式 …… 83
6.2.2 设置“开始”菜单 …… 84
6.3 设置鼠标和键盘 …… 86
6.3.1 设置鼠标 …… 86
6.3.2 设置键盘 …… 89
6.4 设置区域和语言选项 …… 89
6.4.1 区域选项 …… 89
6.4.2 数字和货币格式设置 …… 90
6.4.3 时间和日期格式设置 …… 90
6.5 更新时间和日期 …… 91
6.6 思考与练习 …… 93
第 7 章 安装与设置中文输入法 …… 95
7.1 中文输入法简介 …… 95
7.1.1 安装和删除输入法 …… 95
7.1.2 给输入法定义热键 …… 96
7.1.3 选择中文输入法 …… 97
7.2 使用中文输入法 …… 97
7.2.1 智能 ABC 输入法 …… 97
7.2.2 微软拼音输入法 …… 99
7.2.3 紫光拼音输入法 …… 100
7.2.4 智能陈桥五笔输入法 …… 103
7.3 手写输入法 …… 105
7.3.1 手写输入设备 …… 105
7.3.2 手写输入软件 …… 106
7.4 思考与练习 …… 106
第 8 章 磁盘维护和管理 …… 108
8.1 磁盘简介 …… 108

8.1.1 分区和卷 …………………… 108
8.1.2 查看磁盘信息 ………… 109
8.1.3 设置磁盘卷标 ………… 110
8.2 磁盘格式化 ………………… 111
8.2.1 格式化软盘 …………… 111
8.2.2 格式化硬盘 …………… 112
8.3 磁盘扫描与碎片整理 ……… 113
8.3.1 磁盘碎片整理 ………… 113
8.3.2 清理磁盘 ……………… 114
8.3.3 磁盘扫描 ……………… 115
8.4 使用磁盘管理器处理系统分区 ………………………… 116
8.4.1 磁盘管理器的功能及有关术语 …………………… 116
8.4.2 配置硬盘分区 ………… 117
8.4.3 调整硬盘分区 ………… 118
8.4.4 转换硬盘分区的类型和重新格式化 ………………… 119
8.5 思考与练习 ………………… 120
第 9 章 注册表和系统性能维护 …… 121
9.1 注册表管理 ………………… 121
9.1.1 打开注册表 …………… 121
9.1.2 注册表的结构 ………… 122
9.1.3 备份和还原注册表 …… 123
9.1.4 注册表的安全性 ……… 124
9.2 系统还原 …………………… 125
9.2.1 创建还原点 …………… 125
9.2.2 还原系统 ……………… 126
9.3 管理系统设备 ……………… 127
9.3.1 查看系统设备 ………… 128
9.3.2 禁用和启用设备 ……… 129
9.3.3 查看设备属性 ………… 130
9.3.4 安装即插即用设备 …… 131
9.3.5 安装非即插即用设备 … 131
9.3.6 更新设备驱动程序 …… 133
9.3.7 管理硬件配置文件 …… 134
9.4 查看系统事件 ……………… 135
9.4.1 认识事件查看器 ……… 135
9.4.2 查看日志 ……………… 136
9.4.3 日志管理 ……………… 138
9.5 优化内存 …………………… 140
9.6 管理电源 …………………… 141
9.7 思考与练习 ………………… 143
第 10 章 多媒体与游戏 ………… 144
10.1 设置多媒体属性 ………… 144
10.1.1 音量设置 …………… 144
10.1.2 音频设置 …………… 145
10.1.3 语音设置 …………… 146
10.1.4 硬件设备 …………… 146
10.1.5 声音设置 …………… 146
10.2 Windows Media Player ………………………… 147
10.2.1 Windows Media Player 简介 …………………… 147
10.2.2 播放媒体文件 ……… 147
10.2.3 自定义 Windows Media Player …………………… 149
10.2.4 在 Internet 上查找媒体内容 …………………… 152
10.2.5 自动更新程序 ……… 152
10.3 Windows Movie Maker ………………………… 154
10.4 录音机 …………………… 157
10.4.1 录制声音文件 ……… 157
10.4.2 播放声音文件 ……… 158
10.4.3 处理声音特效 ……… 158
10.5 禁止光盘自动播放 ……… 159
10.6 游戏娱乐 ………………… 160
10.6.1 安装游戏控制器 …… 160
10.6.2 安装 Windows XP 自带游戏 …………………… 161
10.6.3 Windows XP 自带小游戏技巧 …………………… 162
10.7 思考与练习 ……………… 165
第 11 章 配置 Windows XP 网络 …… 166
11.1 Windows XP 网络简介 … 166
11.2 连接 Internet …………… 167
11.2.1 安装客户端 ………… 167

11.2.2 安装通信协议 ……… 168
11.2.3 接入 Internet ………… 169
11.3 组建与配置局域网 ……… 173
11.3.1 局域网的组建 ……… 173
11.3.2 使用网络安装向导设置局域网 ………………………… 175
11.3.3 对等网络资源的使用 ……………………… 178
11.3.4 设置网络 ID ………… 178
11.4 思考与练习 ……………… 180
第 12 章 浏览 Internet ……………… 182
12.1 Internet Explorer 简介 … 182
12.2 浏览 Internet 信息 ……… 183
12.2.1 打开网站 …………… 183
12.2.2 停止与刷新网页……… 183
12.2.3 搜索网页 …………… 184
12.3 快速浏览网站 …………… 187
12.3.1 设置主页 …………… 187
12.3.2 使用历史纪录 ……… 188
12.3.3 使用"链接"工具栏 …… 188
12.3.4 使用收藏夹 ………… 189
12.4 设置 Internet 的安全性 … 191
12.4.1 使用安全区域 ……… 191
12.4.2 设置区域安全级别…… 191
12.4.3 分级审查 …………… 193
12.4.4 证书管理 …………… 195
12.5 思考与练习 ……………… 196
第 13 章 系统安全管理………………… 198
13.1 设置密码 ………………… 198
13.1.1 设置系统启动密码 …… 198
13.1.2 设置电源管理密码 …… 199
13.1.3 设置屏保密码 ……… 200
13.2 Windows XP 安全中心 … 200
13.2.1 Windows 防火墙 …… 201
13.2.2 自动更新 …………… 203
13.2.3 Internet Explorer 安全选项 ……………………… 204
13.3 自动锁定 Windows XP ……………………… 206
13.4 文件访问权限 …………… 208
13.5 验证数字签名 …………… 209
13.6 ASR 系统保护功能 ……… 210
13.7 IP 安全策略管理 ………… 212
13.8 网络安全特性 …………… 214
13.9 思考与练习 ……………… 215
第 14 章 实 训……………………… 217
14.1 安装 Windows XP 操作系统 ……………………… 217
14.2 定制 Windows XP 的桌面显示 ……………………… 223
14.3 文字处理 ………………… 226
14.4 安装与使用打印机 ……… 229
14.5 获取数码相机中的图片 … 232
14.6 Windows 自带游戏攻略 ……………………… 234
14.7 共享网络资源 …………… 237
14.8 浏览 Internet 信息 ……… 241
14.9 使用 QQ 网络聊天 ……… 244

第 1 章　操作系统概述

操作系统是计算机系统的重要组成部分，它能把硬件和软件合理地组织起来，使整个计算机按照人们的意愿运行。可以将操作系统比作一个大管家，管理着计算机，这个大管家的主要任务有两个：一是服从用户的命令，二是让整个计算机系统服从管理。

通过本章的理论学习，读者应了解和掌握以下内容：

- 目前常用的几款操作系统
- 安装 Windows XP
- 启动、注销和关闭 Windows XP
- 在 Windows XP 中获取系统帮助

1.1　常用操作系统简介

在计算机软件系统中，操作系统具有核心和基础作用。不过，无论操作系统如何复杂、庞大和神秘，但对一般计算机用户来说，它只是提供了一个用户环境，提供了一个人机交互操作的界面。只要掌握了操作系统提供的操作命令和操作方法，就可以自如地操作计算机了。从操作系统诞生到现在，对于个人用户来说，使用最为广泛的几款操作系统有 Windows、DOS、Linux、UNIX 和 OS/2。

1.1.1　Windows 操作系统

Windows 是 Microsoft 公司推出的多任务操作系统，图 1－1 所示为目前应用最广泛的 Windows XP 操作系统界面。

图 1－1　Windows XP 操作系统界面

在图形用户界面(Graphic User Interface,GUI)中,每一种应用软件(即 Windows 支持的软件)都用一个图标(Icon)表示,用户只需把鼠标指针移到某个图标上,双击即可进入该软件的应用窗口。这种方式为用户提供了很大方便,把计算机的应用提高到了一个新的阶段。

从 Windows 3.2 到 Windows XP,Windows 操作系统经历了几次大的变革,不再有单机版和网络版之分,用户能够在相同的操作系统中,使用相同的、友好的操作系统界面处理不同的事务。它的每一次变革,都在原有的基础上增添了许多新功能、新特色,特别是在互联网和安全设置方面得到了进一步的加强。因此,Windows 操作系统使用更容易、界面更友好、运行更安全,更受广大用户欢迎。

1.1.2 DOS 操作系统

从 1981 年问世至今,DOS 操作系统经历了 7 次大的版本升级,从 1.0 版到现在的 7.0 版,其功能得到了不断的改进和完善,如图 1-2 所示。但是,DOS 系统的单用户、单任务、字符界面和 16 位的大格局没有变化,因此,它对于内存的管理也局限在 640KB 的范围内。

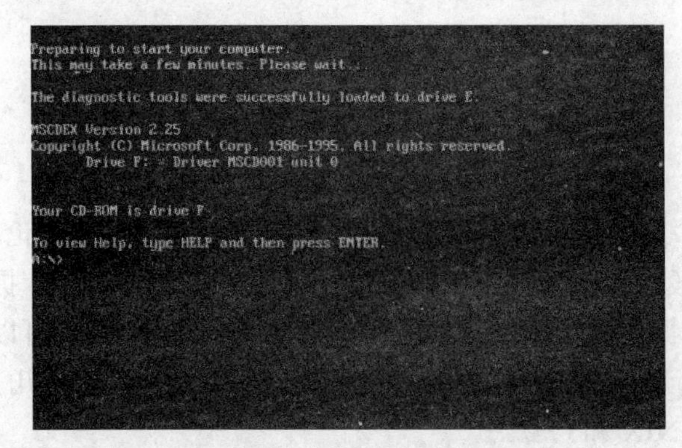

图 1-2 DOS 操作系统界面

DOS 系统一个最大的优势是它支持众多的通用软件,如各种语言处理程序、数据库管理系统、文字处理软件和电子表格软件等。而且围绕 DOS 还开发了很多应用软件系统,如财务、人事、统计、交通和医院等各种管理系统。鉴于这个原因,尽管 DOS 已经不能适应 32 位的硬件系统,但是仍会广泛流行,而且在未来的几年内也不会很快被淘汰。特别是在安装新系统时,通常都是在 DOS 环境下进行硬盘的分区和格式化。

1.1.3 Linux 操作系统

Linux 是当今计算机界中一个耀眼的名字。它是一个免费的操作系统,其功能可与 UNIX 和 Windows 相媲美。Linux 系统具有完备的网络功能,其操作界面如图 1-3 所示。

Linux 最初是由芬兰人 Linus Torvalds 开发的,它是一个免费软件,用户可以自由安装并任意修改软件的源代码。Linux 操作系统与主流的 UNIX 系统兼容,这使得它一出现就有了很好的用户群,支持几乎所有的硬件平台,包括 Intel 系列、680X0 系列、Alpha 系列和 MIPS 系列等,并广泛支持各种周边设备。

目前,Linux 正在全球各地迅速普及推广。各大软件商,如 Oracle、Sybase、Novell 和

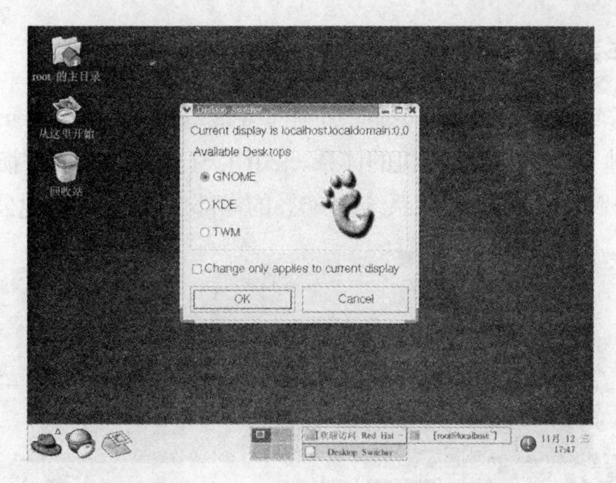

图1-3 Linux操作系统界面

IBM等均发布了Linux版的产品，许多硬件厂商也推出了预装Linux操作系统的服务器产品。当然，PC用户也可使用Linux。另外，还有不少公司或组织有计划地搜集有关Linux的软件，然后组合成一套完整的Linux发布版本上市，比较著名的有RedHat(红帽子)和Slackware等公司。目前较为流行的版本有Red Hat Linux和红旗Linux等。当然，现在说Linux会取代UNIX和Windows还为时过早，但一个稳定性、灵活性和易用性都非常好的软件，肯定会得到越来越广泛的应用。

1.1.4 UNIX操作系统

UNIX操作系统于1969年问世，最初在中小型计算机上运用。最早移植到80286计算机上的UNIX系统称为Xenix，其特点是短小精干、系统开销小、运行速度快。经过多年的发展，Xenix已成为十分成熟的系统，最新版本的Xenix是SCO UNIX和SCO CDT，如图1-4所示。UNIX是一个多用户系统，一般要求配有64MB以上的内存和较大容量的硬盘。

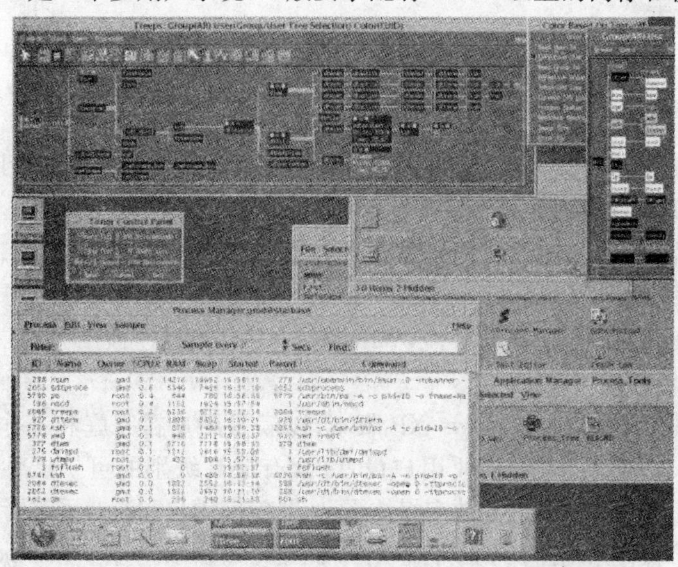

图1-4 UNIX操作系统界面

1.1.5 OS/2 操作系统

IBM 公司于 1987 年在激烈的市场竞争中推出了 PS/2(Personal System/2)个人计算机。PS/2 系列计算机大幅度地突破了现行 PC 机的体系,采用了与其他总线互不兼容的微通道体系结构(MCA)总线。并且,IBM 自行设计了该系统约 80%的零部件,以防止其他公司仿制。

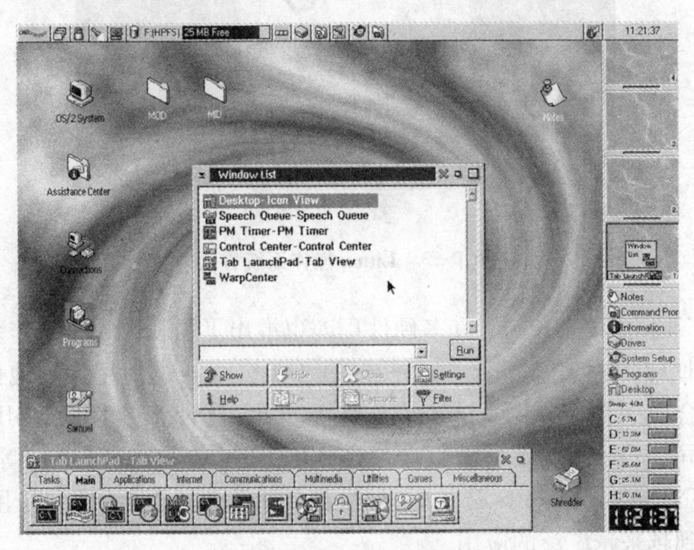

图 1-5 OS/2 操作系统界面

OS/2 系统正是为 PS/2 系列计算机开发的一个新型多任务操作系统,如图 1-5 所示。OS/2 克服了 DOS 系统 640KB 内存的限制,具有多任务功能。OS/2 也采用图形界面,它本身是一个 32 位系统,不仅可以处理 32 位 OS/2 系统的应用软件,也可以运行 16 位的 DOS 和 Windows 软件。

1.2 Windows XP 简介

Windows XP 是 Microsoft 公司继 Windows 2000 之后推出的又一个图形界面操作系统。Windows XP 在改善操作系统易用性的同时还扩充了数字媒体功能,它简化了下载音乐、处理数字图片和使用 Internet 的操作。Windows XP 的可靠性、数字媒体特性、通信功能、XML Web 服务等使用户耳目一新。自 2002 年推出正式版以来,凭借其强大的功能、友好的用户界面、更快更稳定的运行环境,Windows XP 已经迅速被广大用户所接受,成为目前国内应用最广泛的操作系统。

Microsoft 推出了两个 Windows XP 版本,以满足用户在家庭和工作中的计算需要。Windows XP Professional 是为商业用户设计的,有最高级别的可扩展性和可靠性;Windows XP Home Edition 有最好的数字媒体平台,是家庭用户和游戏爱好者的最佳选择。

Windows XP 操作系统拥有新的外观风格,如图 1-6 所示。与以往 Windows 传统风格相比,如图 1-7 所示,新的外观风格更加时尚和美观。若用户不习惯 Windows XP 这种外观风格,同样可以将其还原为 Windows 经典样式外观,具体更换方法可以查看本书 6.1 节内容。

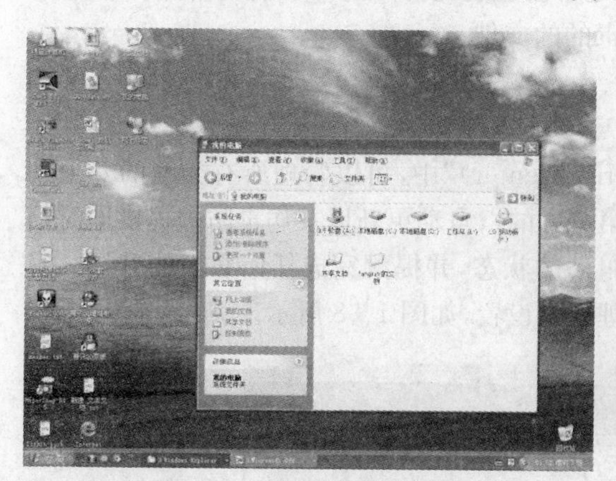

图 1-6 Windows XP 风格

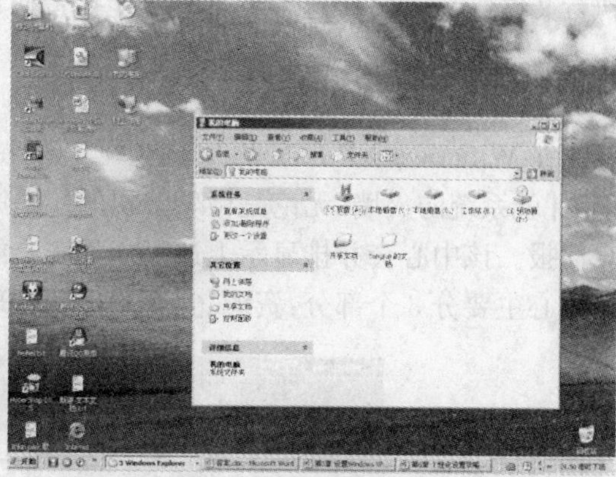

图 1-7 Windows 经典风格

Microsoft 公司于 2004 年 8 月又推出了 Windows XP 的 Service Pack 2(2180)版本。Windows XP SP2 为用户的计算机建立了可靠的默认安全性设置,有效地保护计算机不受黑客、病毒及其他安全问题的困扰。同时 Windows XP SP2 还添加了众多新的功能,能够给用户提供更精彩的计算机体验。Windows XP SP2 的发布表明,微软操作系统的安全性能进入了一个"主动防护"的新阶段。

1.3 Windows XP SP2 新功能概览

Microsoft 公司所推出的 Windows XP 的 SP2 版本,在继承了旧版本的各种重要功能的基础上,又增添了许多新功能,特别是在用户的易用性、Internet、多媒体、网络应用和安全等方面作了进一步的加强。本节将对 Windows XP SP2 的新功能进行介绍。

1.3.1 提供全面保护

与 Windows 操作系统的以前版本相比,Windows XP SP2 能够为机算机提供更加全面的保护,以防止黑客和未知软件的恶意攻击。新的 Windows 防火墙代替了以前的网络连接防火墙(Internet Connection Firewall,ICF),并且其默认状态是自动打开的。与 ICF 相比,Windows 防火墙对未知软件的活动显得更为警惕,虽然有时候看起来有些过于敏感了。比如说,Windows 防火墙有时候会屏蔽掉一些拥有正当理由访问我们测试系统的软件,比如说掌上电脑的同步软件。不过,通过控制面板,能够很方便地允许那些您所知道的和非常信任的软件通过防火墙的检测。

1.3.2 广告屏蔽

Windows XP SP2 对 Internet Explorer 也作了一定的改进,其中就包括弹出广告屏蔽器。就像 Windows 防火墙一样,IE 弹出广告屏蔽器的默认状态也是打开的——这就是微软公司为 Windows XP 提供的"盾牌"防御的一部分。同样,SP2 对有嫌疑的电子邮件和实时聊天工具所接收附件的检测也更为严格，它通常会警告用户最好不要打开那些类似于可执行文件(.exe 文件)这种非常有可能携带病毒的的文件。

1.3.3 安全中心

在 Windows XP SP2 的“安全中心(Security Center)”中，可以管理所有类型的安全功能，并就系统防火墙(无论是微软公司的还是第三方的)、自动更新以及病毒防护提供即时信息简报。该中心会并排显示上述每一种安全组件的状态，并提醒完成任何必需的升级。安全中心主要分 3 个部分：资源、安全基础和管理安全设置，如图 1-8 所示。

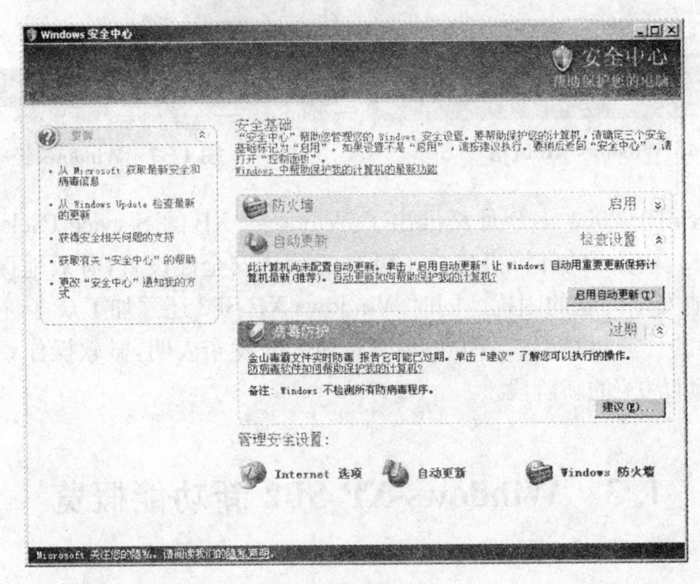

图 1-8 安全中心

1.3.4 自动更新

在 Windows XP SP2 中，Windows XP 的自动更新功能可进行升级。现在，对于如何通过 Windows 升级服务来获得升级补丁，一共有 4 种选择：自动下载并立刻安装、下载并等待用户安装、只是提醒目前已经有新的升级内容可供下载或者完全关闭该项功能。微软公司希望能够通过这种灵活的控制设置来鼓励更多的人利用自动升级功能获得并安装最新的升级补丁。

1.4 安装 Windows XP

1.4.1 安装概述

掌握 Windows XP 的安装方法是学习使用 Windows XP 的基础。Windows XP 的安装方式可以分为 3 种：升级安装、多系统共存安装和全新安装。

1. 升级安装

当用户需要以覆盖原有系统的方式进行升级安装时，可在以前的 Windows 98/Me 或者 Windows 2000 这些操作系统的基础上顺利升级到中文版 Windows XP,但是不能从 Windows 95 上进行升级。中文版 Windows XP 的核心代码是基于 Windows 2000 的,所以从 Windows 2000 上进行升级安装十分容易。而 Windows 98/Me 所使用的 16 位/32 位的混合代码和中文版 Windows XP 的核心代码差异很大,为了能在 Windows 98/Me 系统上顺利升级,中文版 Windows XP 在安装过程中会先扫描这些系统原有的配置,并备份原有的重要系统文件,然后再进行全新的系统和注册表升级工作。

对原有 16 位/32 位混合系统进行备份这一步是自动完成的,无需用户干预。正是由于备份了原有的系统,用户完全可以从进行升级的 Windows 98/Me 上卸载中文版 Windows XP,而这种方式在 Windows 2000 中是不能实现的。

2. 多系统共存安装

当用户需要以多系统共存的方式进行安装,即保留原有的系统时,可以将中文版 Windows XP 安装在一个与原系统不同的分区中,与机器中原有的系统相互独立,互不干扰。Windows XP 安装完成后,会自动生成开机启动时的系统选择菜单。需要说明的是,如果用户原有的操作系统不是中文版的,而现在所安装的 Windows XP 为中文版,由于语言版本不同,只能进行多系统共存安装,而不能进行升级安装。

3. 全新安装

如果硬盘里原先没有安装任何 Windows 系统,那么可以在 DOS 状态下运行中文版 Windows XP 安装光盘中的安装命令\\I386\\winnt. exe,进行全新安装。需要注意的是,从 DOS 中全新安装 Windows XP 之前,需要先加载 Smartdrv. exe,该文件位于 Windows 9X 的安装光盘中或是 Windows 9X 系统的 Windows 目录下。

1.4.2 系统硬件需求

中文版 Windows XP 与 Windows 2000 相比,具有更强大的功能,支持更广泛的软硬件以及各种更新的技术,这就需要运行在较高配置的硬件环境中,才能发挥出它的优越性能。中文版 Windows XP 系统要求的硬件环境如表 1-1 所示。

表 1-1 中文版 Windows XP 的硬件环境

硬 件	基本配置	推荐配置
CPU	PentiumIII 或更快的兼容微处理器	Pentium4 或相同档次的微处理器
内存	128 MB	256 MB 或更多
安装硬盘空间	至少 2 GB 的可用空间	5 GB 可用空间
运行硬盘空间	500 MB	2 GB
显示卡	标准 VGA 卡或更高分辨率显示卡	支持硬件 D3D 的 32 位真彩显示卡
监视器	15 英寸彩色显示器	17 英寸或更大分辨率显示器
输入设备	键盘和 Microsoft 兼容鼠标	键盘和 Microsoft 兼容鼠标

1.5 启动、注销和关闭 Windows XP

1.5.1 启动 Windows XP

用户若要启动 Windows XP,可首先打开电脑主机箱上面的电源开关。如果电脑中只安装了 Windows XP 这一个操作系统,则会自动启动 Windows XP;如果安装有多个系统,则开机后将显示一个选择界面,用户只需使用光标键上下移动,选择 Windows XP 系统,然后按 Enter 键即可。

首先启动的是 Windows XP 的载入界面,如图 1-9 所示。等待载入完成后,将会打开用户登录界面,如图 1-10 所示。

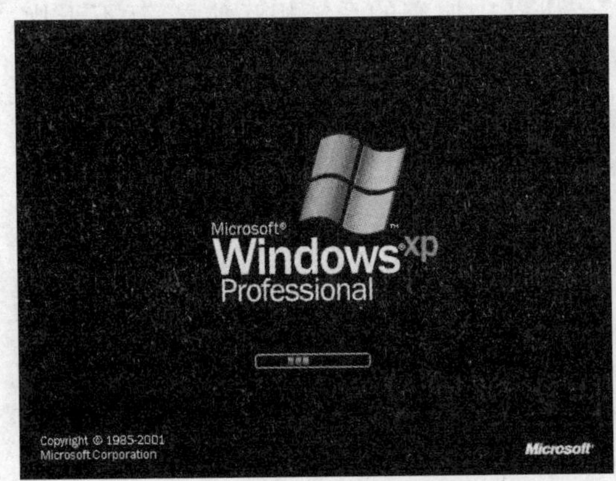

图 1-9 载入 Windows XP

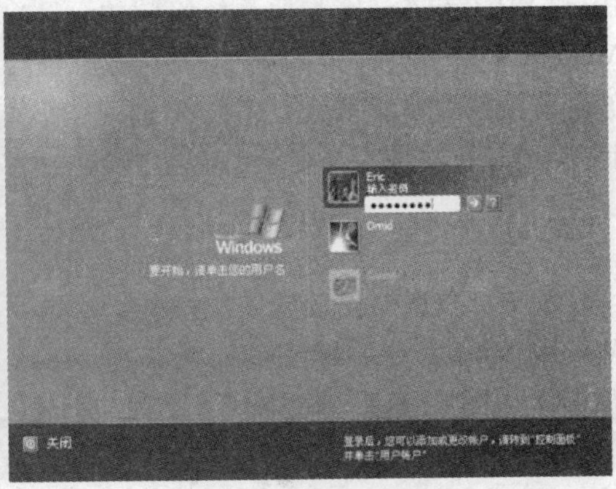

图 1-10 用户登录界面

如果 Windows XP 只有一个用户账号,并且没有设置密码,系统将自动以该用户的身份进入系统,并跳过用户登录界面。否则系统启动时将会要求用户选择用户账号,在用户登录界面中单击一个用户账号图标,如果该用户账号设置有密码,系统将提示用户输入密码。如果用户输入的密码不正确,将出现密码出错的提示框。输入正确的密码后,按 Enter 键就可以进入 Windows XP。

1.5.2 注销 Windows XP

当用户不需要使用当前用户账户访问系统时,可以注销 Windows XP,返回登录界面。注销 Windows XP 的方法十分简单,只需在"开始"菜单中选择"注销"命令,打开"注销 Windows"对话框,如图 1-11 所示。在该对话框中单击"注销"按钮,即可注销 Windows XP。

图 1-11 "注销 Windows"对话框

1.5.3 关闭 Windows XP

如果用户长时间不使用计算机，可以关闭 Windows XP。在关闭 Windows XP 前，用户应先保存并退出所有应用程序，以免丢失数据。之后，在“开始”菜单中选择“关闭计算机”命令，打开“关闭计算机”对话框，如图 1－12 所示。在该对话框中，单击“关闭”按钮即可关闭 Windows XP。

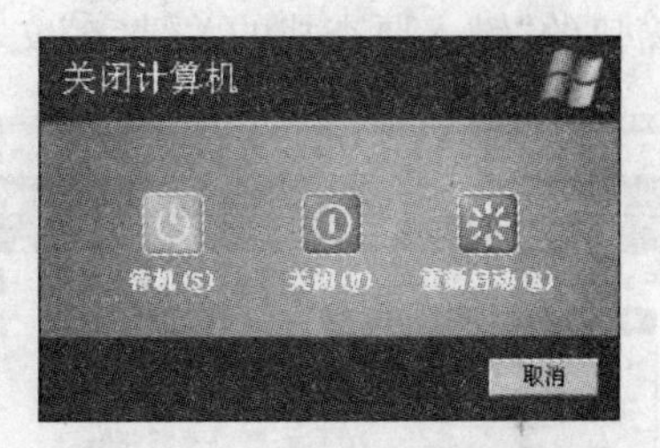

图 1－12 “关闭计算机”对话框

1.6 获取系统帮助信息

Windows XP 的帮助系统也作了进一步的升级，打开帮助系统可看到一系列常用的帮助主题和支持任务供用户选择，从而帮助用户容易地找到所需要的帮助信息。中文版 Windows XP 的帮助系统以 Web 页的风格显示帮助内容，帮助系统的风格、组织和术语保持一致，层次结构更少，索引规模更大，对于每个问题还增加了许多相关主题的链接等。

所有这些提升和拓展的“帮助”功能不但可以使用户更加方便地使用帮助系统，而且有利于用户对帮助内容的学习。通过新的帮助系统，用户可以很快掌握中文版 Windows XP 的新功能和系统操作。

打开 Windows XP 的“开始”菜单，选择“帮助”|“帮助和支持”命令，打开 Windows XP 的“帮助和支持中心”窗口，如图 1－13 所示。

在中文版 Windows XP 帮助系统的“选择一个帮助主题”列表框中单击所需的帮助主题，可以看见该主题的详细内容分类。用户只需单击主题链接就可将其展开，对于不能展开的主题链接，单击之后，右边的窗口中会显示出与该主题链接相关的内容，如图 1－14 所示。

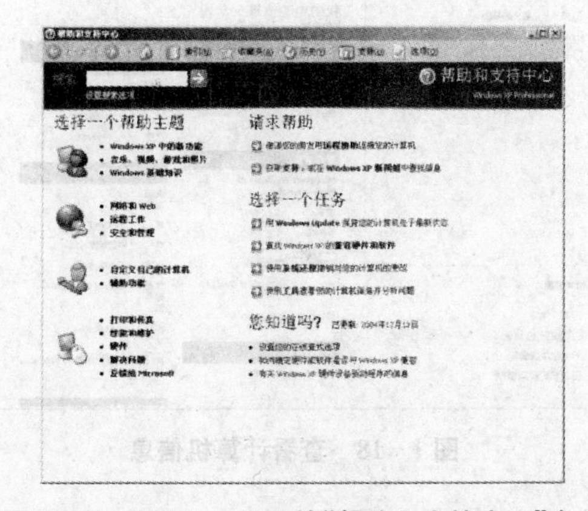

图 1－13 Windows XP 的“帮助和支持中心”窗口

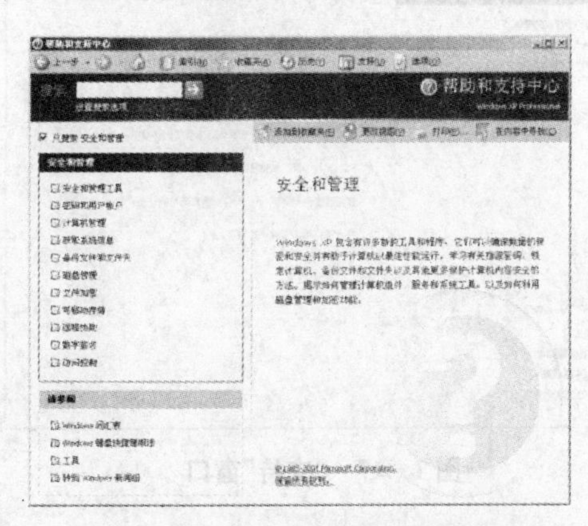

图 1－14 显示帮助的具体信息

如果用户想查找与某关键字相关的帮助内容，可在“搜索”文本框中输入所需的搜索内容，并单击按钮。例如，如果需要搜索有关键盘方面的内容，可以在“搜索”文本框中输入“键盘”，然后单击按钮，列表框中就会列出所有带有“键盘”关键字的相关主题。选择一个相关主题后，在窗口右侧即显示出有关该主题的详细内容，如图 1－15 所示。

在“帮助和支持中心”窗口中单击“索引”按钮，打开“索引”窗口，如图 1－16 所示。在该窗口的“键入要查找的关键字”文本框中输入所需的帮助内容，也可以进行查找。

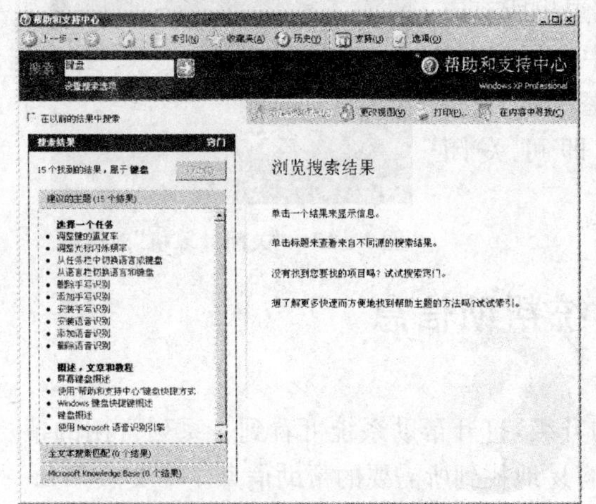

图 1－15　查找与“键盘”关键字相关的帮助内容

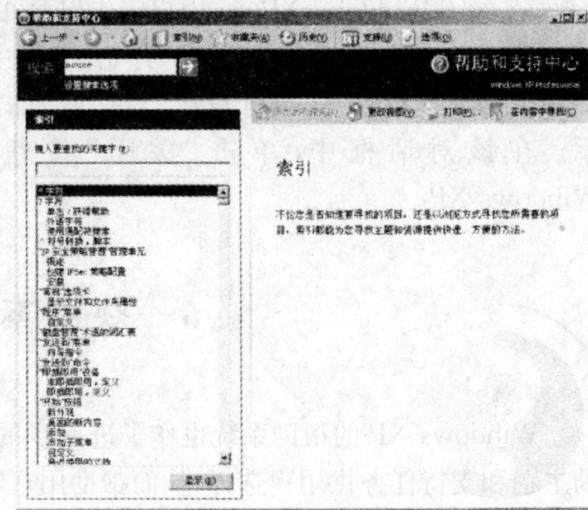

图 1－16　“索引”窗口

在“帮助和支持中心”窗口中单击“支持”按钮，打开“支持”窗口，如图 1－17 所示。在此窗口中，用户可以查找有关系统支持的 MSN 服务中心，以获取具体的帮助支持服务。

在“支持”窗口中，除了可以获取相应的软硬件帮助支持之外，单击“相关主题”列表框中的“‘我的电脑’信息”链接，还可以查看计算机的具体信息，如图 1－18 所示。该信息是计算机的一般系统信息。

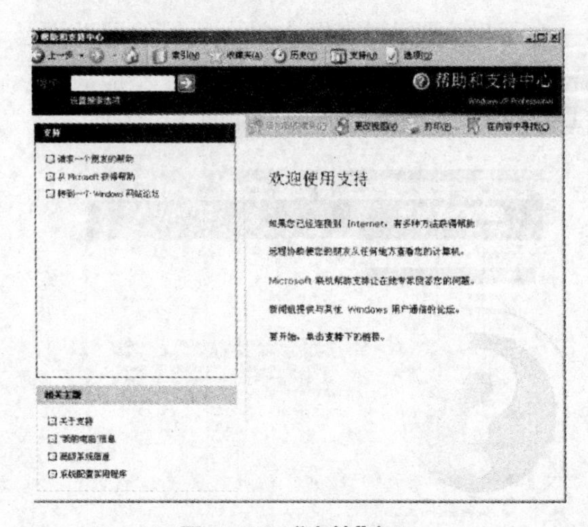

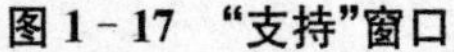

图 1－17　“支持”窗口

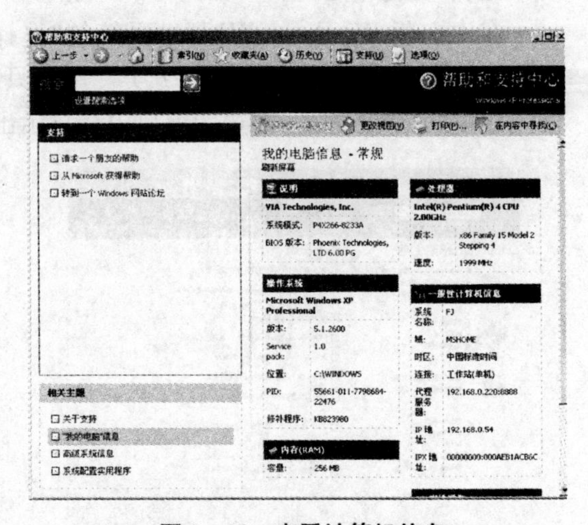

图 1－18　查看计算机信息

在“帮助和支持中心”窗口中单击“选项”按钮，将打开图 1－19 所示的“选项”窗口。在此窗口左侧的“选项”列表中单击“更改‘帮助和支持中心’选项”链接，还可以让用户自定义中文版 Windows XP 中帮助系统的各种显示方式。

另外，当用户在连接到 Internet 的状态下打开“帮助和支持中心”窗口时，可以直接从 Internet 相关的网站上查找最新的帮助主题。例如，当用户打开“帮助和支持中心”的主窗

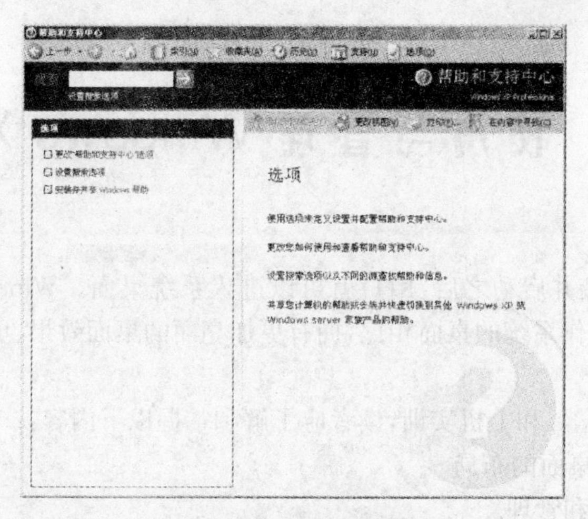

图 1-19 “选项”窗口

口时，就会在右下角显示出“你知道吗”区域，并在该区域中显示当前最新的一些技术动态及相关的配置方法。

在 Windows XP 的使用过程中，所遇到的大部分问题在帮助系统中都有详细的说明及解决方法。利用好 Windows XP 强大的帮助系统，用户可以迅速地掌握其操作方法及技巧。

1.7 思考与练习

1. 认识 5 大常用操作系统，以及各自操作界面。
2. 什么是 Windows XP?
3. Windows XP SP2 有哪些新功能?
4. Windows XP 的安装方式有哪几种?
5. 简述安装 Windows XP 系统要求的硬件环境。
6. 简述 Windows XP 的安装流程。
7. 自己动手，安装一个 Windows XP 操作系统。
8. 简述如何启动 Windows XP 系统。
9. 简述如何注销 Windows XP 系统。
10. 简述如何获取系统帮助信息。
11. 在使用电脑的过程中，突然停电对电脑有什么影响?
12. 在操作系统突然进入“死机”状态时，如何退出 Windows XP 并关闭电脑?

第 2 章　使用与管理 Windows XP 桌面

Windows XP 安装并启动之后，用户就可以进入系统桌面。Windows XP 的桌面和以前版本的 Windows 操作系统的桌面相比，拥有更加亮丽的桌面效果、更加个性化的设置、更加强大的控制功能。

通过本章的理论学习和上机实训，读者应了解和掌握以下内容：

- Windows XP 桌面的布局
- 任务栏的使用和管理
- 设置 Windows XP 桌面
- Windows XP 的窗口操作

2.1　Windows XP 桌面简介

桌面是 Windows XP 的工作平台。桌面上一般摆放着一些经常用到的文件夹和桌面图标。这些桌面图标实际上是一些快捷方式，用来快速打开相应的项目。图 2－1 所示为 Windows XP 桌面布局。

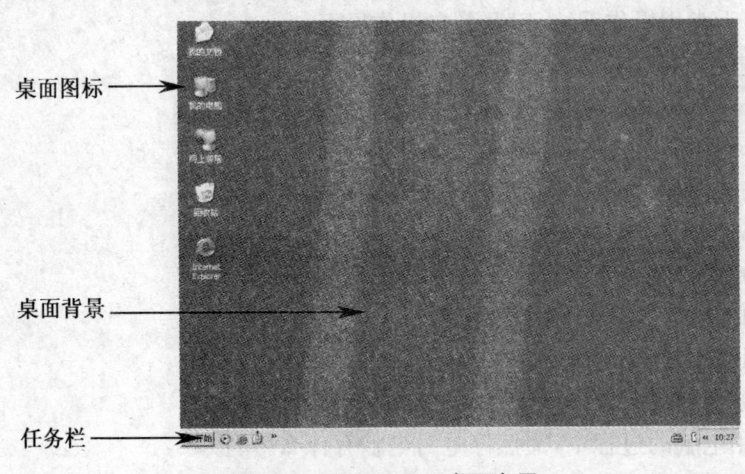

图 2－1　Windows XP 桌面布局

2.1.1　桌面组成

Windows XP 桌面有 3 个最主要的组成部分：桌面图标、任务栏和桌面背景，下面将分别介绍这 3 个组成部分。

1. 桌面图标

初次启动 Windows 系统时，桌面的右下方只有一个"回收站"图标，以前用户熟悉的如"我的文档"、"我的电脑"、"网上邻居"、Internet Explorer 等都已经移动到"开始"菜单中。如果用户还不习惯这种操作界面，也可以将 Windows XP 的样式还原为经典样式，这时在桌面上将显示出这些图标。与以前版本的 Windows 操作系统一样，桌面上也可以添加其他各种应用程序和文档等的图标，而且这些图标在桌面上的布局也可根据多种方式进行排列，本章后面将详细介绍。

2. 任务栏

初始的任务栏在屏幕的底端，它为用户提供了快速启动应用程序、文档及其他已打开窗口的方法。任务栏的最左边是带有微软窗口标志的"开始"按钮；其右边是几个默认状态下的快速启动图标，分别代表启动媒体播放器、Internet Explorer 浏览器、显示桌面；任务栏的最右边有输入法、当前时间等指示器。

3. 桌面背景

桌面背景又称墙纸，就相当于我们平时铺在桌面上的桌布一样，不过这里的墙纸是铺在显示屏上的。用户可以根据自己的喜好来选择不同图案、不同色彩的墙纸，以美化自己的桌面。

2.1.2 桌面图标说明

图 2－1 所示的桌面，左边从上到下排列着"我的文档"、"我的电脑"、"网上邻居"、Internet Explorer 及"回收站"等图标，用户可以根据自己的喜好更换这些图标的位置。桌面上也可以添加其他各种应用程序和文档等的图标，而且这些图标在桌面上的布局也可根据多种方式进行排列。下面介绍 Windows XP 自带图标的功能。

- "我的文档"图标：通过该图标，可以查看和管理"我的文档"文件夹中的文件和文件夹。这些文件和文件夹都是由一些临时文件、没有指定路径的保存文件和下载的 Web 页等组成。在默认情况下，"我的文档"文件夹的路径为"Documents and Settings\用户名\My Documents"。
- "我的电脑"图标：通过该图标，可以管理磁盘、文件夹和文件等内容。另外，通过其中的"控制面板"，可以对系统进行各种控制和管理。"我的电脑"是用户使用和管理计算机的最重要的工具。
- "网上邻居"图标：通过其属性对话框，可以配置本地网络连接、设置网络标识、进行访问控制设置和映射网络驱动器。双击该图标，可以打开"网上邻居"窗口来查看和使用网络资源。
- Internet Explorer 图标：通过该图标，可以快速地启动 Internet Explorer 浏览器，访问 Internet 资源。另外，通过其属性对话框，用户还可以设置本地的互联网连接属性，包括常规、内容、连接和程序等。
- "回收站"图标：Windows XP 在删除文件和文件夹时并不将它们直接从磁盘上

删除，而是暂时保存在回收站中，以便在需要时进行还原。在回收站中，可以清除或还原在"我的电脑"和"资源管理器"中删除的文件和文件夹。

注意：

这些桌面图标实际上是一些快捷方式，用以快速打开相应的项目。在 Windows XP 中，除"回收站"图标以外，任意的桌面图标都可以删除，包括"我的电脑"、"网上邻居"和"我的文档"等图标。

2.2 任务栏的管理和使用

2.2.1 任务栏简介

Windows XP 的桌面下端还有一个任务栏，它为用户提供了快速切换应用程序、文档及其他已打开窗口的方法。任务栏的最左边是带有 Windows XP 标志的"开始"按钮，也是 Windows XP 中使用最频繁的按钮之一。除"开始"按钮之外，整个任务栏还包括其他 3 个组成部分：窗口按钮、工具按钮和状态设置按钮。

1. 窗口按钮

窗口按钮如图 2－2 所示，每个窗口按钮表示已经打开的窗口，包括被最小化或隐藏在其他窗口下的窗口。单击这些按钮，用户可以在不同窗口之间进行切换。

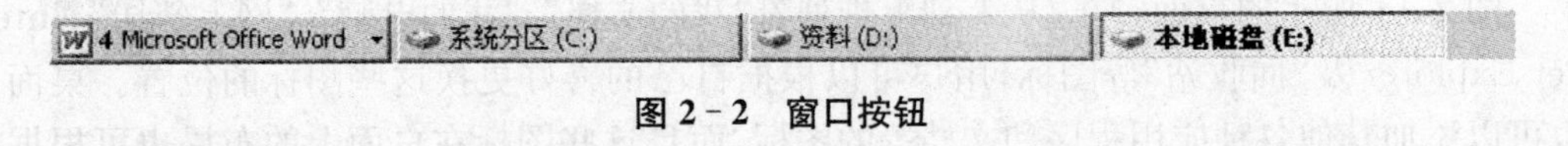

图 2－2 窗口按钮

2. 工具按钮

工具按钮如图 2－3 所示，位于"开始"按钮和窗口按钮之间。可以根据需要，将 Windows XP 中常用的功能或者经常使用的应用程序以工具按钮的方式放在任务栏中，用户只需在任务栏中单击这些工具按钮，即可启动相应的功能或应用程序。

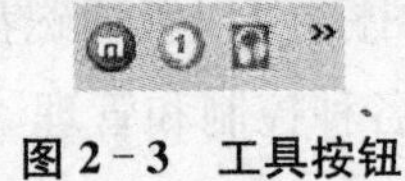

图 2－3 工具按钮

注意：

单击工具按钮右边的 » 按钮，即可展开工具按钮列表。在该列表中，会显示当前任务栏中所有可用的工具按钮。

3. 状态设置按钮

状态设置按钮如图 2－4 所示，位于任务栏的最右边，是关于 Windows XP 的设置状态，包括计划任务、音量控制、输入法、时钟等。

图 2-4　状态设置按钮

2.2.2　管理任务栏

任务栏在计算机的管理过程中处于非常重要的位置，系统允许用户对它进行各种管理，以方便对窗口和任务栏的使用。例如，隐藏任务栏可以使桌面显示更多的信息；移动任务栏可以使其出现在适合用户操作的地方。

1. 隐藏任务栏

用户在计算机的使用过程中，经常会遇到这种情况：全屏显示的窗口的状态栏被任务栏所覆盖，不能查看状态栏信息。这时，用户就需要隐藏任务栏，使窗口真正全屏显示。另外，对于一个干净漂亮的桌面来说，任务栏可能极大地影响到用户的视觉效果，这时也需要将其隐藏起来。

【实训 2-1】 设置系统自动隐藏任务栏。

（1）右击任务栏空白处，在弹出的快捷菜单中选择“属性”命令，打开“任务栏和「开始」菜单属性”对话框，如图 2-5 所示。

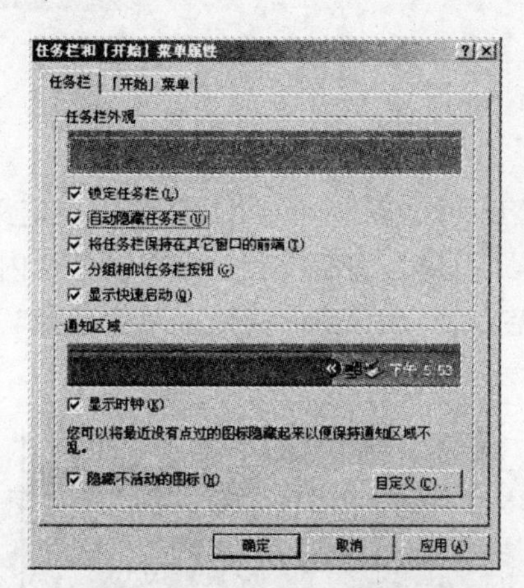

图 2-5　“任务栏和「开始」菜单属性”对话框

（2）在“任务栏和「开始」菜单属性”对话框的“任务栏外观”选项区域中，选择“自动隐藏任务栏”复选框。

（3）单击“确定”按钮关闭对话框，以后当用户不使用任务栏时，任务栏便会自动隐藏，不在桌面上显示。

2. 移动任务栏

在默认情况下，任务栏的默认位置位于桌面的底部。根据个人爱好和需要，用户可以把它移动到桌面的顶部、左侧或右侧。如果要移动任务栏，必须先确保当前的任务栏没有被锁定，即在图 2-5 所示的“任务栏”选项卡中取消选择“锁定任务栏”复选框，然后再将鼠标指针指向任务栏上没有按钮的位置，按住鼠标左键不放并拖动任务栏。当把任务栏拖动至桌面的任何一个边界处时，屏幕上将出现一条阴影线，指明任务栏的当前位置。用户确认拖动位置符合自己的要求后，释放鼠标，即可改变任务栏的当前位置。在桌面的使用过程中，用户可以随时移动任务栏。

3. 改变任务栏的大小

当打开的应用程序处于最小化状态时，它们就会以图标按钮的方式出现在任务栏内。如果处于最小化状态的应用程序比较多，那么图标按钮就会变小，甚至无法看清。此时，用户可以调整任务栏的大小，以便所有的内容都可以在任务栏中清楚地显示出来。

要改变任务栏大小，可将鼠标移动至任务栏的边缘处，这时鼠标指针将变为双箭头形状，然后按下并拖动鼠标至合适的位置，释放鼠标。经过上述步骤的操作，用户即可改变任务栏的默认大小，图 2-6 所示为调大以后的任务栏。当任务栏的大小发生变化时，位于任务栏上的图标按钮的大小也随之发生变化。当任务栏位于屏幕的左、右两侧时，缩小后的任务栏上有可能无法清楚显示图标按钮的名称，但只要将鼠标指向该按钮，即可在指针处出现该按钮的名称说明。

图 2-6 调大的任务栏

4. 添加工具栏

除了默认的“快速启动”工具栏，Windows XP 还为用户定义了 3 个工具栏，即“地址”工具栏、“链接”工具栏和“桌面”工具栏，它们没有显示在任务栏内。如果用户希望显示这 3 种工具栏，可右击任务栏上的空白处，在弹出的快捷菜单中选择“工具栏”菜单项，然后展开“工具栏”菜单的子菜单，如图 2-7 所示。

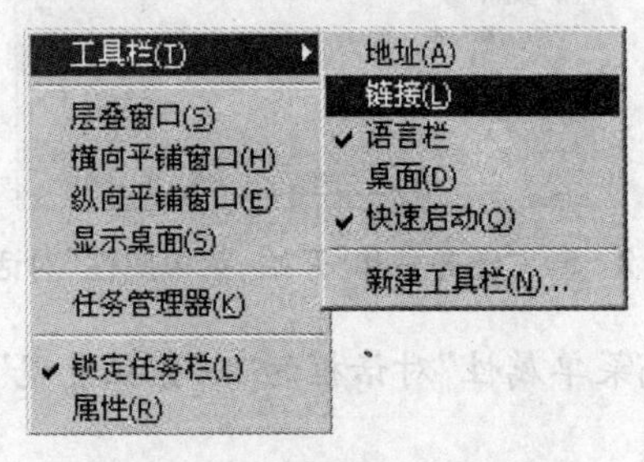

图 2-7 “工具栏”菜单的子菜单

在“工具栏”子菜单中选择所需的命令，即可使系统定义的工具栏出现在任务栏内，图 2-8 所示为选择“地址”和“桌面”命令后的任务栏。另外，“工具栏”子菜单中的命令项都是具有开关性质的，当用户再次选择该命令时，即可取消它在任务栏内的显示。

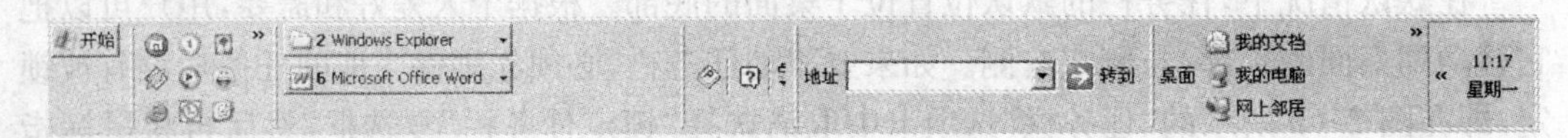

图 2-8 添加“地址”和“桌面”工具栏后的任务栏

5. 创建工具栏

在 Windows XP 系统中,用户不仅可以选定系统定义的工具栏,还可以在任务栏内创建个人的工具栏。如果在任务栏内创建了应用程序工具栏,那么单击工具栏的图标之后,即可启动该应用程序。如果在任务栏内创建的是文件夹工具栏,那么单击工具栏的图标之后,将打开该文件夹,显示所包含的文件。

要在任务栏内创建工具栏,右击任务栏上没有图标的位置,选择"任务栏"快捷菜单中的"工具栏"选项,展开"工具栏"菜单的子菜单。然后单击"新建工具栏"命令,打开"新建工具栏"对话框,如图 2-9 所示。

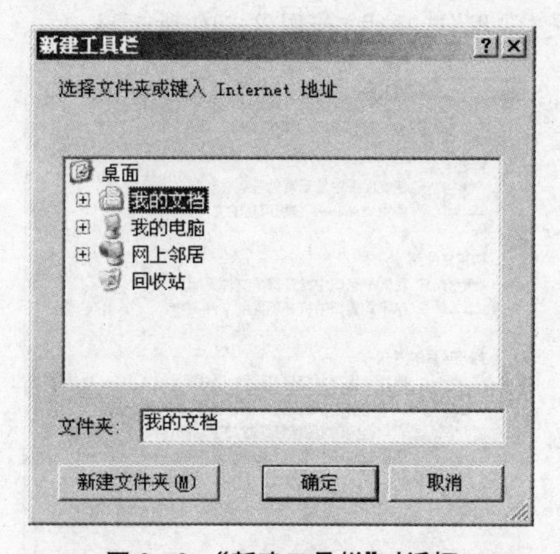

图 2-9 "新建工具栏"对话框

在列表框中选择新建工具栏的文件夹,也可以在文本框中输入 Internet 地址。选择好之后,单击"确定"按钮即可在任务栏上创建个人的工具栏。

创建新的工具栏之后,再打开"任务栏"快捷菜单,选择其中的"工具栏"菜单项时,可以发现新建工具栏名称已经出现在它的子菜单里,并且在工具栏的名称前标有√符号。

2.3 桌面与图标

2.3.1 桌面背景

桌面是 Windows XP 所有操作的起始位置,也是用户接触最多的 Windows 组件,一个美观的桌面可以让用户觉得赏心悦目。在初始状态下,Windows XP 将使用系统默认的图像作为桌面背景。为了使桌面的外观更加漂亮和具有个性化,用户可以在系统提供的多种方案中选择自己满意的背景,也可以使用自己的图片文件取代 Windows 的预设方案。设置桌面背景的具体方法将在下一章中向用户详细介绍。

2.3.2 应用程序图标

应用程序图标代表着在 Windows XP 中可运行的某个应用程序,即某个程序在桌面上的快捷方式。这个应用程序可以是用户根据需要自己安装的，也可以是 Windows XP 自带的，如“我的电脑”、“网上邻居”和“回收站”等。双击桌面上的应用程序图标，可以打开相应的应用程序，该应用程序可以是在本地的硬盘上，也可以是在网络上的某个位置。

1. 设置打开应用程序的方法

在 Windows XP 中，默认情况下需要双击某个应用程序才可将其打开，如果想通过单击打开它，则需要进行简单的设置。

【实训 2-2】 设置单击应用程序图标即可打开应用程序。

(1) 在 Windows XP 的窗口菜单栏中选择“工具”|“文件夹选项”命令，打开“文件夹选项”对话框，默认打开的是“常规”选项卡，如图 2-10 所示。

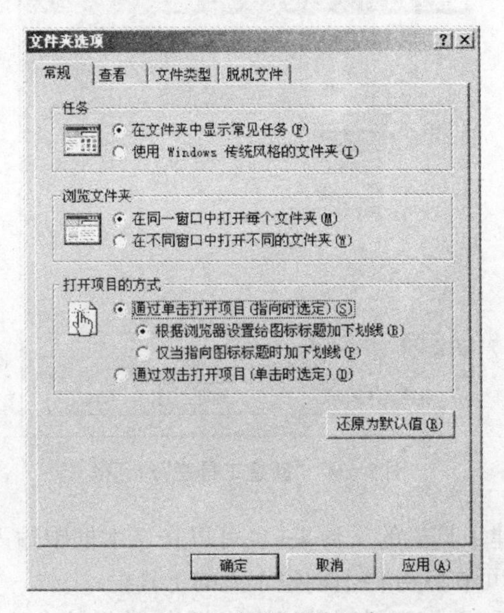

图 2-10 “常规”选项卡

(2) 在“打开项目的方式”选项区域中选择“通过单击打开项目”单选按钮。该设置对浏览网页时也同样有效。可根据需要进一步设置浏览网页时的鼠标特性。

(3) 如果要恢复默认设置，单击“还原为默认值”按钮即可。

(4) 设置完成后，单击“确定”按钮返回。

2. 调整桌面

桌面上的项目太多时，会显得杂乱无章，需要对其进行整理和排序。在 Windows XP 中可以方便地将桌面中的内容进行有效调整。如果希望对桌面上的项目进行重新排序，可以右击桌面上的空白区域，在弹出的快捷菜单中选择“排列图标”菜单项，如图 2-11 所示。在展开的下一级子菜单中有“名称”、“大小”、“类型”和“修改时间”等选项可供选择，选择不同的命令，可以将桌面上的图标进行不同的排列。如果要选择桌面上图标的排列行为，在弹出的快捷菜单中选择“按组排列”、“自动排列”或“对齐到网格”命令即可。

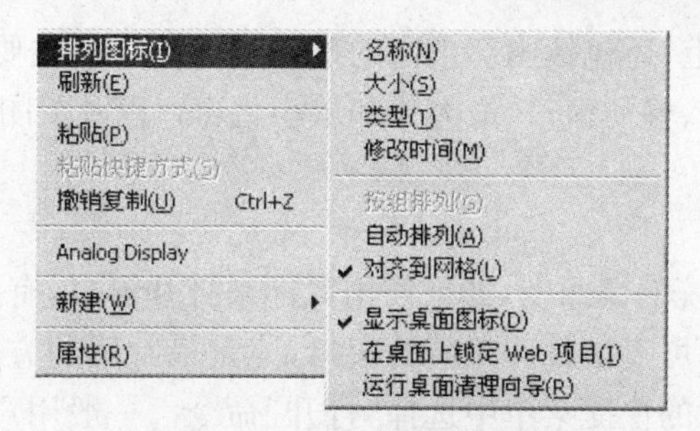

图 2－11 “排列图标”子菜单

注意：

如果暂时不想让图标出现在桌面上，在图 2－11 所示的快捷菜单中选择“显示桌面图标”命令即可。该命令为一个开关命令，再次选择该命令即可恢复。对于设置了相应 Web 项的桌面，如果从弹出的快捷菜单中选择“在桌面上锁定 Web 项目”命令，则可让桌面上的链接暂时失效。

使用一段时间以后，桌面上的快捷方式较为杂乱，此时可以通过桌面清理向导来简化桌面。右击桌面空白处，从弹出的快捷菜单中选择“排列图标”|“运行桌面清理向导”命令，即可打开“清理桌面向导”对话框，如图 2－12 所示。

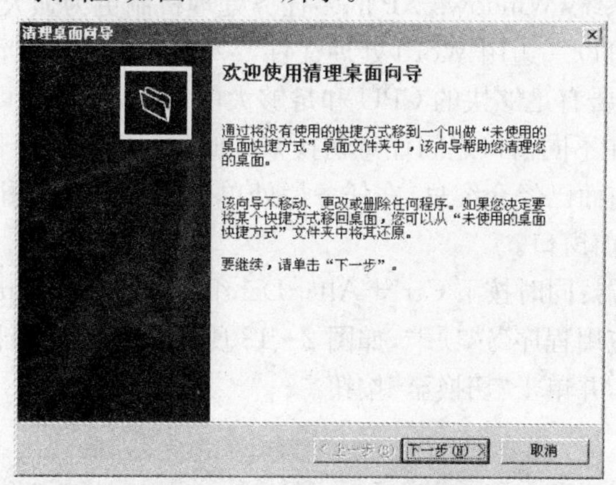

图 2－12 “清理桌面向导”对话框

清理桌面向导将未曾使用过的快捷方式移至“未使用的桌面快捷方式”桌面文件夹中，这样就可以清理桌面了。

2.4 窗口管理

在中文版 Windows XP 的桌面上，用户每启动一个应用程序或打开一个文件夹时，系统都会打开一个窗口来管理和使用相应的内容。因此窗口的管理是桌面管理的重要组成部分。

2.4.1 单窗口操作

对于一个使用过 Windows 操作系统的用户来说，通过鼠标可以对打开的窗口轻松地进行各种操作。但是，为了照顾一些 DOS 用户的操作习惯，中文版 Windows XP 的窗口在支持多种鼠标操作的基础上，还包括内容丰富的键盘操作。下面主要介绍如何通过鼠标和键盘来打开窗口、切换窗口、移动窗口、最大化和最小化窗口以及关闭窗口。

1. 打开窗口

在 Windows XP 系统的桌面上，如果使用鼠标来打开窗口，有两种选择：第一种是双击准备打开的窗口图标，即可直接打开相应的窗口，这是最常用的方法；第二种就是右击准备打开的窗口图标，从弹出的快捷菜单中选择“打开”命令。一般用户都使用第一种方法来打开程序，但是，如果用户要查看有自动运行功能的光盘上的内容，就需要使用第二种方法，因为第一种方法将启动自动运行程序。

当用户在桌面上打开多个窗口之后，按下 Alt＋Tab 组合键直到目标窗口的图标被启用，然后释放按键，被启用的窗口自动成为当前窗口。而在打开的窗口内，按 Alt＋减号键的组合键即可打开窗口的控制菜单。另外，通过键盘与鼠标的配合，也可以打开目标窗口。例如打开窗口的控制菜单之后，既可用键盘选择其中的命令项，也可用鼠标单击选择该命令项。

2. 切换窗口

作为多任务操作系统，Windows XP 的多任务处理机制更为强大和完善，而系统的稳定性也大大提高。用户可以一边用 Word 处理文件，一边用 CD 唱机听 CD 乐曲，还可以同时上网收发电子邮件，只要有足够快的 CPU 和足够大的内存，甚至还可以再运行一些其他的程序。这就需要用户在不同窗口之间任意切换来同时进行不同的工作。

- 使用任务栏：前面已经介绍过，在任务栏处单击代表窗口的图标按钮，即可将相应的窗口切换为当前窗口。
- 使用任务管理器：同时按下 Ctrl＋Alt＋Del 组合键，打开“Windows 任务管理器”，默认打开的是“应用程序”选项卡，如图 2－13 所示。在该选项卡的“任务”列表中选中所需要的程序，并单击“切换至”按钮。

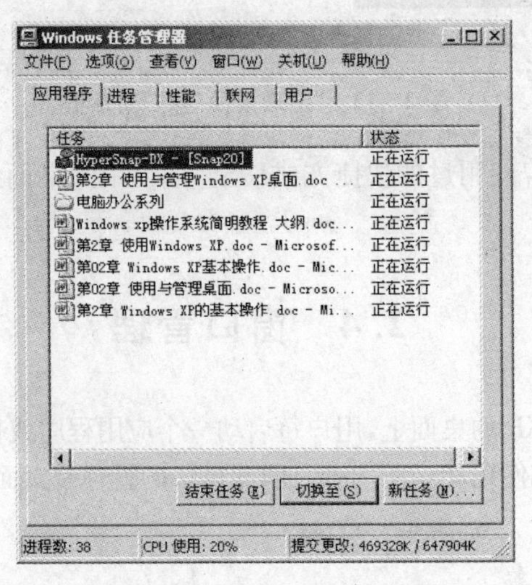

图 2－13 “应用程序”选项卡

- 应用 Alt＋Tab 组合键：要快捷地切换窗口，可使用 Alt＋Tab 组合键。同时按下

Alt 和 Tab 键,然后释放 Tab 键,屏幕上会出现任务切换栏,如图 2-14 所示。在此栏中,系统当前正在打开的程序都以相应图标的形式平行排列出来,文本框中的文字显示的是当前启用程序的简短说明。在此任务切换栏中,按住 Alt 键不放的同时,按一下 Tab 键再松开,则当前选定程序的下一个程序将被选中,再松开 Alt 键就切换到当前选定的窗口中。

图 2-14 使用 Alt+Tab 组合键进行切换窗口

- 使用 Alt+Esc 组合键:先按下 Alt 键,再按 Esc 键,系统就会按照窗口图标在任务栏上的排列顺序切换窗口。不过,使用这种方法,只能切换非最小化的窗口,对于最小化窗口,它只能激活,不能放大。

3. 移动窗口

打开 Windows XP 的窗口之后,还可以根据需要利用鼠标或键盘的操作来移动窗口。使用鼠标进行窗口移动操作时,可单击 Windows XP 中窗口的标题栏,按住鼠标左键不放拖动至目标处时,释放鼠标即可将窗口移动至新的位置。

虽然使用鼠标移动窗口很方便,但是它并不一定适合习惯于使用键盘的用户或没有鼠标的用户。对于他们,可通过键盘来移动窗口。

【实训 2-3】 通过键盘移动窗口。

(1) 按照前面的方法切换要移动的窗口。

(2) 同时按 Alt+空格键或者按 Alt+减号键,打开窗口的控制菜单。

(3) 按键盘上的 M 键,然后在当前应用程序窗口的标题栏上出现双向箭头的鼠标指针,如图 2-15 所示。

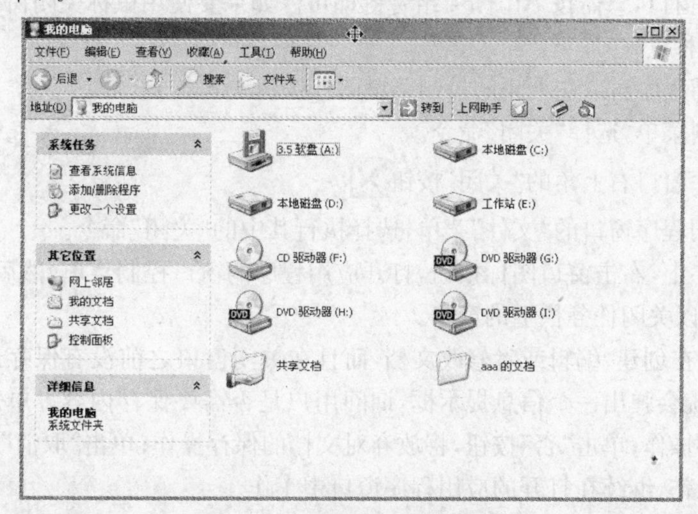

图 2-15 利用键盘移动窗口

(4) 通过方向键将该窗口移动到指定位置。

(5) 按 Enter 键,对移动的结果进行确认。

无论是使用鼠标,还是使用键盘进行操作,在结束窗口的移动操作之前,按 Esc 键则撤销本次移动窗口的操作。

4. 窗口的最大化与最小化

在窗口操作中,为了查看到更多的信息,往往需要最大化窗口。在进行窗口的最大化操作之前,用户应该先将准备最大化的窗口切换成当前窗口,或者窗口的部分区域在桌面上是可见的,然后通过鼠标或键盘的操作,便可实现窗口最大化的目的。

使用鼠标实现窗口的最大化操作时,可将窗口切换至需要最大化的目标窗口,用鼠标单击该窗口右上角的"最大化"按钮,或者单击窗口左上角的控制菜单,选择执行其中的"最大化"命令。如果用户要在切换窗口时最大化窗口,在任务栏上右击代表窗口的图标按钮,从弹出的快捷菜单中选择"最大化"命令即可。

当暂时不想使用某个已经打开的窗口时,可将其最小化,以免影响对其他窗口或者桌面的操作。要使用鼠标进行窗口的最小化操作,先选择需要最小化的目标窗口,然后用鼠标单击该窗口右上角的最小化按钮,或者单击该窗口左上角的控制菜单,选择"最小化"命令即可。

注意:

若想要将最大化的窗口恢复为正常大小,则单击窗口右上方的"向下还原"按钮即可。在任务栏中,单击最小化窗口所对应的窗口按钮,即可将窗口恢复为正常大小。

5. 关闭窗口

在桌面的使用过程中,如果不再使用某个已经打开的程序窗口,则可关闭它。窗口被关闭之后,与其相关的应用程序也就会停止运行,从而可以释放它所占用的系统资源。另外,用户及时关闭应用程序窗口,还可以防止不正确的操作给程序带来的负面影响。如果用户要使用键盘关闭窗口,只需按 Alt+F4 组合键即可。如果要使用鼠标关闭窗口,可选择下列操作中的任何一种:

- 双击应用程序窗口左上角的控制菜单图标按钮。
- 打开控制菜单,选择"关闭"命令。
- 单击程序窗口右上角的"关闭"按钮。
- 打开应用程序窗口的"文件"菜单,选择执行其中的"关闭"命令。
- 在任务栏上,右击窗口图标按钮,打开应用程序的窗口控制菜单,然后选择"关闭"命令,也可以关闭任务栏上的窗口。

如果用户正在创建、编辑或者修改文档,而且在关闭窗口之前没有保存最新的内容,这时关闭窗口,系统会弹出一个信息提示框,询问用户是否需要保存内容。单击"是"按钮,将对文档进行保存操作;单击"否"按钮,将放弃对文档的保存操作;单击"取消"按钮,则取消本次关闭窗口的操作,继续在打开的应用程序窗口中工作。

2.4.2 多窗口排列

在计算机的使用过程中,经常需要打开多个窗口,并通过前面介绍的切换方法来激活一个窗口进行管理和使用。但是,有时需要在同一时刻打开多个窗口并使它们全部处于显示状态,例如,需要从一个窗口向另一个窗口复制数据。这时便可以使用"任务栏"属性菜单提供的命令对这些窗口进行排列管理。这些命令使得用户无需单独地决定每个窗口的大小及如何放置,系统会自动将窗口按照适当的大小排列在桌面上。排列的方式包括 3 种:层叠窗口、横向平铺窗口和纵向平铺窗口。下面将具体介绍如何利用任务栏属性菜单中的 3 个命令来排列多个窗口。

1. 层叠窗口

当用户在桌面上打开了多个窗口并需要在窗口之间来回切换时,可对窗口进行层叠排列。要层叠窗口,可右击任务栏,选择属性菜单中的"层叠窗口"命令,系统会立刻把窗口组织成图 2-16 所示的一串层叠式的窗口,其中所有打开的窗口的标题栏都显示在 Windows 桌面上。当用户希望把其中一个被掩盖住的窗口设定为当前窗口时,单击这个窗口的标题栏,这个窗口将会被提升到这串层叠起来的窗口的最上面。这种层叠功能使用户可以在窗口之间进行任意切换。

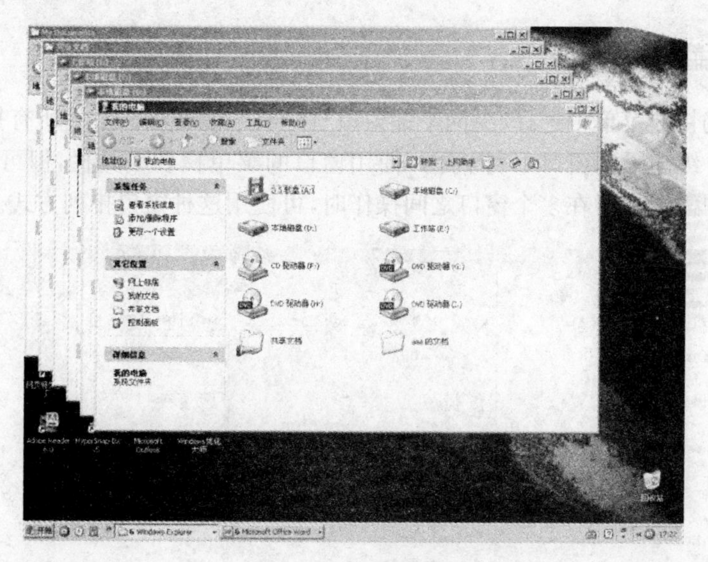

图 2-16 层叠窗口

2. 横向平铺窗口

如果用户需要同时查看所有打开窗口中的内容(最小化的窗口除外),可以在任务栏属性菜单中选择"横向平铺窗口"命令或者"纵向平铺窗口"命令。如果用户选择"横向平铺窗口"命令,系统将适当地重新确定窗口的大小并以横向的方式排列窗口,如图 2-17 所示。这种平铺方式虽然显示了每一个打开的窗口,但是有一定的局限性,即系统把图中 3 个打开的窗口在屏幕上放置好后,便无法再为这 3 个窗口中的任何一个显示更多的内容。

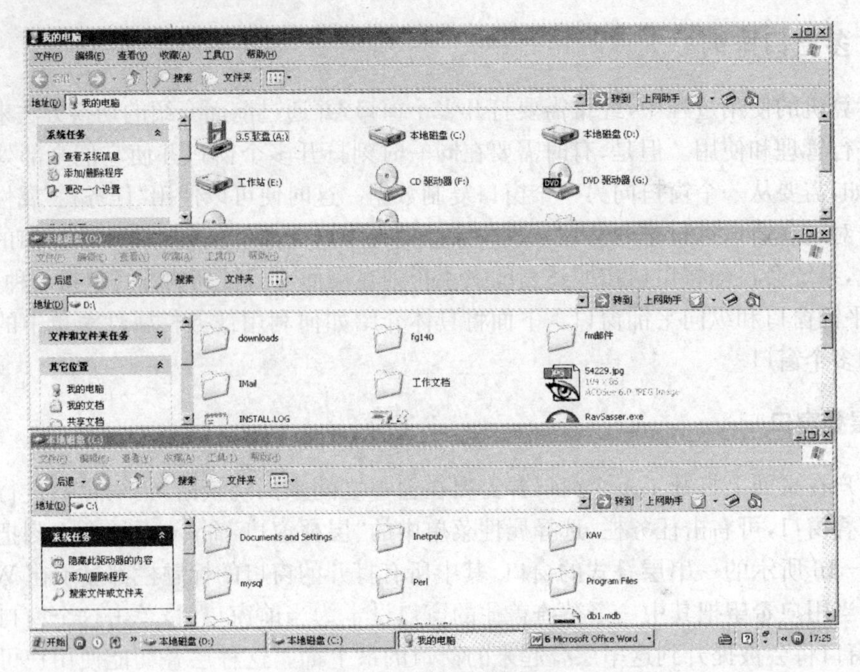

图 2-17　横向平铺窗口

3. 纵向平铺窗口

在任务栏的快捷菜单中选择“纵向平铺窗口”命令，系统将纵向平铺所有打开的窗口，如图 2-18 所示。纵向平铺窗口不利于用户使用窗口的菜单栏和工具栏，但可以查看部分窗口信息。当用户需要同时在多个窗口之间操作时，可使用这种窗口排列方式。

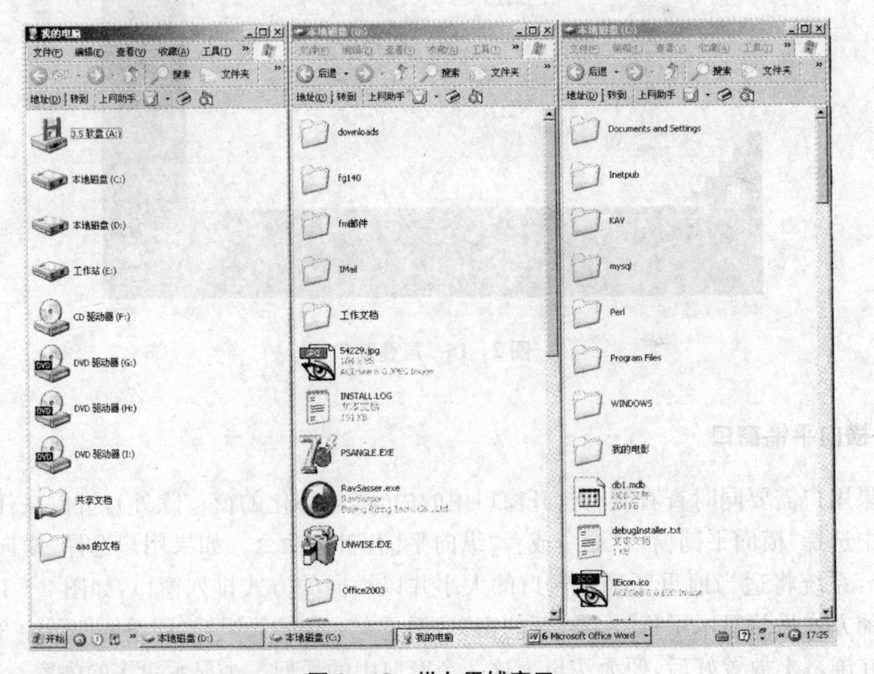

图 2-18　纵向平铺窗口

2.5 思考与练习

1. 简述 Windows XP 的桌面组成部分及其功能。

2. 简述 Windows XP 自带的桌面图标的功能。

3. 在 Windows XP 操作系统的桌面上，将“我的电脑”图标重命名为“××的电脑”(其中“××”为用户自己的名字)。

4. 在快速启动栏中删除不常用的图标。

5. 将任务栏设置为“自动隐藏”模式。

6. 在任务栏中创建如图 2-19 自定义工具栏。

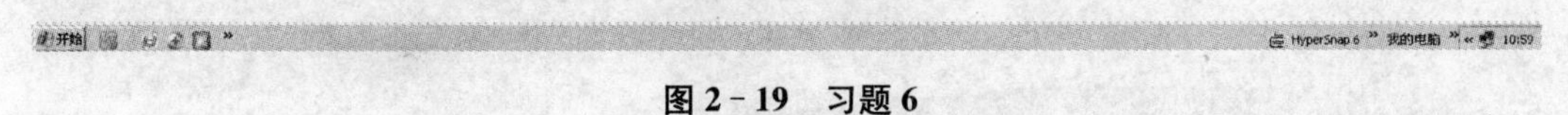

图 2-19 习题 6

7. 设置单击应用程序图标即可打开应用程序。

8. 简述打开窗口的方法。

9. 如何使用任务管理器切换窗口？

10. 通过键盘移动窗口。

11. 简述窗口的最大化和最小化的操作。

12. 简述关闭窗口的常用方法。

13. 在当前桌面上显示的多个程序的窗口中，将窗口的排列方式设置成横向平铺方式，最终效果如图 2-20 所示。

图 2-20 习题 13

14. 设置 Windows XP 的桌面外观，并删除“网上邻居”图标和 Internet Explorer 图标，使其效果如图 2-21 所示。

图 2-21　习题 14

第 3 章　管理文件和文件夹

在 Windows XP 中,文件是被赋予了名称并存储于磁盘上的信息集合,这种信息既可以是文档,也可以是可执行的应用程序,而文件夹则是文件的集合。使用和管理文件及文件,是在计算机上进行各项工作所必须掌握的操作方法。

通过本章的理论学习和上机实训,读者应了解和掌握以下内容:

- “我的电脑”窗口和资源管理器的使用方法
- 文件系统和文件类型的定义
- 搜索文件和文件夹
- 文件和文件夹的基本操作
- 设置文件夹属性
- 备份和还原文件
- 回收站的使用和设置

3.1 “我的电脑”窗口和资源管理器

在 Windows XP 中,用于文件和文件夹管理的工具主要有“我的电脑”和资源管理器。使用“我的电脑”或资源管理器可以对文件和文件夹甚至整个计算机进行各个方面的管理。

3.1.1 “我的电脑”窗口

“我的电脑”窗口是文件和文件夹以及其他计算机资源的管理中心,可直接对磁盘、映射网络驱动器、文件夹与文件等进行管理。对于已经有网络连接的计算机,可以通过“我的电脑”窗口来方便地访问本地网络中的共享资源和 Internet 上的信息,还可以通过“我的电脑”窗口来方便地链接到网络中的其他计算机上或浏览 Web 页面。

在 Windows XP 桌面上选择“开始”|“我的电脑”命令,打开“我的电脑”窗口,如图 3－1 所示。用户可以通过“我的电脑”窗口来查看和管理几乎所有的计算机资源。

在“我的电脑”窗口中,用户可以看到计算机中所有的磁盘列表。在左侧窗口中还有“我的文档”、“网上邻居”、“共享文档”和“控制面板”4 个链接,通过这些链接,用户可以方便地在不同窗口之间进行切换。单击磁盘驱动器时,左侧的窗口中还将显示选中驱动器的大小、已用空间、可用空间等相关信息。用户还可以双击任意驱动器来查看它们的内容。单击文件或文件夹时,左侧的窗口中将显示文件或文件夹的修改时间及属性等信息。对于 JPG、BMP 等格式的图像文件以及 Web 页文件,单击选中一个文件即可预览该文件的内容。

在“我的电脑”窗口中浏览文件时,需要按照层次关系,逐层打开各个文件夹,再在文件夹窗口中查看文件。虽然逐层打开文件夹窗口的过程较麻烦,但在桌面上同时打开多个文

图 3-1 “我的电脑”窗口

件夹窗口后，通过鼠标的拖动操作就可以在不同的文件夹窗口之间方便地完成常用的操作。

3.1.2 资源管理器

资源管理器是 Windows XP 的另一个文件管理工具，它的功能与“我的电脑”窗口十分类似，区别之处在于它的窗格中显示了两个不同的信息窗格，左边的窗格中以树的形式显示了计算机中的资源项目，右边的窗格中显示了所选项目的详细内容，如图 3-2 所示。

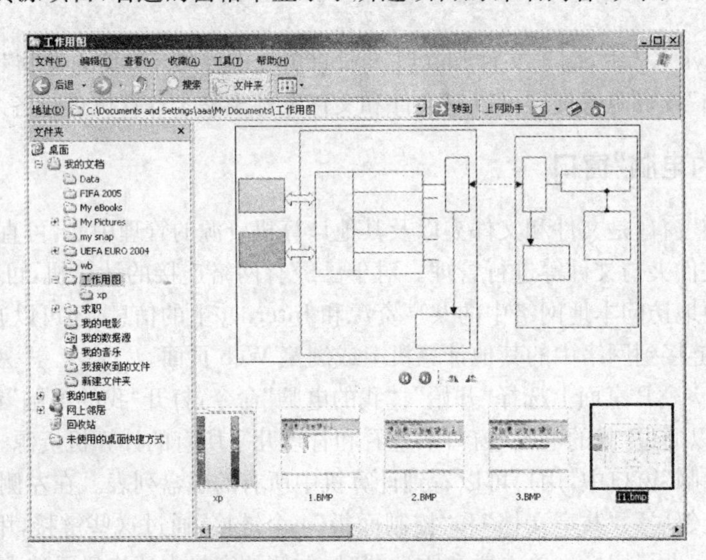

图 3-2 Windows 资源管理器

利用资源管理器可以方便地对文件、文件夹、打印机与磁盘等进行管理，并能够方便地访问网络上的计算机。可采取以下方式之一来启动资源管理器：

- 在 Windows XP 桌面上选择“开始”|“程序”|“附件”|“Windows 资源管理器”命令。
- 在桌面上右击“我的电脑”图标，从弹出的快捷菜单中选择“资源管理器”命令。

• 右击“开始”按钮，在弹出的快捷菜单中选择“资源管理器”命令。

打开资源管理器之后，在左窗格中以树状结构显示出系统中的所有磁盘资源，如图3-2所示。如果在驱动器或文件夹的左边有＋号，单击＋号可以展开它所包含的子文件夹。当驱动器或文件夹全部展开之后，即文件夹已经展开至最底层，＋号就会变成-号。单击-号可以把已经展开的内容折叠起来，-号就会重新变成＋号。

在资源管理器窗口中，要查看一个文件夹或磁盘的内容，可单击选定的图标；要向上移动到上一级文件夹或磁盘上，可单击工具栏上的“向上”按钮；要向后移动到前面所选的磁盘或文件夹中，可单击工具栏上的“后退”按钮；要选择前面曾经查看过的某个磁盘或文件夹的内容，可单击“后退”按钮旁边的下三角按钮，然后在打开的下拉菜单中选择该磁盘或文件夹。在已经向后移动了多个磁盘或文件夹的情况下，用户可以通过多次单击“前进”按钮，向前移动至所要访问的文件夹。在“地址”文本框里输入磁盘、文件夹或网络路径，就可直接查看它们的内容。

3.2 文件系统和文件类型

在介绍对文件和文件夹的操作之前，本节先介绍 Windows XP 所支持的文件系统和文件类型，让用户对 Windows XP 的文件管理功能有一个较高层次的认识。

3.2.1 文件系统

Windows XP 支持的文件格式系统有 FAT16、FAT32 和 NTFS。用户在为各分区选择文件系统时要注意，如果该分区还需在不能读取 NTFS 格式的操作系统中使用，如 Windows 9X 等，则推荐用户使用 FAT32 文件系统；反之，则推荐用户使用更具容错性和安全性的 NTFS 文件系统。

如果计算机中的分区已经采用 FAT32 格式的文件系统，用户也可以在不损失任何数据的情况下将其转为 NTFS 文件格式。

【实训 3-1】 将 D 盘的 FAT32 文件系统转换为 NTFS 文件系统。

(1) 在 Windows XP 桌面中选择“开始”|“运行”命令，打开“运行”对话框，如图3-3所示。

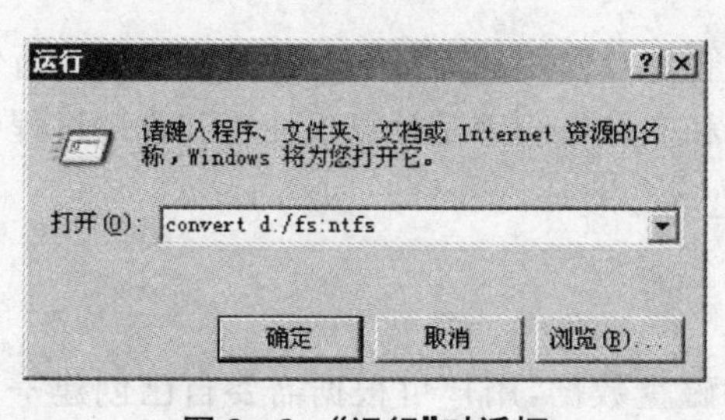

图3-3 “运行”对话框

图3-4 命令提示符窗口

(2) 在“打开”文本框中输入命令 convert D:/fs:ntfs 命令，单击“确定”按钮，打开命令提示符窗口，如图 3-4 所示。

(3) 在光标处输入驱动器 D 的当前卷标，如输入“本地磁盘”，按 Enter 键即可开始将 D 盘的 FAT32 文件系统转换为 NTFS 文件系统。

3.2.2 文件类型

Windows XP 支持多种文件类型，根据文件的用途大致可分为 6 个类型，如表 3-1 所示。

表 3-1 Windows XP 文件类型分类表

文件类型	注 释
程序文件	程序文件是由相应的程序代码组成的，文件扩展名一般为.com 和.exe。在 Windows XP 中，每一个应用程序都有其特定的图标，用户只要双击某个程序文件图标就可以自动启动某一程序。
文本文件	文本文件是由字符、字母和数字组成的。一般情况下，文本文件的扩展名为.txt。应用程序中的大多数 Readme 文件都是文本文件。
图像文件	图像文件是指存放图片信息的文件。图像文件的格式有很多种，例如 bmp 文件、jpg 文件、gif 文件。在 Windows XP 中，用户可以通过 Photoshop、CorelDraw 等图像处理软件来创建图像文件。利用“画图”工具所创建的位图文件也是一种图像文件。
多媒体文件	多媒体文件是指数字形式的音频和视频文件。在 Windows XP 系统中，可以很好地支持多种多媒体文件，系统内部自带的 Windows Media Player 即可播放这些多媒体文件。
字体文件	Windows XP 自带了种类繁多的字体，这些字体都以字体文件的形式存放在 C:\Windows\Fonts 系统文件夹中。
数据文件	数据文件中一般都存放了数字、名字、地址和其他数据库和电子表格等程序创建的信息。最通用的数据文件格式可以被许多不同的应用程序识别。

Windows XP 中所包含的文件类型比较多，当用户遇到不认识的文件时，可以通过查看该文件的扩展名识别其文件类型。

3.3 文件和文件夹操作

管理文件和文件夹就是用户根据系统和日常管理及使用的需要对文件和文件夹执行创建、移动、复制、重命名、删除和设置等操作。文件和文件夹管理是计算机使用和管理过程中最重要和最常用的操作。

3.3.1 创建文件夹

为了使系统能有效地管理和使用系统文件和磁盘数据，用户可根据需要自己创建一个或多个文件夹，然后将不同类型或用途的文件分别放在不同的文件夹中，从而使文件系统更加有条理。用户除了可以在磁盘根目录下创建文件夹外,还可以在文件夹中创建子文件夹。

【实训 3-2】 创建新文件夹。

(1) 在"我的电脑"或"资源管理器"窗口中,打开要在其中创建新文件夹的文件夹。

(2) 在 Windows XP 中创建新文件夹的方法有多种,用户可以选择如下任一操作:

- 右击文件夹窗口的空白部分,从弹出的快捷菜单中选择"新建"|"文件夹"命令,如图 3-5 所示。
- 在当前文件夹窗口左侧的"文件和文件夹任务"列表中单击"创建一个新文件夹"超链接。
- 打开"文件"菜单,选择"新建"|"文件夹"命令。

(3) 执行上述任一操作后,将会在指定位置出现新建的文件夹,系统默认将其命名为"新建文件夹",如图 3-6 所示。

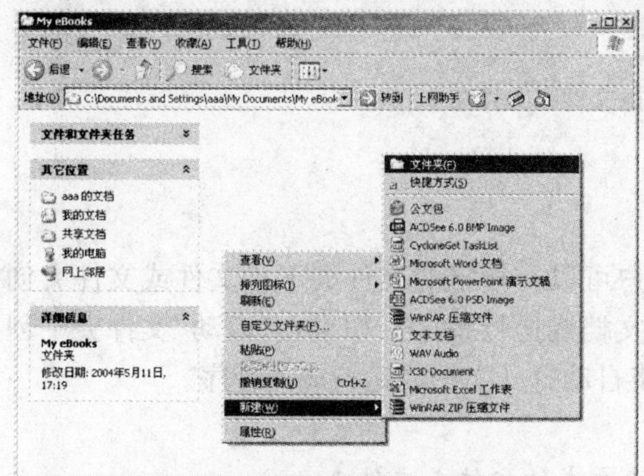

图 3-5 选择新建文件夹命令

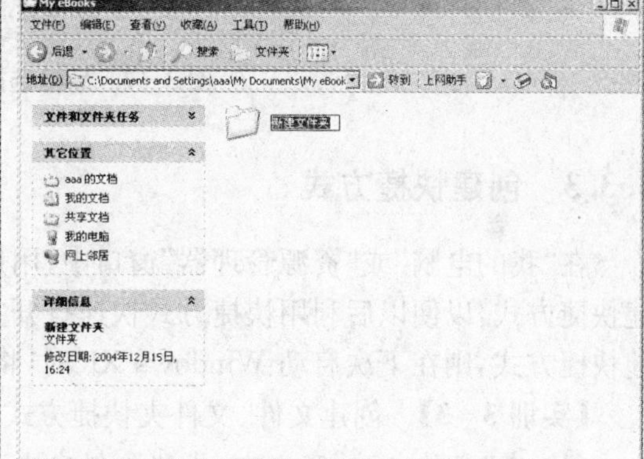

图 3-6 创建的"新建文件夹"文件夹

3.3.2 选择文件或文件夹

用户在操作文件或文件夹时,首先必须确定操作对象,即选择文件或文件夹。为了使用户能够快速选择文件或文件夹,Windows 系统提供了多种文件和文件夹选择方法。下面分别对各种方法进行说明,用户可根据自己的需要来操作。

- 如果要选择一个文件或文件夹,在文件夹窗口中单击要操作的对象即可。
- 如果要选择文件夹窗口中的所有文件和文件夹,可选择"编辑"|"全部选定"命令。如果该文件夹中有隐藏的文件和文件夹,系统将打开信息提示框提示用户有几个隐藏对象没有被选中,需要解除它们的隐藏属性才能选定它们。
- 如果要选择文件夹窗口中多个不连续的文件和文件夹,可先按下 Ctrl 键,然后单击要选择的文件和文件夹。
- 如果要选择图标连续排列的多个文件和文件夹,可先按下 Shift 键,并先后单击第一个文件或文件夹图标和最后一个文件或文件夹图标。

另外,用户还可以通过光标在文件夹窗口中划框来选择文件和文件夹,凡是在光标所划的矩形框中的文件和文件夹都被选中,如图 3-7 所示。

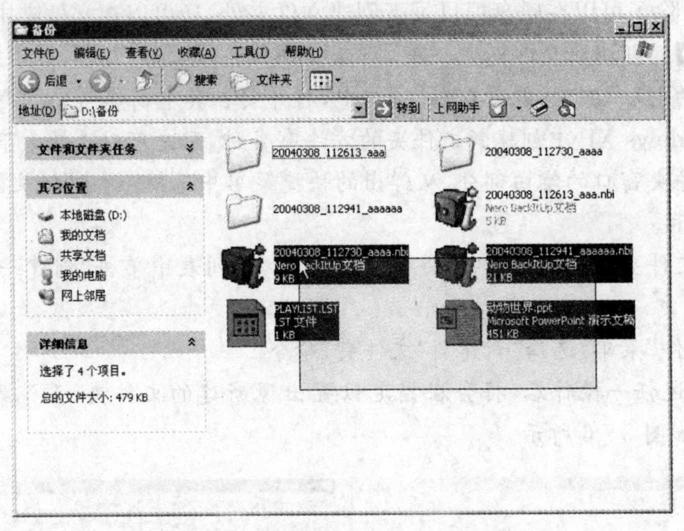

图 3-7　划框选择文件和文件夹

3.3.3　创建快捷方式

在“我的电脑”或“资源管理器”窗口中，用户可以在指定的文件夹下为文件或文件夹创建快捷方式，以便以后利用快捷方式快速打开文档或运行程序。如果在“启动”文件夹中创建快捷方式，则在下次启动 Windows XP 时，将自动打开文档或运行应用程序。

【实训 3-3】　创建文件、文件夹快捷方式。

(1) 在“我的电脑”窗口中，找到要创建快捷方式的文件或文件夹。

(2) 右击该文件或文件夹，在弹出的快捷菜单中选择“发送到”|“桌面快捷方式”命令，即可为其在桌面上创建快捷方式。

另外，也可以直接将该文件或文件夹拖动至桌面，为其创建快捷方式。

提示：

进入需要创建快捷方式的文件夹，在菜单栏中选择“文件”|“新建”|“快捷方式”命令，打开“创建快捷方式”对话框，然后根据对话框的提示完成操作后，即可为该文件夹创建快捷方式。

3.3.4　移动和复制文件及文件夹

在文件和文件夹管理过程中，用户经常要对文件和文件夹进行移动或复制操作，以便完成文件或文件夹的整理、备份和使用。例如，当用户的某一个系统文件出现错误而导致系统不能正常运行时，用户可以从其他位置或者系统中复制一个相同的文件来代替原有文件，即可解决问题。

移动和复制文件及文件夹在过程上基本相同，但在结果上有很大的区别。其中，移动文件和文件夹在完成操作之后将原来位置上的内容删除，而复制文件和文件夹则在完成操作后仍保留原有文件和文件夹。一般情况下，用户在整理文件和文件夹时，使用移动操作；在备份和使用文件和文件夹时，使用复制操作。

在对文件及文件夹进行复制和移动操作时，用户可以使用“编辑”菜单中的“复制”、“剪切”和“粘贴”命令，也可以使用鼠标拖动的方法。

如果通过命令来复制和移动文件及文件夹，先打开需要复制或移动的对象所在的文件夹窗口，选中需要复制或移动的对象。如果要复制对象，在菜单中选择“编辑”|“复制”命令；如果要移动对象，在菜单中选择“编辑”|“剪切”命令。接着打开需要把对象复制或移动的目标文件夹窗口，在菜单中选择“编辑”|“粘贴”命令，则需要复制或移动的文件、文件夹就会被复制或移动到当前窗口中。

如果通过拖动来复制或移动文件及文件夹，分别打开想要复制或移动的对象所在文件夹窗口和目标文件夹窗口，使两个窗口都同时可见。如果要复制对象，可在按下 Ctrl 键的同时用鼠标左键将对象拖动到目标文件夹窗口中放置；如果要移动对象，可在按下 Shift 键的同时用鼠标左键将对象拖动到目标文件夹窗口中放置。

如果用户使用鼠标右键拖动文件或文件夹，则在拖动之后，系统将自动弹出一个快捷菜单，让用户选择进行何种操作，如图 3-8 所示。用户可以根据需要选择其中一个命令对文件或文件夹进行操作。

图 3-8　文件拖动快捷菜单

用户也可以直接在当前打开的窗口中，通过窗口左侧的“文件和文件夹任务”列表中的相应命令直接进行移动或复制操作。

【实训 3-4】　使用“文件和文件夹任务”列表移动文件。

(1) 在当前窗口中选择需要移动或复制的文件或文件夹，将光标移至窗口左侧，单击“文件和文件夹任务”列表中的“移动这个文件夹”超链接，如图 3-9 所示。

(2) 此时系统将弹出图 3-10 所示的“移动项目”对话框。

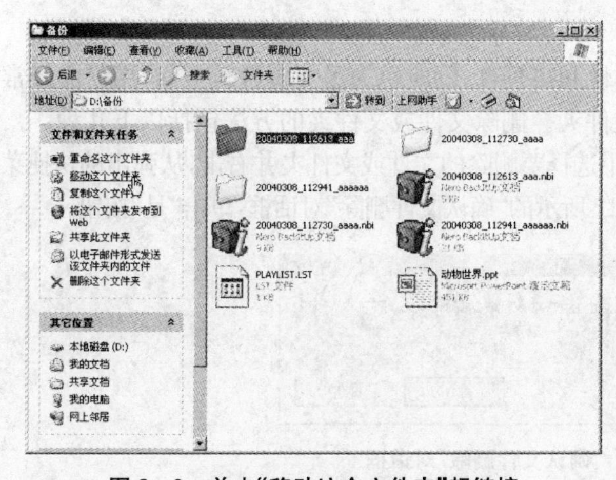

图 3-9　单击“移动这个文件夹”超链接

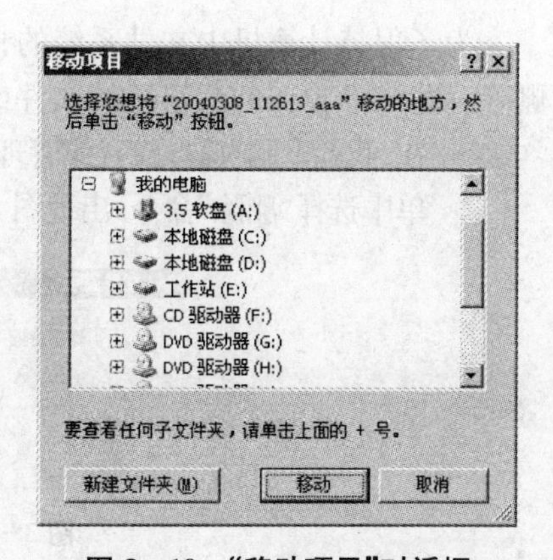

图 3-10　“移动项目”对话框

(3) 在对话框的列表中选择文件所要移到的位置，用户可以单击十号，在打开的子文件夹中进行选择。

(4) 选择完成后，单击“移动”按钮，系统即开始进行文件或文件夹的移动操作。

3.3.5 重命名文件或文件夹

在 Windows XP 中，用户可随时修改文件或文件夹的名称，以满足自己管理的需要。一般来说，命名文件或文件夹或需要遵循两个原则：第一是文件或文件夹名称不宜太长，否则系统不能显示全部名称；第二是名称应有明确的含义。遵循这两个原则可以让用户根据名称来确定文件和文件夹所包含的主要内容。

【实训 3-5】 重命名文件或文件夹。

(1) 在“我的电脑”或“资源管理器”窗口中，选择想要重命名的文件或文件夹。

(2) 执行下列操作之一，使文件或文件夹的名称高亮显示，处于可编辑状态：

- 在窗口的菜单栏中选择“文件”|“重命名”命令。
- 在窗口左侧，单击“文件和文件夹任务”列表中的“重命名这个文件夹”超链接。
- 右击想要重命名的文件或文件夹，在弹出的快捷菜单中选择“重命名”命令，如图 3-11 所示。
- 单击要重命名的文件或文件夹，然后再单击文件或文件夹的名称项。
- 单击要重命名的文件或文件夹，然后按 F12 键。

(3) 键入新的文件或文件夹名称，然后单击空白处。

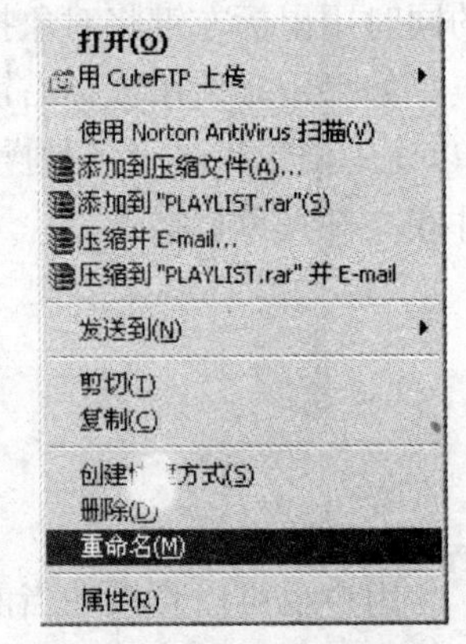

图 3-11 重命名快捷菜单

注意：

在重命名文件或文件夹时应注意：如果文件已经被打开或正被使用，则不能被重命名；不要对系统中自带的文件、文件夹以及其他程序安装时所创建的文件、文件夹进行重命名操作，否则有可能引起系统或其他程序的运行错误。

3.3.6 删除文件或文件夹

为了保持计算机中文件系统的整洁性和条理性，同时也为了节省磁盘空间，用户应经常删除一些已经没用的或损坏的文件或文件夹。删除文件或文件夹的方法包括以下几种：

- 在“我的电脑”窗口或资源管理器中选择要删除的文件或文件夹并右击，从弹出的快捷菜单中选择“删除”命令，出现图 3-12 所示的“确认文件删除”对话框，单击“是”按钮。

图 3-12 “确认文件删除”对话框

- 选择想要删除的文件或文件夹，从菜单中选择“文件”|“删除”命令，出现对话框之后，单击“是”按钮。
- 选择想要删除的文件或文件夹，按下键盘上的 Delete 键，出现对话框之后，单击“是”

按钮。

- 在 Windows XP 窗口左侧，单击“文件和文件夹任务”列表中的“删除这个文件夹”超链接。
- 选择想要删除的文件或文件夹，用鼠标将它们拖动到桌面的“回收站”图标上。

执行前面几个操作后，用户可以发现当前要删除的文件或文件夹已移入至回收站中，如果用户想直接将其从硬盘中删除，选中该文件或文件夹，在按住 Shift 键的同时按下 Delete 键，此时系统将弹出图 3-13 所示的对话框，单击“是”按钮即可。

图 3-13 直接从硬盘中删除文件或文件夹

提示：

如果某些文件或文件夹正在被系统使用，则 Windows XP 将提示用户该文件或文件夹不能被删除。

3.3.7 搜索文件或文件夹

用户在使用 Windows XP 的过程中，如果系统中的文件和文件夹数量较多，为了快速定位到自己的文件，或想不起来要使用的文件位于什么位置，或者想找出某个日期范围内建立的文件以及包含某些字符的文件，那么就可以使用系统提供的搜索文件或文件夹的功能来快速地对文件或文件夹进行定位。

打开“开始”菜单，选择“搜索”命令，在打开的图 3-14 所示的“搜索结果”对话框中，可以看到 Windows XP 提供了一个用户搜索向导，指导用户一步步地完成对文件的搜索。

【实训 3-6】 在本地计算机以及网络中搜索文件。

(1) 在 Windows XP 桌面上选择“开始”|“搜索”|“文件或文件夹”命令，打开“搜索结果”对话框，如图 3-14 所示。

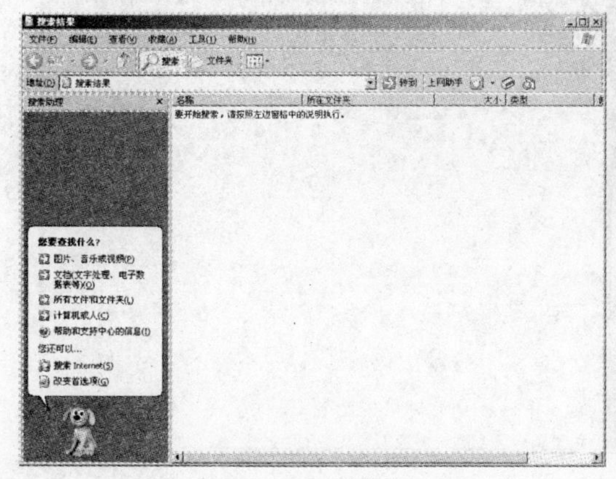

图 3-14 “搜索结果”对话框

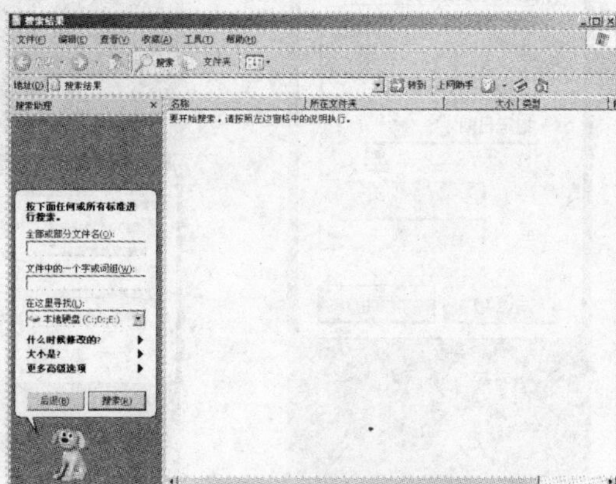

图 3-15 设置搜索标准

(2) 在对话框左侧窗格的"您要查找什么"选项区域中单击"所有文件和文件夹"选项，打开如图 3-15 所示的对话框。

(3) 在"全部或部分文件名"文本框中，输入要查找的文件或文件夹的名称。另外，如果用户要查找的文件是标准的 Windows 文本格式文件(如写字板文件或 Word 文档)，那么也可以在"文件中的一个字或词组"文本框中，输入想要搜索的文件所包含的文字内容。

提示：

在输入的搜索对象名称中可以使用通配符？和*，前者代表任意一个字符，而后者代表任意多个字符。如果要一次查找多个文件，还可以使用分号、逗号等作为文件名称的分隔符，Windows 将会把所有符合条件的对象都列出来。

(4) 在"在这里寻找"下拉列表框中确定搜索的范围。可以选定搜索单个的驱动器，也可选择搜索整个计算机，如果选择了下拉列表框中的"浏览"选项，还可以在网络中进行搜索。

(5) 通过"什么时候修改的"和"大小是"超链接，还可以进一步指定搜索的范围。例如，用户如果知道文件的上一次修改日期以及该文件的大小，则可以在图 3-16 所示窗口中进行设置。

(6) 设定了所有需要的选项之后，单击"搜索"按钮，Windows XP 将在计算机或网络中搜索符合条件的文件或文件夹，并在右侧的窗口中列出搜索结果，如图 3-17 所示。在搜索过程中，单击"停止"按钮，将停止此次搜索操作。

在搜索到指定的文件之后，可以使用"查看"菜单中的命令设置已经搜索到的文件的显示和排列格式。在"编辑"菜单中可以对文件进行剪切、复制、粘贴、撤销等操作，利用"文件"菜单则可以对文件进行打开、打印、浏览等操作。

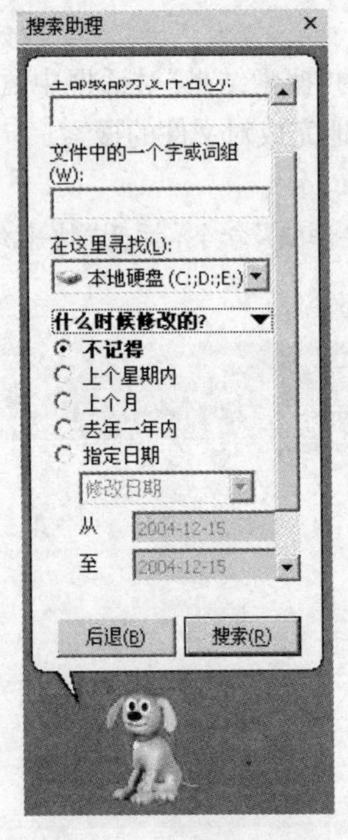

图 3-16　设置查找范围

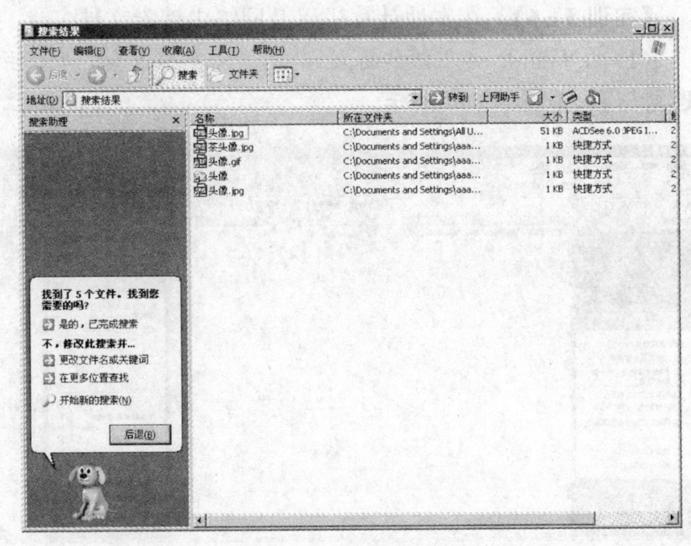

图 3-17　显示搜索结果

3.4 设置文件夹属性

在Windows XP中，为了加强对文件夹的管理和使用，用户除了可以对文件和文件夹进行创建、删除、移动、复制和重命名等操作，还应合理设置文件夹属性。

3.4.1 自定义文件夹

在任意文件夹窗口的菜单栏中选择“查看”|“自定义文件夹”命令，打开当前文件夹的属性对话框的“自定义”选项卡，如图3－18所示。通过该选项卡，用户可以设置当前文件夹的背景图片、更改文件夹的默认图标等属性。

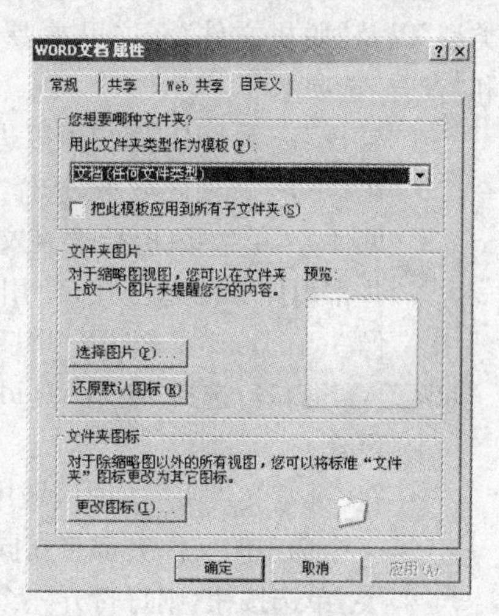

图3－18 “自定义”选项卡

【实训3－7】 在Windows XP中自定义文件夹。

(1) 选择“查看”|“自定义文件夹”命令，打开当前文件夹的属性对话框的“自定义”选项卡，在“您想要哪种文件夹?”选项区域的“用此文件夹类型作为模板”下拉列表框中，可以更改当前文件夹的类型，如“图片”、“像册”、“视频”等，这样Windows XP就可以通过文件夹属性来直接打开其中文件运行所需的应用程序。

(2) 在“文件夹图片”选项区域中单击“选择图片”命令，在打开如图3－19所示的“浏览”对话框中，可以指定一幅图像文件作为文件夹的外观图案。单击“还原默认图标”按钮，可以取消用户自定义的图案，并返回到Windows XP默认模式。

(3) 单击“更改图标”按钮，在打开如图3－20所示的窗口中，可以更改文件夹在Windows中显示的默认图标样式。

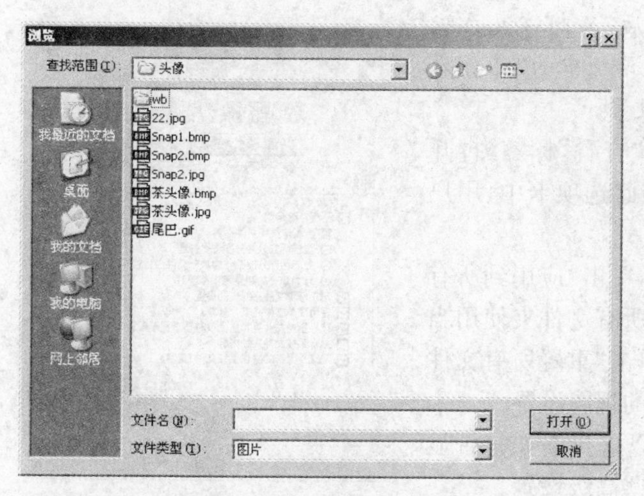

图3－19 “浏览”对话框

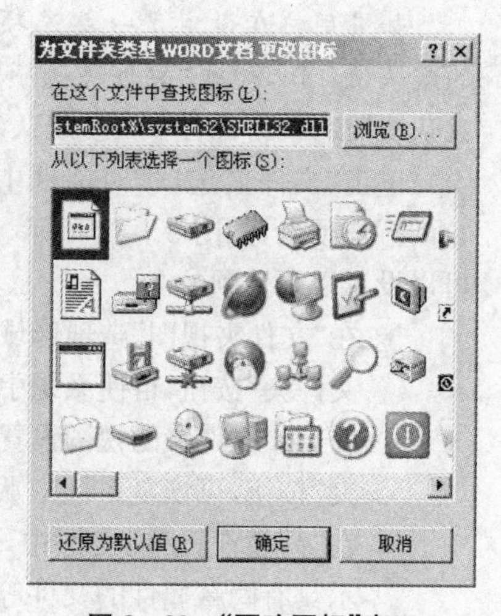

图3－20 “更改图标”窗口

3.4.2 设置文件夹选项

在自定义文件夹时,用户可以对文件夹的外观等进行设置,但如果要对文件夹进行一些高级设置,就需要用到"文件夹选项"命令。在"Windows 资源管理器"窗口或任意文件夹窗口的菜单栏中选择"工具"|"文件夹选项"命令,打开"文件夹选项"对话框,如图 3-21 所示。此对话框中有 4 个选项卡:"常规"、"查看"、"文件类型"以及"脱机文件"。这里主要介绍"常规"选项卡和"查看"选项卡。

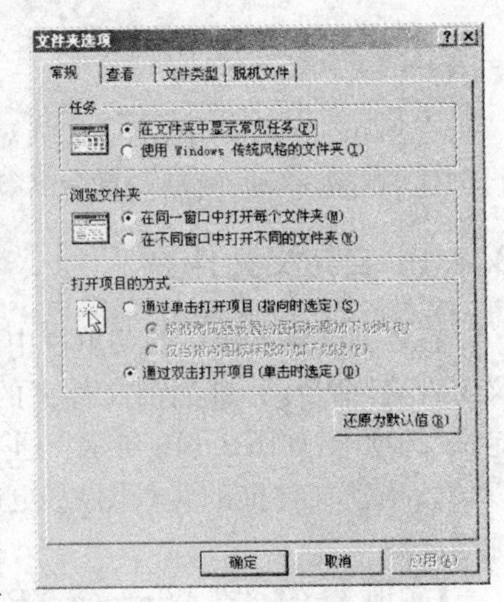

图 3-21 "文件夹选项"对话框

在"常规"选项卡中,用户可以进行以下几种设置:

- 在"任务"选项区域中,选择"在文件夹中显示常见任务"单选按钮,将会在文件夹的左侧显示一些常用任务的超链接,使用户的桌面看起来就像一个 Web 页面,用户甚至可以在上面加入 Web 内容;选择"使用 Windows 传统风格的文件夹"单选按钮,可使桌面恢复传统风格。
- 在"浏览文件夹"选项区域中,选择"在同一窗口中打开每个文件夹"单选按钮,则每一个选中的文件夹都将在同一个窗口中打开;选择"在不同窗口中打开不同的文件夹"单选按钮,则每打开一个文件夹都会开一个新窗口。
- 在"打开项目的方式"选项区域中,选择"通过单击打开项目(指向时选定)"单选按钮,可在鼠标指向项目时就选中它,单击左键即可打开选中的内容。其中的"根据浏览器设置给图标标题加下划线"和"仅当指向图标标题时加下划线"选项可以设定加下划线的方式;选择"通过双击打开项目(单击时选定)"单选按钮,可以按用户比较熟悉的双击方式来打开项目。

提示:

如果用户在设定了一些选项之后,又想恢复系统的默认值,可以单击"文件夹选项"对话框中的"还原为默认值"按钮,系统将会恢复默认的设置。

单击"文件夹选项"对话框中的"查看"标签,打开"查看"选项卡,如图 3-22 所示。在此选项卡中,用户可以设置以下选项:

- 在"文件夹视图"选项区域中,单击"应用到所有文件夹"按钮,可使系统中的所有文件夹使用当前工作文件夹的视图设置;单击"重置所有文件夹"按钮,可恢复系统中默认的视图设置。
- 在"高级设置"列表框中,可以进行诸如是否显示具有隐藏属性的文件等一些高级设置。

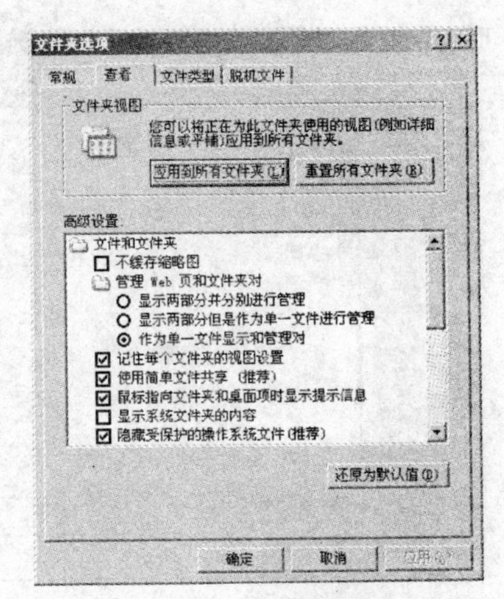

图 3-22 "查看"选项卡

3.4.3 注册文件类型

在 Windows XP 中，如果用户希望在双击文件时以指定的应用程序打开它们，则必须在系统中对该类型的文件进行注册。注册文件类型的目的是为了指定打开某类型文件的默认应用程序。例如，系统默认使用记事本应用程序打开扩展名为.txt 的文件，如果被打开的文件长度太大，则用写字板应用程序打开。不过，用户或系统指定的应用程序必须是用户计算机上已经安装的应用程序，至少也是在用户计算机的网络环境中已存在的应用程序。

一般情况下，文件类型的注册都是系统自动完成的，但对于一些系统没有注册的文件类型，用户需要手动进行注册。另外，用户可根据自己的需要修改系统已经注册过的文件类型，改变一些文件的默认打开方式。

要注册和编辑文件类型，可以在 Windows XP 桌面上选择“开始”|“设置”|“控制面板”命令，在打开的“控制面板”窗口中双击“文件夹选项”图标，打开“文件夹选项”对话框，然后切换到“文件类型”选项卡，如图 3-23 所示。

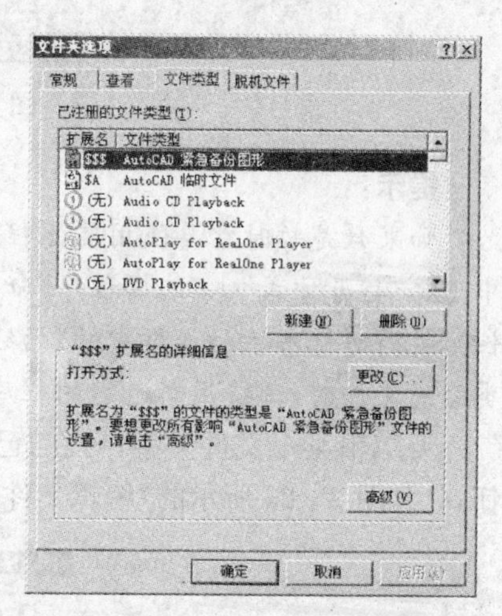

图 3-23 “文件类型”选项卡

在“已注册的文件类型”列表框中，列出了已经在系统中注册过的文件类型与文件扩展名之间的关联关系。如果用户在列表框中选定一个文件类型，则在对话框下部的详细信息选项区域中就会列出有关此类型文件的详细信息。

如果要删除一个不必要的文件类型，在“已注册的文件类型”列表框中选择它，然后单击“删除”按钮即可。如果用户要注册一种新的文件类型，单击“新建”按钮，打开“新建扩展名”对话框，单击“高级”按钮，如图 3-24 所示。在“文件扩展名”文本框中输入要注册文件的扩展名，在“关联的文件类型”下拉列表框中可选择系统可识别的文件类型。在输入文件扩展名或选择一种关联的文件类型后，单击“确定”按钮即可。此时，在“文件类型”选项卡中就可看到新建的文件类型。

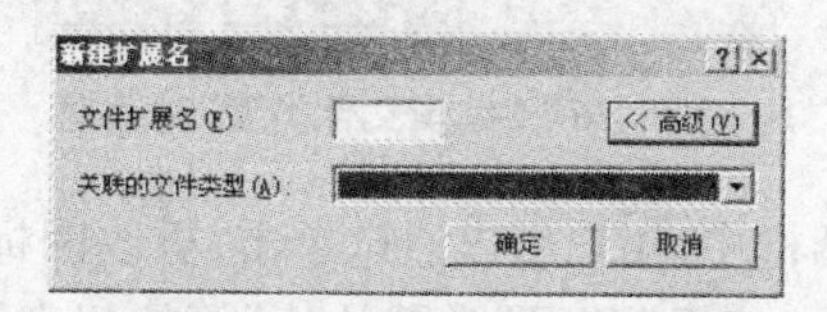

图 3-24 “新建扩展名”对话框

如果用户要修改已建立关联的文件的打开方式，可在“已注册的文件类型”列表中选择要操作的文件类型，在详细信息选项区域中单击“更改”按钮，打开“打开方式”对话框，如图 3-25 所示。对话框的“程序”列表框中列出了已经在系统中注册过的应用程序。选择想要用来打开文件的应用程序，单击“确定”按钮即可。如果在列表中没有找到相应的程序，可单击“浏览”按钮，选择其他应用程序来打开文件。

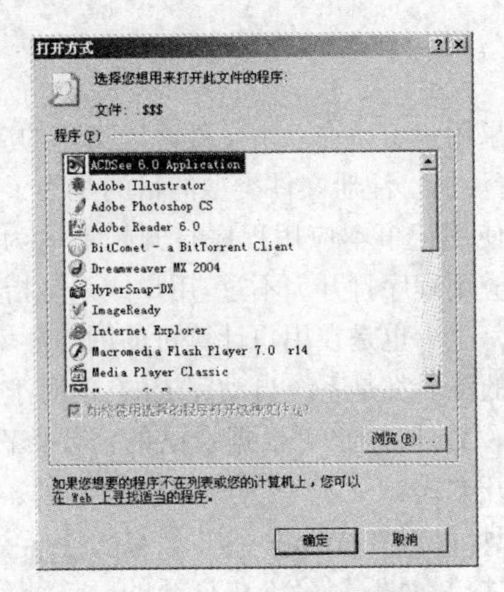

图 3-25 “打开方式”对话框

提示:

如果只是暂时需要使用其他程序来打开文件，可右击要打开的文件，在弹出的快捷菜单中选择“打开方式”|“选择程序”命令，打开“打开方式”对话框，选择想要使用的程序即可。但如果同时选中了对话框中的“始终使用选择的程序打开这种文件”复选框，则以后双击此类型的文件时，都将用新选定的程序来打开。

要编辑某个文件类型，可在“已注册的文件类型”列表框中选择它，然后单击“高级”按钮，打开图 3-26 所示的“编辑文件类型”对话框来进行一些高级设置。

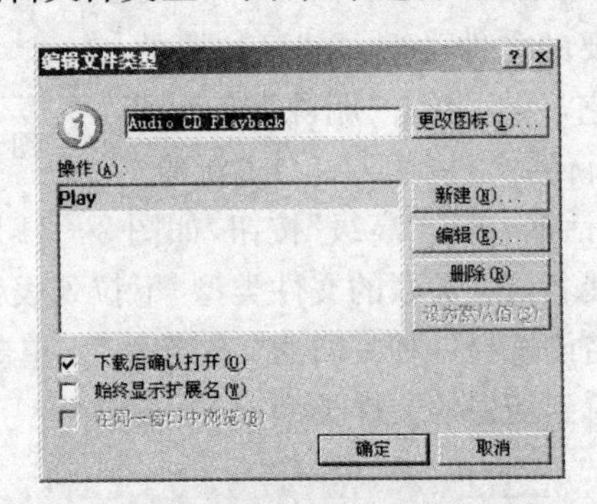

图 3-26 “编辑文件类型”对话框

在“编辑文件类型”对话框中，用户可以通过单击“更改图标”按钮来为该类型的文件更换图标，也可以通过“新建”、“编辑”和“设为默认值”等按钮来设置对该类型的文件的相关操作。

设置完毕后，单击“确定”按钮，返回到“文件类型”选项卡，然后单击“应用”按钮，保存设置。

3.5 备份和还原文件

由于硬盘损坏、病毒感染、供电中断、蓄意破坏、网络故障以及其他一些原因,可能导致数据的丢失甚至破坏。因此,定期备份服务器或者本地硬盘上的数据是非常必要的,需要时就可以将已备份的数据还原。

3.5.1 使用备份或还原向导

对于一般用户来说,进行文件的备份和还原时最好使用备份或还原向导。使用该向导,用户可以按照提示一步步进行选择,直至完成文件的备份或还原。

【实训 3-8】 使用备份或还原向导备份数据。

(1) 在 Windows XP 桌面选择"开始"|"程序"|"附件"|"系统工具"|"备份"命令,打开"备份或还原向导"对话框,如图 3-27 所示。

(2) 单击"下一步"按钮,打开"备份或还原"对话框,如图 3-28 所示。用户可以备份文件和设置,或者从以前的备份中将文件和设置还原。

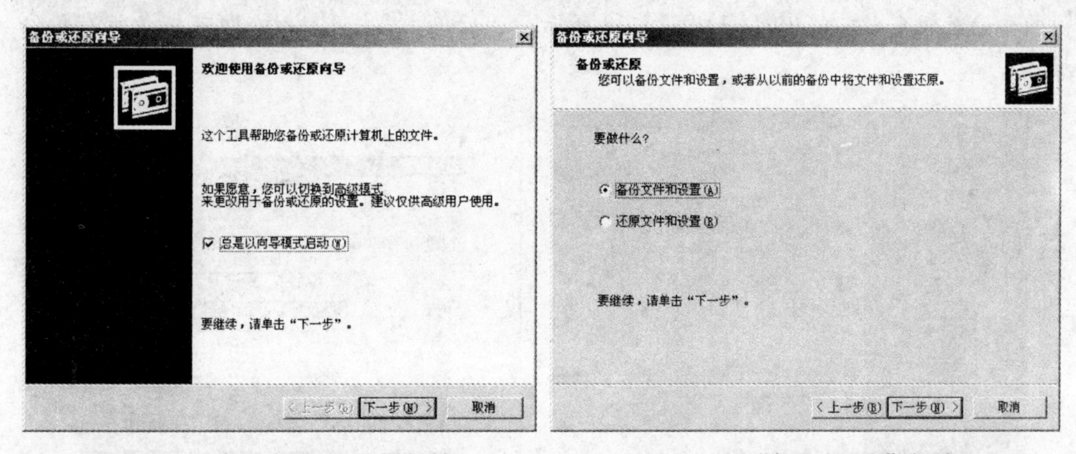

图 3-27 "备份或还原向导"对话框　　**图 3-28 "备份或还原"对话框**

(3) 在"要做什么"选项区域进行设置,这里选中"备份文件和设置"单选按钮,然后单击"下一步"按钮,打开图 3-29 所示的"要备份的内容"对话框,从中选择要备份的内容。

(4) 这里选中"我的文档和设置"单选按钮,然后单击"下一步"按钮,打开图 3-30 所示的"备份类型、目标和名称"对话框。

(5) 在"选择保存备份的位置"下拉列表中选择保存备份的位置,在"键入这个备份的名称"文本框中输入该备份名称。用户如果需要将备份保存至其他位置,"可以单击浏览"按钮,打开"另存为"对话框,从中选择保存备份的位置。

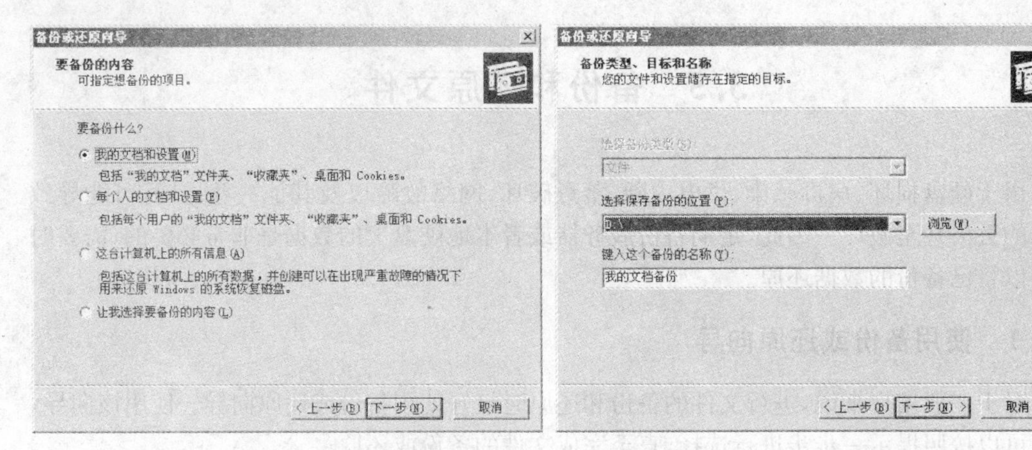

图 3-29 "要备份的内容"对话框　　　图 3-30 "备份类型、目标和名称"对话框

(6) 单击"下一步"按钮，打开"正在完成备份或还原向导"对话框，如图 3-31 所示。该对话框列出了备份设置，包括该备份的名称、描述、内容和位置等。单击"高级"按钮，用户还可以进行一些备份的高级设置。

(7) 单击"完成"按钮，开始进行文件的备份，同时弹出"备份进度"对话框，显示文件备份需要的时间及当前的进度，如图 3-32 所示。最后单击"关闭"按钮，即可完成所有备份操作。

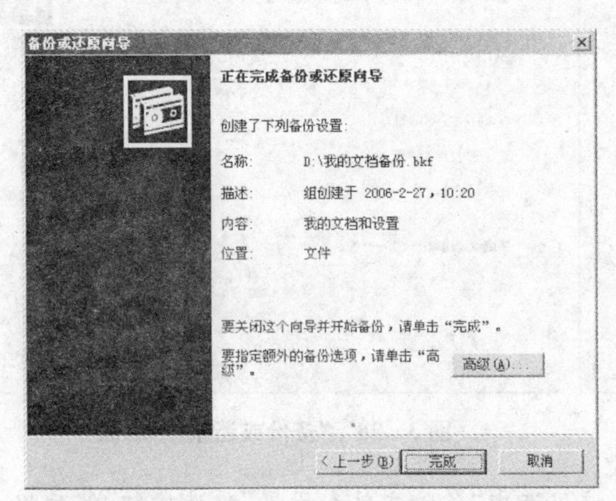

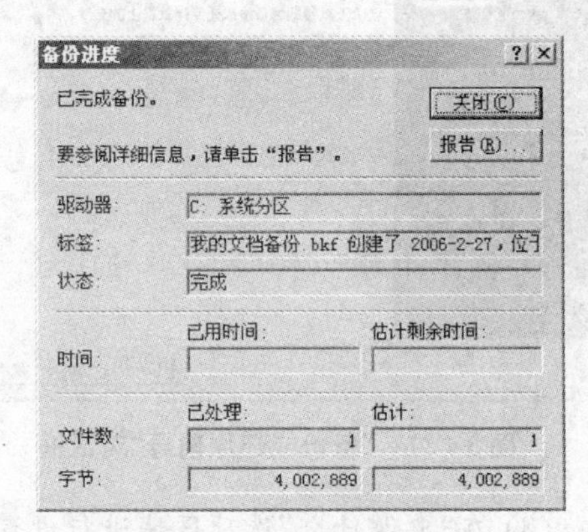

图 3-31 "正在完成备份或还原向导"对话框　　　图 3-32 完成备份操作

3.5.2 还原文件

当运行 Windows XP 的计算机出现硬件故障、意外删除或者其他的数据丢失甚至损害时，可以使用 Windows XP 的备份或还原向导还原以前备份的数据。

【实训 3-9】 使用备份或还原向导还原文件。

(1) 在 Windows XP 桌面选择"开始"|"程序"|"附件"|"系统工具"|"备份"命令，打开"备份或还原向导"对话框，如图 3-27 所示。

(2) 单击"下一步"按钮，打开"备份或还原"对话框，如图 3-28 所示。

(3) 在"要做什么"选项区域进行设置，这里选中"还原文件和设置"单选按钮，然后单击

"下一步"按钮,打开"还原项目"对话框,如图 3－33 所示。

(4) 在"要还原的项目"列表框中,用户可以单击某项目前的复选框来选择想要还原的驱动器、文件或文件夹。单击"浏览"按钮,用户可以浏览以前所备份的文件。

(5) 单击"下一步"按钮,打开"正在完成备份或还原向导"对话框,如图 3－34 所示。

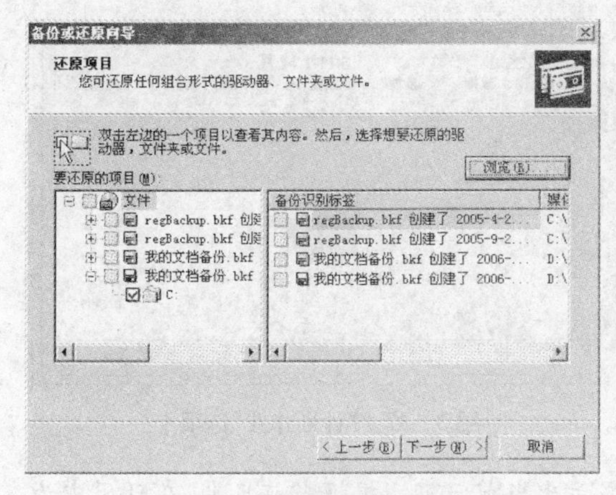

图 3－33 "还原项目"对话框

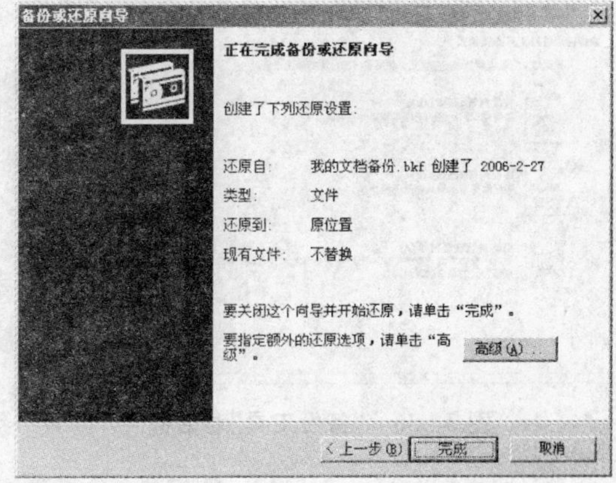

图 3－34 "正在完成备份或还原向导"对话框

(6) 单击"完成"按钮,打开"还原进度"对话框,系统将自动进行还原工作。还原完成后,单击"报表"按钮,用户可以查看还原操作的有关信息,最后单击"关闭"按钮完成还原操作,如图 3－35 所示。

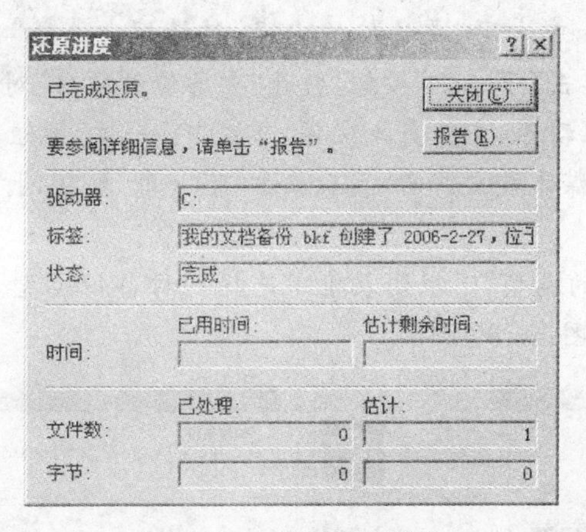

图 3－35 完成还原操作

3.5.3 安排备份计划

如果用户觉得手工备份驱动器、文件夹和文件比较麻烦,可使用"备份工具"对话框中的"计划作业"选项卡进行备份计划安排,让系统自动完成备份任务。

【实训 3－10】 安排系统备份计划。

(1) 在 Windows XP 桌面选择"开始"|"程序"|"附件"|"系统工具"|"备份"命令,打开"备份或还原向导"对话框。

(2) 在对话框中取消选择"总是以向导模式启动"复选框,并且选择"备份文件和设置"

单选按钮，打开“备份工具”对话框，如图 3－36 所示。

（3）在“备份工具”对话框中，单击“计划作业”标签，打开“计划作业”选项卡，如图 3－37 所示。

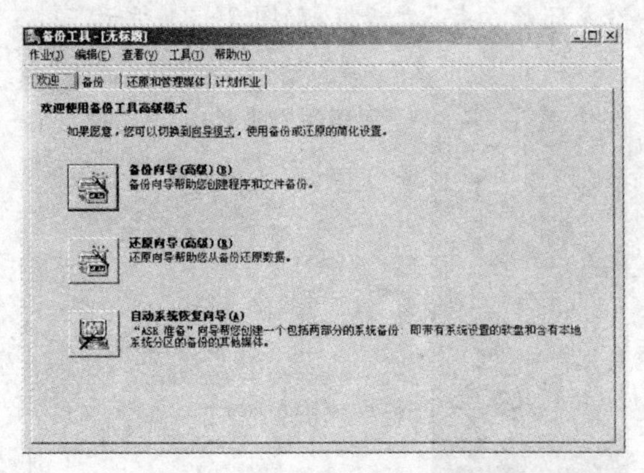

图 3－36 “备份工具”对话框

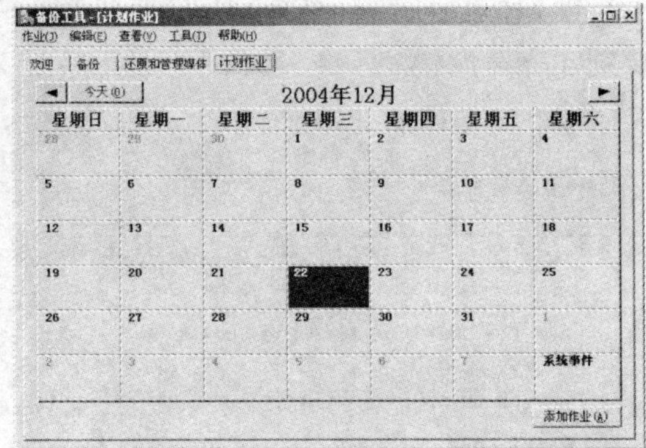

图 3－37 “计划作业”选项卡

（4）单击“今天”按钮，使选项卡中的日历显示出当前日期。根据当前日期，在日历中为计划选择一个起始日期（注意，单击左三角按钮或右三角按钮可改变日历的月份，单击日历中的表格可改变日期）。

（5）选中计划起始日期之后，单击对话框右下角的“添加作业”按钮，打开“备份向导”的欢迎界面。

（6）单击“下一步”按钮，打开“要备份的内容”对话框。选择“备份选定的文件、驱动器或网络数据”单选按钮，单击“下一步”按钮，打开“要备份的项目”对话框。

（7）选择要备份的驱动器、文件夹或文件，单击“下一步”按钮，打开“备份类型、目标和名称”对话框。选择备份媒体或文件名，然后单击“下一步”按钮，打开“备份类型”对话框，如图 3－38 所示。

（8）在“选择要备份的类型”下拉列表框中选择一种备份类型。单击“下一步”按钮，打开“如何备份”对话框，如图 3－39 所示。

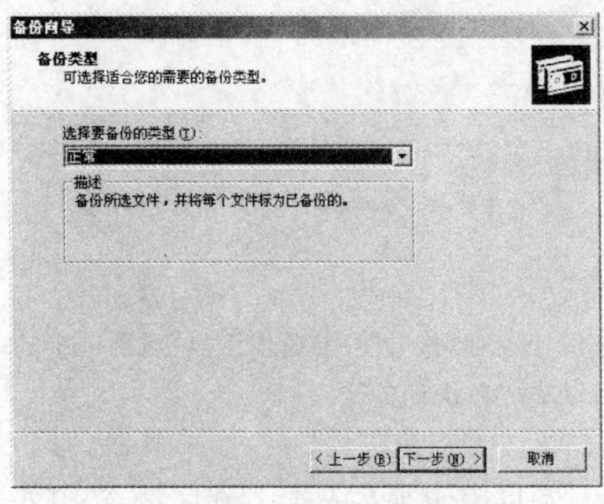

图 3－38 “备份类型”对话框

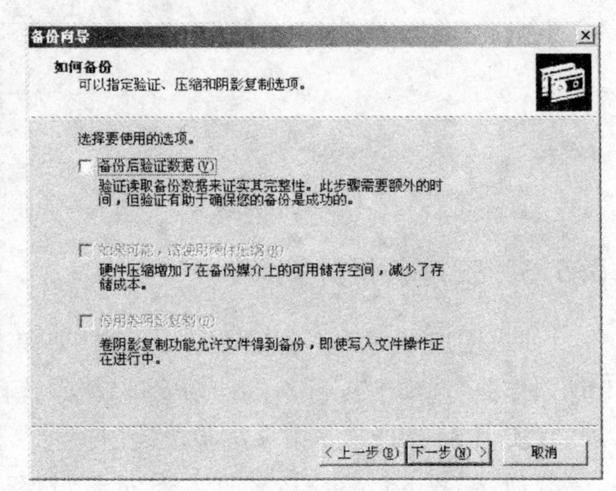

图 3－39 “如何备份”对话框

（9）为了使系统在备份数据后自动验证备份的完整性，可选择“备份后验证数据”复选框。单击“下一步”按钮，打开“备份选项”对话框，如图 3-40 所示。

(10) 如果用来备份数据的媒体已含有备份，要将备份数据附加在现有备份上，而不替换媒体上的数据，可选择“将这个备份附加到现有备份”单选按钮。如果要用备份数据替换媒体上的数据，可选择“替换现有备份”单选按钮。

(11) 单击“下一步”按钮，打开“备份时间”对话框，如图 3-41 所示。选择“以后”单选按钮，使计划以后执行。如果用户要系统立刻执行备份计划，也可选择“现在”单选按钮。在“作业名”文本框中为备份计划输入一个作业名。

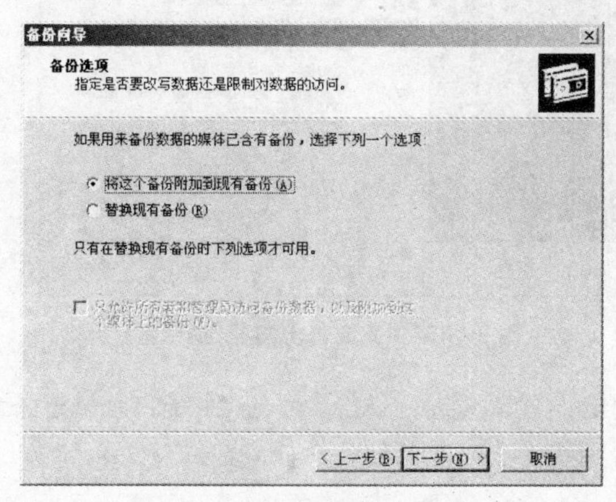

图 3-40 “备份选项”对话框

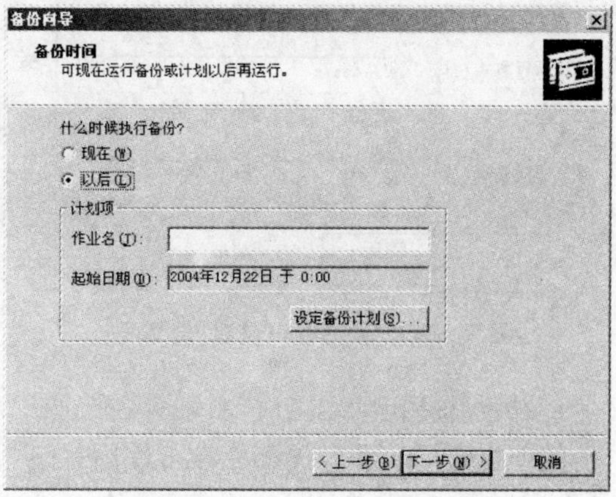

图 3-41 “备份时间”对话框

(12) 要设定备份计划，单击“设定备份计划”按钮，打开“计划作业”对话框，默认打开的是“日程安排”选项卡，如图 3-42 所示。在“计划任务”下拉列表框中选择一个计划任务，并根据计划任务进行其他一些设定。如果要设定多项任务，可启用“显示多项计划”复选框。

(13) 单击“设置”标签，打开“设置”选项卡，如图 3-43 所示。在该选项卡中，可进行如何处理已完成计划的任务、空闲时间和电源管理等方面的设置。

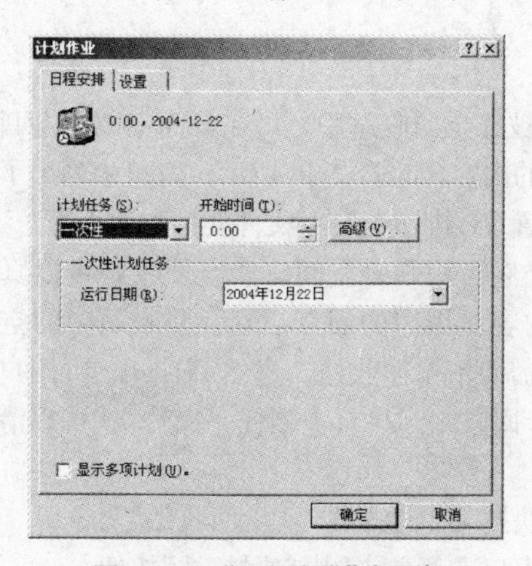

图 3-42 “日程安排”选项卡

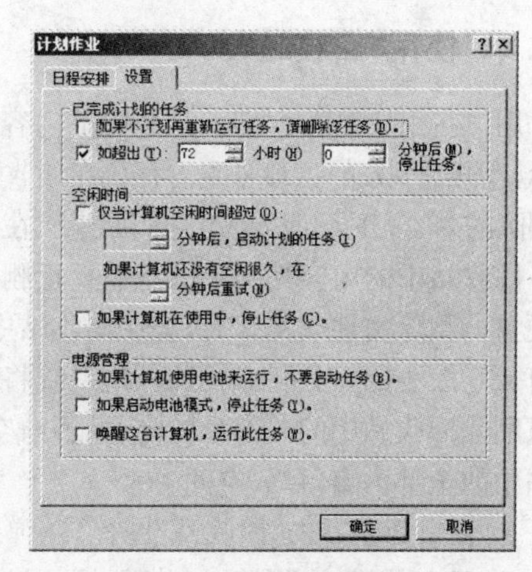

图 3-43 “设置”选项卡

(14) 单击“确定”按钮，返回到“备份时间”对话框。

(15) 单击“下一步”按钮，打开“设置账户信息”对话框，如图 3-44 所示。分别在“密码”和“确认密码”文本框中输入相同的密码。

(16) 单击“确定”按钮,打开“完成备份向导”对话框,如图 3-45 所示。单击“完成”按钮即可完成备份计划的创建。

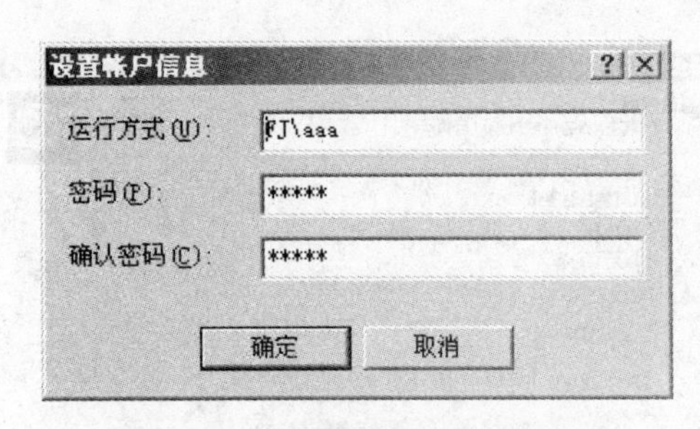

图 3-44 “设置账户信息”对话框

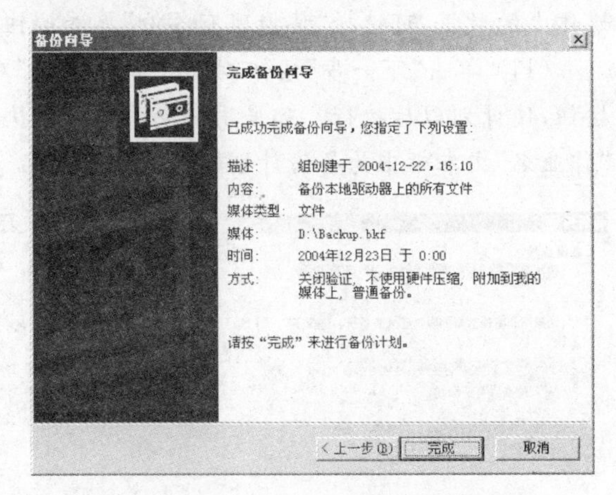

图 3-45 “完成备份向导”对话框

设置好备份计划之后,系统就会按照用户的设置自动进行备份。不过,系统自动进行备份的前提是系统和媒体都处在可使用状态,否则将无法完成计划备份任务。

3.6 使用和设置“回收站”

回收站是 Windows XP 中一个比较特殊的文件夹,它的主要功能是在用户删除文件、文件夹等资料时,被删除的资料仍然保存在硬盘中。日后用户既可以从回收站中把这些内容恢复出来,也可以进行真正意义上的删除来释放硬盘空间。

3.6.1 使用“回收站”

用户在删除文档资料后,所删除的内容就将被移至回收站中。可在桌面上双击“回收站”图标,打开“回收站”窗口来查看存放在回收站中的内容,如图 3-46 所示。窗口中列出了用户所删除的内容,并且可以看出它们原来所在的位置、被删除的日期、文件类型和大小等。

回收站中的内容其实并没有被真正删除,仍然占用硬盘空间。清空回收站可以真正地从硬盘上删除文件或文件夹,释放回收站中的内容所占用的硬盘空间。回收站中的空间也是有一定大小的,当回收站已满时,系统将提示需要清空回收站。当然,根据需要,用户也可以只删除回收站中的一部分内容,而不清空整个回收站。执行下列任一操作,就可以清空回收站中的全部内容,释放空间:

- 在桌面上右击“回收站”图标,在弹出的快捷菜单中选择“清空回收站”命令。
- 双击“回收站”图标,在打开的“回收站”窗口左侧单击“清空回收站”按钮。
- 在“回收站”窗口中选择“文件”|“清空回收站”命令。

如果回收站已满,但又不想删除其中的全部项目,则可以有选择地删除其中的部分内容。首先选定要删除的项目,然后执行下列操作之一:

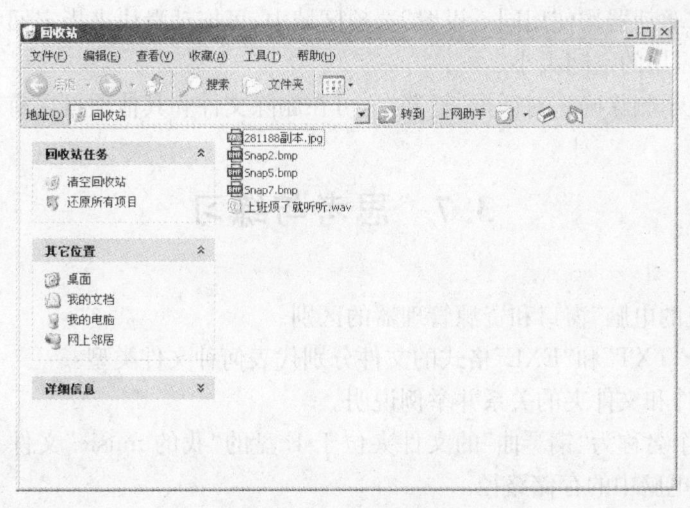

图 3-46 “回收站”窗口

- 在“回收站”菜单中选择“文件”|“删除”命令。
- 右击要删除的项目，在弹出的快捷菜单中选择“删除”命令。

回收站的一个重要作用就是能够还原以前所删除的、存放于回收站中的项目，而这些项目通过“我的电脑”窗口或“资源管理器”窗口都是不可见的。要想还原回收站中的内容，打开“回收站”窗口，选定想要还原的项目，然后执行下列任一操作：

- 从菜单中选择“文件”|“还原”命令。
- 右击想要还原的项目，在弹出的快捷菜单中选择“还原”命令。
- 在“回收站”窗口的左侧单击“还原所有项目”按钮。

3.6.2 设置“回收站”的工作方式

用户可以自己定义回收站中的一些设置，例如回收站的空间大小、是否将删除的项目放入回收站等。如果在计算机中有多个物理或逻辑驱动器，还可以指定回收站在每个驱动器上占用的空间大小。

右击桌面上的“回收站”图标，在弹出的快捷菜单中选择“属性”命令，打开“回收站 属性”对话框，如图 3-47 所示。用户可在其中进行以下设置：

- 选择“删除时不将文件移入回收站，而是彻底删除”复选框，可以在今后删除文件、文件夹时不使用回收站，并且彻底删除回收站中的所有文件。
- 选择“所有驱动器均使用同一设置”单选按钮，可以在“全局”选项卡中指定所有驱动器使用同一设置；选择“独立配置驱动器”单选按钮，则可在每个驱动器所对应的选项卡中进行设置。

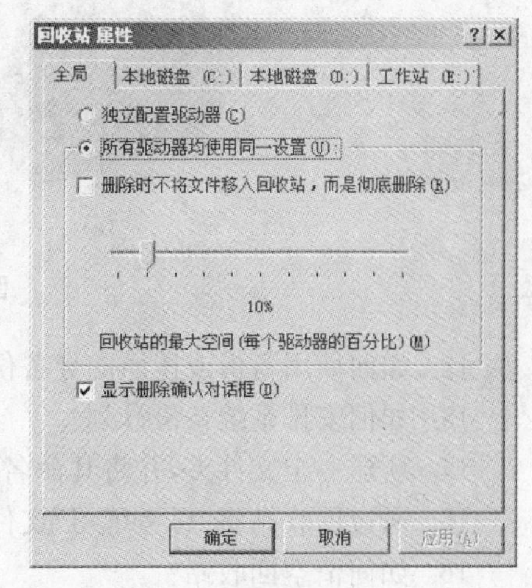

图 3-47 “回收站 属性”对话框

- 在"所有驱动器均使用同一设置"选项区域中,可拖动滑块来指定回收站在每个驱动器上所占用的空间大小。
- 选择"显示删除确认对话框"复选框,可在删除文件和其他项目之前进行确认。

3.7 思考与练习

1. 简述"我的电脑"窗口和资源管理器的区别。

2. "AVI"、"TXT"和"EXE"格式的文件分别代表何种文件类型?

3. 简述文件和文件夹的关系并举例说明。

4. 如果某个名称为"钢琴曲"的文件夹位于E盘的"我的music"文件夹中,请写出"钢琴曲"文件夹在电脑中的存储路径。

5. 创建"钢琴曲"文件夹快捷方式,使图标显示在Windows XP操作系统的桌面上。

6. 使用Windows XP的搜索功能搜索名称为system的文件夹。

7. 在E盘中新建一个文本文档将其命名为"我的日记",然后将该文档的属性设置为"隐藏"。

8. 将文件和文件夹的查看方式设置为"显示所有文件和文件夹",然后观察上一题中"我的日记"文件与其他文件夹的异同。

9. 设置在E盘中显示"我的日记"文件夹。

10. 在D盘中新建一个名为"我的文件"文件夹,然后将上一题中的"我的日记"文档复制到该文件夹中。

11. 选择如图3-38(a)所示的图片,并将其修改为上一题中所创建文件夹的显示图片,文件夹的最终效果如图3-48(b)所示。

图3-48 习题11

12. 如何使用备份或还原向导备份数据及还原文件?

13. 如何安排系统备份计划?

14. 新建一个文件夹,并将其命名为"思考练习",然后将其移动至回收站。

15. 通过回收站将"思考练习"文件夹还原。

16. 如何清空回收站?

17. 如何设置回收站的容量大小?

第 4 章　管理和运行应用程序

应用程序是为解决计算机各类问题而编写的程序。随着计算机应用领域的不断扩展，应用程序内容也在不断地被充实。目前对于普通用户来说，应用程序涉及的领域可分为以下几个方面：办公应用、图形图像、动画制作、多媒体与影视制作、网络应用、实用工具和特定领域等。

通过本章的理论学习和上机实训，读者应了解和掌握以下内容：

- 启动应用程序的多种方法
- 安装和删除应用程序
- 切换应用程序
- 使用程序兼容性向导
- 使用任务管理器管理应用程序

4.1　启动应用程序

在 Windows XP 中，启动应用程序的方法很多，可以从"开始"菜单中直接启动应用程序，也可以在资源管理器中选中并双击它来执行，还可以为应用程序在桌面上创建一个快捷方式，以方便而快速地启动。

4.1.1　从"开始"菜单中启动应用程序

从"开始"菜单的"程序"子菜单中启动应用程序是 Windows 最常用的运行方式。绝大多数应用程序在安装之后都在"开始"菜单的"程序"子菜单中建立对应的项目，以方便用户使用。当然，用户也可以在"开始"菜单中设定自己的应用程序项目。

要从"开始"菜单中启动应用程序，可单击"开始"按钮，选择"程序"命令，将出现图 4－1 所示的"程序"子菜单。可以看到，其中包括了所有在 Windows XP 中安装过的程序，单击要运行的程序，即可启动该程序。

注意：

现在，很多用户都喜欢使用"绿色软件"，该类软件在安装后不会自动在"开始"菜单的"程序"子菜单中建立启动项目。

4.1.2　在资源管理器中启动应用程序

资源管理器对于 Windows 95/98 用户来说应该是非常熟悉的，在 Windows XP 中依然把它保留了下来。资源管理器可以显示能够使用的全部资源的结构图，用户可以方便地在本地计算机资源或网络资源中切换，查找并运行应用程序。

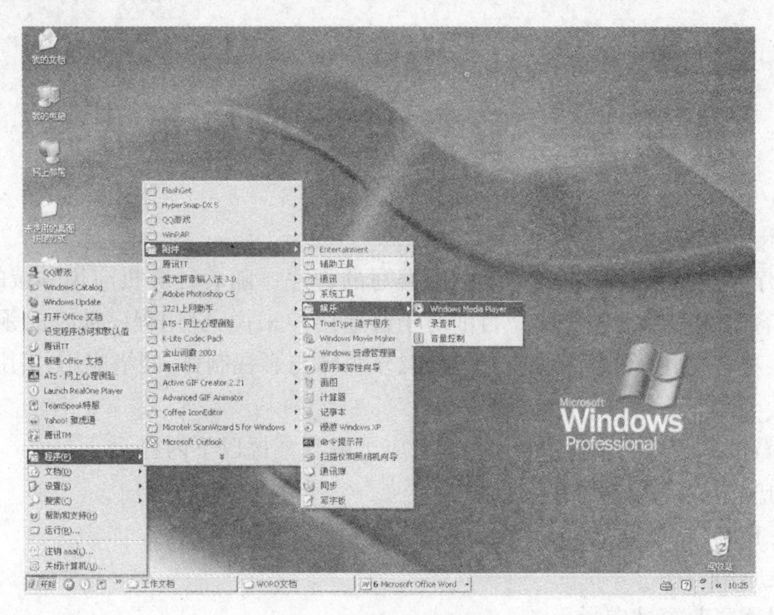

图 4-1 “程序”子菜单

在 Windows XP 中，资源管理器放在了“开始”菜单中“程序”子菜单的“附件”子菜单中。在桌面上单击“开始”按钮，选择“程序”|“附件”|“Windows 资源管理器”命令，即可出现图 4-2 所示的 Windows 资源管理器界面。

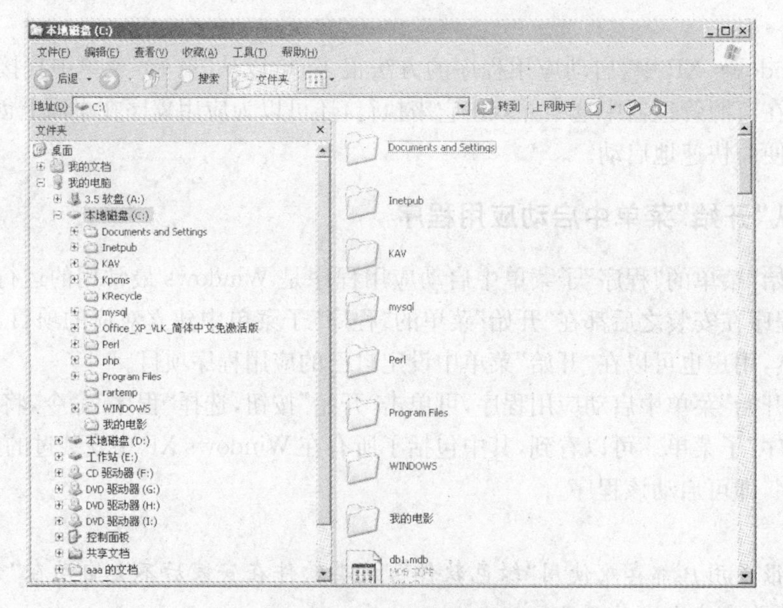

图 4-2 Windows 资源管理器界面

在资源管理器窗口左侧的“文件夹”列表框中，可以在层次图中直接跳转而不必打开多个窗口，因此能够快速定位到想要运行的程序目录。窗口右侧的列表框中显示在“文件夹”列表框中选定程序项目的内容，此时用户双击应用程序的可执行文件即开始运行。

4.1.3 创建应用程序的快捷方式

对于一些比较常用的应用程序，即使使用“开始”菜单或“Windows 资源管理器”来启动，用户仍然会觉得麻烦。为了能够更快捷地运行应用程序，可以给常用的应用程序创建一个快捷方式并放在桌面上，以后就可以在桌面上直接启动。

在“我的电脑”或“Windows 资源管理器”中选定常用应用程序的可执行文件，右击鼠标，在弹出的快捷菜单中选择“创建快捷方式”命令，则在当前位置创建了此应用程序的快捷方式，再把此快捷方式拖动到桌面上即可。

要创建快捷方式，还可在选定应用程序后按下鼠标右键，将其拖动至桌面，松开鼠标，弹出图 4-3 所示的快捷菜单，从中选择“在当前位置创建快捷方式”命令即可。

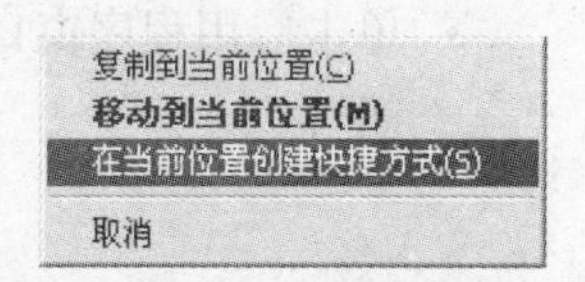

图 4-3 创建快捷方式

4.1.4 直接运行程序

运行应用程序最直接的一种方法就是使用“开始”菜单中的“运行”命令，这种方法适用于在启动时需带有参数的应用程序。要直接运行应用程序，单击“开始”按钮，选择“运行”命令，打开图 4-4 所示的“运行”对话框。

图 4-4 “运行”对话框

用户可以在文本框中输入应用程序的完整路径，也可单击“浏览”按钮来选定应用程序。对需要带参数运行的应用程序，在“打开”文本框的程序名后键入应用程序参数，然后单击“确定”按钮即可。

4.1.5 通过文件启动

在打开需要处理文件的各种应用程序时，例如 Word、Photoshop 等，可通过双击应用程序文件的方式在打开应用程序的同时打开文件。但需要注意的是，这种应用程序文件的类型必须已经在 Windows 中注册过，并与应用程序建立了关联，此时这种类型的文件在外观上都显示为与应用程序相关联的图标。如果双击某个尚未被注册过的文件，则 Windows 就会弹出图 4-5 所示的“打开方式”对话框。

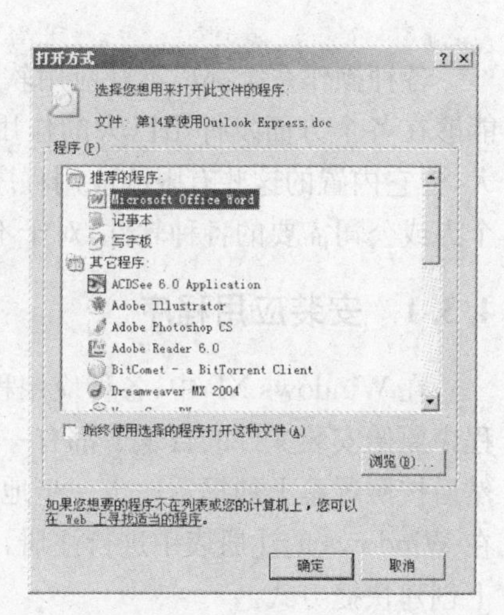

图 4-5 “打开方式”对话框

在对话框的“程序”列表框中可选择打开选定文件所使用的应用程序。如果选择“始终使用选择的程序打开这种文件”复选框，则以后双击这种类型的文件时都会用该应用程序来打开。

4.2 关闭应用程序

在完成应用程序的工作之后，应关闭应用程序以释放其占用的系统资源，提高整个系统的效率。可采用以下几种方式来关闭应用程序：

- 在应用程序菜单中选择“文件”|“退出”命令。
- 单击应用程序窗口左上角的控制菜单图标，在弹出的图 4-6 所示的菜单中选择“关闭”命令。

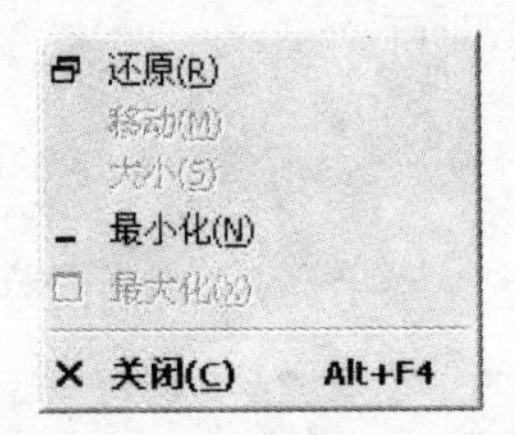

图 4-6 通过控制菜单关闭程序

- 单击应用程序窗口右上角的“关闭”按钮 ✕。
- 按 Alt+F4 组合键，可快速关闭当前应用程序。
- 在“Windows 任务管理器”对话框的“应用程序”选项卡中，选择要关闭的应用程序，然后单击“结束任务”按钮即可。

如果使用以上的关闭方法，并在决定退出时尚有信息没有保存，应用程序会提醒用户在退出之前是否要保存这些信息。

4.3 安装和删除应用程序

各种操作系统都离不开应用软件的支持，正是因为有了各种各样的应用软件，计算机才能够在各个方面发挥出巨大的作用。尽管 Windows XP 作为操作系统来说其功能非常强大，但它内置的这些有限的应用程序却远远满足不了实际应用。因此，用户还需要安装符合个人或公司需要的各种软件，对于不再需要的应用软件，也应及时加以删除。

4.3.1 安装应用程序

在 Windows XP 中，各种应用程序的安装都变得极为简单。对较为正规的软件来说，在程序原始安装文件的目录下都有一个名为 Setup. exe 的可执行文件，运行这个可执行文件，然后按照屏幕上的提示一步一步地进行，即可完成应用程序的安装。这类应用程序通常都在 Windows 的注册表中进行注册，并自动在“开始”菜单中添加对应项目，有时还会在桌面上创建快捷方式。

对于在 Windows XP 没有完全安装的 Windows 组件，则可以通过“控制面板”窗口中的

"添加/删除程序"选项来安装。

【实训 4-1】 安装 Windows 组件。

(1) 在 Windows XP 桌面选择"开始"|"设置"|"控制面板"命令，打开"控制面板"窗口。

(2) 双击"添加或删除程序"图标，打开"添加或删除程序"对话框，如图 4-7 所示。

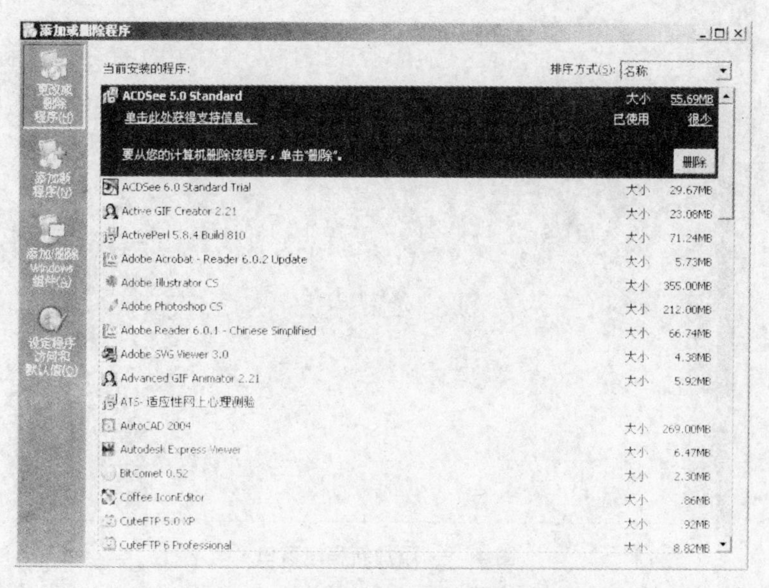

图 4-7 "添加或删除程序"对话框

(3) 单击对话框左边的"添加/删除 Windows 组件"按钮，打开"Windows 组件向导"对话框，如图 4-8 所示。

图 4-8 "Windows 组件向导"对话框

(4) 在此对话框中，选中要安装组件前面的复选框，并单击"下一步"按钮，Windows XP 即开始自动进行组件的安装。

除了上面的安装方法以外，用户还可以通过"添加或删除程序"对话框中的"添加新程序"按钮来安装应用程序。

【实训 4-2】 通过控制面板添加新程序。

(1) 在 Windows XP 桌面选择"开始"|"设置"|"控制面板"命令，打开"控制面板"窗口。

(2) 双击“添加或删除程序”图标，打开“添加或删除程序”对话框。

(3) 单击该对话框左侧的“添加新程序”按钮，“添加或删除程序”对话框右边会显示出与添加新程序相关的内容，如图 4-9 所示。

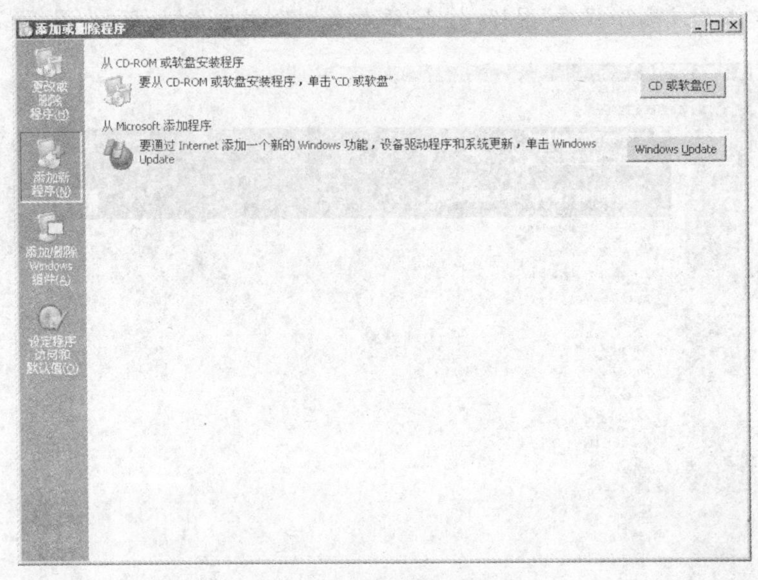

图 4-9　添加新程序窗口

(4) 如果用户要连接到 Internet 上，利用网络添加 Windows 新功能、设备驱动程序和进行系统更新，可单击 Windows Update 按钮进行网上安装。

(5) 一般情况下，用户多是从软盘或光盘上安装程序。单击“CD 或软盘”按钮，打开“从软盘或光盘安装程序”对话框，如图 4-10 所示。

(6) 单击“下一步”按钮，系统会自动在软盘或光盘寻找安装程序，同时打开“运行安装程序”对话框，如图 4-11 所示。

图 4-10　“从软盘或光盘安装程序”对话框

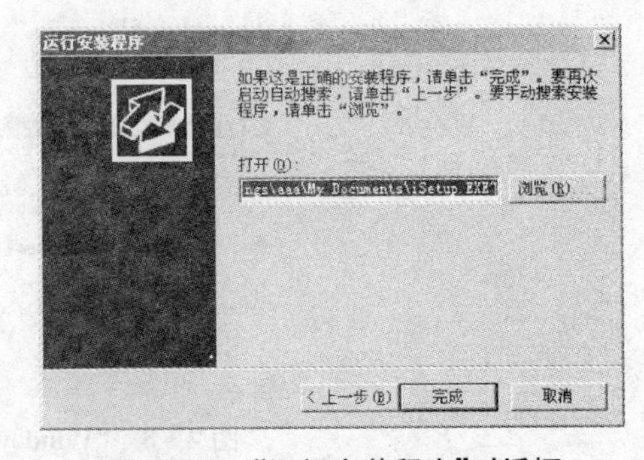

图 4-11　“运行安装程序”对话框

(7) 如果用户软驱中的软盘上和光驱的光盘上没有要安装的应用程序，“运行安装程序”对话框会提示用户没有找到安装程序。这时，用户可以单击“浏览”按钮，从其他位置寻找安装程序。

(8) 单击“完成”按钮，系统即可进行程序的安装。

提示：

现在应用程序基本都带有自己的安装程序，用户只需双击安装文件图标即可安装相应的应用程序。应用程序安装文件的文件名一般为 Install.exe 或 Setup.exe。

4.3.2 删除应用程序

在应用程序完成其使命之后，如果在今后相当长的时间内不再使用且硬盘空间有限，那么可以考虑删除此应用程序。

有的应用程序在计算机中成功安装后，在“程序”菜单的子菜单中都有该软件的卸载程序。选中该应用程序的卸载程序即可从计算机中删除该应用程序。

用户也可以使用控制面板中的“添加或删除程序”选项，进行应用程序的删除操作。下面以删除系统中安装的 Winamp 应用程序（一种流行的 Mp3 播放工具）为例介绍删除应用程序的方法。

【实训 4-3】 通过控制面板删除程序。

(1) 在 Windows XP 桌面选择“开始”|“设置”|“控制面板”命令，打开“控制面板”窗口。

(2) 双击“添加或删除程序”图标，打开“添加或删除程序”对话框。

(3) 单击“更改或删除程序”按钮，打开图 4-12 所示对话框，在该对话框中列出了 Windows XP 中已安装的应用程序的名称。

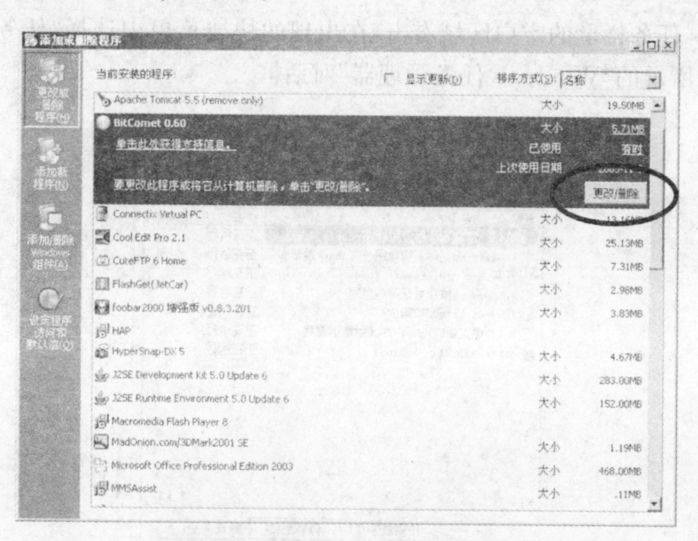

图 4-12 显示已安装的应用程序

(4) 选中需要删除的程序，此时列表中的被选中应用程序及其相关信息将高亮显示。

(5) 单击右侧的“更改/删除”按钮，Windows 会弹出一个确认信息对话框，该对话框显示系统将要进行的操作，以及询问用户是否确定进行删除操作，如图 4-13 所示。

图 4-13 确认信息

(6) 单击“是”按钮,Windows 就开始自动进行删除工作。

(7) 删除完成之后,“添加或删除程序”对话框右侧的应用程序列表中将不再出现之前选中的应用程序,此时就从计算机中完全删除了应用程序。

提示:

用户也可以使用应用程序自带的反安装程序删除应用程序。双击运行反安装程序图标,如 uninstall. exe 等,即可运行反安装程序,然后根据提示一步步进行操作即可删除相应的应用程序。

4.4 在应用程序间切换

作为从 Windows NT 基础上发展而来的 Windows XP 操作系统,其多任务处理机制更为强大、更为完善,而系统的稳定性也大大提高。用户可以一边用 Word 处理文件,一边用 CD 唱机听 CD 乐曲,还可以同时上网收发电子邮件,只要有足够快的 CPU 和足够大的内存即可。当然,我们也可以在应用程序之间任意切换来同时进行不同的工作。

4.4.1 使用任务管理器

在 Windows 任务栏上的空白区域右击,在出现的快捷菜单中选择“任务管理器”命令,将打开图 4-14 所示的“Windows 任务管理器”对话框。

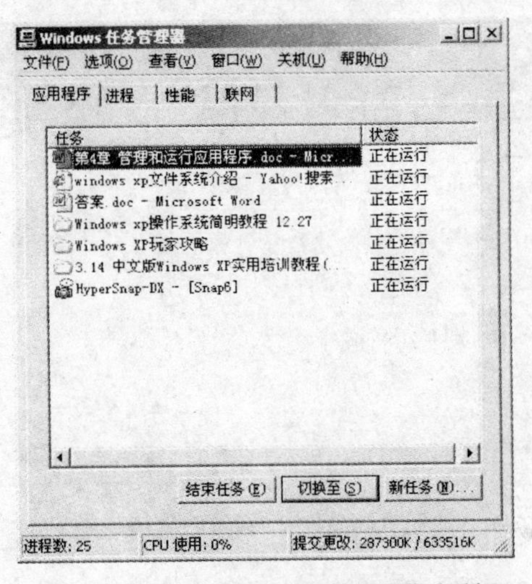

图 4-14 “Windows 任务管理器”对话框

在任务管理器列表框中列出了当前系统中正在运行的应用程序及其运行状态,用户只需在列表框中选择想要切换到的应用程序名,然后单击底部的“切换至”按钮,即可切换到该应用程序中。

系统中正在运行的大多数应用程序在 Windows XP 任务栏中都有相应的显示,用户可以在任务栏中直接单击相应的应用程序来进行切换,这是一种较为简捷的方法。

4.4.2 使用 Alt+Tab 组合键

使用任务管理器来进行程序之间的切换，对熟练的用户来说就有点太麻烦了。使用 Alt+Tab 组合键可快速在正在运行的应用程序之间进行切换。

同时按下 Alt 和 Tab 键，然后松开 Tab 键，屏幕上会出现图 4-15 所示的任务切换栏。在此栏中，系统当前正在运行的应用程序都用相应图标排列了出来，文本框中的文字显示的是当前启用的应用程序的简短说明。在此任务切换栏中，按住 Alt 键不放的同时，按一下 Tab 键再松开，则当前已选定的应用程序的下一个应用程序被启用，再松开 Alt 键就切换到被选定的应用程序中。

图 4-15 任务切换栏

4.5 运行 DOS 应用程序

尽管 DOS 在 Windows 大行其道的今天已经失去了过去在操作系统领域中的统治地位，就快要退出历史舞台了，但 DOS 操作系统以及相当多的 DOS 应用程序仍在被人们使用，所以 Windows 系统也必须考虑与 DOS 应用程序的兼容性。Windows 95/98 中的“MS-DOS 方式”在 Windows XP 中已被“附件”子菜单中的“命令提示符”命令所代替。

要启动 DOS 方式，在 Windows XP 桌面选择“开始”|“程序”|“附件”|“命令提示符”命令，打开“命令提示符”窗口，如图 4-16 所示。

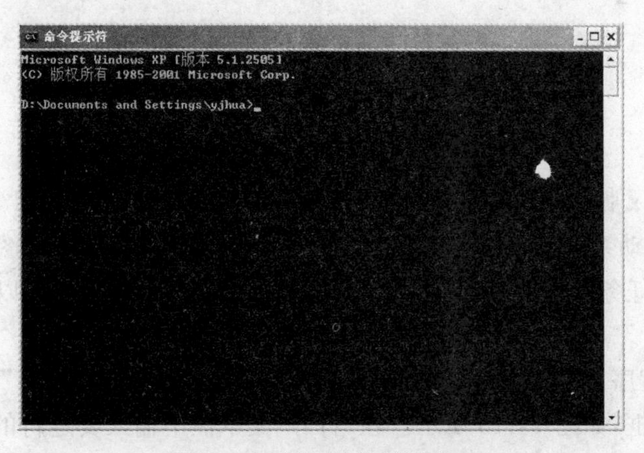

图 4-16 “命令提示符”窗口

这个窗口使我们仿佛又回到了 DOS 操作系统，熟悉 DOS 的用户会感觉和使用 DOS 时没有太大的差别。在窗口中运行应用程序就像在 DOS 中一样，要进入应用程序，直接输入应用程序文件名后按 Enter 键即可。和 DOS 不同的是，对于非可执行文件，只要是在 Windows 中可双击打开的文档，也可以通过直接输入文件全名的方法来打开它。

4.6 应用程序兼容模式

如果在 Windows XP 操作系统下,用户的某个应用程序总有问题,而该应用程序在 Windows 的早期版本中工作正常,使用程序兼容性向导可以帮助选择和测试兼容性设置,从而解决这些问题。

在 Windows XP 桌面上选择"开始"|"程序"|"附件"|"程序兼容性向导"命令,打开"欢迎使用程序兼容性向导"对话框,如图 4-17 所示。用户根据对话框中的提示即可完成程序兼容性设置。

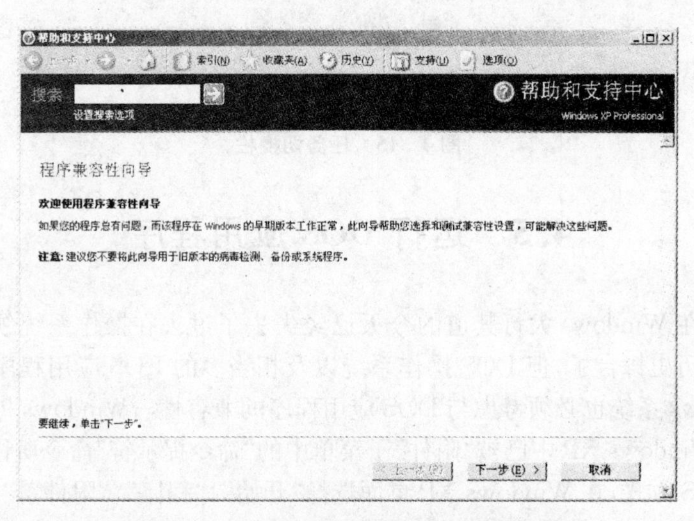

图 4-17 "欢迎使用程序兼容性向导"对话框

4.7 Windows 任务管理器

和 Windows 9x 版本的操作系统不同,在 Windows XP 中按下 Ctrl+Alt+Delete 组合键并不直接重新启动系统,而是打开"Windows 任务管理器"对话框,如图 4-14 所示。

在"Windows 任务管理器"对话框的"应用程序"选项卡中,用户可以打开、切换和关闭应用程序。

- 打开应用程序:单击"Windows 任务管理器"对话框中的"新任务"按钮,打开"创建新任务"对话框,如图 4-18 所示。在"打开"文本框中输入要运行的应用程序名,然后单击"确定"按钮即可。

图 4-18 "创建新任务"对话框

- 切换应用程序：当用户打开多个应用程序时，可以通过任务管理器来切换它们。在“Windows任务管理器”对话框的列表中，选择要切换到的应用程序选项，然后单击“切换至”按钮即可。
- 关闭应用程序：当用户不需要使用某些应用程序时，可以通过任务管理器将其关闭。在“Windows任务管理器”对话框的列表中，选择要关闭的应用程序选项，然后单击“结束任务”按钮即可关闭该应用程序。当应用程序运行过程中由于某种原因导致其失去响应，从而不能正常退出时，通常使用这种方法来关闭应用程序。

4.8 思考与练习

1. 简述从“开始”菜单中启动应用程序的操作方法。
2. 如何通过资源管理器启动应用程序？
3. 创建应用程序的快捷方法来启动应用程序。
4. 如何通过运行程序来启动应用程序？
5. 简述通过文件启动应用程序。
6. 手动安装 Office 2003 应用程序。
7. 通过控制面板删除安装的 Office 2003 应用程序。
8. 如何使用任务管理器切换正在使用的应用程序？
9. 如何运行 DOS 应用程序？
10. 使用程序兼容性向导检查应用程序的兼容性。

第 5 章　用户账户与权限管理

作为一个多用户操作系统，Windows XP 允许多个用户共同使用一台计算机，而系统则通过账户来区别不同的用户。用户账户不仅可以保护用户数据的安全，还可以将每个用户的程序、数据等相互隔离，这样在不关闭计算机的情况下，不同的用户可以相互访问资源。本章将向用户详细介绍如何在 Windows XP 中管理用户账户的方法。

通过本章的理论学习和上机实训，读者应了解和掌握以下内容：

- 创建用户账户
- 修改用户账户
- 删除用户账户
- 启用来宾账户
- 创建和使用密码重设盘
- 用户组管理

5.1　创建用户账户

在安装好 Windows XP 系统后，系统有一个默认的管理员账户 administrator，这个账户拥有最高权限，一般看不见这个账户，而用户在安装 Windows XP 时输入的用户名也会被默认设置成具有管理员权限的账户。使用拥有管理员权限的用户账户，可以在系统中创建新账户。

Windows 的账户按照权限的不同可以分为管理员账户、普通账户和特殊账户。其中，管理员账户的权限最大，可以完全控制计算机，访问计算机上的所有资源，创建和删除其他账户；普通账户又称为受限账户，只能访问部分资源；而特殊账户一般用于系统开发和测试，普通用户不会使用它们，其权限也受到一定限制。

注意：

用户在创建新账户时，应使用拥有管理员权限的账户登录系统。

【实训 5-1】　在 Windows XP 中创建一个新的用户账户。

(1) 选择“开始”|“设置”|“控制面板”命令，打开“控制面板”窗口。

(2) 双击“用户账户”图标，打开“用户账户”对话框，如图 5-1 所示。

(3) 在“挑选一项任务”选项区域中，单击“创建一个新账户”按钮，打开“为新账户起名”对话框，如图 5-2 所示。

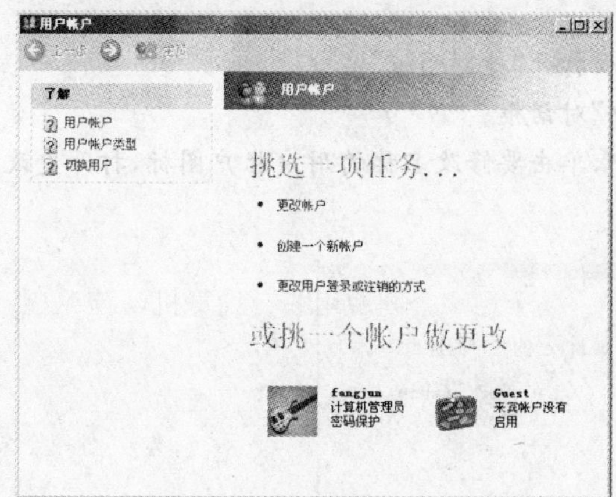

图5-1 “用户账户”对话框

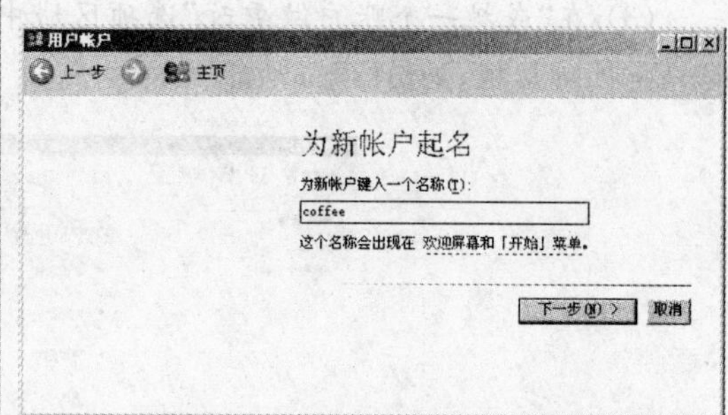

图5-2 “为新账户起名”对话框

(4) 在“为新账户键入一个名称”文本框中输入新创建账户的名称,单击“下一步”按钮,打开“挑选一个账户类型”对话框,如图5-3所示。

(5) 选择“计算机管理员”单选按钮,单击“创建账户”按钮,开始创建新账户。完成后返回“用户账户”对话框,此时在对话框中已经出现新创建的账户,如图5-4所示。

图5-3 “挑选一个账户类型”对话框

图5-4 成功创建新账户

5.2 修改用户账户

在创建新账户后,用户可以根据自己的需要修改该账户的名称、密码、图片以及权限等。

5.2.1 修改账户名称

账户名称是用户账户的标志,通过它可以区别不同的账户。用户账户的名称在启动Windows XP的欢迎屏中和“开始”菜单的顶部都有显示。

【实训 5-2】 修改用户账户的名称。

(1) 选择"开始"|"设置"|"控制面板"命令,打开"控制面板"窗口。

(2) 双击"用户账户"图标,打开"用户账户"对话框。

(3) 在"或挑一个账户做更改"选项区域中,单击要修改名称的用户账户图标,打开更改账户属性对话框,如图 5-5 所示。

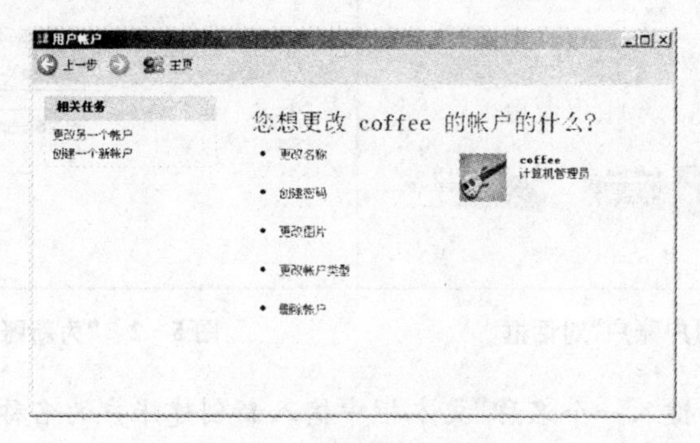

图 5-5 更改账户属性

注意:

用户若要修改的账户是当前正在被使用的账户,则在图 5-5 所示的对话框中会有更多选项可以设置。

(4) 单击"更改名称"按钮,打开为账户提供一个新名称对话框,如图 5-6 所示。

(5) 在文本框中输入账户的新名称,单击"改变名称"按钮即可,修改名称后的账户如图 5-7 所示。

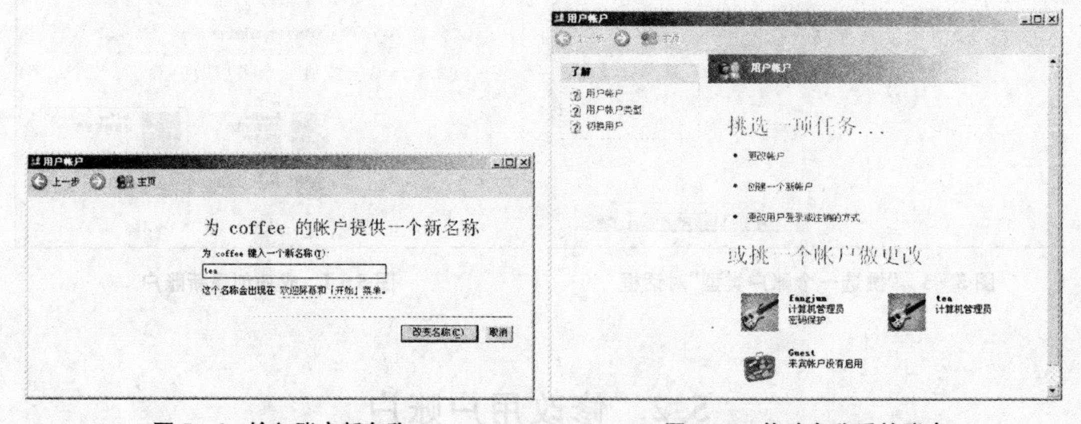

图 5-6 输入账户新名称 图 5-7 修改名称后的账户

5.2.2 创建账户密码

为了保护账户的安全,用户可以为自己的账户添加密码。在创建账户密码后,若用户知道该账户的密码,同样可以修改账户密码。

【实训 5-3】 为用户账户创建密码。

(1) 选择"开始"|"设置"|"控制面板"命令,打开"控制面板"窗口。

(2) 双击"用户账户"图标,打开"用户账户"对话框。

(3) 在“或挑一个账户做更改”选项区域中,单击要创建密码的用户账户图标,打开更改账户属性对话框。

(4) 单击“创建密码”按钮,打开创建账户密码对话框,如图 5-8 所示。

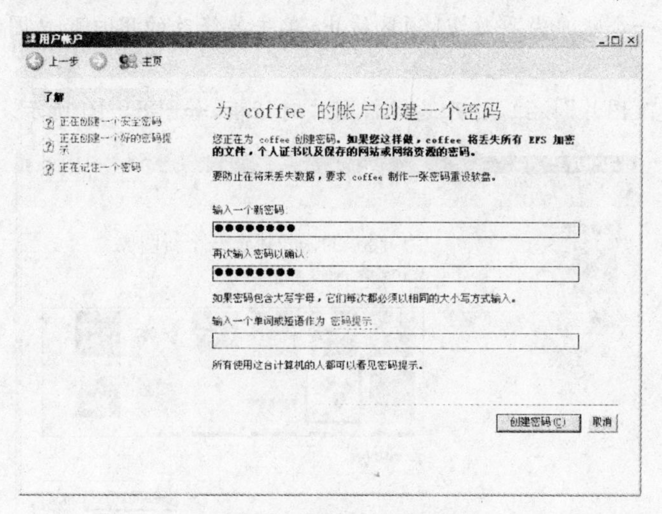

图 5-8　创建账户密码

(5) 在文本框中输入要创建的账户密码,单击“创建密码”按钮即可。

提示:

若该账户已经设置了密码,则在更改账户属性对话框中的“创建密码”按钮会变为“更改密码”按钮。单击“更改密码”按钮,即可修改账户密码,如图 5-9 所示。

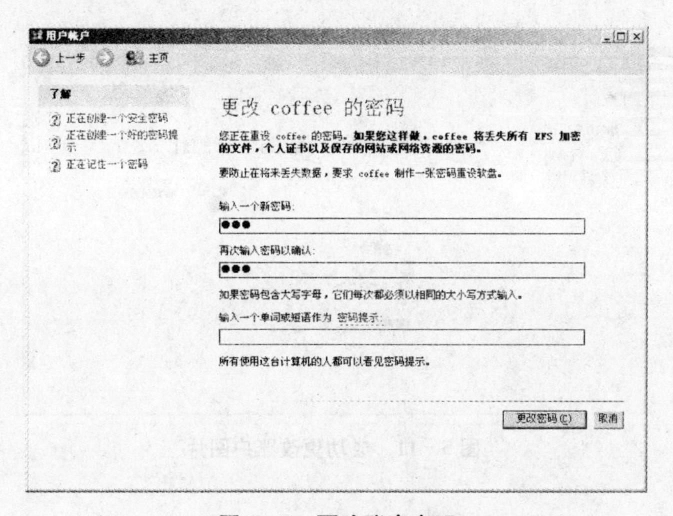

图 5-9　更改账户密码

5.2.3　修改账户图片

在 Windows XP 中,每个用户都可以为自己的账户设置图片。和账户名称一样,账户图片在启动 Windows XP 的欢迎屏中和“开始”菜单的顶部都有显示。用户可以根据自己的喜好、心情设置账户图片。

【实训 5-4】 修改用户账户的图片。

(1) 选择"开始"|"设置"|"控制面板"命令,打开"控制面板"窗口。

(2) 双击"用户账户"图标,打开"用户账户"对话框。

(3) 在"或挑一个账户做更改"选项区域中,单击要修改的用户账户图标,打开更改账户属性对话框。

(4) 单击"更改图片"按钮,打开选择新图片对话框,如图 5-10 所示。

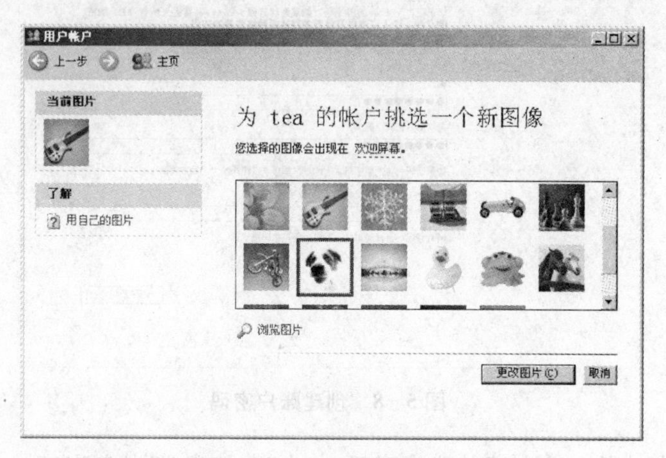

图 5-10 选择账户新图片

(5) 在对话框的图片列表中选择一个新图片作为账户图片,也可以单击"浏览图片"按钮,在本地资源中选择图片。选择完成后,单击"更改图片"按钮即可成功更改账户图片,如图 5-11 所示。

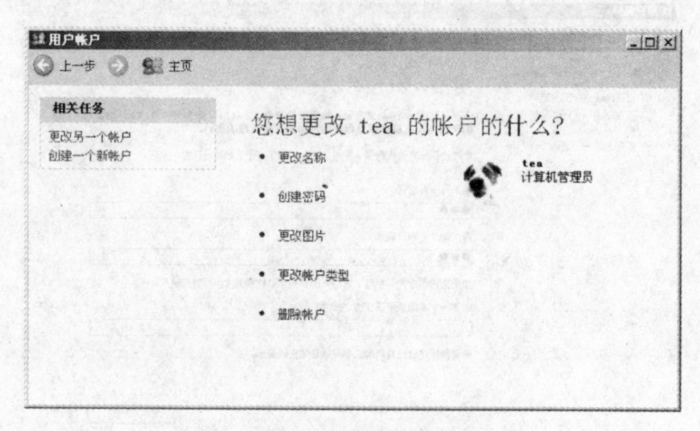

图 5-11 成功更改账户图片

提示:

如果用户对 Windows XP 自带的图片不满意,可以在图 5-10 所示对话框中,单击"浏览图片"按钮,将硬盘上保存的图片设置为账户图片。

5.2.4 更改账户权限

在 Windows XP 中,用户可以设置的账户权限分为两种:计算机管理员账户和受限账户。拥有计算机管理员权限的用户可以更改其他用户的使用权限。

【实训5-5】 修改用户账户的权限。

(1) 使用拥有管理员权限的账户登录系统,选择"开始"|"设置"|"控制面板"命令,打开"控制面板"窗口。

(2) 双击"用户账户"图标,打开"用户账户"对话框。

(3) 在"或挑一个账户做更改"选项区域中,单击要修改的用户账户图标,打开更改账户属性对话框。

(4) 单击"更改账户类型"按钮,打开挑选新的用户账户类型的对话框,如图5-12所示。

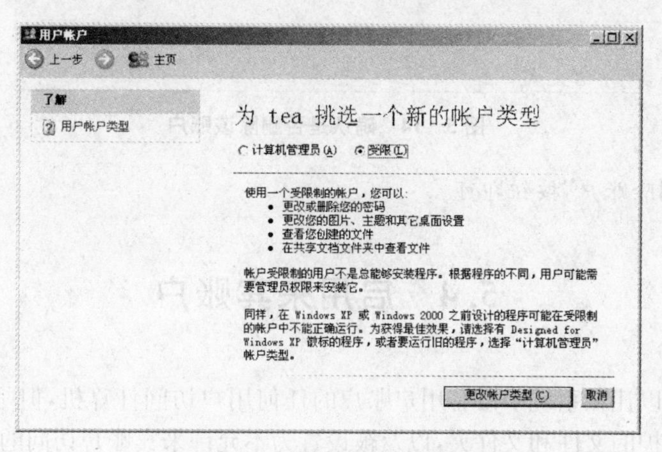

图5-12 挑选新的账户类型

(5) 选择要更改的账户类型对应的单选按钮,单击"更改账户类型"按钮即可。

5.3 删除用户账户

在Windows XP操作系统中若有多余的用户账号,为了方便管理,用户同样可以将其删除。

【实训5-6】 在Windows XP系统中删除用户账户。

(1) 选择"开始"|"设置"|"控制面板"命令,打开"控制面板"窗口。

(2) 双击"用户账户"图标,打开"用户账户"对话框。

(3) 在"或挑一个账户做更改"选项区域中,单击要删除的用户账户图标,打开更改账户属性对话框。

(4) 单击"删除账户"按钮,打开提示用户是否保存该账户的文件的对话框,如图5-13所示。

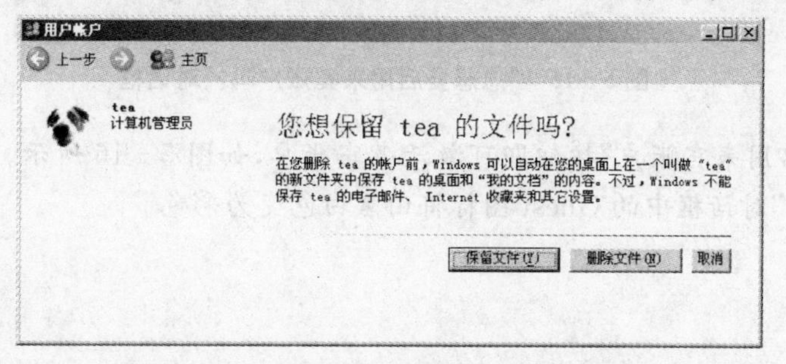

图5-13 提示是否保存用户账户的文件

(5) 若要保留账户文件,则单击“保留文件”按钮,否则单击“删除文件”按钮。这里单击“删除文件”按钮,将打开询问用户是否删除账户的对话框,如图 5-14 所示。

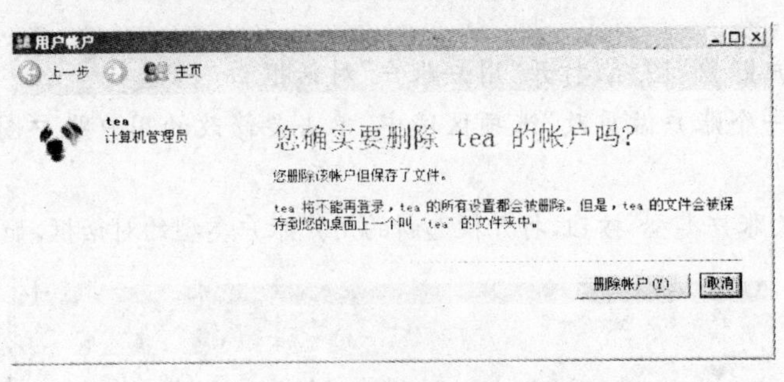

图 5-14　确认是否删除该账户

(6) 单击“删除账户”按钮即可。

5.4　启用来宾账户

来宾账户可以让在系统中没有用户账户的任何用户访问计算机,但是使用来宾账户无法访问受密码保护的文件和文件夹,以及被设置为不允许来宾账户访问的文件。

注意:

只有拥有管理员权限,才能打开或关闭计算机上的来宾账户。

【实训 5-7】　在 Windows XP 中启用来宾账户。

(1) 选择“开始”|“设置”|“控制面板”命令,打开“控制面板”窗口。

(2) 双击“用户账户”图标,打开“用户账户”对话框。

(3) 在“或挑一个账户做更改”选项区域中,单击 Guest 图标,打开“您想要启用来宾账户吗?”对话框,如图 5-15 所示。

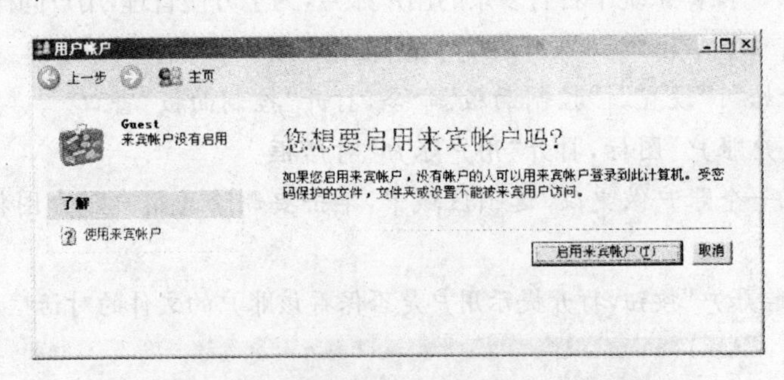

图 5-15　“您想要启用来宾账户吗?”对话框

(4) 单击“启用来宾账户”按钮即可激活来宾账户,如图 5-16 所示。当来宾账户被激活后,“用户账户”对话框中的 Guest 图标将由黑白色变为彩色。

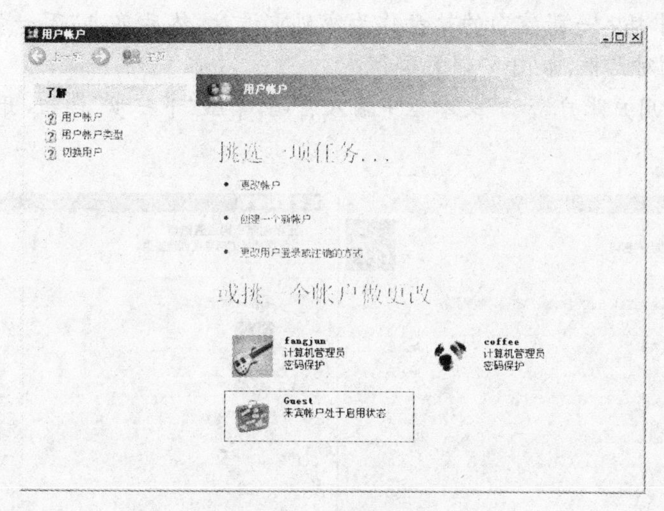

图5-16 启用来宾账户

5.5 创建密码重设盘

Windows XP 自带密码重设盘功能，使用密码重设盘可以重新设置密码，让用户在忘记密码的情况下能重新使用该账户登录系统，保护了用户账户安全。

【实训5-8】 创建密码重设盘。

(1) 选择“开始”|“设置”|“控制面板”命令，打开“控制面板”窗口。

(2) 双击“用户账户”图标，打开“用户账户”对话框。

(3) 在“或挑一个账户做更改”选项区域中，单击要创建密码重设盘的用户账户图标，打开更改账户属性对话框。

(4) 在对话框左边的“相关任务”选项区域中，单击“阻止一个已忘记的密码”按钮，打开“忘记密码向导”对话框，如图5-17所示。

(5) 单击“下一步”按钮，打开“创建密码重设盘”对话框，如图5-18所示。

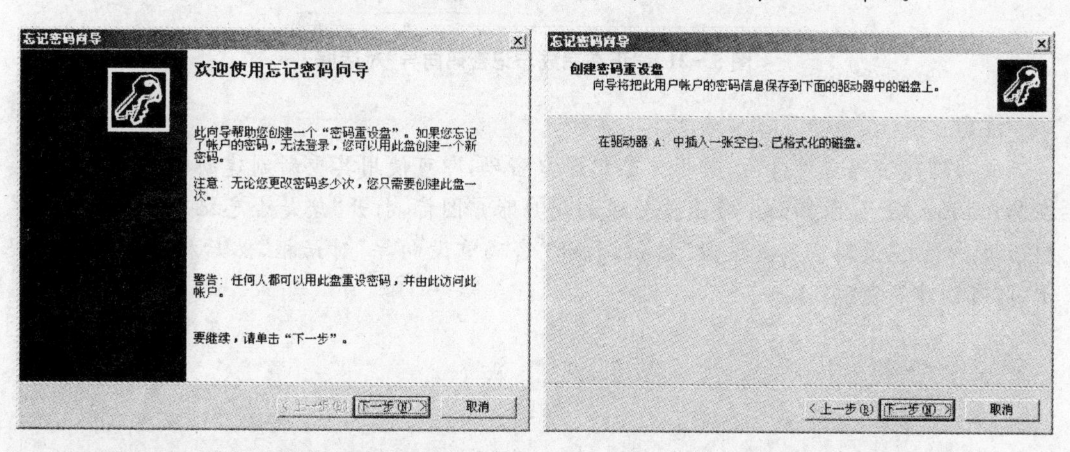

图5-17 “忘记密码向导”对话框　　图5-18 “创建密码重设盘”对话框

(6) 在软驱中插入一张空白的软盘作为密码重设盘,然后单击“下一步”按钮,打开“当前用户账户密码”对话框,如图 5-19 所示。

(7) 在“当前用户账户密码”文本框中输入密码,单击“下一步”按钮,开始创建密码重设盘,如图 5-20 所示。

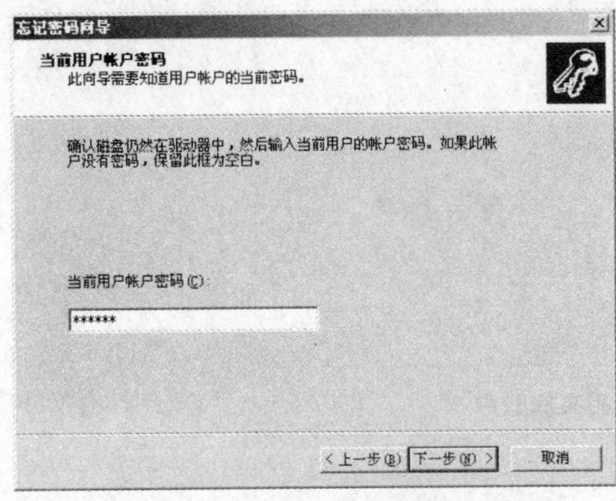

图 5-19 “当前用户账户密码”对话框

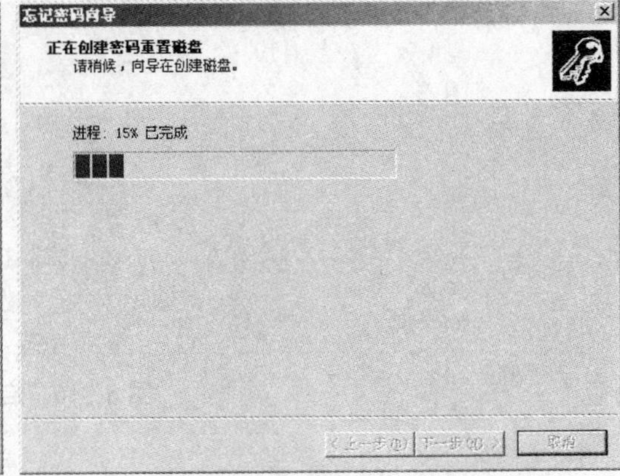

图 5-20 开始创建密码重设盘

(8) 创建完成后,单击“下一步”按钮,打开“正在完成忘记密码向导”对话框,如图 5-21 所示。单击“完成”按钮,完成创建密码重设盘操作。

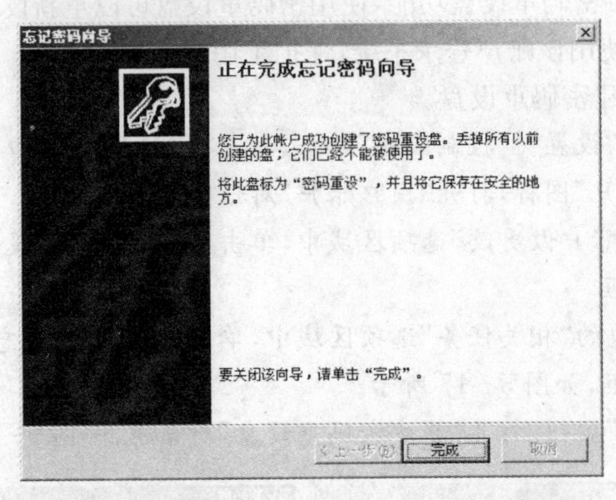

图 5-21 “正在完成忘记密码向导”对话框

注意:

成功创建密码重设盘后,若用户忘记账户密码,即可使用其重新创建新密码,方法如下:在 Windows XP 登录界面中单击要登录的用户账户图标,打开“您是否忘记了自己的密码?”对话框。单击“使用密码重设盘”按钮,打开“密码重设向导”对话框,然后根据对话框的提示,即可创建新密码。

5.6 快速切换用户

Windows XP 系统支持快速切换用户功能,用户可以在不关闭运行程序的情况下,切换到另一用户账户。各个用户之间的操作相互独立运行,这对于多个用户同时使用一台计算机时非常有用。

【实训 5-9】 启用快速切换功能。

(1) 在 Windows XP 桌面选择“开始”|“设置”|“控制面板”命令,打开“控制面板”窗口。

(2) 双击“用户账户”图标,打开“用户账户”对话框。

(3) 在“挑选一项任务”选项区域中选择“更改用户登录或注销的方式”按钮,打开“选择登录和注销选项”对话框,如图 5-22 所示。

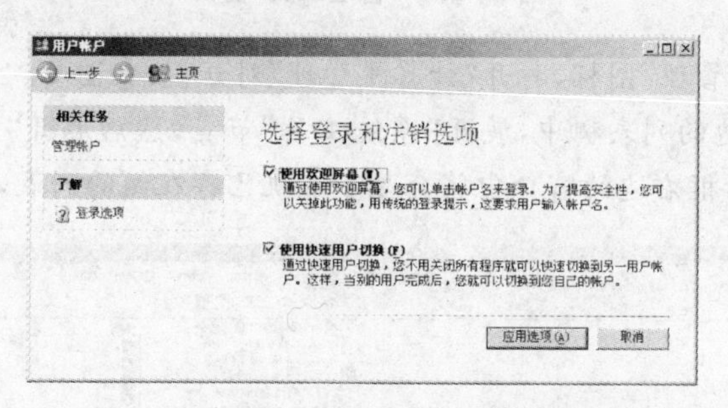

图 5-22 “选择登录和注销选项”对话框

(4) 选择“使用快速用户切换”复选框,单击“应用选项”按钮,关闭“用户账户”对话框后即可启用快速切换用户功能。

提示:

在图 5-22 所示对话框中,取消选择“使用欢迎屏幕”复选框可以恢复传统的 Windows 登录界面,在启动系统时不显示 Windows XP 的欢迎屏幕。

5.7 管理用户组

如果一个 Windows XP 系统中包含了多个用户账户,则逐个进行设置就变得十分烦琐。此时用户可以将相类似的账户编到一个用户组里统一进行管理,这样可以提高管理用户账户的效率。

5.7.1 添加用户账户

在 Windows XP 中,可以将用户账户添加到不同的组中,以获得不同的权限,这也方便了计算机管理员对本机用户账户权限的管理。

【实训 5-10】 在组中添加用户账户。

(1) 在 Windows XP 桌面选择“开始”|“设置”|“控制面板”命令,打开“控制面板”窗口。

(2) 双击“管理工具”图标，打开“管理工具”窗口，如图 5－23 所示。

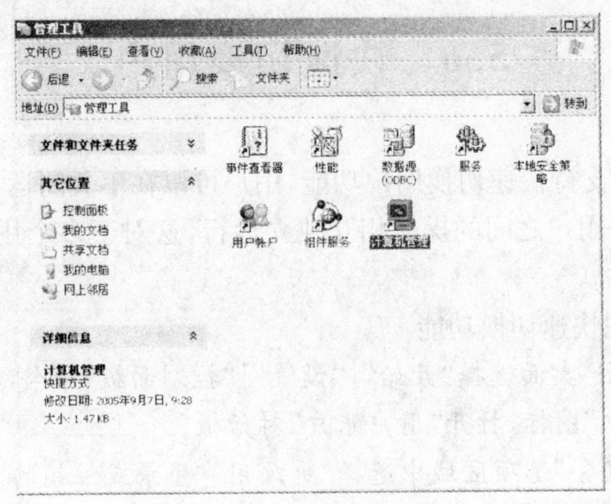

图 5－23 “管理工具”窗口

(3) 双击“计算机管理”图标，打开“计算机管理”对话框，如图 5－21 所示。

(4) 在对话框左边的列表树中，展开“系统工具”节点，然后展开“本地用户和组”节点，选择“组”选项，在对话框右边的窗口中将会显示本机已存在组的列表，如图 5－25 所示。

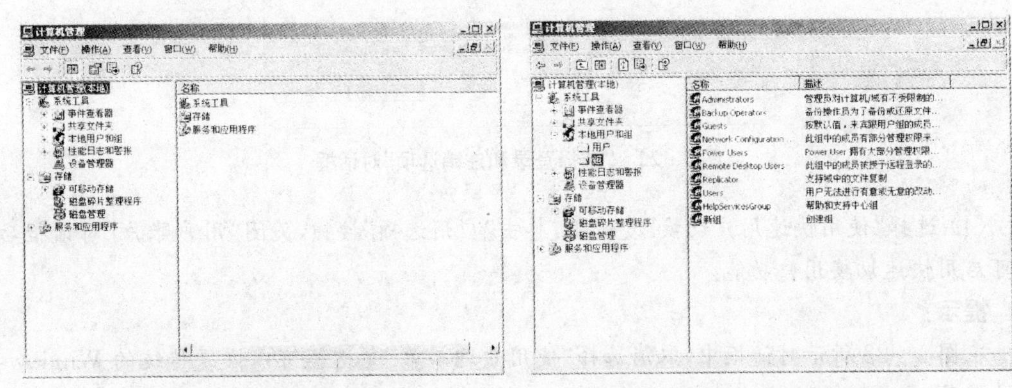

图 5－24 “计算机管理”对话框　　图 5－25 本机已存在组的列表

(5) 在列表中，右击要加入的组，在弹出的快捷菜单中选择“属性”命令，打开该组的属性对话框，如图 5－26 所示。

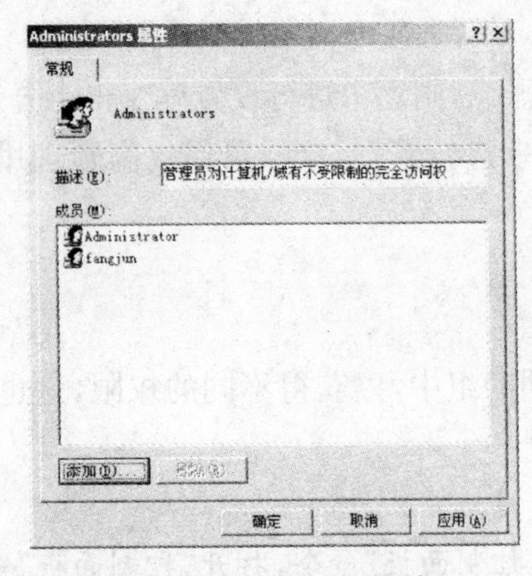

图 5－26 组属性对话框

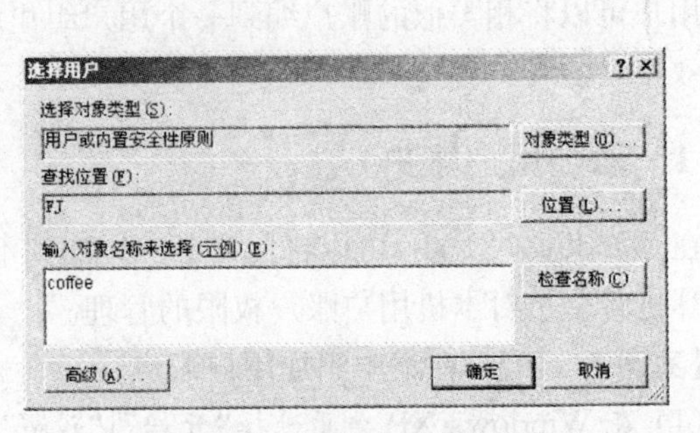

图 5－27 “选择用户”对话框

(6) 单击“添加”按钮，打开“选择用户”对话框，如图 5-27 所示。

(7) 在“输入对象名称来选择”文本框中，输入要添加至该组的账户名称，单击“检查名称”按钮。系统会检查确认该账户是否存在，完成后单击“确定”按钮，即可将该用户账户添加至组中，如图 5-28 所示。

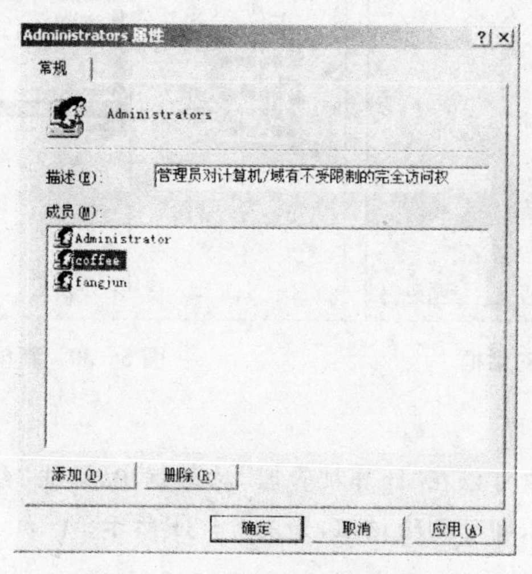

图 5-28 在组中添加用户账户

提示：

在“选择用户”对话框中，如果用户无法确定要添加账户的名称，则可单击左下方的“高级”按钮，查找本系统中的所有用户账户。

(8) 若要在组中删除用户账户，则在组属性对话框的“成员”列表框中，选择该账户选项，然后单击“删除”按钮即可。

5.7.2 创建新的组

如果预装在 Windows XP 系统中的用户组无法满足需要，用户也可以根据自己的要求创建新组。

【实训 5-11】 在 Windows XP 系统中创建新用户组。

(1) 在 Windows XP 桌面选择“开始”|“设置”|“控制面板”命令，打开“控制面板”窗口。

(2) 双击“管理工具”图标，打开“管理工具”窗口。

(3) 双击“计算机管理”图标，打开“计算机管理”对话框。

(4) 在对话框左边的列表树中，展开“系统工具”节点，然后展开“本地用户和组”节点。

(5) 右击“组”选项，在弹出的快捷菜单中选择“新建组”命令，打开“新建组”对话框，如图 5-29 所示。

(6) 在“组名”文本框中输入新建组的名称，单击“添加”按钮可以为该组添加用户。完成后，单击“创建”按钮，即可在“计算机管理”对话框中看到新建的组，如图 5-30 所示。

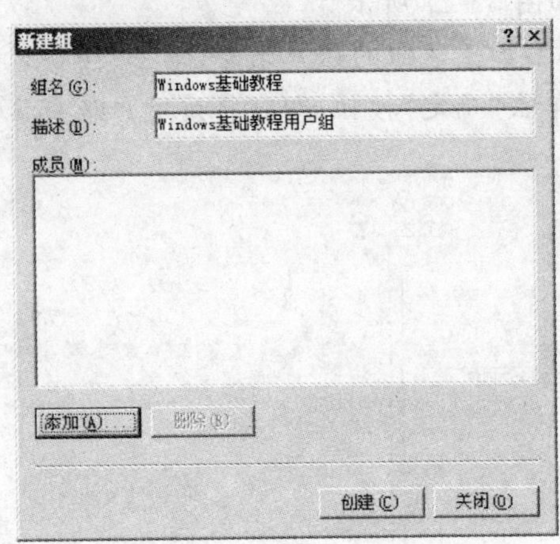

图 5-29 “新建组”对话框

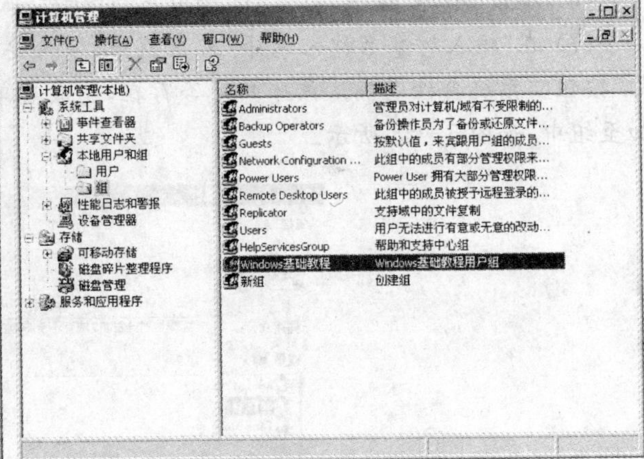

图 5-30 新创建的用户组

注意:

对于不需要的组,用户可以在“计算机管理”对话框中,右击“组”选项,然后在弹出的快捷菜单中选择“删除”命令,即可删除该组,如图 5-31 所示。

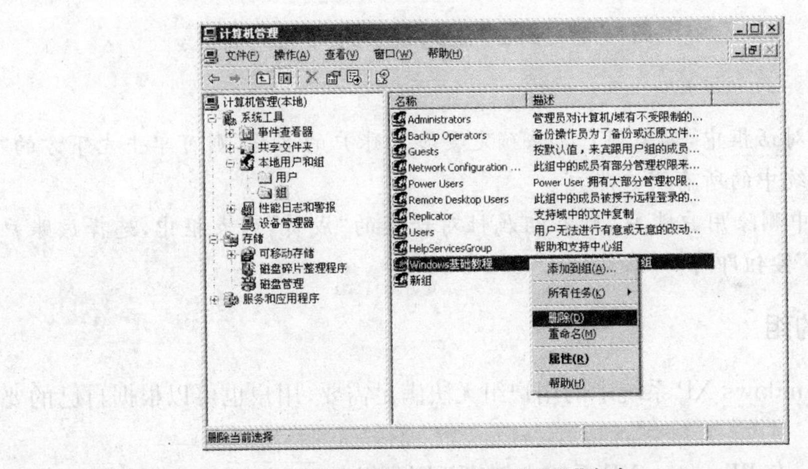

图 5-31 选择“删除”命令

5.8 禁用/激活用户账户

对于在系统中创建的多个用户,其中一些是不经常使用但也不能删除的账户,用户可以先禁用这类账户,等需要使用的时候再将其激活。

【实训 5-12】 禁用暂时不使用的用户账户。

(1) 在 Windows XP 桌面选择“开始”|“设置”|“控制面板”命令,打开“控制面板”窗口。

(2) 双击“管理工具”图标,打开“管理工具”窗口。

(3) 双击“计算机管理”图标,打开“计算机管理”对话框,如图 5-24 所示。

(4) 在对话框左边的列表树中,展开“系统工具”节点,然后展开“本地用户和组”节点,选择“用户”选项，显示系统中的用户账户，如图 5-32 所示。

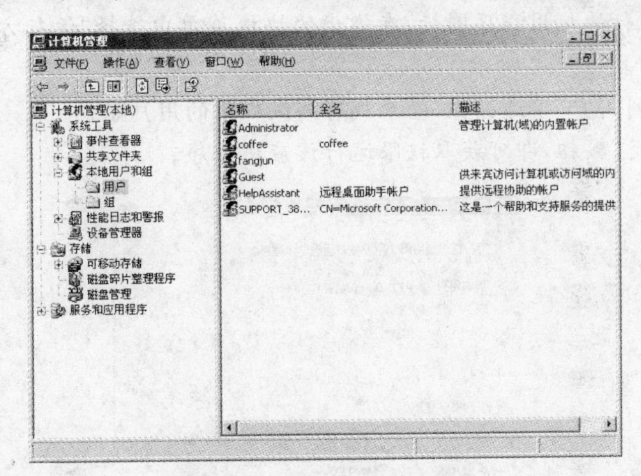

图 5-32 系统中的用户账户

(5) 在右边的窗口中右击要禁用的账户选项，在弹出的快捷菜单中选择“属性”命令，打开该账户的属性对话框，如图 5-33 所示。

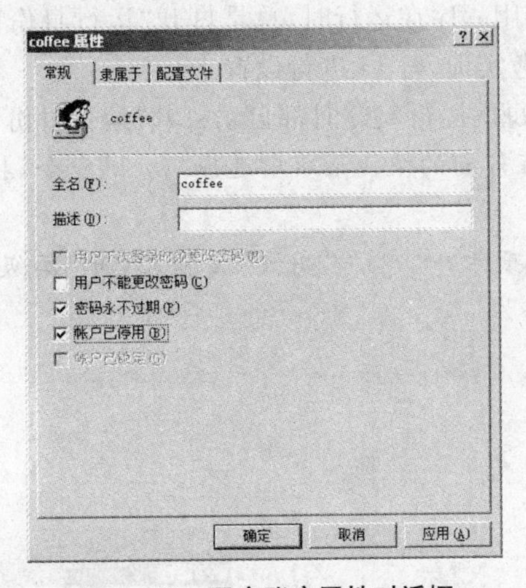

图 5-33 用户账户属性对话框

(6) 在对话框中选择“账户已停用”复选框，即可禁用该账户。用户若要激活该账户，则取消选择该复选框即可。最后单击“确定”按钮完成设置。

5.9 获取权限

如果用户使用受限账户登录系统，那么当需要运行那些具有更高权限才能运行的程序时，用户需要注销现在的账户，然后再用具有更高权限的帐号登录系统。在 Windows XP 系统中则不需要这样做，用户可以直接使用高权限帐号运行单个程序。

【实训 5－13】 使用高权限账户运行单个程序。

(1) 右击要运行的应用程序图标，在弹出的快捷菜单中选择“运行方式”命令，打开“运行身份”对话框，如图 5－34 所示。

(2) 选择“下列用户”单选按钮，登录拥有高级权限的用户账户。

(3) 单击“确定”按钮，即可获取权限运行该应用程序。

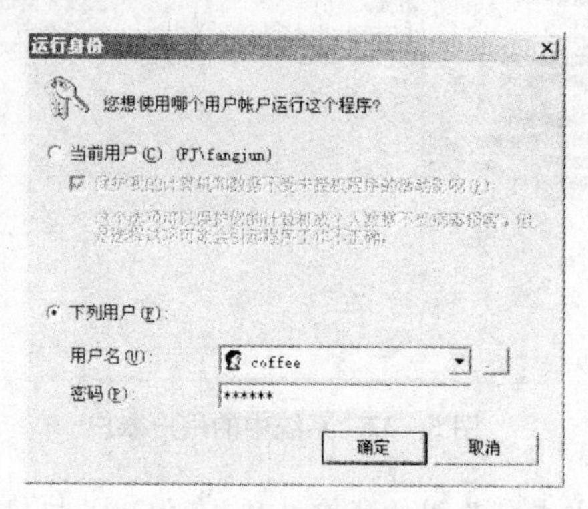

图 5－34 “运行身份”对话框

如果用户需要某个应用程序在运行时，总是打开“运行身份”对话框来询问用哪个用户身份运行的话，则可以参考实训 5－14 进行设置。

【实训 5－14】 设置每次运行 QQ 时都自动打开“运行身份”对话框。

(1) 右击 QQ 图标，在弹出的快捷菜单中选择“属性”命令，打开该应用程序的属性对话框，如图 5－35 所示。

(2) 在“快捷方式”选项卡中，单击“高级”按钮，打开“高级属性”对话框，如图 5－36 所示。

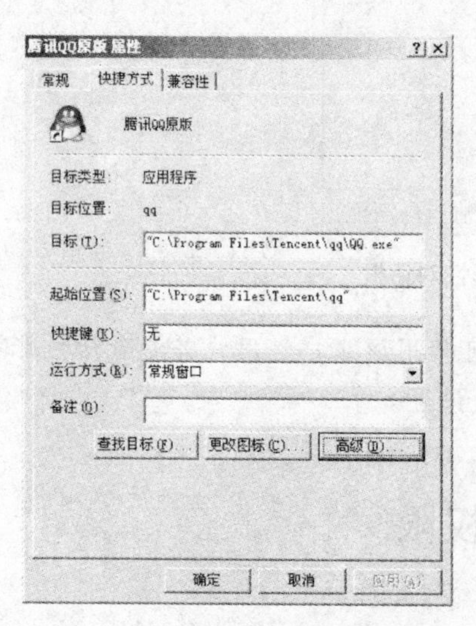

图 5－35 应用程序属性对话框

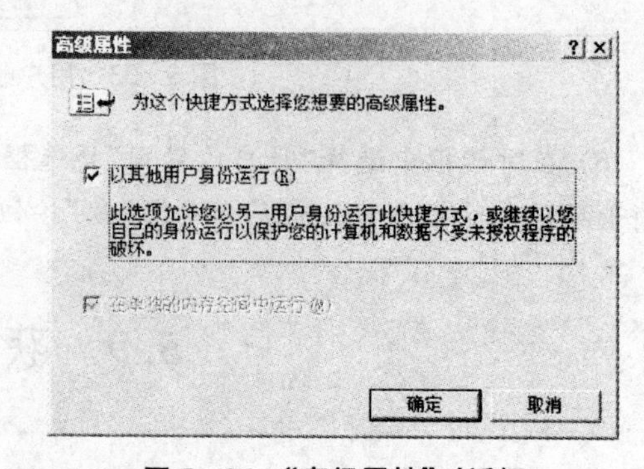

图 5－36 “高级属性”对话框

(3) 选择“以其他用户身份运行”复选框，单击“确定”按钮即可。

5.10 思考与练习

1. 管理员账户与其它账户的区别?
2. 创建一个名称为 comer 的用户账户,并为其设置密码、图片,效果如图 5-37 所示。

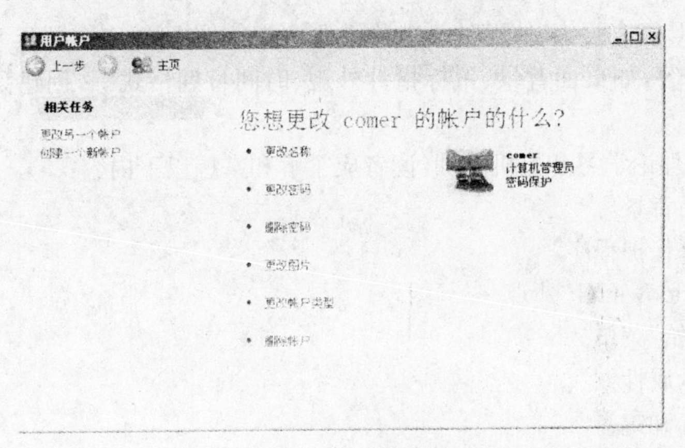

图 5-37 习题 2

3. 以管理员身份创建一个名为“USER”的受限用户,并为其设置一个个性头像,如图 5-38 所示。

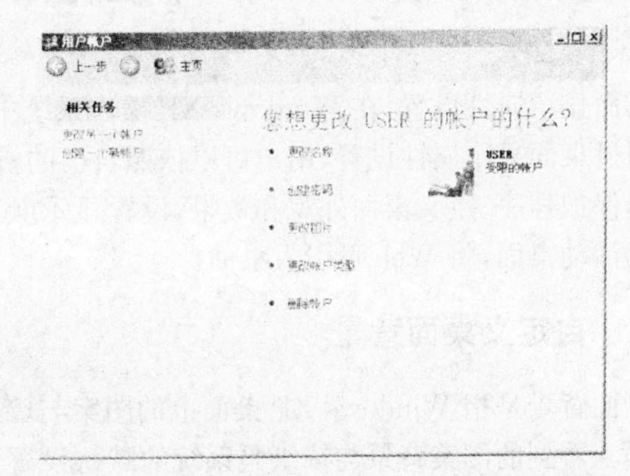

图 5-38 习题 3

4. 删除“USER”受限用户账户。
5. 如何启用来宾账户?
6. 为 comer 账户创建密码重设盘。
7. 如何启用快速切换用户功能?
8. 在 Windows XP 系统中创建新用户组。
9. 在组中添加用户账户。
10. 选择一个应用程序,并设置每次运行该应用程序时都自动打开“运行身份”对话框。

第 6 章　设置 Windows XP 运行环境

Windows XP 拥有强大、体贴的个性化设置功能，用户可以完全抛开 Windows XP 所提供的各种预定内容，如桌面背景、鼠标指针外观、时间日期格式等，创建只属于自己的操作系统。

通过本章的理论学习和上机实训，读者应了解和掌握以下内容：

- 设置桌面背景
- 设置屏幕保护程序
- 设置 Windows XP 外观
- 定制“开始”菜单
- 设置显示属性
- 设置鼠标和键盘
- 设置区域和语言选项

6.1　个性化桌面显示

桌面显示属性设置，在 Windows XP 操作系统中是用户个性化工作环境的最重要的体现。通过桌面显示属性设置，用户可以依照自己的喜好和需要选择美化桌面的背景图案、设置屏幕保护程序、定义桌面外观和效果、设置显示颜色和分辨率等。另外，用户还可以定制自己的活动桌面，将 Web 页引入桌面。

6.1.1　自定义桌面背景

桌面背景是指 Windows XP 桌面上的图案与墙纸。第一次启动 Windows XP 时，用户在桌面上看到的图案背景与墙纸是系统的默认设置。为了使桌面的外观更个性化，可以在系统提供的多种方案中选择自己满意的背景，也可以使用自己的 BMP 或 JPEG 格式的图像文件作为 Windows XP 的桌面背景。

【实训 6-1】 在 Windows XP 中更换桌面背景。

(1) 在 Windows XP 桌面空白处右击，打开快捷菜单，如图 6-1 所示。

(2) 在快捷菜单中选择“属性”命令，打开“显示 属性”对话框，如图 6-2 所示。

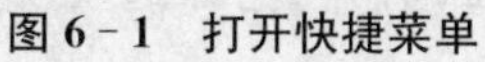
图 6-1　打开快捷菜单

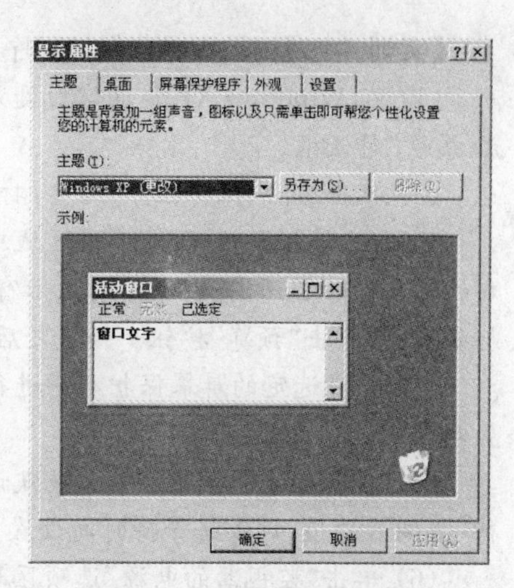

图 6-2　“显示 属性”对话框

(3) 单击“桌面”标签，打开“桌面”选项卡，如图 6-3 所示。

(4) 在“背景”列表框中选择想要更换的背景选项，单击“确定”按钮，返回桌面，完成更换桌面背景操作，如图 6-4 所示。

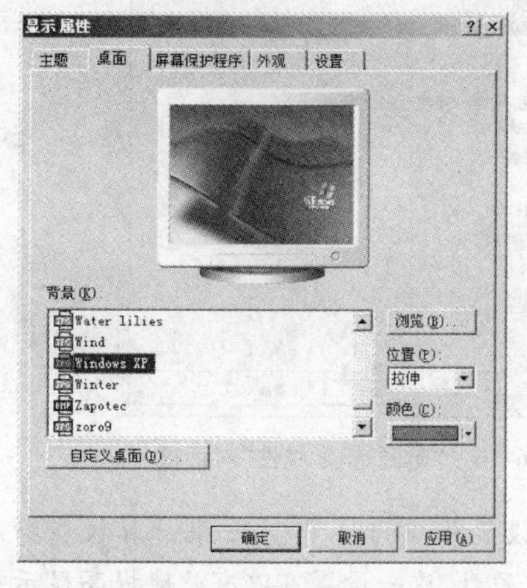

图 6-3　“桌面”选项卡

图 6-4　成功更换桌面背景

提示：

如果用户要使用自己的图片做桌面背景，则打开要作为桌面的图片，右击该图片，在弹出的快捷菜单中选择“设为桌面背景”命令即可。

6.1.2　设置屏幕保护程序

屏幕保护程序是一种能够在用户暂时不用计算机时屏蔽用户计算机的桌面，防止用户的数据被他人查看的应用程序。当用户需要使用计算机时，只要移动鼠标或者操作键盘即可恢复先前的桌面。如果屏幕保护程序设置了密码，则用户需要输入密码后才能进入先前的桌面。在设置屏幕保护程序时，用户可以选择和设置系统提供的屏幕保护程序，也可以选择自己安装的屏幕保护程序。

【实训 6-2】 设置屏幕保护程序。

(1) 在 Windows XP 桌面空白处右击，在弹出的快捷菜单中选择"属性"命令，打开"显示 属性"对话框。

(2) 单击"屏幕保护程序"标签，打开"屏幕保护程序"选项卡，如图 6-5 所示。

(3) 在"屏幕保护程序"选项区域中，从"屏幕保护程序"下拉列表框中选择一种自己喜欢的屏幕保护程序，并在上面的显示窗口中观察具体效果。如果要预览屏幕保护程序的全屏效果，可单击"预览"按钮。预览之后，单击鼠标左键即可返回到对话框。

(4) 要对选定的屏幕保护程序进行参数设置，可单击"设置"按钮，打开屏幕保护程序设置对话框进行设置。

(5) 启动屏幕保护程序的系统默认时间为 30 分钟，如果用户认为时间过长，可调整"等待"微调器的值，例如将等待时间设置为 10 分钟。

(6) 单击"监视器的电源"选项区域中的"电源"按钮，打开"电源选项 属性"对话框，如图 6-6 所示，系统默认打开的是"电源使用方案"选项卡。

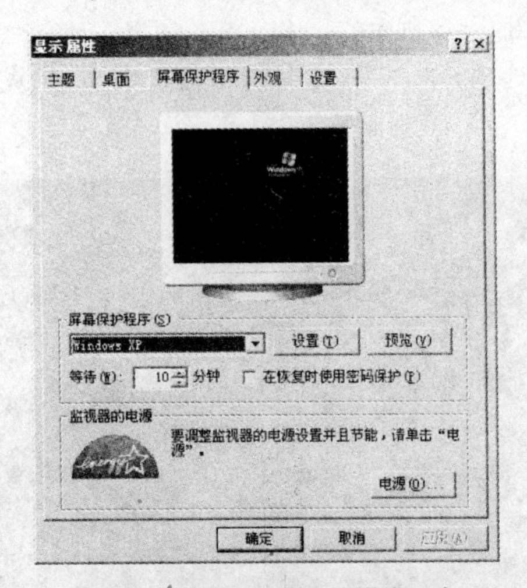

图 6-5 "屏幕保护程序"选项卡

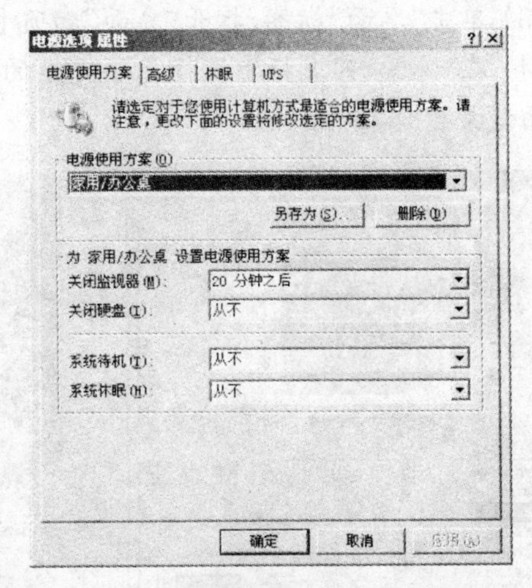

图 6-6 "电源选项 属性"对话框

(7) 在"关闭监视器"和"关闭硬盘"下拉列表框中设置相应的时间后，如果计算机在指定的时间内没有进行任何操作，将会自动关闭显示器或硬盘，这一设置可以有效地提高显示器或硬盘的使用寿命。

(8) 单击"确定"按钮，返回"屏幕保护程序"选项卡。单击"确定"按钮，使用户所进行的设置生效。

6.1.3 设置 Windows XP 显示外观

设置显示外观能够改变 Windows 在显示字体、图标和对话框时所使用的颜色和字体大小。在默认的情况下，系统使用的是称为"Windows 标准"的颜色和字体大小。不过，Windows 也允许用户选择其他的颜色和字体搭配方案，或者根据自己的喜好设计自己的方案。

【实训 6-3】 设置显示外观样式为 Windows XP 样式。

(1) 在 Windows XP 桌面空白处右击，在弹出的快捷菜单中选择"属性"命令，打开"显示 属性"对话框。

(2) 单击“外观”标签，打开“外观”选项卡，如图 6-7 所示。

(3) 从“窗口和按钮”下拉列表框中，选择自己喜欢的预定义外观方案。系统提供了“Windows XP 样式”和“Windows 经典样式”供用户选择，这里选择“Windows XP 样式”选项。

(4) 从“色彩方案”下拉列表框中，选择自己喜欢的色彩方案。系统提供了“橄榄绿”、“蓝”和“银色”3 个配色方案供用户选择。

(5) 从“字体大小”下拉列表框中选择采用的字体大小。

(6) 用户也可以单击“效果”按钮，从弹出的图 6-8 所示的“效果”对话框中作进一步的设置，设置完成后单击“确定”按钮，回到“外观”选项卡。

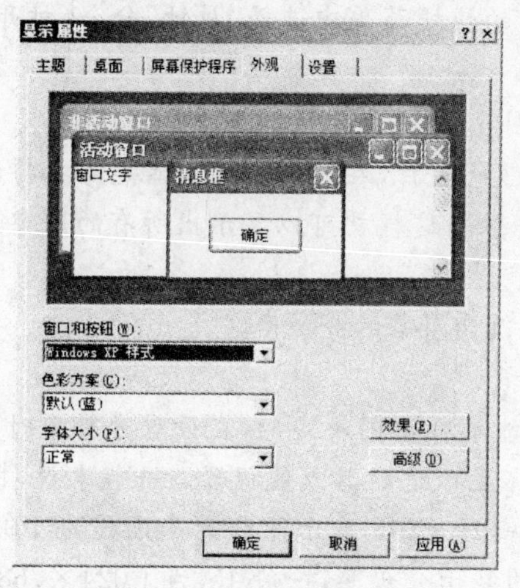

图 6-7 “外观”选项卡

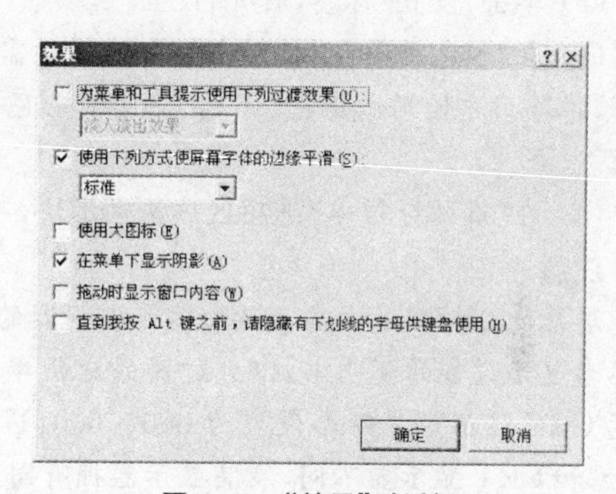

图 6-8 “效果”对话框

(7) 单击“确定”按钮，即可设置显示外观为 Windows XP 样式。图 6-9 所示为 Windows XP 样式和 Windows 经典样式的对比。

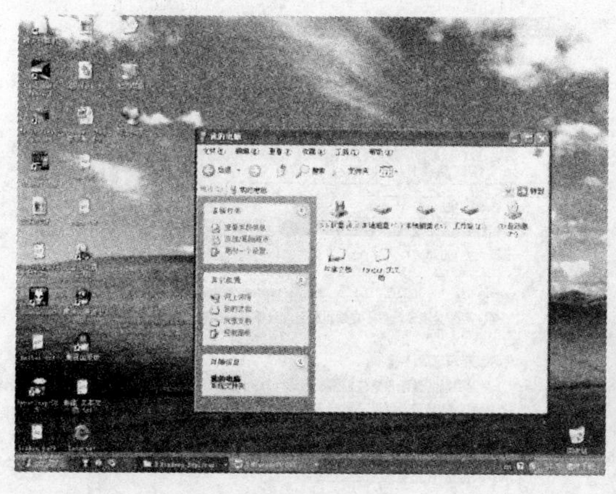

(a)

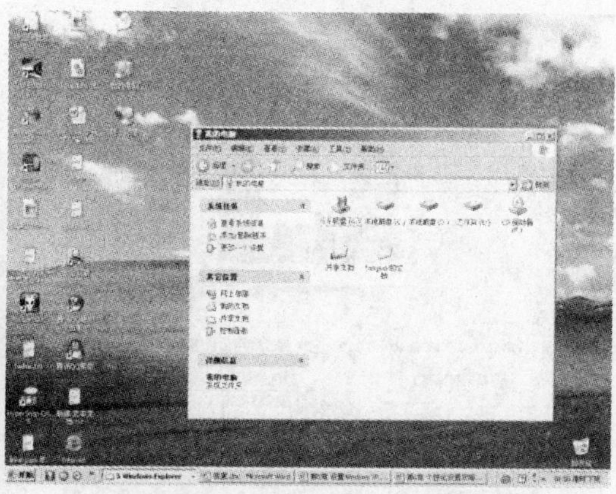

(b)

图 6-9 Windows XP 样式(a)和 Windows 经典样式(b)的对比

6.1.4 设置显示模式

在“显示 属性”对话框中的“设置”选项卡中，用户可以选择屏幕同时能够支持的颜色数目、屏幕区域大小、显示字体大小及适配器的刷新频率等参数。其中屏幕分辨率是指屏幕所支持的像素的多少，在屏幕大小不变的情况下，分辨率的大小将决定屏幕显示内容的多少，大的分辨率将使屏幕显示更多的内容。例如，在浏览一个网页时，640×480 像素的分辨率下可能显示不出所有的内容。但是，如果选择 800×600 像素或者 1 024×768 像素的分辨率，就能在屏幕上显示所有的网页信息。刷新率是指显示器的刷新速度，过低的刷新率会使用户产生头晕目眩的感觉，容易使用户的眼睛疲劳。因此，用户应使用支持高刷新率的显示器，这样有利于保护用户的眼睛。

【实训 6-4】 调整显示设置。

(1) 在 Windows XP 桌面空白处右击，在弹出的快捷菜单中选择“属性”命令，打开“显示 属性”对话框。

(2) 单击“设置”标签，打开“设置”选项卡，如图 6-10 所示。

(3) 在“颜色质量”下拉列表框中选择所需的颜色数目，在显卡和显示器能够支持的情况下，推荐用户使用增强色(16 位)或者真彩色(32 位)，这样就可以显示出所有的图像颜色效果。

(4) 在“屏幕分辨率”选项区域拖动滑块，可以改变屏幕的分辨率。

注意：

屏幕的分辨率是由显示适配器和监视器的性能参数共同决定的，在设置分辨率时一定要参考显示设备的说明书，以免过高的分辨率损坏显示适配器或监视器。一般来说，15″的普通 CRT 显示器分辨率设置为 800×600，17″的普通 CRT 显示器分辨率设置为 1 024×768。和 CRT 显示器不同，液晶显示器拥有固定的显示分辨率，一般 15″为 1 024×768，17″为 1 280×1 024。

(5) 单击“高级”按钮，将打开显示适配器属性对话框，默认打开的是“常规”选项卡，如图 6-11 所示。

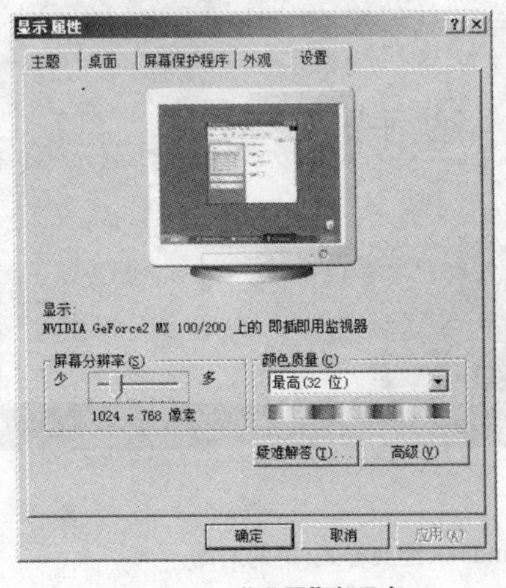

图 6-10 “设置”选项卡

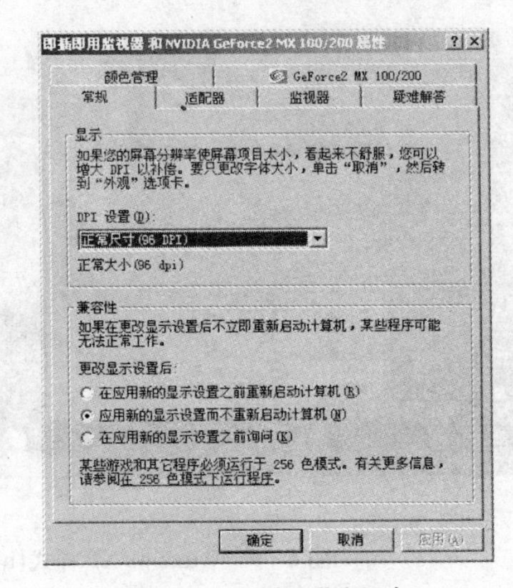

图 6-11 “常规”选项卡

(6) 在“DPI 设置”下拉列表框中可以设定系统字体的分辨率，用户可以在正常尺寸和大尺寸(120%大小)两者之间进行选择。如果它们都不能达到预期的效果，可选择“自定义设置"选项,并在打开的图 6-12 所示的"自定义 DPI 设置"对话框中进行自由设定。

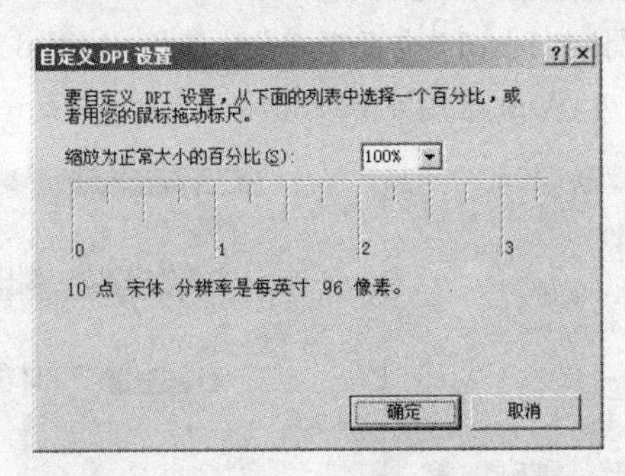

图 6-12 "自定义 DPI 设置"对话框

(7) 在"常规"选项卡的"兼容性"选项区域,可以设定在重新启动计算机后应用新的颜色设置,还可设定直接应用新的颜色设置。需要注意的是,如果在应用新的颜色设置后不重新启动计算机,可能某些应用程序将不能正常运行。

(8) 单击"适配器"标签,打开"适配器"选项卡,如图 6-13 所示。在此选项卡中列出了当前的显示适配器的一些信息,如芯片类型、内存大小等。

(9) 单击"监视器"标签,打开"监视器"选项卡,如图 6-14 所示。在"屏幕刷新频率"下拉列表框中,选择所需的适配器刷新频率。最后单击"确定"按钮,保存设置,完成调整显示设置操作。

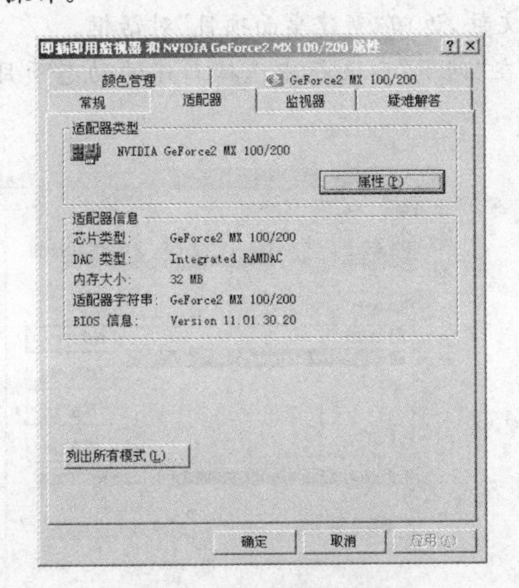

图 6-13 "适配器"选项卡

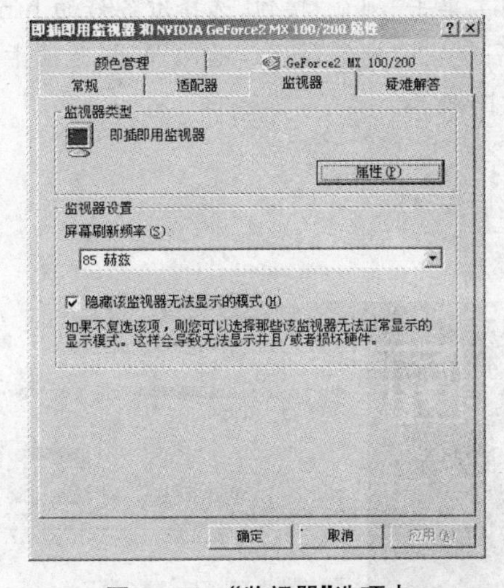

图 6-14 "监视器"选项卡

6.1.5 设置动态桌面

在 Windows XP 中,用户在准备一个包含了 Flash 动画的 html 文件后,即可设置动态桌面。需要注意的是,启用动态桌面后,会占用较大的内存空间。若用户计算机内存偏小,则建议用户不要启用该功能,以免对系统性能造成影响。

【实训 6-5】 设置启用动态桌面。

(1) 右击桌面空白处,在弹出的快捷菜单中选择"属性"命令,打开"显示 属性"对话框。

(2) 单击“桌面”标签，打开“桌面”选项卡。

(3) 单击“自定义桌面”按钮，打开“桌面项目”对话框，如图 6-15 所示。

(4) 单击 Web 标签，打开 Web 选项卡，如图 6-16 所示。

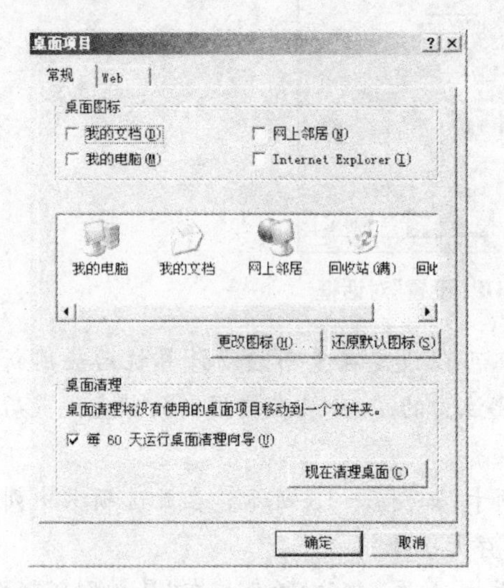

图 6-15 “桌面项目”对话框

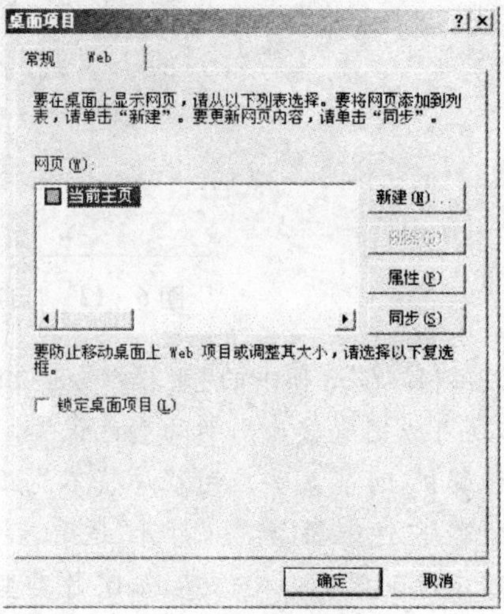

图 6-16 Web 选项卡

(5) 单击“新建”按钮，打开“新建桌面项目”对话框，如图 6-17 所示。

(6) 单击“浏览”按钮，选择准备好的 html 文件，返回“新建桌面项目”对话框。

(7) 单击“确定”按钮，返回 Web 选项卡。在“网页”列表框中选择新建的动态项目，如图 6-18 所示。

图 6-17 “新建桌面项目”对话框

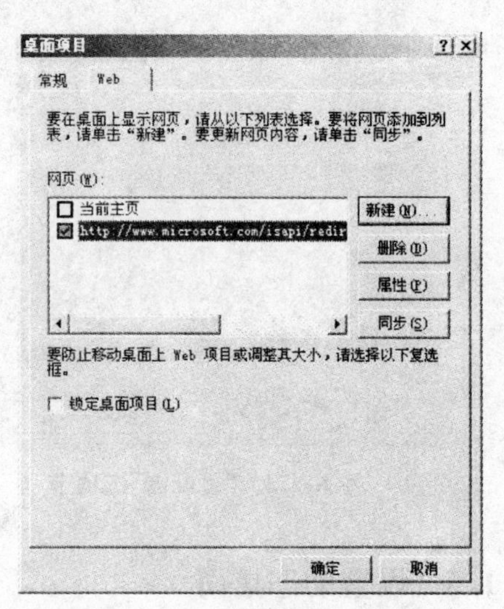

图 6-18 选择新建的动态项目

(8) 单击“确定”按钮，返回“显示 属性”对话框。单击“确定”按钮，即可实现动态桌面，如图 6-19 所示。

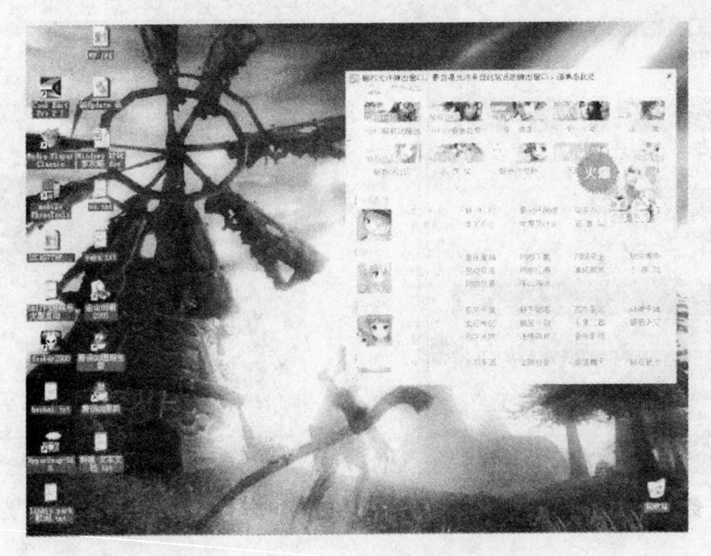

图 6-19 动态桌面

提示：

若要防止用户在桌面操作时，不小心拖动动态项目，则可以在 Web 选项卡中选择“锁定桌面项目”复选框。

6.2 定制“开始”菜单

在 Windows XP 中，用户可以根据自己的需要定制“开始”菜单，其中最为常用的就是设置“开始”菜单的样式和在菜单上显示的内容。

6.2.1 设置“开始”菜单样式

Windows XP 的“开始”菜单也分为 Windows XP 样式和 Windows 经典样式，用户可以根据自己的喜好选择一种菜单样式。

【实训 6-6】 切换“开始”菜单样式。

(1) 右击 Windows XP 的任务栏，在弹出的快捷菜单中选择“属性”命令，打开“任务栏和「开始」菜单属性”对话框，如图 6-20 所示。

(2) 单击“「开始」菜单”标签，打开“「开始」菜单”选项卡，如图 6-21 所示。

(3) 通过选择“「开始」菜单”和“经典「开始」菜单”单选按钮，可以切换“开始”菜单的 Windows XP 样式和 Windows 经典样式，如图 6-22 所示。

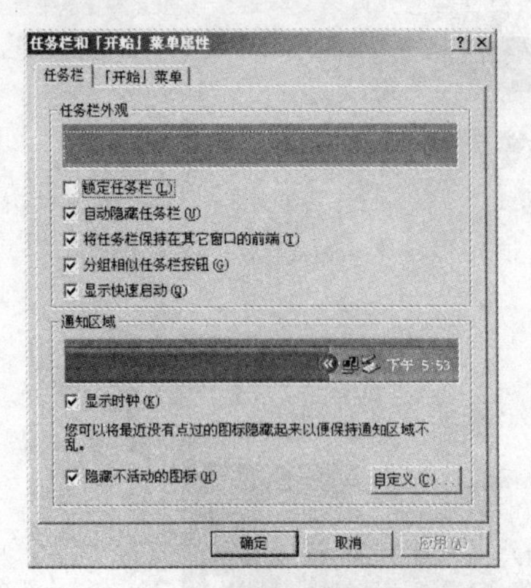

图 6-20 “任务栏和「开始」菜单属性”对话框

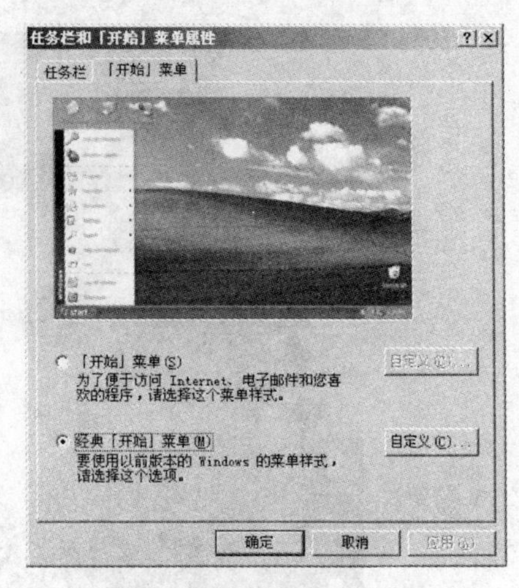

图 6-21 “「开始」菜单”选项卡

(a)

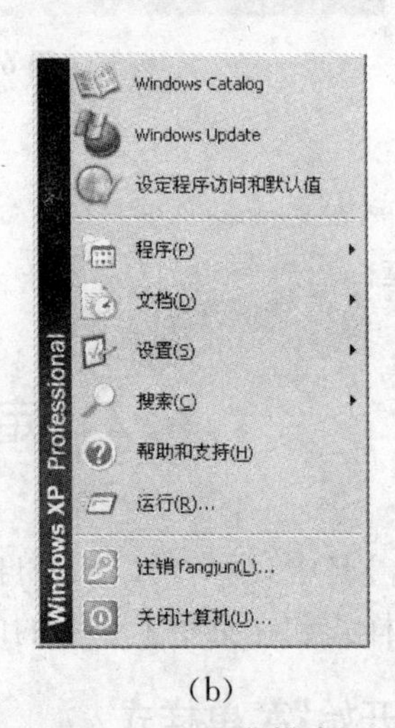

(b)

图 6-22 “开始”菜单的 Windows XP 样式(a)和 Windows 经典样式(b)对比

6.2.2 设置“开始”菜单

用户可以根据自己的需要，设置“开始”菜单中所包含的内容，如添加或删除某个应用程序的快捷方式、添加或删除菜单上的选项和展开选项的更多内容等。两种风格样式的“开始”菜单的设置方法略有不同，下面以如何删除菜单中用户最近使用的文档记录为例，分别介绍设置“开始”菜单的方法。

【实训 6-7】 删除菜单中用户最近使用的文档记录。

(1) 右击 Windows XP 的任务栏，在弹出的快捷菜单中选择“属性”命令，打开“任务栏和「开始」菜单属性”对话框。

(2) 单击“「开始」菜单”标签，打开“「开始」菜单”选项卡。

(3) 如果用户使用的是经典样式的“开始”菜单，则单击“经典「开始」菜单”单选按钮后面的“自定义”按钮，打开“自定义经典「开始」菜单”对话框，如图 6-23 所示。

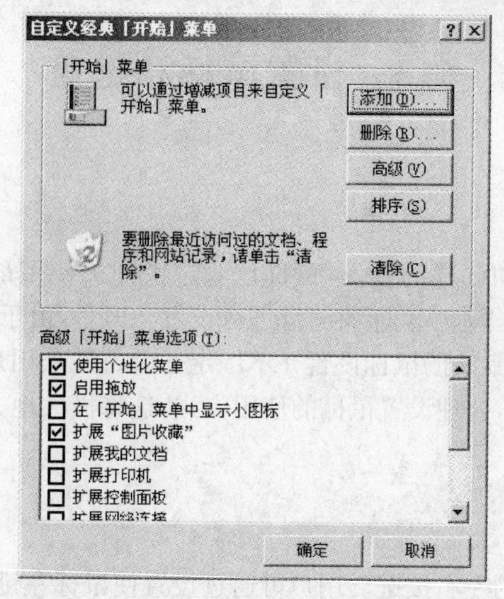

图 6-23 "自定义经典「开始」菜单"对话框

(4) 在"「开始」菜单"选项区域中，单击"清除"按钮，即可清除"开始"菜单中的用户最近使用文档记录。

(5) 如果用户使用的是 Windows XP 样式的"开始"菜单，则单击"「开始」菜单"后的"自定义"按钮，打开"自定义「开始」菜单"对话框，如图 6-24 所示。

(6) 单击"高级"标签，打开"高级"选项卡，如图 6-25 所示。

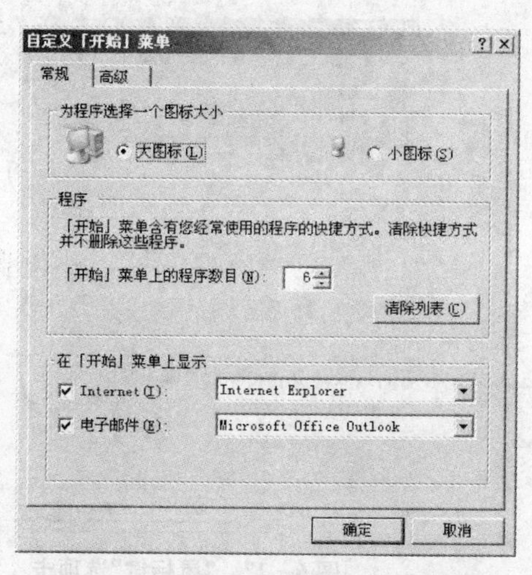

图 6-24 "自定义「开始」菜单"对话框

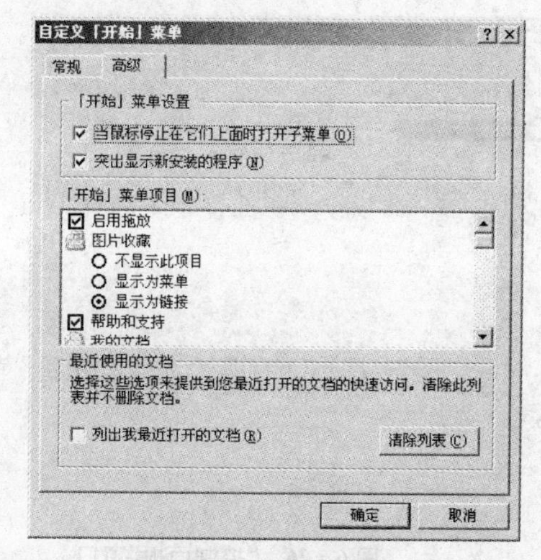

图 6-25 "高级"选项卡

(7) 在"最近使用的文档"选项区域中，单击"清除列表"按钮，即可清除"开始"菜单中用户最近使用的文档记录。如果用户觉得每次删除记录比较麻烦，也可以在"最近使用的文档"选项区域中取消选择"列出我最近打开的文档"复选框，然后单击"确定"按钮，即可在"开始"菜单中不显示"我最近的文档"子菜单。

6.3 设置鼠标和键盘

6.3.1 设置鼠标

随着图形操作系统和软件的普及，鼠标已为广大用户使用最频繁的设备之一。安装Windows XP时，系统会自动对鼠标和键盘进行设置。但是，由于用户的个人习惯、性格和喜好各有差异，因此系统默认的鼠标设置并不一定适合每一个用户。这时用户可以根据个人爱好、习惯和工作需要，合理设置鼠标的使用方式，这将极大地方便用户对计算机的使用和管理。

1. 设置鼠标键

鼠标键是指鼠标上的左右按键。用户可通过设置使鼠标左键或右键用于主要操作，这取决于用户的个人习惯。同时，用户还可以设置鼠标是通过单击来打开一个项目还是双击来打开一个项目。

【实训 6-8】 在 Windows XP 中设置鼠标键。

(1) 选择"开始"|"设置"|"控制面板"命令，打开"控制面板"窗口，如图 6-26 所示。

(2) 双击"鼠标"图标，打开"鼠标 属性"对话框，系统默认打开的是"鼠标键"选项卡，如图 6-27 所示。

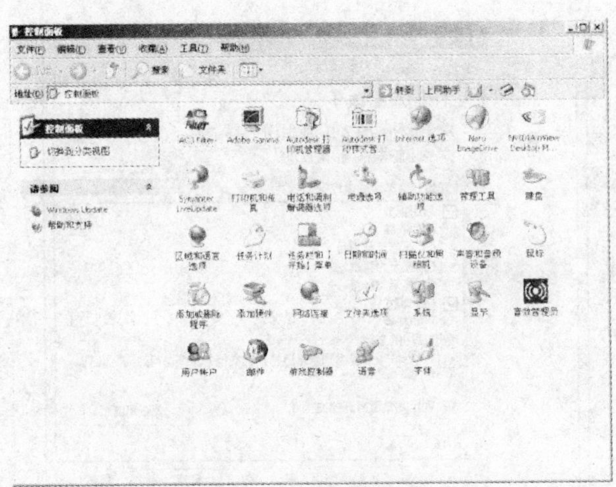

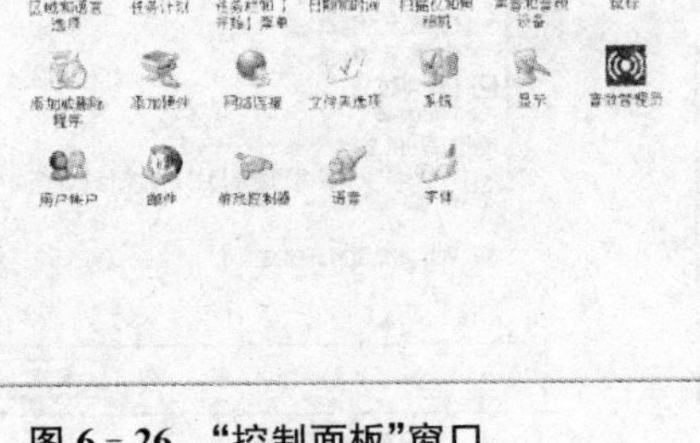

图 6-26 "控制面板"窗口

图 6-27 "鼠标键"选项卡

(3) 在"鼠标键配置"选项区域中，如果选中"切换主要和次要的按钮"复选框，则将鼠标右键设置成用于主要操作(如选择和拖动)。默认情况下，系统取消选中该复选框，这也符合大多数用户的操作习惯。

(4) 在"双击速度"选项区域中的"速度"选项中拖动滑块，可以设定系统对鼠标键双击的反应灵敏程度，在右侧的图像窗口可以测试所设定的双击速度是否合适。

(5) 在"单击锁定"选项区域中，选中"启用单击锁定"复选框，可以设定鼠标的单击锁定效果。单击锁定是指用户无需持续按住鼠标按钮，进行高亮显示或拖动操作，只需单击鼠标即可完成。例如用户移动一个文件时，无需在该文件上按住并拖动鼠标，而只需在该文件上单击鼠标，并在需要复制的文件夹中再单击鼠标，即可将此文件在文件夹间移动。

(6) 单击“确定”按钮，完成鼠标键的设定。

2. 设置鼠标指针外观

Windows XP 为用户提供了许多指针外观方案，用户可以通过设置使鼠标指针的外观能够满足自己的视觉喜好。

【实训 6-9】 在 Windows XP 中设置鼠标指针外观。

(1) 选择“开始”|“设置”|“控制面板”命令，打开“控制面板”窗口。双击“鼠标”图标，打开“鼠标 属性”对话框。

(2) 单击“指针”标签，打开“指针”选项卡，如图 6-28 所示。

(3) 在“方案”下拉列表框中，选择一种系统自带的指针方案，例如“Windows 默认(系统方案)”选项。

(4) 在“自定义”列表框中，选中要选择的指针。如果用户不喜欢系统提供的指针方案，可单击“浏览”按钮，在打开的图 6-29 所示的“浏览”对话框中为当前选定的指针操作方式指定一种新的指针外观。单击“确定”按钮，返回“指针”选项卡。

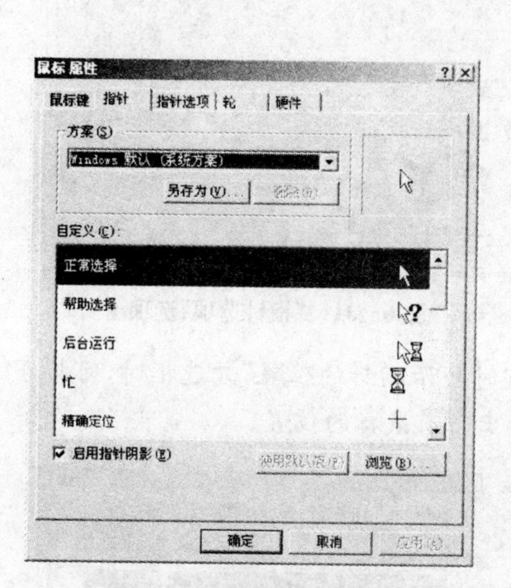

图 6-28 “指针”选项卡

图 6-29 “浏览”对话框

(5) 用户可以保存自己设定的光标方案，单击“另存为”按钮，打开图 6-30 所示的“保存方案”对话框。在“将该光标方案另存为”文本框中输入要保存的新名称，然后单击“确定”

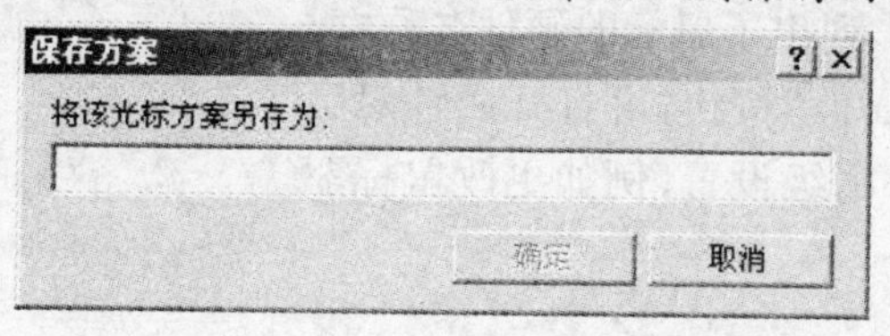

图 6-30 “保存方案”对话框

按钮关闭对话框。用户可以发现新保存的光标方案位于“方案”下拉列表框中。

(6) 单击“删除”按钮，可以删除当前选中的鼠标指针方案；单击“使用默认值”按钮，可将鼠标设置还原为系统默认方案。

(7) 单击“确定”按钮，保存设置，完成设置鼠标指针外观操作。

3. 设置鼠标指针选项

鼠标的移动方式是指鼠标指针的移动速度和轨迹显示，它会影响到鼠标移动的灵活程度和鼠标移动时的视觉效果。用户可以根据需要调整鼠标的移动速度、是否显示鼠标轨迹等。

【实训 6-10】 在 Windows XP 中设置鼠标指针选项。

(1) 选择“开始”|“设置”|“控制面板”命令，打开“控制面板”窗口。双击“鼠标”图标，打开“鼠标 属性”对话框。

(2) 单击“指针选项”标签，打开“指针选项”选项卡，如图 6-31 所示。

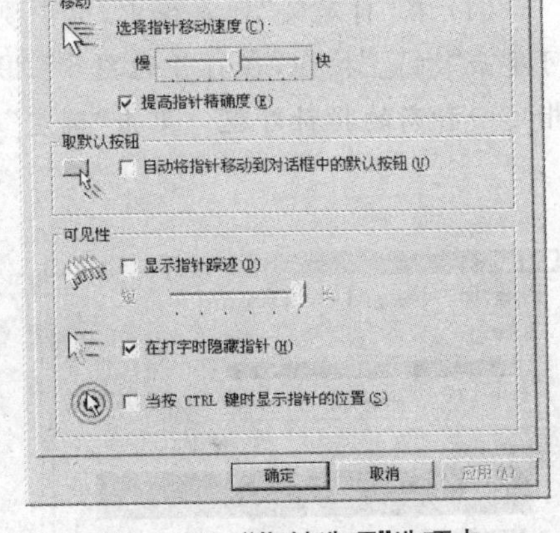

图 6-31 “指针选项”选项卡

(3) 在“移动”选项区域中，拖动滑块，可调整鼠标指针移动速度的快慢。选中“提高指针精确度”复选框，可提高指针定位的精确度。

(4) 如果用户希望鼠标指针在弹出对话框时会自动移动到默认的按钮上，应选中“取默认按钮”选项区域中的“自动将指针移动到对话框中的默认按钮”复选框。

(5) 在“可见性”选项区域中，选中“显示指针踪迹”复选框，可以使鼠标在移动时产生一条轨迹。拖动“轨迹长度”滑块，可以设定鼠标轨迹的长度。

(6) 选中“在打字时隐藏指针”复选框，可以在文本输入状态时，隐藏鼠标指针；选中“当按 CTRL 键时显示指针的位置”复选框时，可按下键盘上的 Ctrl 键，Windows XP 将在屏幕上明显地标出当前鼠标的位置。

(7) 单击“确定”按钮，保存设置，完成设置鼠标指针选项操作。

4. 设置鼠标的常规属性

如果用户需要设置鼠标的常规属性，可在“鼠标属性”对话框中打开“硬件”选项卡，如图 6-32 所示。在“硬件”选项卡中，列出了鼠标的硬件名称、类型及相关属性。单击“属性”按钮，可打开属性对话框对鼠标硬件进行一些高级设置，例如更改鼠标驱动程序等。

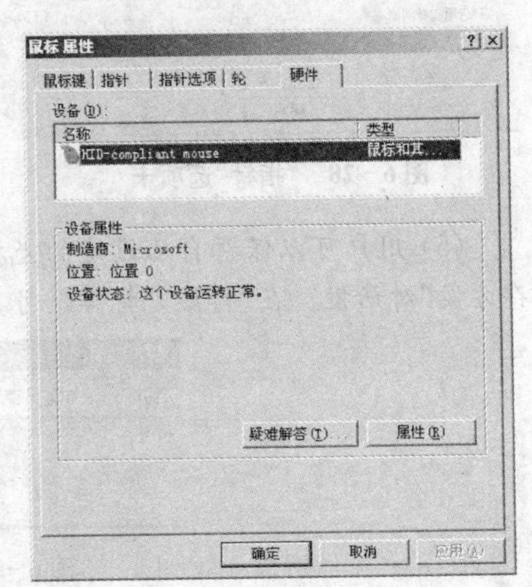

图 6-32 “硬件”选项卡

6.3.2 设置键盘

同鼠标一样，键盘也是用户使用最为频繁的一种计算机外围设备。虽然鼠标和手写板可以代替部分键盘功能，但键盘的大部分功能和作用是鼠标和其他设备所无法替代的。通过对键盘的合理设置，可以提高用户的输入速度。

【实训 6-11】 在 Windows XP 中设置键盘。

(1) 选择“开始”|“设置”|“控制面板”命令，打开“控制面板”窗口。双击“键盘”图标，打开“键盘属性”对话框，如图 6-33 所示。

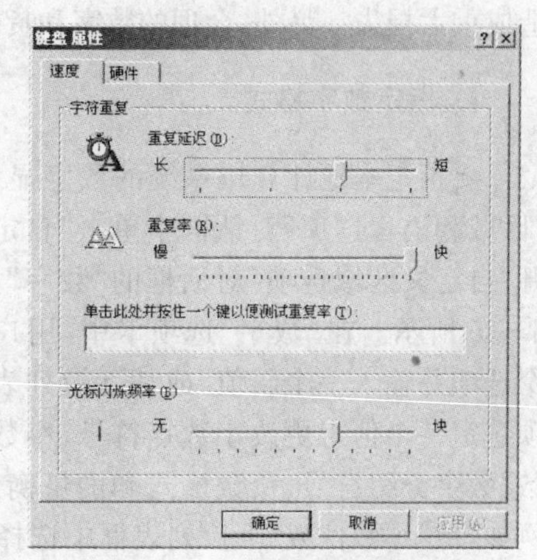

图 6-33 “键盘 属性”对话框

(2) 在默认打开的“速度”选项卡中，左右拖动“字符重复”选项区域中的“重复延迟”滑块，可以改变键盘重复输入一个字符的延迟时间。

(3) 拖动“重复率”滑块可以改变重复输入字符的输入速度。如果用户不知道哪一种速度适合自己，可以在文本框中连续输入同一个字符，测试重复的延迟时间和速度，然后选择一种最适合的。

(4) 在“光标闪烁频率”选项区域中，左右拖动调节滑块，可以改变光标在编辑位置的闪烁速度。对于一般用户来说，光标速度应适中，过慢的速度不利于用户查找光标的位置，过快的速度容易使用户的视觉疲劳。

(5) 单击“确定”按钮以使设置生效。

6.4 设置区域和语言选项

Windows XP 允许用户根据实际情况设置使用不同的语言、数字格式、货币格式、时间格式和日期格式，以满足工作时对这些选项的特殊要求。

要更改有关设置，首先打开“控制面板”窗口，然后双击“区域和语言选项”图标，打开“区域和语言选项”对话框，如图 6-34 所示。在该对话框中，用户可以分别对语言、时区、数字、货币、时间和日期格式等进行设置。

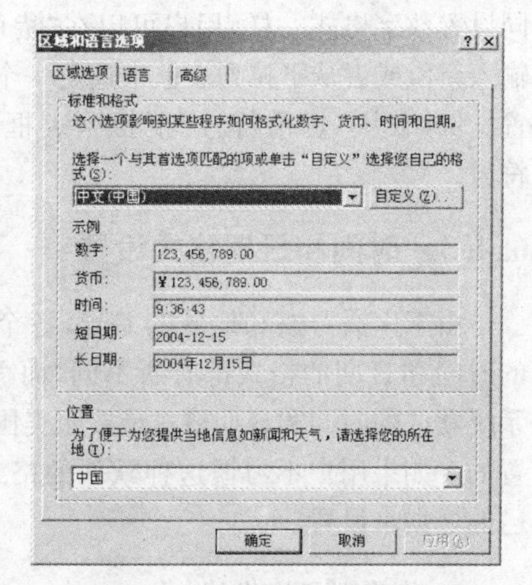

图 6-34 “区域和语言选项”对话框

6.4.1 区域选项

在“区域和语言选项”对话框中的“区域选项”选项卡中，用户可从“标准和格式”选项区域的下拉列表框中选择本地语言，例如“中文(中国)”，从“位置”选项区域的下拉列表框中选择用户所在的国家或地区。选择本地语言和国家之后，单击“确定”按钮，系统将自动更新数字、货币、时间和日期的设置，以便符合该国家或地区的格式化约定。

6.4.2 数字和货币格式设置

在计算机的使用过程中，特别是在进行交易和金融工作时，数字和货币的格式是非常重要的，直接影响到用户的工作质量和与其他相关人员的信息交换，甚至可能给公司或者用户造成重大损失。另外，合理的数字和货币格式还有利于用户输入和查看数字和货币信息。

1. 指定数字格式

要指定本地计算机系统的数字显示格式，可在“区域和语言选项”对话框中单击“自定义”标签，打开“自定义区域选项”对话框的“数字”选项卡，如图6-35所示。在“数字”选项卡中，用户可以选定一个选项并输入一个新值，或从下拉列表框中为该选项选定一个值来更改小数点符号、小数点后面的位数、数字分组符号、负数格式和度量衡系统等设置。例如，从“小数位数”下拉列表框中选择1，则系统在显示数字时小数点后将有1位数；从“度量衡系统”下拉列表框中选择“公制”选项，则使用中国的度量系统。修改设置时，单击“应用”按钮，则在“示例”选项区域中会显示更改的示例效果。

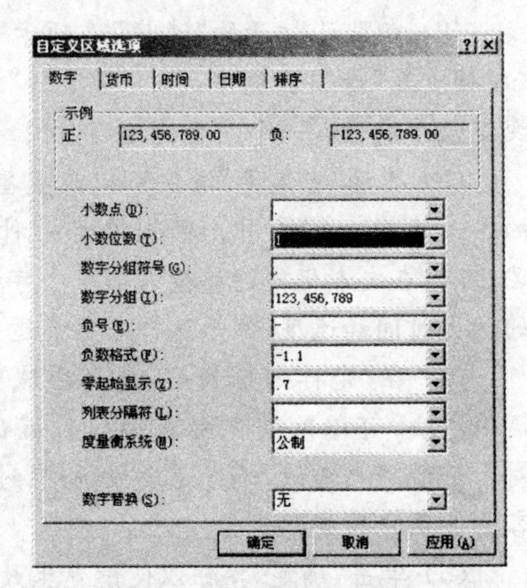

图6-35 “数字”选项卡

2. 指定货币格式

如果用户要指定货币格式，可在“自定义区域选项”对话框中打开“货币”选项卡，如图6-36所示。同设置数字格式一样，用户可以在“货币”选项卡中输入新值或者从下拉列表框中选定一个值来进行设置。例如，从“货币符号”下拉列表框中选择货币符号。

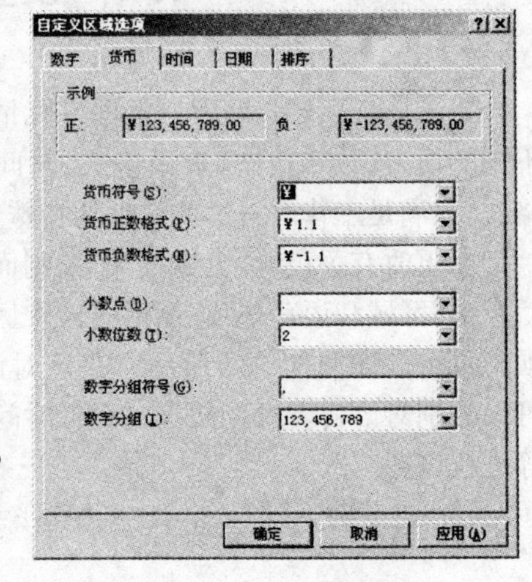

图6-36 “货币”选项卡

6.4.3 时间和日期格式设置

由于生活习惯和地域的差异，各个地区或国家的时间和日期的格式都有所不同，而Windows XP系统默认的时间和日期格式是按照美国的习惯来设置的。如果用户不习惯这种默认的格式，可根据自己的习惯来设置。

1. 指定时间格式

如果用户想更改系统时间的显示格式，可在“自定义区域选项”对话框中打开“时间”选项卡，如图 6－37 所示。在该选项卡中，从“时间格式”下拉列表框中选择时间的表示方法，例如 hh:mm:ss。要改变时间的分隔符，可从“时间分隔符”下拉列表框中选择或输入一个新的分隔符，例如“：”。对于上午和下午的表示方法，一般使用英文 AM 和 PM。但是，不习惯查看英文的用户可以将它们设置为“上午”和“下午”这两个字符串。

2. 指定日期格式

要设置日期的显示格式，可在“自定义区域选项”对话框中打开“日期”选项卡，如图 6－38 所示。在“日历”选项区域中，通过微调器来设置两个数字代表哪个时间段(100 年)的年份，例如 1930—2029；在“短日期”选项区域中，可通过“短日期格式”和“日期分隔符”两个下拉列表框选择短日期格式和日期分隔符，并根据“短日期示例”文本框中的示例来确定短日期样式；在“长日期”选项区域中的“长日期格式”下拉列表框中选择或者输入长日期样式，并根据“长日期示例”文本框中的示例来确定长日期样式。

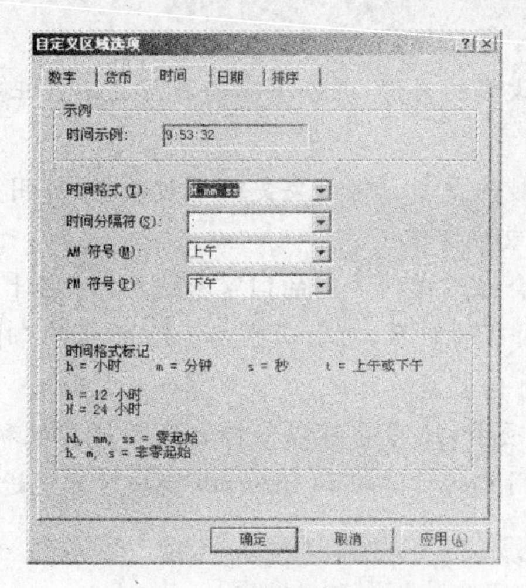

图 6－37 “时间”选项卡

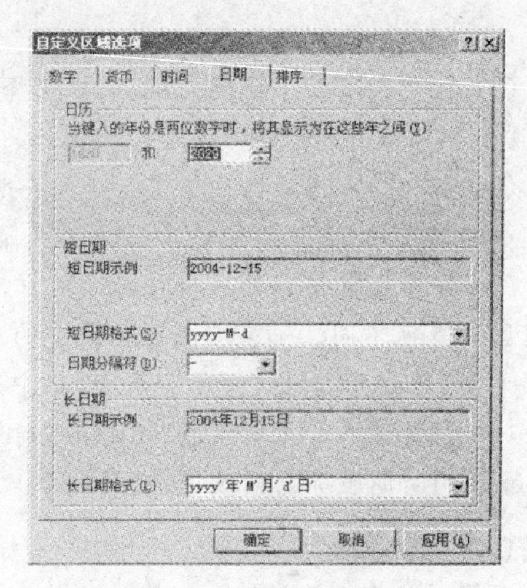

图 6－38 “日期”选项卡

6.5 更新时间和日期

在 Windows XP 系统中，任务栏显示有当前的系统时间和日期，默认的时间和日期是根据计算机中的 CMOS 中的设置得到的。对于用户来说，日期和时间往往需要经常调整，例如，有些计算机病毒是按照系统内的时间和日期发作的，用户可以通过在病毒发作的前一天调整日期来避免病毒发作。

【实训 6－12】 更新系统时间和日期。

(1) 直接双击任务栏上的“时间”按钮 « 13:25 ，或者在“控制面板”窗口中双击“日期和时间”图标，也可以在任务栏空白处右击，并在弹出的快捷菜单中选择“调整日期/时间”命令，打开“日期和时间 属性”对话框，如图 6－39 所示，默认打开的是“时间和日期”选项卡。

(2) 在“日期”选项区域中，通过调整“年份”文本框后面的微调按钮来增加或减少年份

图 6-39 “日期和时间 属性”对话框

数值。

(3) 打开“月份”下拉列表框，从中选择需要设置的月份，并在下面的日历上单击正确的日期。

(4) 在“时间”选项区域中进行小时、分种和秒的更新。例如要更改小时的值，可用鼠标选定小时对应的值，然后通过后面的微调器增加或减少该值。

(5) 对于经常携带计算机旅行的用户，可能会经常进入不同的国家和地区，因此计算机的时区设置也不同。如果要将时区改变为所在国家的时区，可打开图 6-40 所示的“时区”选项卡，然后打开“时区”下拉列表框，从中选择所在国家的时区。

(6) 打开图 6-41 所示的“Internet 时间”选项卡，使用它可以保持自己的计算机和 Internet 上的时间服务器同步，但这种同步只有在用户的计算机和 Internet 连接时才能进行。

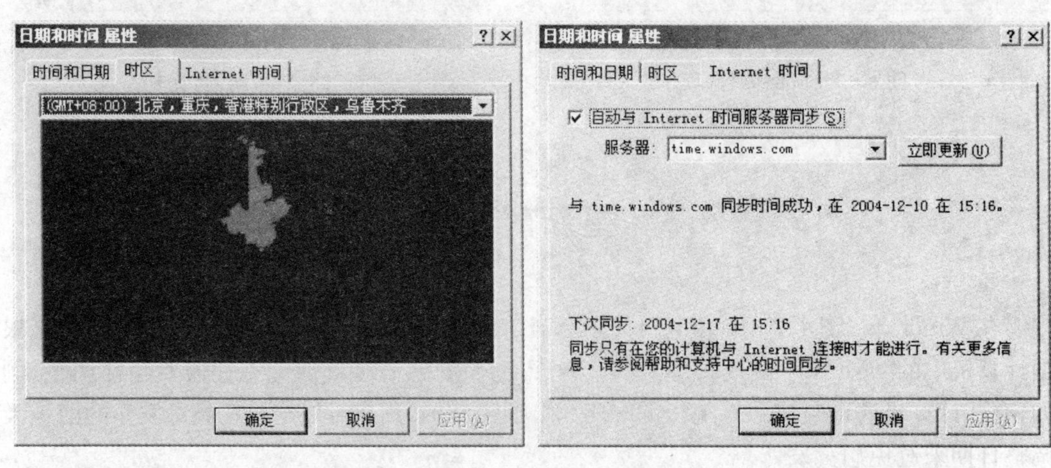

图 6-40 “时区”选项卡

图 6-41 “Internet 时间”选项卡

(7) 设置完成后，单击“确定”按钮，完成更新日期和时间的操作。

6.6 思考与练习

1. 设置 Windows XP 的外观为经典样式。

2. 设置 Windows XP 外观分别为“Windows XP 样式”和“Windows 经典样式”,并对比它们间的最大区别。

3. 将如图 6-42 所示的素材图片设置为 Windows XP 的桌面背景,最终效果如图 6-43所示。

图 6-42 素材图片

图 6-43 习题 4

4. 如何设置个性化的“开始”菜单?

5. 如何设置隐藏“开始”菜单中的“运行命令”?

6. 分别说明如何设置鼠标键、鼠标指针外观?

7. 简述在 Windows XP 中设置鼠标的灵敏度和滚轮。

8. 简述在 Windows XP 中设置键盘。

9. 如何在 Windows XP 中设置区域和语言选项?

10. 如何更改系统时间和日期的显示格式?

11. 如何更新系统时间和日期?

12. 使用三维文字作为屏幕保护程序,效果如图 6-44 所示。

图 6-44 习题 12

13. 将"D:\我的图片"文件夹中的图片设置为幻灯片形式的屏幕保护程序,效果如图 6-45 所示。

图 6-45 习题 13

第 7 章　安装与设置中文输入法

掌握中文输入法是学习 Windows XP 的一个重要部分，如果用户能熟练掌握一种或几种中文输入法，可以极大地提高 Windows XP 的使用效率。通过本章的学习，用户可以掌握在 Windows XP 中添加删除中文输入法的方法，并能至少熟练使用一种中文输入法。

通过本章的理论学习和上机实训，读者应了解和掌握以下内容：

- 输入法的安装和删除
- 设置输入法热键
- 选择输入法
- 掌握本章所介绍的其中一种中文输入的使用方法
- 了解手写输入法

7.1　中文输入法简介

常用的中文输入法包括全拼输入法、智能 ABC 输入法、微软拼音输入法、紫光拼音输入法、王码五笔输入法和智能陈桥五笔输入法等，用户可以根据自己的使用习惯选择其中的一种使用。

7.1.1　安装和删除输入法

1. 安装输入法

在 Windows XP 中自带了一些常用输入法的安装文件，如全拼输入法和双拼输入法等，用户可以根据自己的需要添加输入法。

【实训 7-1】　安装双拼输入法。

(1) 右击桌面右下角的键盘图标，在打开的快捷菜单中选择“设置”命令，打开“文字服务和输入语言”对话框，如图 7-1 所示。

(2) 单击“添加”按钮，打开“添加输入语言”对话框，如图 7-2 所示。

(3) 在“输入语言”下拉列表框中选择“中文(中国)”选项。在“键盘布局/输入法”下拉列表框中选择“中文(简体)—双拼”选项，然后单击“确定”按钮，返回“中文服务和输入语言”对话框。

(4) 单击“确定”按钮，即可在 Windows XP 中添加双拼输入法。

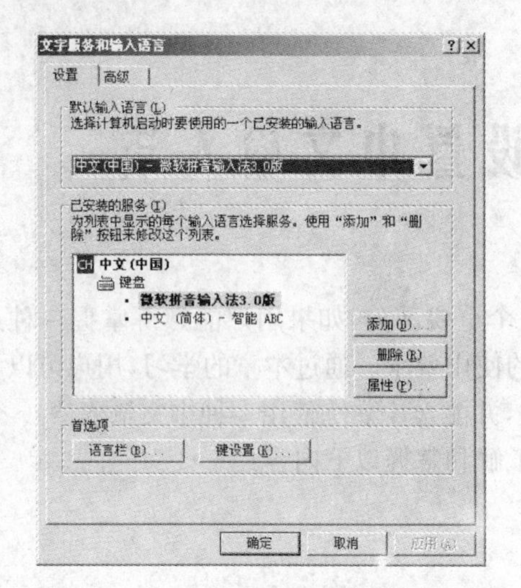

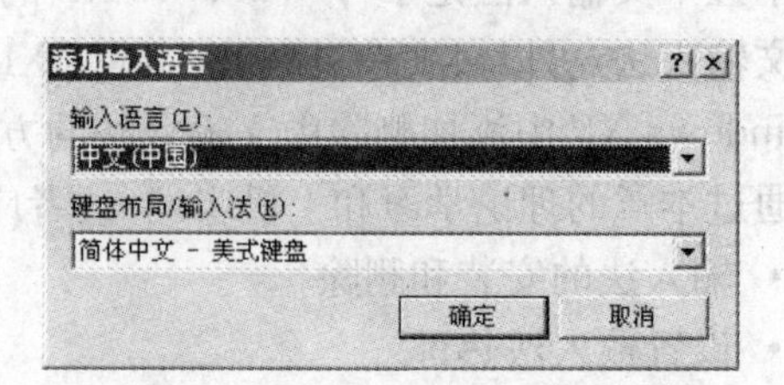

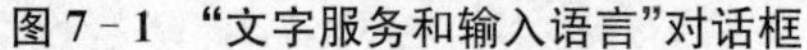

图 7-1 "文字服务和输入语言"对话框　　　　图 7-2 "添加输入语言"对话框

注意:

如果用户要添加的不是 Windows XP 自带的输入法,如紫光输入法和王码五笔输入法等,则必须拥有该输入法的安装文件,然后执行该安装文件安装输入法即可。

2. 删除输入法

对于那些用户不使用的中文输入法,建议用户在 Windows XP 中将其删除。

【实训 7-2】 删除【实训 7-1】中安装的双拼输入法。

(1) 右击桌面右下角的键盘图标,在弹出的快捷菜单中选择"设置"命令,打开"文字服务和输入语言"对话框。

(2) 在"已安装的服务"选项区域的列表框中,选择"中文(简体)—双拼"选项,然后单击"删除"按钮,即可删除双拼输入法。

7.1.2 给输入法定义热键

在 Windows XP 操作系统中,用户可以通过热键切换输入法,如默认的打开/关闭中文输入法的快捷键为 Ctrl+空格键,不同输入法之间的切换为左边 Ctrl+Shift 键,用户还可以自定义常用的输入法启动热键。

【实训 7-3】 将智能 ABC 输入法的热键设置为 CTRL+SHIFT+2。

(1) 右击桌面右下角的键盘图标,在弹出的快捷菜单中选择"设置"命令,打开"文字服务和输入语言"对话框。

(2) 在"首选项"选项区域中,单击"键设置"按钮,打开"高级键设置"对话框,如图 7-3 所示。

(3) 在"输入语言的热键"选项区域的列表框中选择要设置热键的输入法选项。本例选择"切换至中文(中国)—中文(简体)—智能 ABC"选项,然后单击"更改按键顺序"按钮,打开"更改按键顺序"对话框,如图 7-4 所示。

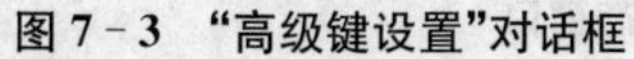
图7-3 “高级键设置”对话框

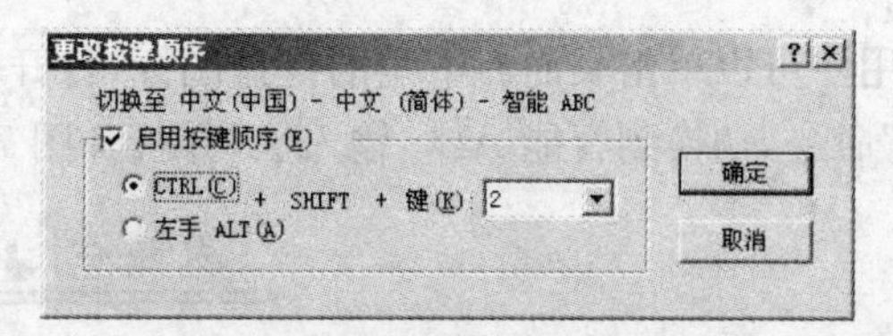

图7-4 “更改按键顺序”对话框

(4) 选择“启用按键顺序”复选框，再选择 CTRL 单选按钮，在“键”下拉列表中选择 2，然后单击“确定”按钮，即可将智能 ABC 输入法的热键设置为 CTRL+SHIFT+2。

7.1.3 选择中文输入法

在 Windows XP 操作系统中，默认使用的是英文输入法，如果用户想要输入中文，必须将输入法切换至中文输入法。除了使用上一节介绍的通过所设置的快捷键来启动中文输入法外，用户还可以在桌面任务栏中进行输入法切换。

单击桌面右下角的键盘图标，即可打开图 7-5 所示的输入法选择菜单。在该菜单中单击要使用的输入法选项，即可切换到该输入法。

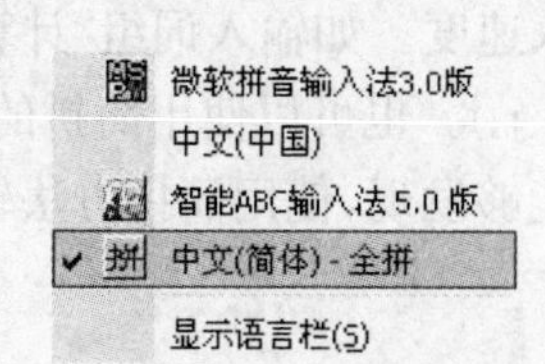

图7-5 输入法选择菜单

7.2 使用中文输入法

对于大多数的普通用户来说，使用键盘输入汉字的最直接方法是使用拼音输入法。拼音输入法的优点是易学，用户只要会汉语拼音就可以使用拼音输入法，但缺点是输入速度不如五笔输入法或其他的字型输入法快。这主要是因为汉字中同音字较多，用户使用该种输入法始终要面临选字的问题，这样便降低了输入速度。

为了便于使用拼音输入法输入汉字，人们又对拼音输入法进行了改进，从而开发了如微软拼音输入法、智能 ABC、拼音加加、智能狂拼等多种输入法。总的来说，拼音输入法针对的是一般计算机操作人员，主要用于不需要输入大量汉字的办公环境。

而五笔字型输入法是一种根据汉字字型进行编码的汉字输入方法。它采用汉字的字型信息进行编码，最为直观。与拼音输入法相比，五笔字型输入法击键次数少，重码率低。因此，它是目前使用最广的一种中文文字输入方法，它可以让用户以极快的速度来输入中文信息。

下面将向用户介绍几种最常用中文输入法的使用方法。

7.2.1 智能 ABC 输入法

智能 ABC 输入法(又称标准输入法)，是一种规范、灵活、使用方便的汉字输入技术。它从人们已知的汉语拼音、汉字笔划和书写顺序等基本知识出发，充分利用计算机的智能来处理汉字的输入方式。其主要特点包括自动分词和构词、自动记忆、强制记忆以及频度调整等。

用户可以单击桌面右下角的键盘图标，打开输入法选择菜单，在其中选择“智能 ABC 输入法”命令，切换到智能 ABC 输入法，并打开图 7 - 6 所示的智能 ABC 输入法状态窗口。

图 7 - 6　智能 ABC 输入法状态窗口

1. 根据拼音输入

在智能 ABC 输入法中，用户不光可以使用全拼输入，还可以使用简拼输入。简拼输入就是一种汉语拼音的简化形式，通过简拼输入，用户可以减少输入时的按键数，从而提高输入速度。如输入词组“计算机”时，用户可以使用全拼的方式输入，输入汉语拼音 j、i、s、u、a、n、j、i。也可以使用简拼的方式输入，输入简拼 j、s、j，如图 7 - 7 所示。对比两种输入方式就能够发现，使用简拼方法输入中文更加便捷。

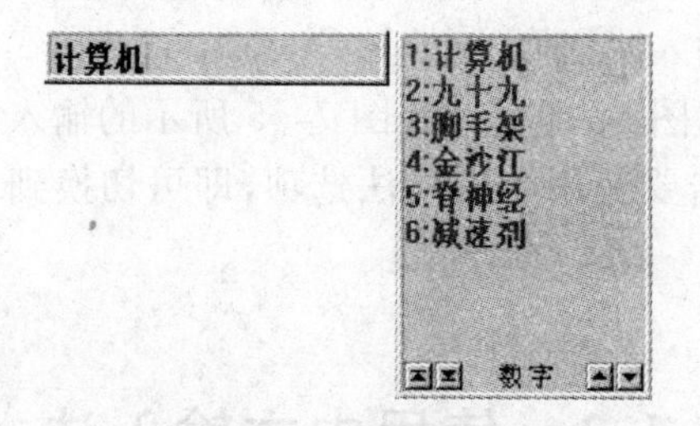

图 7 - 7　简拼输入

2. 根据笔形输入

用户在使用智能 ABC 输入法输入汉字时，如果不知道它的拼音，用还可以根据笔形输入该字。右击智能 ABC 输入法状态窗口，在弹出的快捷菜单中选择“属性设置”命令，打开“智能 ABC 输入法设置”对话框，如图 7 - 8 所示。在“功能”选项区域中选择“笔形输入”复选框，单击“确定”按钮，即可打开笔形输入功能。

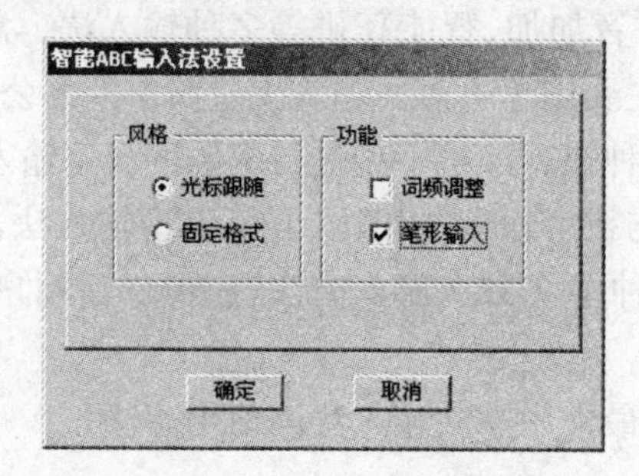

图 7 - 8　“智能 ABC 输入法设置”对话框

笔形输入是以汉字的“形”作为编码元素，按照汉字的基本笔划，共分为 8 类笔形代码，分别为：1 横、2 竖、3 撇、4 点、5 折、6 拐、7 交、8 口。用户在使用笔形输入汉字时的取码规则为：

- 按照笔顺，最多取 6 笔。不足 6 笔有几笔取几笔，超过 6 笔也只取前 6 笔。
- “7 交”和“8 口”包含 2 个以上的笔划，当汉字中有这两种笔形时，按照字的第一笔取码。如果“7 交”和“8 口”笔形已被取，其组成部分就不再参与取码。
- 独体字可按笔划顺序取码。
- 合体字取码，可将其按左右、上下或外内分为两块，每个字块最多取 3 个笔划对应的笔形码。

如输入“井”字，将其拆分为横、横、撇、竖，故分别按数字键 1、1、3、2，即可输入“井”字，如图 7－9 所示。

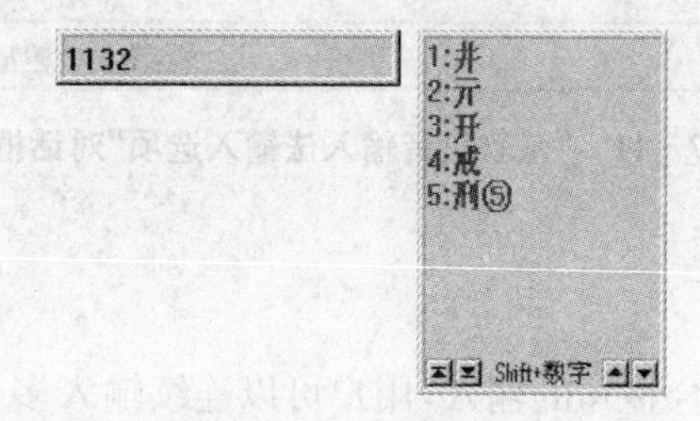

图 7－9　字形输入

7.2.2　微软拼音输入法

微软拼音输入法是一种 Windows XP 自带的汉字输入法，它与智能 ABC 输入法相似，均可以输入单个字，也可以输入词组，而且该输入法特别适合整句输入。

用户可以单击桌面右下角的键盘图标，打开输入法选择菜单，在其中选择“微软拼音输入法”命令，切换到微软拼音输入法，弹出图 7－10 所示的微软拼音输入法状态窗口。

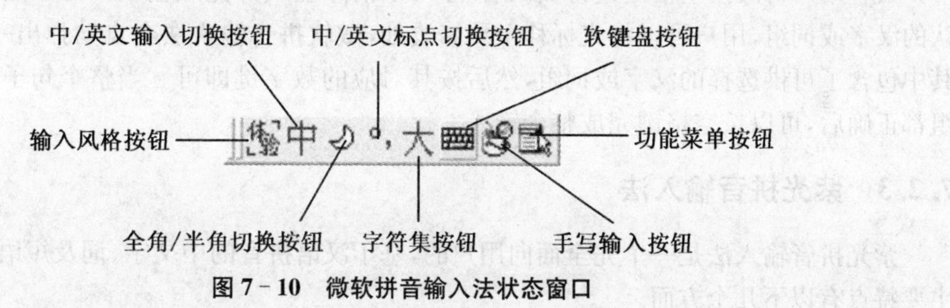

图 7－10　微软拼音输入法状态窗口

1. 设置微软拼音输入法

微软拼音输入法提供详细的设置选项，以满足不同输入习惯用户的需要。打开微软拼音输入法的功能菜单，选择“输入选项”命令，打开“微软拼音输入法输入选项”对话框，如图 7－11 所示。在该对话框中，用户可以根据自己的输入习惯设置微软拼音输入法。

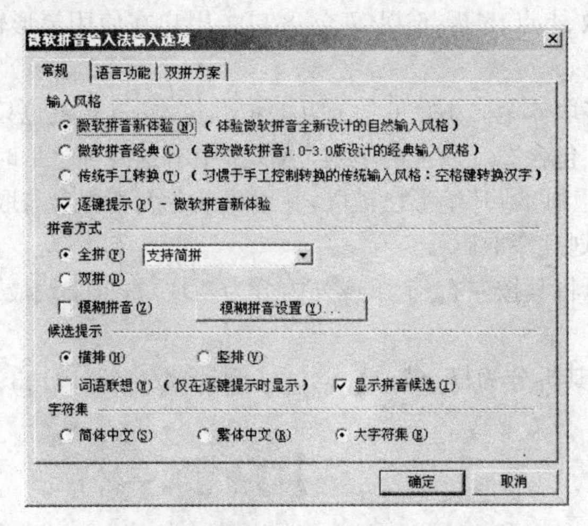

图 7-11 “微软拼音输入法输入选项”对话框

2. 输入汉字

微软拼音输入法特别适合整句的输入,用户可以连续输入多个字和词语,然后再对其中的一些字或词进行修改,以符合句子的需要。当用户在使用微软拼音输入时会发现,未确认输入之前,字词或者句子下面会显示一条虚线,表示本次输入仍未结束,如图 7-12 所示。

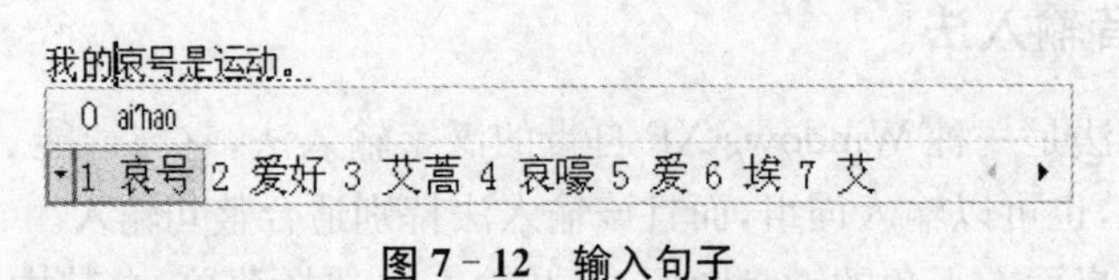

图 7-12 输入句子

只有用户再次按空格键进行确认后,才可以消除虚线并完成输入。为了能够更正未确认的汉字或词组,用户可以将光标移至要修改处,微软拼音输入法会自动弹出一个选择条,其中包含了可供选择的汉字或词组,然后按其对应的数字键即可。当整个句子中的字和词组都正确后,可以按空格键完成整个输入。

7.2.3 紫光拼音输入法

紫光拼音输入法是一个完全面向用户的,基于汉语拼音的中文字、词及短语输入法。其主要特点有以下几个方面。

- 面向用户:紫光拼音提供了丰富的选项,尽可能使得汉字输入符合用户个人的风格和习惯。
- 功能强大:精选的大容量词库,超强的用户定制功能,支持全拼、双拼、模糊音、大字符集等。
- 智能特性:快速的智能组词算法,带记忆的输入智能调整特性等。

用户可以单击桌面右下角的键盘图标,打开输入法选择菜单在其中选择“紫光拼音输入法”命令,切换到紫光拼音输入法,弹出图 7-13 所示的紫光拼音输入法状态窗口。

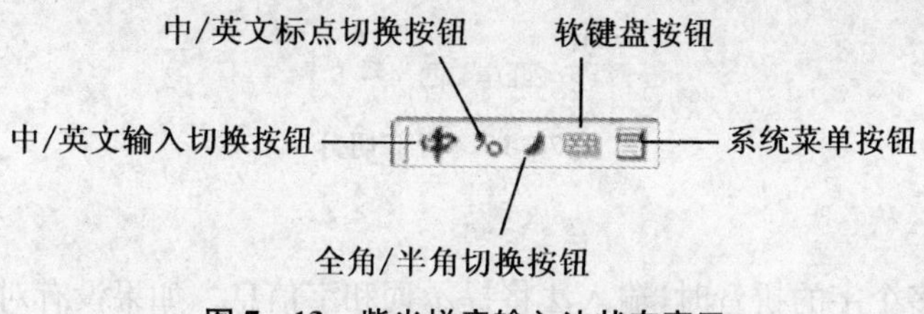

图 7－13　紫光拼音输入法状态窗口

1. 输入风格

紫光拼音输入法可以为不同用户提供不同的输入风格，如“输入完拼音，按空格键显示汉字”和“在输入拼音的同时显示汉字”，紫光拼音输入法的默认风格为后一种。如果要将输入风格修改为前一种，用户可以在系统菜单中选择“设置属性”命令，打开“属性设置和管理中心”对话框，如图 7－14 所示。在“输入风格”选项区域中，选择“输入完拼音，按空格键显示汉字”选项，单击“确定”按钮即可。

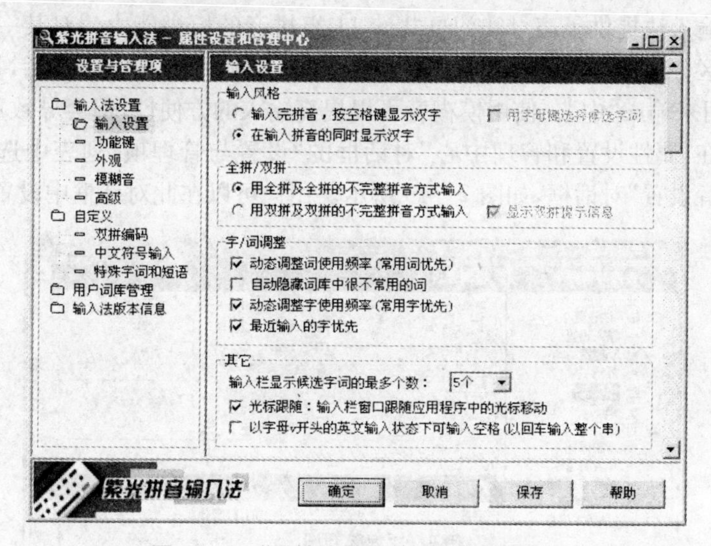

图 7－14　“属性设置和管理中心”对话框

2. 常用的输入技巧

用户在使用紫光拼音输入法输入时，应当多积累一些输入技巧，以提高输入速度。以下是几点常用的输入技巧。

(1) 音节切分

全拼词输入时，两个或多个字的拼音之间需要切分每个字的音节，每个字的音节之间使用英文单引号格开。

紫光拼音输入法会自动切分各个字的音节，并在大部分情况下是正确的切分。对于有多重含义而无法切分的音节，需要手工切分，这时需要键入英文单引号以切分音节。例如输入“西安”时，需要键入 xi′an，如图 7－15 所示。

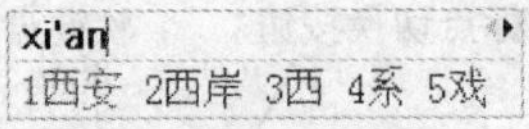

xi'an
1西安 2西岸 3西 4系 5戏

图 7-15 音节切分

(2) 造词

在连续输入多个字的拼音时，输入法将提示词和字信息。如果没有对应的词，用户可以逐个选择字(或词)，输入法将根据用户选择自动造词；在下一次输入时，输入法将能找到该词。此外，紫光拼音输入法具有智能组词功能，如果用户选用了此设置，输入法可以帮助用户组合一个词库中没有找到的词，如果不是用户所需要的，可以再逐个选择。

(3) 删词

对于不需要的词组，紫光拼音输入法提供了词删除功能，具体操作是键入拼音并出现候选词时，使用 Ctrl+Shift+数字键(或字母键)，删除数字键(或字母键)所对应的词，删除该词后，随后的词和字会自动上移一个位置。

(4) 模糊音

紫光拼音输入法提供了声母和韵母共计 11 组拼音的模糊能力。对某一组拼音的模糊是指输入法不区分该组拼音中互相模糊的两个拼音。例如，模糊 z=zh 后，拼音串 zong 和 zhong 都可以用来输入“中”。使用模糊音可以提高输入的方便性，但会导致重码的增多。

用户可以在“属性设置和管理中心”对话框的“设置与管理项”列表中选择“模糊音”选项，打开“模糊音设置”对话框，如图 7-16 所示。用户可以在此对话框中设置模糊音。

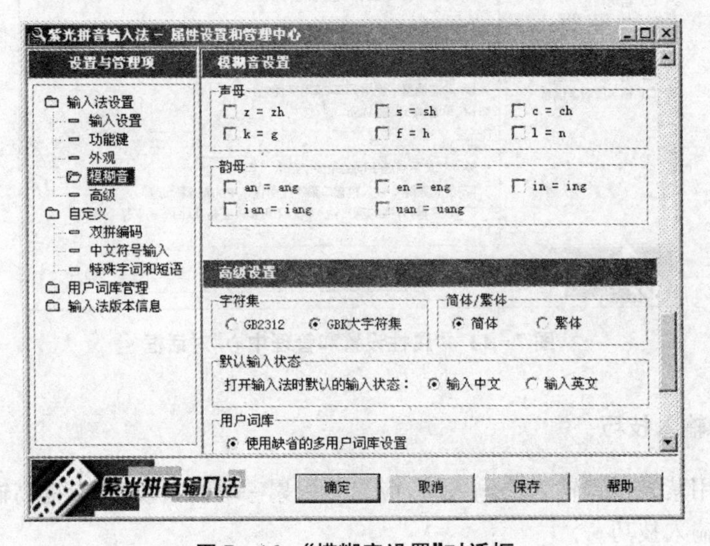

图 7-16 “模糊音设置”对话框

(5) 输入特殊符号

使用紫光拼音输入法，用户可以输入许多键盘上找不到的特殊符号。例如用户要输入数学符号，可以先右击“软键盘”按钮，打开输入符号菜单，如图 7-17 所示。在其中选择“数学符号”命令，即可打开可输入数学符号的软键盘，如图 7-18 所示。

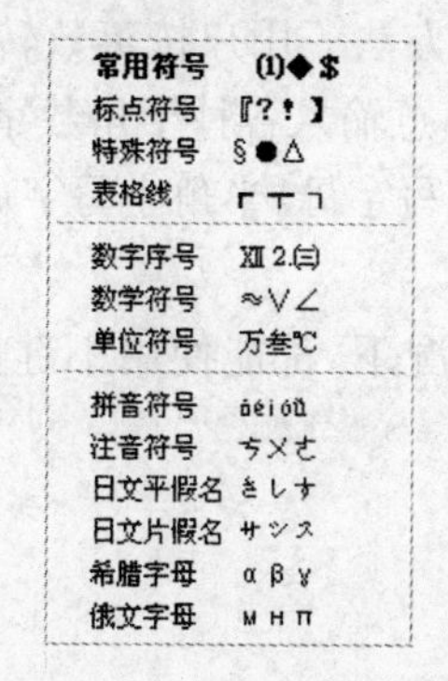

图 7-17 输入符号菜单

图 7-18 输入数学符号的软键盘

7.2.4 智能陈桥五笔输入法

智能陈桥是一套功能强大的汉字输入法软件，内置了直接支持两万多汉字编码的五笔输入法和新颖实用的陈桥拼音输入法，具有智能提示、语句输入、语句提示及简化输入、智能选词等多项非常实用的独特技术，支持繁体汉字输出、各种符号输出、大五码汉字输出，内含丰富的词库和强大的词库管理功能。灵活强大的参数设置功能，可使绝大部分人员都能称心地使用。

用户可以单击桌面右下角的键盘图标，打开输入法选择菜单。切换到智能陈桥五笔输入法，弹出图 7-19 所示的智能陈桥五笔输入法状态窗口。

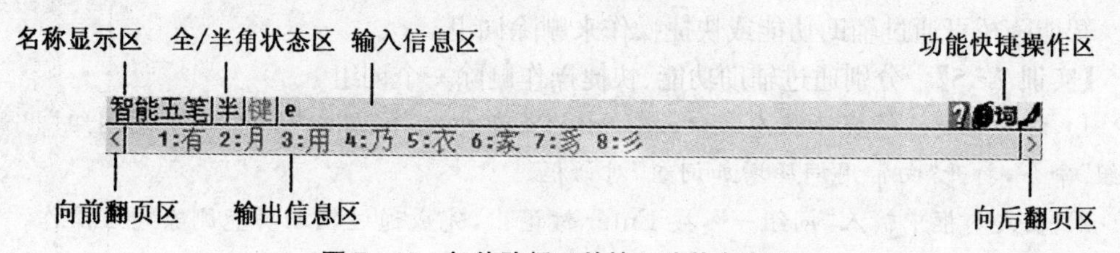

图 7-19 智能陈桥五笔输入法状态窗口

1. 标点、数字和字母的输入

(1) 标点符号的输入

英文标点符号在半角方式下输入，汉字标点符号在全角方式下输入。汉字标点符号输入方法和我国流行的各汉字系统的传统输入相同，而分号、特殊符号的输入有所不同。

- 分号的输入：由于智能陈桥把分号键定义为智能转换键，因此汉字标点符号中分号"；"的输入重新定义为连按两下"；"键。
- 特殊符号的输入：按"；"键，再按"/"键，智能陈桥输出窗口就可提示列出各种特殊符号供选择输出。

(2) 数字字母的输入

数字字母的输入分为全角和半角两种，另外用小键盘也可输入半角数字。

- 全角数字字母的输入：必须将智能陈桥系统处于全角状态，且主参数设置中的"全角下输入半角数字字母"复选框为非选中状态，即可输入全角数字字母。

- 半角数字字母的输入：半角数字字母的输入有两种方法。用户按英数转换键(默认为右 Shift 键)，使系统转换成英数输入状态，便可随意输入各种半角数字字母；或者在半角状态下，按下 Caps Lock 键，即可输入半角大写字母，半角小写字母可用 Shift +相应键输入。
- 用小键盘输入半角数字和符号：用户不管在任何情况下，都能使用小键盘输入半角数字和符号。

2. 词组管理

(1) 增加词组

智能陈桥可以通过辅助功能、快捷操作或屏幕取词来增添加词组。

【实训 7 - 4】 分别通过辅助功能、快捷操作和屏幕取词添加一个词组。

1) 右击智能陈桥提示状态窗口，在弹出的菜单中选择“辅助功能”|“增删词组”|“增加词组”命令，打开“向常用词库增加词组”对话框。

2) 在文本框中输入“词组一”，按 Enter 键退出，完成通过辅助功能添加词组操作。

3) 在任意位置输入“词组二”，按“;”键，再按 3 键(对应词组长度的数字键)，按 Enter 键退出，就可完成通过快捷操作添加词组。

4) 在屏幕上单击并拖动选择词组，如“词组三”，单击智能陈桥提示状态窗口上的“词”图标，按 Enter 键退出，即可完成通过屏幕取词方式添加词组操作。

(2) 删除词组

智能陈桥可通过辅助功能或快捷操作来删除词组。

【实训 7 - 5】 分别通过辅助功能、快捷操作删除一个词组。

1) 右击智能陈桥提示状态窗口，在弹出的菜单中选择“辅助功能”|“增删词组”|“删除词组”命令，打开“向常用词库增加词组”对话框。

2) 在文本框中输入“词组一”，按 Enter 键退出，完成通过辅助功能删除词组操作。

3) 在智能五笔下输入“词组二”，按 Z 键，再按 Delete 键。若“词组二”有重码，则再按其所对应的数字键。系统会打开快捷删除词组对话框。按 Enter 键退出，完成删除词组操作。

3. 智能陈桥的设置

(1) 个性设置

智能陈桥为了方便各种人员的使用，特别增加了个性设置功能。智能陈桥的个性设置分为 4 种：办公写作人员、网上聊天人员、专业录入人员和初学五笔新手。当然，设置完成后，用户还可通过参数设置功能对智能陈桥系统的设置进行一些小的调整，使智能陈桥系统更适合于自己使用。

【实训 7 - 6】 将智能陈桥设为初学五笔新手设置。

1) 右击智能陈桥提示状态窗口，打开智能陈桥主菜单。

2) 在主菜单中选择“个性设置”|“更换个性设置”|“初学五笔新手”命令，打开“个性化简化设置”对话框，如图 7 - 20 所示。

3) 单击“确定”按钮即可完成设置。

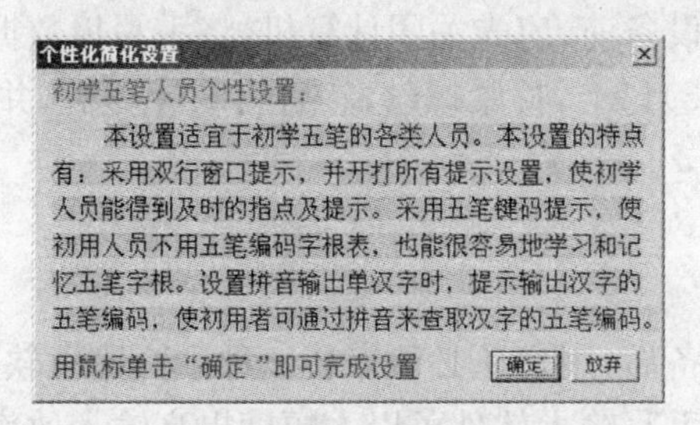

图 7-20 “个性化简化设置”对话框

(2) 参数设置

智能陈桥的个性设置可满足大多数用户的设置需要，但为了进一步满足各种用户的不同需要，智能陈桥还有多种参数设置功能，主要包括主参数设置、状态窗口设置、汉字输出设置、拼音参数设置和双拼键盘设置。

主参数设置可完成一些主要的和一些重要的参数设置。右击智能陈桥状态窗口，在打开的菜单中选择“参数设置”|“主参数设置”命令，打开“智能陈桥汉字输入平台参数设置”对话框，如图 7-21 所示。

图 7-21 “智能陈桥汉字输入平台参数设置”对话框

【实训 7-7】 设置输入法关闭提示信息，使状态窗口随输入位置移动，并且将左 Ctrl 键设为拼音转换键。

1) 右击智能陈桥状态窗口，在打开的菜单中选择“参数设置”|“主参数设置”命令，打开“智能陈桥汉字输入平台参数设置”对话框。

2) 取消选择“提示信息”复选框，关闭输入法提示信息。

3) 选择“光标跟随”复选框，设置状态窗口随输入位置移动。

4) 在“拼音转换键设置”选项区域中，选择“左 Ctrl 键”单选按钮，将左 Ctrl 键设为拼音转换键。

5) 最后单击“确定”按钮，即可完成设置操作。

7.3 手写输入法

手写输入法的出现，很好地帮助那些不习惯使用键盘输入的用户提高输入效率。用户在使用手写输入法输入时，需要一套手写输入设备和一种手写输入软件。

7.3.1 手写输入设备

在使用手写输入法时，必须拥有相应的手写输入设备，其中一般包括一杆手写笔和一块手写板，如图 7-22 所示。

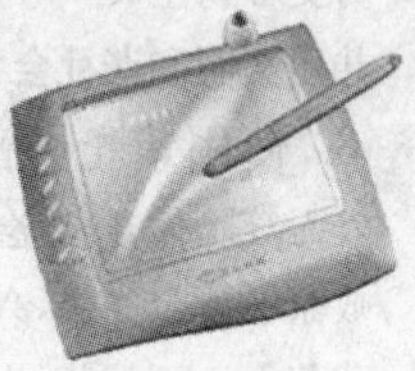

图 7-22 手写输入设备

用户在安装手写输入设备前，应先关闭计算机，将手写板数据线另一端的九针方口插在计算机的COM1（或COM2）口上，拧紧螺丝，然后启动计算机，并安装相应的手写输入设备驱动程序。

7.3.2 手写输入软件

在安装完手写输入设备后，用户还必须安装一种手写输入软件，才能使用手写输入法进行输入操作。一种优秀的手写输入软件可以大幅度提高输入效率。现在使用较多的手写输入软件包括紫光手写输入法、大恒笔2000手写输入法、汉王手写系统和蒙恬手写输入法等，目前Office 2003中集成的微软拼音输入法2003也支持手写输入。这些手写输入法一般都具有输入单字、输入词语、全屏输入、校对文本、设置抬笔等待时间、画笔颜色和校对方式等功能。用户可以选择安装其中一种手写输入软件，以配合手写输入设备，进行手写输入操作。

7.4 思考与练习

1. 安装智能陈桥五笔输入法。
2. 添加一种Windows XP自带安装文件的中文输入法，然后将其删除。
3. 将智能陈桥设置为办公写作人员模式。
4. 在计算机中新建一个文本文件，并输入以下内容：

The Big Dry

For these rivers in the West, and many others too, 2002 has been a year of epic drought in 11 western states. All summer long, rivers have been running at record lows. While media attention has focused on drought, news reports have missed one key fact: The millions of cows that run through the West's publicly owned deserts, mountains, canyons, plateaus and valleys have made the effects of drought much worse.

"Some of the range is so dry there's not enough for a chigger to eat, much less a cow," says Denise Boggs of the Utah Environmental Congress. "I am no great fan of livestock but I don't think they should be tortured. That's how bad the shape is of some of this land they graze."

5. 使用智能ABC输入法输入下列短句：

花好月圆　天道酬勤　万事如意
名胜古迹　组织纪律　全心全意
想方设法　轻描淡写　热泪盈眶
中央电视台　军事委员会
历史唯物主义　中华人民共和国
共建文明和谐社会

6. 使用紫光拼音输入法输入下列谚语：

人无笑脸休开店，会打圆场自落台。　人在福中不知福，船在水中不知流。
败家子挥金如粪，兴家人惜粪如金。　笨人先起身，笨鸟早出林。
草若无心不发芽，人若无心不发达。　车到山前必有路，船到桥头自然直。
鼓不打不响，钟不敲不鸣。　鼓不敲不响，理不辩不明。

天下无难事，只怕有心人。　　天下衙门朝南开，有理无钱莫经来。

文官动动嘴，武官跑断腿。　　无风不起浪，无鱼水不深

出家三天，佛在面前；出家三年，佛在西天。

道虽近，不行不至；事虽小，不做不成。灯不拨不亮，理不辩不明。

7. 使用微软拼音输入法输入下面的诗歌。

行路难

——李白

金樽清酒斗十千，玉盘珍馐直万钱。

停杯投箸不能食，拔剑四顾心茫然。

欲渡黄河冰塞川，将登太行雪满山。

闲来垂钓碧溪上，忽复乘舟梦日边。

行路难，行路难，多歧路，今安在。

长风破浪会有时，直挂云帆济沧海。

8. 使用智能陈桥五笔输入法输入下面的诗词。

沁园春・雪

北国风光，千里冰封，万里雪飘。

望长城内外，惟余莽莽；大河上下，顿失滔滔。

山舞银蛇，原驰蜡象，欲与天公试比高。

须晴日，看红妆素裹，分外妖娆。

江山如此多娇，

引无数英雄竞折腰。

惜秦皇汉武，略输文采；唐宗宋祖，稍逊风骚。

一代天骄，成吉思汗，只识弯弓射大雕。

俱往矣，数风流人物，还看今朝。

9. 简述紫光拼音输入法的特点和输入技巧。

10. 如何通过辅助功能、快捷操作或屏幕取词为智能陈桥添加智能陈桥词组？

11. 简述智能陈桥输入法的参数设置的方法。

12. 什么是手写输入设备？

13. 如何使用手写输入设备进行文字的录入？

第 8 章　磁盘维护和管理

磁盘的维护和管理工作具有十分重要的作用，Windows XP 系统提供了各种磁盘管理工具，包括磁盘碎片整理工具、磁盘扫描程序、磁盘管理器等，用户可以使用它们来对磁盘进行维护。在 Windows XP 中有效地管理和维护磁盘，不仅可以提高磁盘性能，还能延长磁盘的使用寿命。

通过本章的理论学习和上机实训，读者应了解和掌握以下内容：

- 磁盘分区和卷的概念
- 查看磁盘信息
- 设置磁盘卷标
- 格式化硬盘和软盘
- 整理磁盘碎片
- 清理磁盘
- 扫描磁盘
- 使用磁盘管理器处理系统分区

8.1　磁盘简介

磁盘最主要的用途就是保存计算机中的信息，并且它所存储的信息不受断电的影响，但硬盘的速度相对于内存来说要慢很多。磁盘又分为两类：硬盘和软盘。用户在学习本章前，应先了解与磁盘相关的两个基础概念：分区和卷。

8.1.1　分区和卷

1. 磁盘分区

分区从实质上说就是对硬盘的一种格式化。当用户创建分区时，就已经设置好了硬盘的各项物理参数，指定了硬盘主引导记录（即 Master Boot Record，一般简称为 MBR）和引导记录备份的存放位置。而对于文件系统以及操作系统管理硬盘所需要的信息，则是通过高级格式化（即 Format 命令）来实现。

安装操作系统和软件之前，首先需要对硬盘进行分区和格式化，然后才能使用硬盘保存各种信息。许多人都会认为：既然是分区，就一定要把硬盘划分成好几个部分。其实完全可以只创建一个分区，使用全部或部分的硬盘空间。不过，不论划分了多少个分区，也不论使用的是 SCSI 硬盘还是 IDE 硬盘，都必须把硬盘的主分区设定为活动分区，这样才能够通过硬盘启动系统。

2. 磁盘卷

卷(也称逻辑卷)是 Windows XP 的一种磁盘管理方式,以便于统一管理分配。比如有一个 40GB 的硬盘和一个 80GB 的硬盘,若想要分成两个均为 60GB 的逻辑盘,用物理分区的方式是无法做到的,但通过卷来管理就可以做到。

每个卷可以看作一个逻辑盘,可以是一个物理硬盘的逻辑盘,即直接能看到的 D 盘、E 盘这些盘符;也可以是两个硬盘或两个硬盘的部分空间组成的 RAID 0 或 RAID 1 阵列;或更多硬盘组成的其他 RAID 5 阵列,但表面看来(比如在"我的电脑"窗口或"资源管理器"窗口中)都是一个本地磁盘。

卷分为基本磁盘上的基本卷和动态磁盘上的动态卷。基本卷包括存放操作系统和操作系统支持文件的引导卷(也就是安装 Windows XP 的卷)以及存放加载 Windows XP 所需专用硬件文件的系统卷(通常为 C 盘),引导卷和系统卷可以是同一个卷。动态卷包括简单卷、跨区卷、带区卷、镜像卷和 RAID 5 卷。

8.1.2 查看磁盘信息

用户可以使用专门的磁盘工具查看本机的磁盘信息。如果不需要查看详细信息,也可以通过"计算机管理"对话框来查看磁盘信息。

【实训 8-1】 通过"计算机管理"对话框查看磁盘信息。

(1) 在 Windows XP 桌面选择"开始"|"设置"|"控制面板"命令,打开"控制面板"窗口。

(2) 双击"管理工具"图标,打开"管理工具"窗口,如图 8-1 所示。

(3) 双击"计算机管理"图标,打开"计算机管理"对话框,如图 8-2 所示。

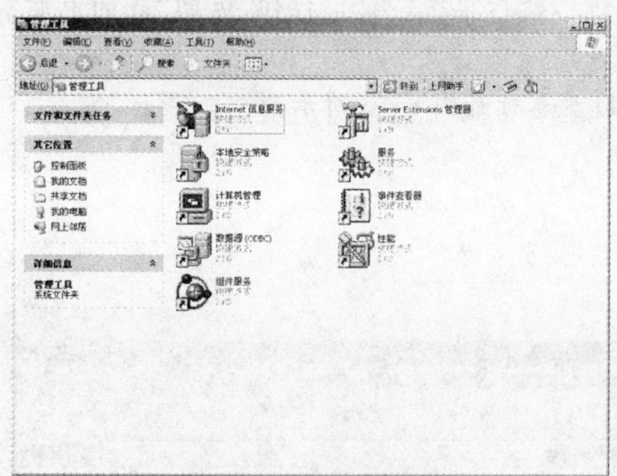

图 8-1 "管理工具"窗口

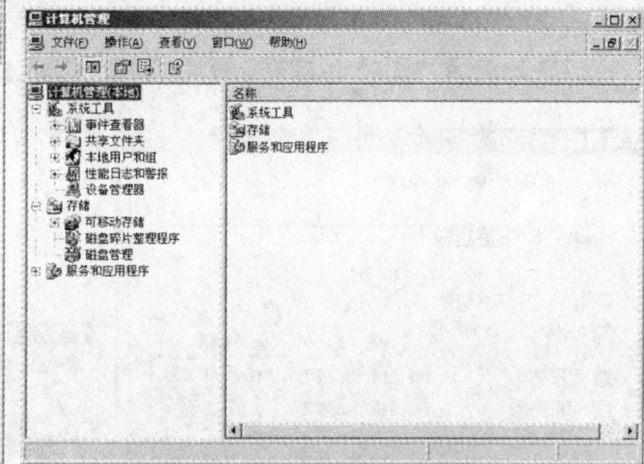

图 8-2 "计算机管理"对话框

(4) 在控制台目录树中双击"存储"节点,展开该节点。

(5) 单击"磁盘管理"子节点,在"计算机管理"对话框右边的详细资料窗格中将显示本地计算机所拥有的驱动器的名称、类型、采用的文件系统格式和状态,以及分区的基本信息,如图 8-3 所示。

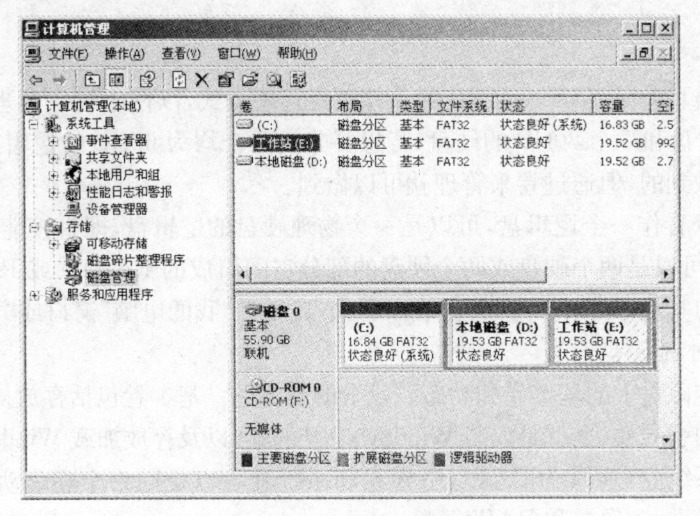

图 8-3 查看磁盘信息

8.1.3 设置磁盘卷标

在 Windows XP 中，磁盘卷标均默认为“本地磁盘”，用户也可以根据其存储的内容自定义磁盘卷标，以便管理。

【实训 8-2】 设置 D 盘的卷标为“资料”。

(1) 打开“我的电脑”窗口，右击 D 盘图标，在弹出的快捷菜单中选择“属性”命令，打开“本地磁盘(D:) 属性”对话框，如图 8-4 所示。

(2) 将文本框中的“本地磁盘”修改为“资料”，然后单击“确定”按钮，返回“我的电脑”窗口。

(3) 此时在“我的电脑”窗口中，修改后的 D 盘卷标如图 8-5 所示。

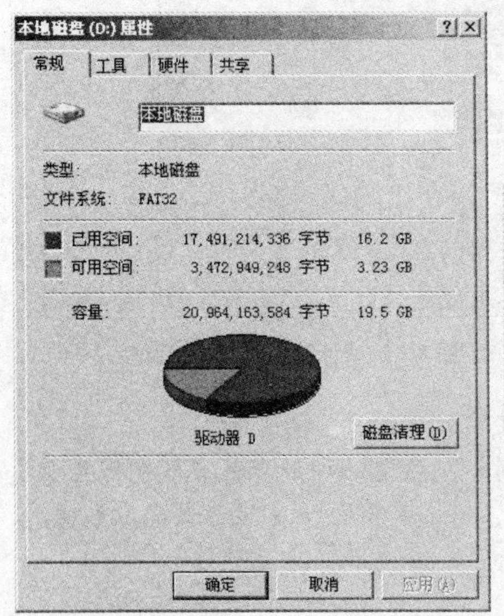

图 8-4 “本地磁盘(D:) 属性”对话框

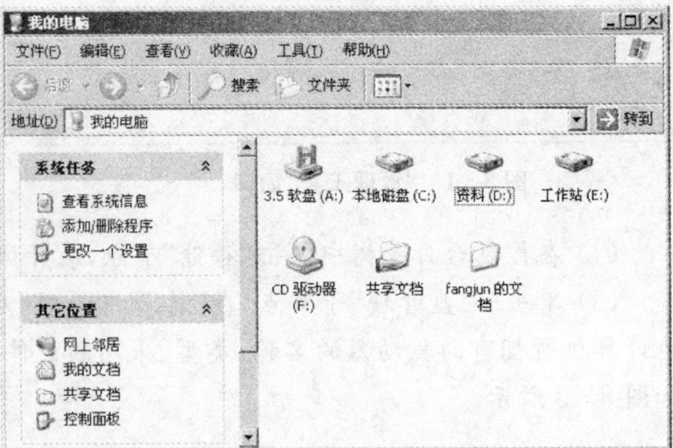

图 8-5 修改后的 D 盘卷标

8.2 磁盘格式化

用户通过对磁盘进行维护和管理可以增大数据存储空间和保护数据安全。在 Windows XP 中，提供了多种磁盘维护和管理工具。这些工具不仅操作简单，而且功能强大，使用户不再需要专业的磁盘工具就可完成各种磁盘维护和管理工作。

在磁盘管理中，磁盘格式化是最基本的磁盘管理工作。无论用户是使用刚刚分区的硬盘，还是使用一块旧硬盘，都需要利用系统提供的磁盘格式化工具格式化磁盘。只有这样，才可以重建磁盘根目录和文件分配表，以保证磁盘的完整和干净。

在系统安装好之后，磁盘一般都是经过格式化处理的，但随着保存内容的变更，用户最好能够在复制新的数据之前，对磁盘重新格式化。这样不但可以将一些不必要的内容删除，而且还可以创建新的根目录和文件分配表。另外，用户新购置的软盘和使用过一段时间的软盘也需要格式化。

8.2.1 格式化软盘

如果用户要使用一张新软盘，需要使用格式化工具对它进行格式化，否则不能使用。对一张使用过多次的软盘，用户也应对它进行格式化，以提高软盘的整体性能。在 DOS 系统下，格式化软盘的速度比较慢，但是在中文版 Windows XP 系统中格式化软盘的速度足以让用户满意。

【实训 8-3】 格式化软盘。

(1) 将准备格式化的软盘插入软盘驱动器。

(2) 打开“我的电脑”或“资源管理器”窗口，在软盘驱动器上右击，从弹出的快捷菜单中选择“格式化”命令，或者选择“文件”菜单中的“格式化”命令，打开“格式化 3.5 软盘(A:)”对话框，如图 8-6 所示。

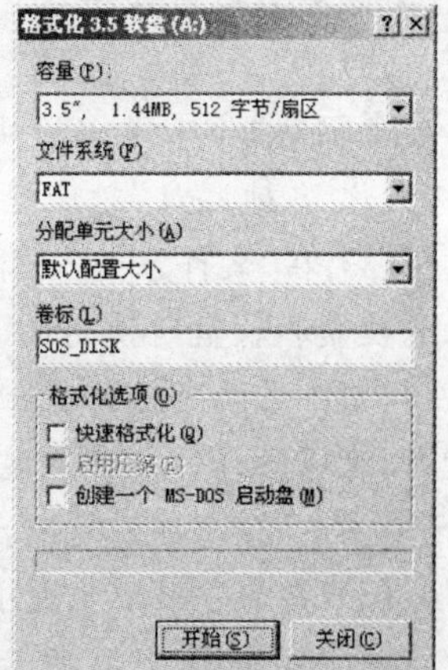

图 8-6 “格式化 3.5 软盘(A:)”对话框

(3) 在“容量”下拉列表框中选择需要格式化的软盘容量。在中文版 Windows XP 中，系统将自动识别插入到软驱中的磁盘容量，一般标准 3.5 软盘的容量为 1.44 MB。

(4) 在“文件系统”下拉列表框中指定磁盘的文件系统为 FAT；在“分配单元大小”下拉列表框中选择“默认配置大小”选项。

(5) 在“卷标”文本框中输入用于识别软盘内容的标识。若该文本框为空，则表示不需要卷标。

(6) 在“格式化选项”选项区域中，还有以下两个设置复选框。

- “快速格式化”复选框：选择该选项之后，格式化操作时不检查软盘中是否存在损坏的部分，而且，它仅仅对已经格式化的软盘有效。如果用户插入的是一张未经格式化处理的新软盘，那么此选项无效。它的最大特点是速度快，是使用最多的格式化

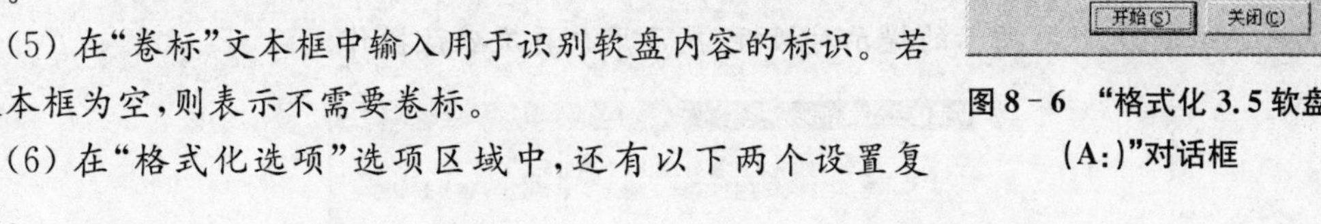

选项。

- “创建一个 MS-DOS 启动盘”复选框:选择该选项之后,系统在对软盘进行格式化操作之后,将自动复制系统文件到软盘中,使当前软盘成为一张 MS-DOS 引导盘。

(7) 格式化选项设置完毕,单击“开始”按钮,系统即开始根据格式化选项的设置对插入驱动器的软盘进行格式化处理,并且在对话框的底部实时地显示格式化软盘的进度。

(8) 如果用户要格式化其他软盘,只需交换磁盘后重复上述操作即可。当用户希望退出“格式化 3.5 软盘(A:)”对话框时,单击“关闭”按钮即可。

8.2.2 格式化硬盘

硬盘的格式化有低级格式化和高级格式化两种。低级格式化就是物理格式化处理,对硬盘进行低级格式化必须在对硬盘进行高级格式化操作之前进行。低级格式化可以利用计算机 CMOS 设置中的应用程序完成。低级格式化之后再用中文版 Windows XP 系统或 DOS 的启动盘对硬盘进行分区,最后才可以对硬盘进行高级格式化。高级格式化就是逻辑格式化处理。当用户在计算机上安装了新的硬盘,并进行了物理格式化之后,应当使用 Fdisk 程序对它进行分区,为硬盘设置分区表。硬盘分区之后,用户可以在 DOS 命令符下通过 Format 命令进行高级格式化硬盘,也可以在 Windows XP 中进行高级格式化。

对于一般用户,不需要掌握低级格式化和磁盘分区方面的内容,但是对中文版 Windows XP 系统中的高级格式化操作,用户一定要掌握。

【实训 8-4】 对硬盘进行高级格式化。

(1) 如果要格式化的硬盘上存放着有用的数据,可先对数据进行备份。

(2) 关闭准备进行格式化处理的硬盘上的所有打开的文件、文件夹与应用程序。

(3) 在“我的电脑”或“资源管理器”窗口中,右击要格式化的硬盘驱动器,从弹出的快捷菜单中选择“格式化”命令,打开“格式化 本地磁盘”对话框,如图 8-7 所示。

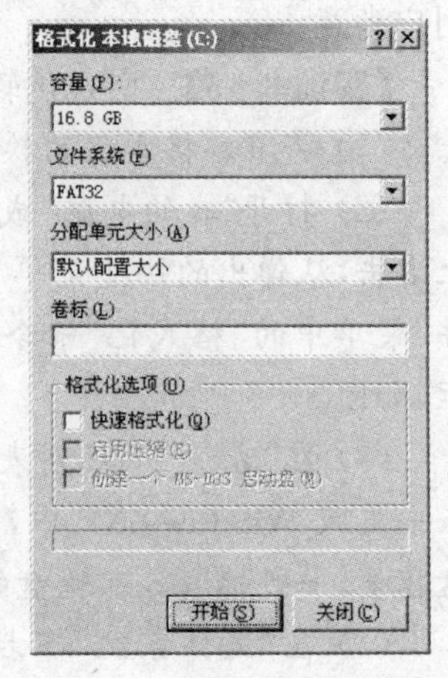

图 8-7 “格式化 本地磁盘”对话框

(4) 在“文件系统”下拉列表框中选择所使用的文件系统。注意硬盘和软盘所使用的文件系统不同,在格式化软盘时只有 FAT 文件系统可选择。但在中文版 Windows XP 中格式化硬盘时,可以选择的文件系统有 FAT32 和 NTFS。当选择了 NTFS 文件系统后,可以对磁盘进行压缩。

(5) 指定分配单元大小及磁盘卷标后,单击“确定”按钮,这时系统将弹出图 8-8 所示的提示对话框,提示用户再次确认操作。

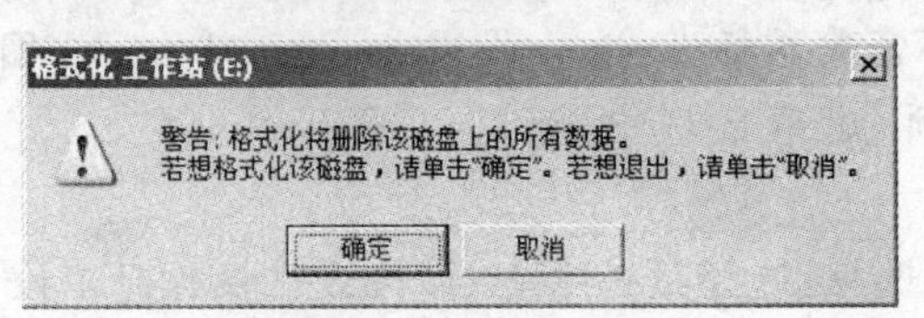

图 8-8 提示对话框

(6) 单击“确定”按钮,系统将开始磁盘的格式化操作。

(7) 格式化完毕后,系统会打开一个信息提示框,要求用户在使用硬盘之前运行“磁盘扫描程序”并选择“完全”选项,检测数据是否可以安全存放到格式化磁盘的所有区域中。单击“确定”按钮返回到“格式化 本地磁盘”对话框。

(8) 单击“关闭”按钮,关闭“格式化 本地磁盘对话框。

8.3 磁盘扫描与碎片整理

经常使用计算机的用户都会有这样的体会,经过一段时间的操作后,计算机系统的整体性能可能有所下降。这是因为用户对磁盘进行多次读写操作后,磁盘上的碎片文件或文件夹过多。由于这些碎片文件和文件夹被分割放置在一个卷上的许多分离的部分,Windows系统需要花费额外的时间来读取和搜集文件和文件夹的不同部分。同时,用户建立新的文件和文件夹也会花费很长的时间,因为磁盘上的空闲空间是分散的,Windows 系统必须把新建的文件和文件夹存储在卷上不同的地方。基于这个原因,用户应定期对磁盘碎片进行整理。

8.3.1 磁盘碎片整理

磁盘碎片整理程序的工作原理是:系统把碎片文件和文件夹的不同部分移动到卷上的同一个位置,于是文件和文件夹就拥有一个独立的连续存储空间。这样系统就可以高效地访问文件或文件夹,系统新建文件和文件夹时也可以节省很多时间。通过碎片整理,文件系统将会得到巩固。另外,磁盘上的空闲空间也会增多。整理磁盘碎片需要花费一段较长的时间,决定时间长短的因素包括以下几个部分:

- 磁盘空间的大小
- 磁盘中包含的文件数量
- 磁盘上碎片的数量
- 可用的本地系统资源

在进行磁盘碎片整理之前,用户可以使用磁盘碎片整理程序中的分析功能得到磁盘空间使用情况的信息,信息中会显示磁盘上有多少碎片文件和文件夹。用户可以根据该信息来决定是否需要对磁盘进行整理。

【实训 8-5】 整理磁盘碎片。

(1) 在 Windows XP 桌面选择“开始”|“程序”|“附件”|“系统工具”|“磁盘碎片整理程序”命令,打开图 8-9 所示的“磁盘碎片整理程序”窗口。

(2) 在窗口上方的驱动器列表中选定要进行整理的磁盘分区,并单击“分析”按钮。系统将对当前选定的驱动器进行磁盘分析,并在“进行碎片整理前预计磁盘使用量”区域中显示各种性质的文件在磁盘上的使用情况,如图 8-10 所示。其中,红色区域表示零碎的文件;蓝色区域表示连续的文件;绿色区域表示系统文件;白色区域表示磁盘空闲空间。

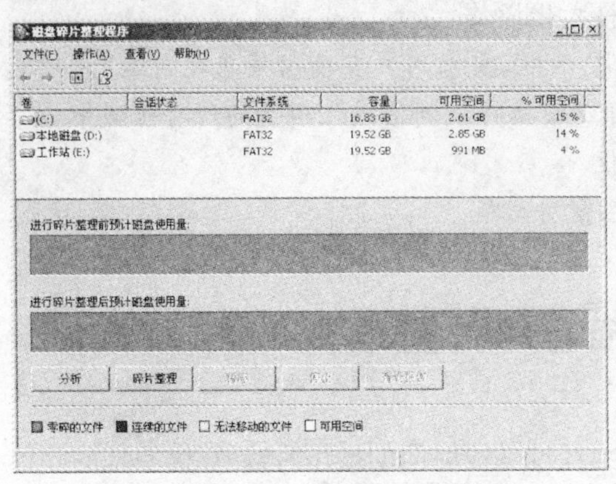

图 8-9 “磁盘碎片整理程序”窗口

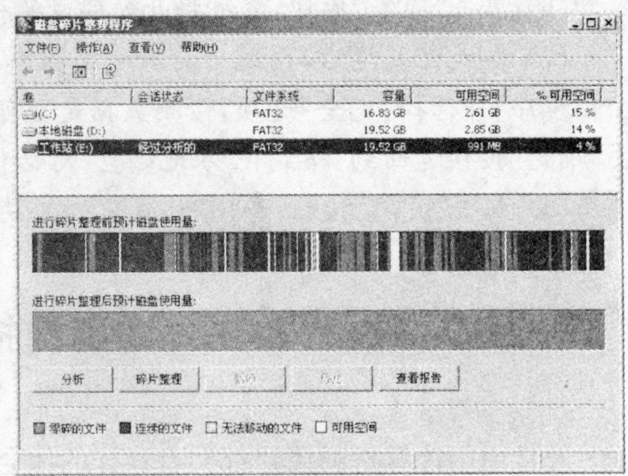

图 8-10 显示磁盘分析后的信息

(3) 如果用户希望直接进行磁盘碎片整理，可单击“碎片整理”按钮，系统将自动进行碎片整理工作，如图 8-11 所示。

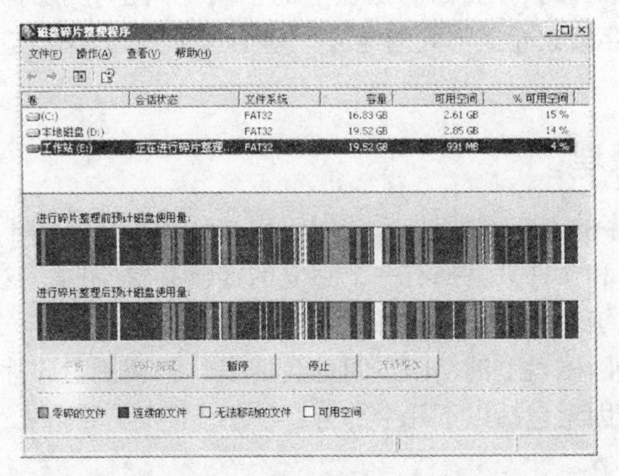

图 8-11 进行磁盘碎片整理

(4) 磁盘碎片整理过程中，用户可单击“暂停”按钮来暂时停止整理工作，也可单击“停止”按钮来结束整理工作。完成磁盘碎片整理工作后，用户可单击“查看报告”按钮，以便查看磁盘碎片整理结果。

8.3.2 清理磁盘

用户使用计算机一段时间后，由于进行大量的读写以及安装操作，会使磁盘上存留许多临时文件或已经没用的程序。这些残留文件和程序不但占用磁盘空间，而且会影响系统的整体性能。因此用户需要定期进行磁盘清理工作，清除没用的临时文件和程序，以便释放磁盘空间。同时该项工作也可以帮助维护文件系统。下面通过具体的操作来介绍清理磁盘的操作过程。

【实训 8-6】 清理磁盘。

(1) 在 Windows XP 桌面选择“开始”|“程序”|“附件”|“系统工具”|“磁盘清理”命令，打开“选择驱动器”对话框，如图 8-12 所示。

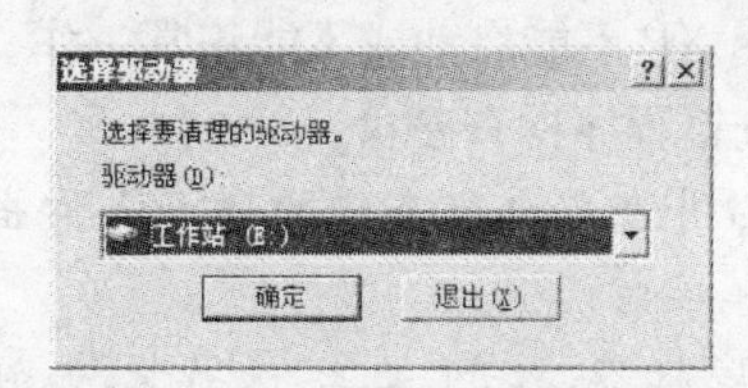

图 8-12 "选择驱动器"对话框

(2) 在"驱动器"下拉列表框中选定要进行清理的磁盘，并单击"确定"按钮。系统将打开当前驱动器的磁盘清理对话框，如图 8-13 所示。

(3) 在"要删除的文件"列表框中，系统列出了当前驱动器上所有可删除的无用文件。用户可以通过启用这些文件前的复选框来确认是否删除该文件。

(4) 在磁盘清理对话框的"描述"选项区域中，用户可以了解到被选中文件的有关信息。另外，用户还可以单击"查看文件"按钮来查看被选中的文件夹中所包含的文件。

(5) 选中需要删除的文件后，单击"确定"按钮，系统将完成删除操作。

(6) 如果用户需要删除某个不用的 Windows 组件，可以在磁盘清理对话框中，单击"其他选项"标签，打开"其他选项"选项卡，如图 8-14 所示。

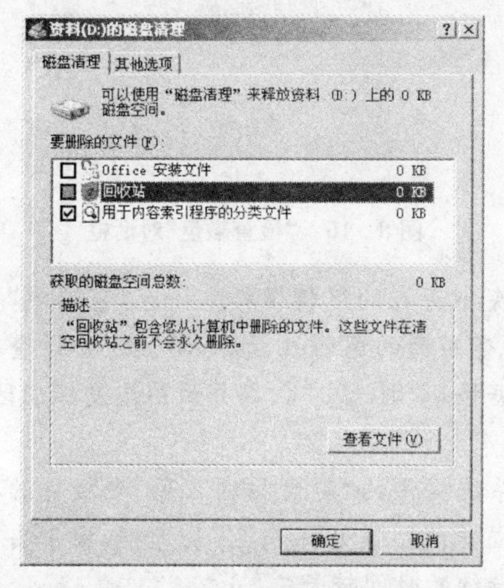

图 8-13 磁盘清理对话框

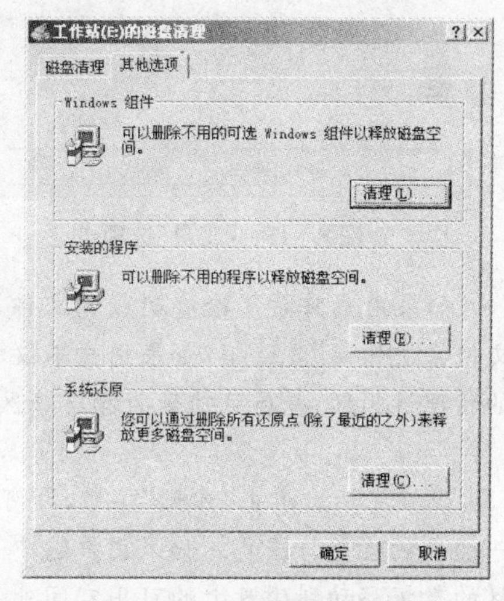

图 8-14 "其他选项"选项卡

(7) 在"Windows 组件"选项区域中，单击"清理"按钮，打开"Windows 组件向导"对话框。在该向导的帮助下，用户可以对 Windows 组件进行添加/删除操作。

(8) 如果用户希望删除以前安装的程序，可在"安装的程序"选项区域中单击"清理"按钮，系统将自动启动"添加/删除程序"向导。在"添加/删除程序"向导的帮助下，用户可轻松地完成删除程序的操作。

(9) 单击"确定"按钮，完成磁盘的清理操作。

8.3.3 磁盘扫描

使用"磁盘查错"工具，用户不但可以对硬盘进行扫描，还可以对软盘进行检测并修复。一般来说，用户需要经常利用它来扫描计算机的启动硬盘并修复错误，以免因系统文件和启动磁盘的损坏而导致 Windows XP 不能启动或不能正常工作。

【实训 8-7】 使用磁盘查错程序检查磁盘。

(1) 打开“我的电脑”窗口,并在要进行查错的磁盘上右击,从弹出的快捷菜单中选择“属性”命令,打开当前磁盘的属性对话框。

(2) 在对话框中单击“工具”标签,打开“工具”选项卡,如图 8-15 所示。

(3) 在“查错”选项区域中,单击“开始检查”按钮,打开图 8-16 所示的“检查磁盘”对话框。

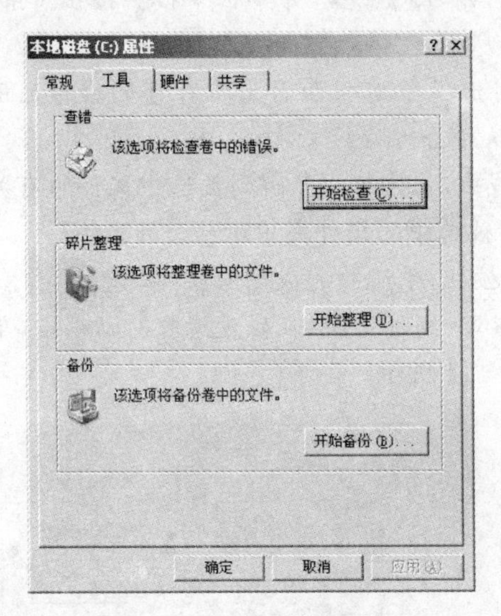

图 8-15 “工具”选项卡

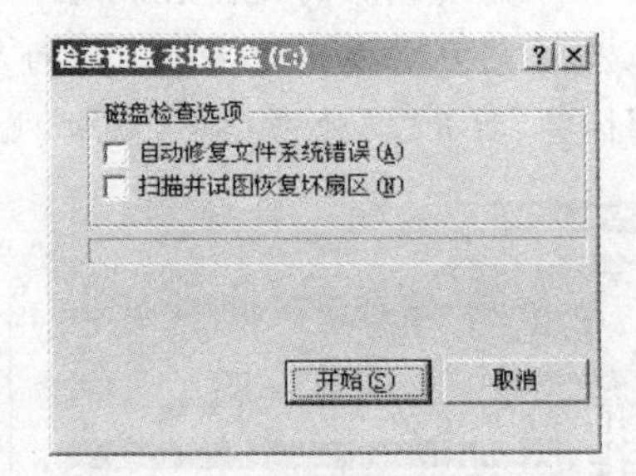

图 8-16 “检查磁盘”对话框

(4) 如果用户只希望检查磁盘的文件、文件夹中存在的逻辑性损坏情况,可选中“自动修复文件系统错误”复选框;如果用户不仅希望检查磁盘的逻辑性损坏,而且还要检查磁盘表面的物理性损坏,并尽可能地将损坏扇区的数据移走,则选中“扫描并试图恢复坏扇区”复选框。

(5) 设置完毕后单击“开始”按钮,即可使用系统提供的“磁盘扫描程序”对损坏的磁盘进行一般性的检查与修复。如果用户选中了“扫描并试图恢复坏扇区”复选框,由于要将损坏扇区的数据移动到磁盘上的可用空间处,因而持续的时间较长。

(6) 完成扫描后,单击“关闭”按钮关闭对话框。

8.4 使用磁盘管理器处理系统分区

磁盘管理器是 Windows XP 中一个强大的磁盘管理工具,后面我们讨论的关于更改驱动器名和路径、格式化与删除磁盘分区等工作都要使用这一工具。下面首先就磁盘管理器的磁盘管理功能及相关理论进行详细介绍。

8.4.1 磁盘管理器的功能及有关术语

磁盘管理器实际上包含并扩展了基于字符的磁盘管理工具的功能,例如,用户所熟悉的

MS-DOS 中的 Format。磁盘管理器具有以下功能：

- 创建和删除磁盘分区。
- 创建和删除扩展分区中的逻辑驱动器。
- 读取磁盘状态信息，如分区大小。
- 读取 Windows XP 卷的状态信息，如驱动器名的指定、卷标、文件类型、大小及可用空间。
- 指定或更改磁盘驱动器及 CD-ROM 设备的驱动器名和路径。
- 创建和删除卷和卷集。
- 创建和删除包含或者不包含奇偶校验的带区集。
- 建立或拆除磁盘镜像集。
- 保存或还原磁盘配置。

为了便于理解，下面再介绍一些进行磁盘管理时可能涉及到的术语。

- 分区：是物理磁盘的一部分，其作用如同一个物理分隔单元。
- 主分区：是标记为由操作系统使用的一部分物理磁盘。一个磁盘最多可有 4 个主分区（或者如果有 1 个扩展分区，则最多有 3 个主分区）。
- 扩展分区：是从硬盘的可用空间上创建的分区，而且可以将其再划分为逻辑驱动器。每个物理磁盘上的 4 个分区只允许使用其中之一作为扩展分区。创建扩展分区不需要有主分区。
- 卷：是格式化后由文件系统使用的分区或分区集合。可以为 Windows XP 的卷指定驱动器名，并使用它组织目录和文件。
- 卷集：是作为一个逻辑驱动器出现的分区组合。系统分区包含特定于硬件的文件，这些文件用于加载 Windows XP。
- 硬盘分区：就是将硬盘分割成几个部分，而每一个部分都可以单独使用。用户可以创建一个分区用来储存信息（例如备份数据），或者和另一个操作系统双重启动。当用户在硬盘上创建分区时，硬盘被分割成一个或多个可用不同文件系统（例如 FAT 或 NTFS）格式的区域。

8.4.2 配置硬盘分区

由于用户计算机中的硬件和软件的配置都有所差别，这使得用户在配置自己的硬盘分区时也应有所不同。用户应根据实际的需要和现有的硬盘配置，合理地对硬盘分区进行规划和调整。通常情况下，用户可在安装 Windows XP 的过程中便对硬盘分区进行配置。在安装过程中用户可以有如下选择：

- 如果硬盘未分区，可以创建 Windows XP 分区并划分其大小。
- 如果现有的分区足够大，可以在该分区上安装 Windows XP。
- 如果现有的分区太小，但还有足够大的未分区空间，可以创建一个新的 Windows XP 分区。
- 如果硬盘有一个已经存在的分区，可以删除它，以便得到足够多的未分区空间来创建 Windows XP 分区。删除一个已有的分区将同时删除该分区上的所有数据。
- 如果为 Windows XP 设置了双重启动，必须把 Windows XP 安装到它自己的分区上。若把 Windows XP 安装到另一个操作系统所在的分区上，可能导致安装程序覆盖由另一个操作系统安装的文件。

8.4.3 调整硬盘分区

建议用户将 Windows XP 安装到一个 2GB 或更大的分区上。虽然安装 Windows XP 最少需要 1GB 的可用空间，但使用更大的安装分区可以方便以后添加更新文件、操作系统工具以及其他文件。

在安装过程中，用户应该只创建和调整安装 Windows XP 的分区。安装了 Windows XP 之后，用户可以利用硬盘管理器工具在硬盘上更改或创建新的分区。

【实训 8-8】 更改驱动器名和路径。

(1) 在 Windows XP 桌面选择“开始”|“设置”|“控制面板”命令，打开“控制面板”窗口。

(2) 双击“管理工具”图标，打开“管理工具”窗口。

(3) 双击“计算机管理”图标，打开“计算机管理”对话框。

(4) 在控制台目录树中双击“存储”节点，展开该节点。

(5) 单击“磁盘管理”子节点，在“计算机管理”对话框右边的详细资料窗格中将显示本地计算机所拥有的驱动器的名称、类型、采用的文件系统格式和状态，以及分区的基本信息。

(6) 在详细资料窗格中单击需要更改名称和路径的驱动器，这里我们选择 E 盘。

(7) 在菜单栏中选择“操作”|“所有任务”|“更改驱动器名和路径”命令，打开“更改 E:(工作站)的驱动器号和路径”对话框，如图 8-17 所示。

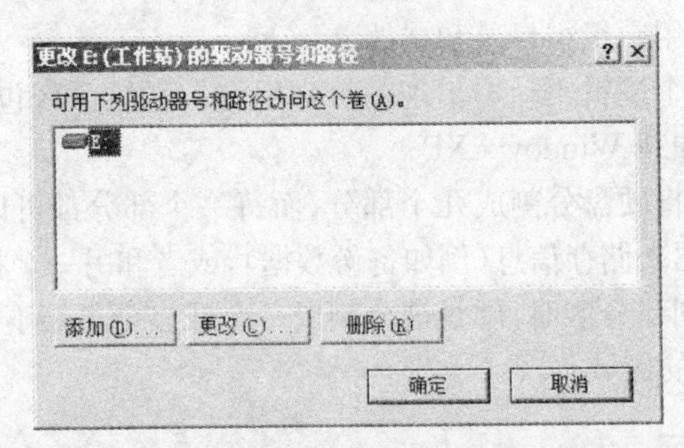

图 8-17 “更改 E:(工作站)驱动器号和路径”对话框

(8) 如果用户希望更改驱动器的名称，则需要在对话框中单击“更改”按钮，打开“更改驱动器号和路径”对话框，如图 8-18 所示。在“指派以下驱动器号”单选按钮后的下拉列表框中可以选择合适的驱动器名称。

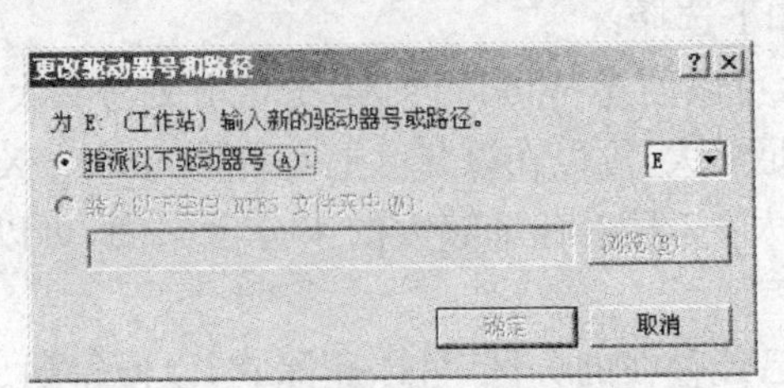

图 8-18 “更改驱动器号和路径”对话框

(9) 单击"确定"按钮,系统弹出图8-19所示的"确认"对话框。

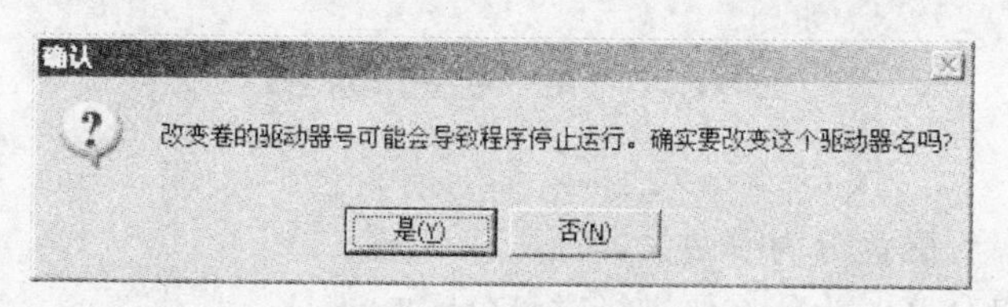

图8-19 "确认"对话框

(10) 单击"是"按钮,完成更改驱动器名称的操作,用户可以发现原来的名称已经改变。

8.4.4 转换硬盘分区的类型和重新格式化

在Windows XP中,如果用户决定转换或者重新格式化一个现有分区,则需要选择一个合适的文件系统(NTFS、FAT或FAT32)。本节将主要介绍安装完Windows XP后,如何通过硬盘管理器来转换硬盘分区的类型及重新格式化硬盘驱动器的相关内容。

【实训8-9】 转换一个硬盘分区的文件系统类型。

(1) 在Windows XP桌面选择"开始"|"设置"|"控制面板"命令,打开"控制面板"窗口。

(2) 双击"管理工具"图标,打开"管理工具"窗口。双击"计算机管理"图标,打开"计算机管理"对话框。

(3) 在控制台目录树中双击"存储"节点,展开该节点。

(4) 单击"磁盘管理"子节点,在详细资料窗格中单击需要更改名称或路径的驱动器,这里我们选择E盘。

(5) 右击"磁盘管理"子节点,在弹出的快捷菜单中选择"所有任务"|"格式化"命令,打开"格式化E:"对话框,如图8-20所示。

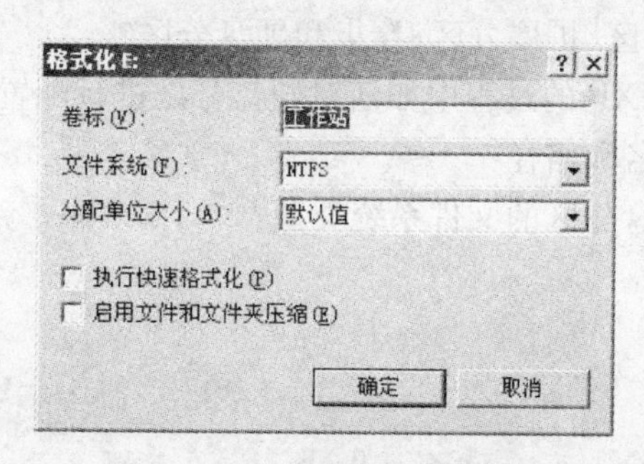

图8-20 "格式化E:"对话框

(6) 在"文件系统"下拉列表框中包含3个不同类型的文件系统,分别为FAT、FAT32和NTFS。用户可以根据需要选择一种合适的文件系统。

(7) 在"分配单位大小"下拉列表框中为存储文件选择一种合适的单位尺寸。

(8) 在"卷标"文本框中输入硬盘卷标名。

(9) 另外用户还可选择"执行快速格式化"复选框和"启动文件和文件夹压缩"复选框来启用快速格式化和硬盘压缩功能。

(10) 单击"确定"按钮,完成修改硬盘驱动器文件系统类型和格式化硬盘的所有操作。

8.5　思考与练习

1. 什么是磁盘？磁盘分为哪两大类？
2. 什么是磁盘分区？为什么要进行磁盘分区？
3. 什么是卷、基本卷和动态卷？
4. 通过“计算机管理”对话框查看磁盘信息。
5. 设置E盘的卷标为“娱乐”，效果如图8-21所示。

图8-21　习题5

6. 为什么要进行磁盘的格式化？
7. 尝试格式化软盘。
8. 如何对硬盘进行高级格式化？
9. 简述磁盘碎片整理程序的工作原理。
10. 整理磁盘碎片需要花费一段较长的时间，决定时间长短的因素有哪些？
11. 为什么要进行磁盘清理？
12. 尝试清理磁盘。
13. 对硬盘进行磁盘扫描操作。
14. 简述磁盘管理器的概念和功能。
15. 什么是分区、主分区、扩展分区、卷集和硬盘分区？
16. 在安装 Windows XP 的过程中如何对硬盘分区进行配置？
17. 如何更改驱动器名和路径？
18. 如何转换一个硬盘分区的文件系统类型？

第 9 章　注册表和系统性能维护

注册表就像计算机的“中枢神经”,如果注册表受到了破坏,轻则使 Windows 在启动的过程出现异常,重则可能会导致整个系统完全瘫痪。因此,掌握注册表的使用和维护对 Windows 用户来说显得尤为重要。

通过本章的理论学习和上机实训,读者应了解和掌握以下内容:

- 注册表的基本操作
- 创建还原点和还原系统
- 管理系统设备
- 管理系统事件
- 优化内存
- 管理电源

9.1　注册表管理

注册表是 Windows 的核心部件,它是一个巨大的树状分层的数据库,包含了 Windows 所有的内部数据。具体包括:应用程序和计算机系统的全部配置信息、系统和应用程序的初始化信息、应用程序和文档文件的关联关系、硬件设备的说明、状态和属性以及各种状态信息和数据等。注册表中的各种参数直接控制着 Windows 的启动、硬件驱动程序的装载以及一些 Windows 应用程序的运行,从而在整个 Windows 系统中起着核心作用。

按照内容层次,可以把注册表划分为 3 类信息:

- 软、硬件的有关配置和状态信息,应用程序和资源管理器外壳的初始条件、首选项和卸载数据。
- 联网计算机的整个系统的设置和各种许可、文件扩展名与应用程序的关联关系,硬件部件的描述、状态和属性。
- 性能记录和其他底层的系统状态信息,以及其他一些数据。

9.1.1　打开注册表

由于注册表是一个二进制的树型结构的数据库文件,因而用户无法直接存取注册表。用户可以通过 Windows XP 提供的注册表编辑器来编辑注册表,如图 9－1 所示。

注册表编辑器在安装 Windows 时已经被安装至计算机中,但是并没有在“附件”菜单中创建快捷方式。用户可以通过以下方法打开注册表编辑器。

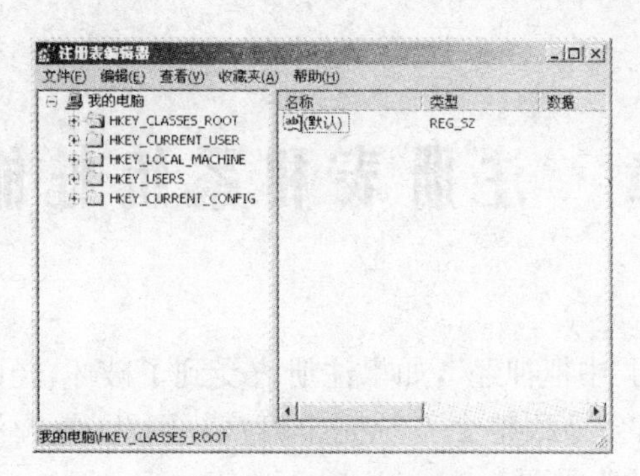

图 9-1　注册表编辑器

【实训 9-1】 在 Windows XP 中打开注册表编辑器。

(1) 在 Windows XP 桌面选择"开始"|"运行"命令，打开"运行"对话框，如图 9-2 所示。

(2) 在"打开"文本框内输入 Regedt32 或 Regedit 命令即可打开注册表编辑器。

用户也可以通过命令提示符打开注册表编辑器，方法如下：

(1) 在 Windows XP 桌面选择"开始"|"程序"|"附件"|"命令提示符"命令，打开"命令提示符"窗口，如图 9-3 所示。

(2) 在窗口的提示符中输入 Regedt32 或 Regedit 命令，然后单击 Enter 键即可打开注册表编辑器。

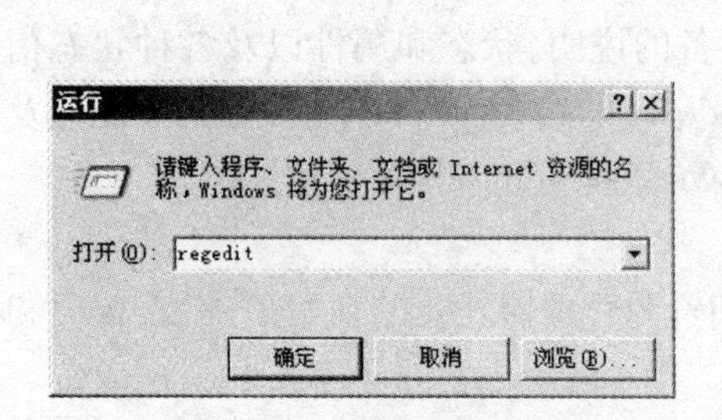

图 9-2　"运行"对话框

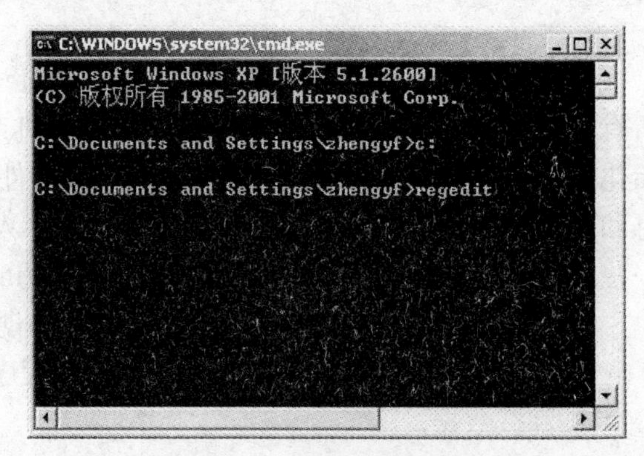

图 9-3　"命令提示符"窗口

9.1.2　注册表的结构

注册表的结构和用户使用的磁盘文件系统的目录结构非常类似，所有的数据都是通过一种树状结构以键和子键的方式组织起来。每个键都包含了一组特定的信息，每个键的键名都是与它所包含的信息相关联的。如果某个键包含了子键，则在注册表编辑器窗口中代表该键的文件夹的左边将有＋符号，以表示在这个文件夹中有更多的内容。如果这个文件夹被用户打开，那么＋号就会变成－号，用户可以像打开文件夹一样逐层打开注册表树。当然，用户有时并不清楚要找的键在哪个目录分支下面，这时就需要搜索相应的关键字。

- 根键：在注册表结构中，根键是包含键、子键和键值的主要节点。

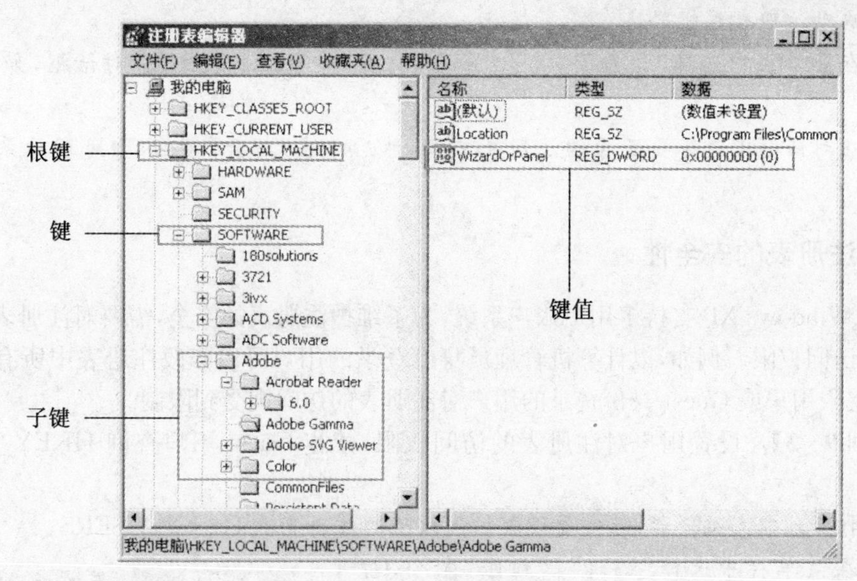

图 9-4 注册表结构

- 键：根键下的主要分支，也就是出现在“注册表编辑器”窗口左窗格中的文件夹。键可以包含子键和键值，例如，SOFTWARE 是 HKEY_LOCAL_MACHINE 的子键。
- 子键：键中的键。在注册表结构中，子键附属于根键和键。
- 键值：出现在注册表窗口右窗格中的数据字符串，定义了当前所选项的值。键值有 3 个部分：名称、类型和数据，它主要用来保存影响系统的实际数据。

9.1.3 备份和还原注册表

为了防止注册表出错而引发意外，用户应该定期备份注册表，在发生意外时将最新备份的注册表还原，这样可以将损失减少到最小。

【实训 9-2】 通过注册表编辑器备份和还原注册表。

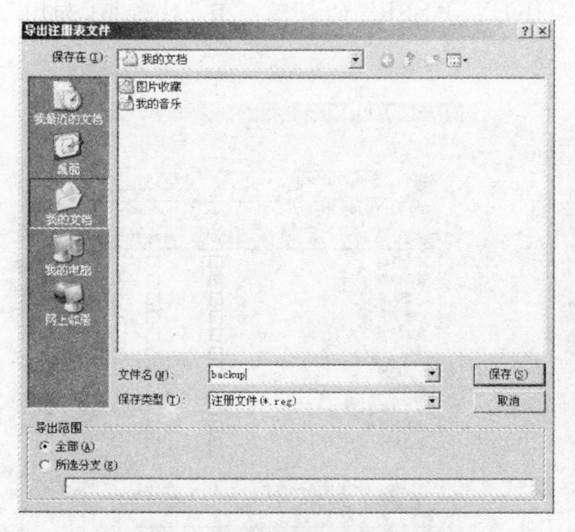

图 9-5 “导出注册表文件”对话框

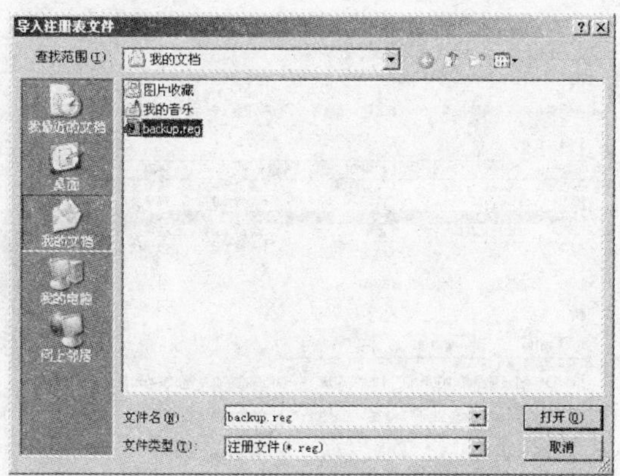

图 9-6 “导入注册表文件”对话框

(1) 启动注册表编辑器。

(2) 在菜单栏中选择“文件”|“导出”命令,打开“导出注册表文件”对话框,如图 9-5 所示。

(3) 在对话框中选择要还原的注册表文件,然后单击“打开”按钮,即可还原系统的注册表。

9.1.4 注册表的安全性

由于 Windows XP 支持多用户账户系统,为了维护注册表的安全,需要对注册表设置不同的用户访问权限。例如,以计算机管理员身份登录的用户可以修改注册表中所有系统信息,而以受限用户或 Guest 身份登录的用户对注册表的访问则受到限制。

【实训 9-3】 设置用户对注册表的访问权限,禁止 Guest 用户查询 HKEY_USERS 根键。

(1) 打开注册表编辑器,选定要设置访问权限的注册表键 HKEY_USERS。

(2) 在菜单栏中选择“编辑”|“权限”命令,打开“HKEY_USERS 的权限”对话框,如图 9-7 所示。

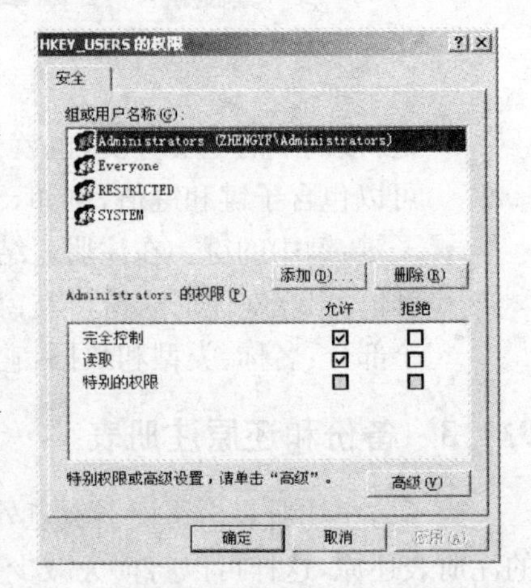

图 9-7 “HKEY_USERS 的权限”对话框

(3) 在该对话框的“组或用户名称”列表框中选择要设置访问权限的组或用户名称。若在该列表框中没有要设置访问权限的组或用户的名称,可以在对话框下面的账户权限列表框中取消选择“读取”和“完全控制”这两个复选框。

(4) 若要对该组或用户设置特别权限或进行高级设置,可单击“高级”按钮,打开“HKEY_USERS 的高级安全设置”对话框,如图 9-8 所示。默认打开的为“权限”选项卡。

(5) 在“权限”选项卡的“权限项目”列表框中选择 Guest 用户选项,然后单击“编辑”按钮,打开“HKEY_USERS 的权限项目”对话框,如图 9-9所示。

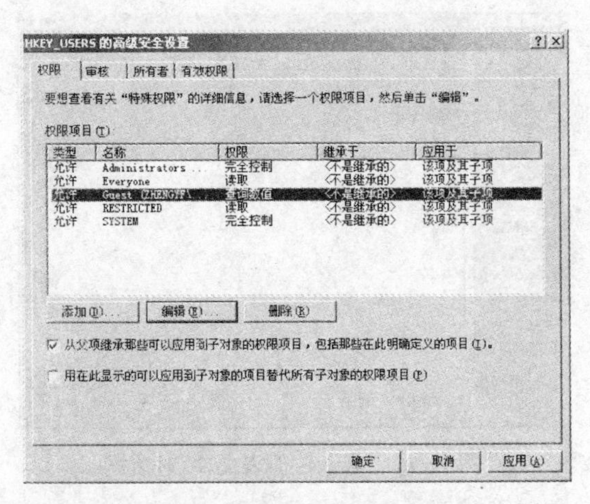

图 9-8 “HKEY_USERS 的高级安全设置”对话框

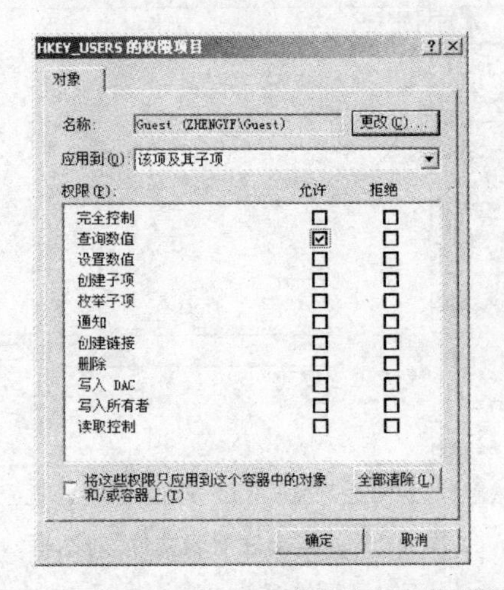

图 9-9 “HKEY_USERS 的权限项目”对话框

(6) 在“权限”列表框中显示允许或拒绝 Guest 用户的权限项目。用户可通过选中相应复选框来更改该用户的访问项目。设置完毕后,单击“确定”按钮,即可在“HKEY_USERS 的高级安全设置”对话框中的“权限项目”列表框中看到对 Guest 用户所做的更改。

(7) 单击“应用”按钮,若拒绝 Guest 用户对某权限项目的访问,则将打开“安全”对话框,提醒用户是否要设置该组或用户的拒绝权限,如图 9-10 所示。

(8) 单击“是”按钮,然后重新启动计算机即可。

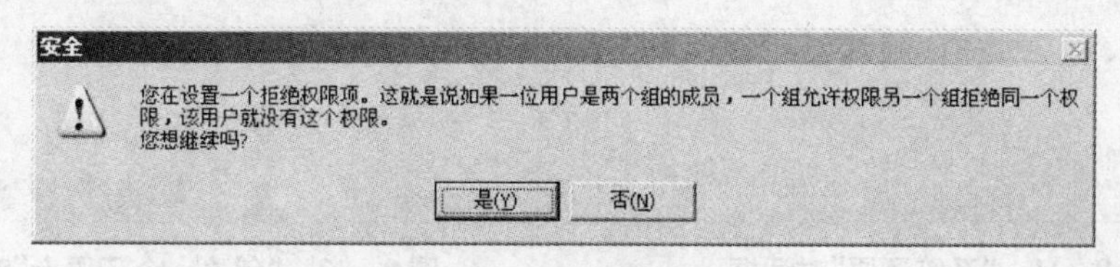

图 9-10 “安全”对话框

9.2 系统还原

在 Windows XP 中,使用系统还原向导,可以取消对计算机的有害更改并还原其设置和性能。系统还原可以将计算机返回到先前时间(称为还原点),而不会导致用户丢失当前工作,例如,已保存的文档、电子邮件、历史记录和收藏夹列表,并且系统还原对计算机所做的更改是完全可逆的。

9.2.1 创建还原点

用户可以使用计算机自动创建的还原点,也可以使用系统还原创建自己的还原点。系统自动创建的还原点也称为系统检查点,系统在稳定运行一定的时间后将自动创建系统检查点,但该操作是不定期的。如果当前要对系统进行大规模更改,例如运行某些安装程序,并且该安装程序将更改计算机的注册表等操作时,可以通过系统还原来自己创建一个还原点。

【实训 9-4】 创建系统还原点。

(1) 在 Windows XP 桌面选择“开始”|“程序”|“附件”|“系统工具”|“系统还原”命令,打开“系统还原”对话框,如图 9-11 所示。

(2) 在对话框中右侧的“要开始,选择您想要执行的任务:”选项区域中选择“创建一个还原点”单选按钮,然后单击“下一步”按钮,打开“创建一个还原点”对话框,如图 9-12 所示。

(3) 在“还原点描述”文本框中输入还原点的描述信息,以确保所选择的描述在以后需要还原系统时,更易于用户识别。单击“下一步”按钮,打开“还原点已创建”对话框,如图 9-13 所示。

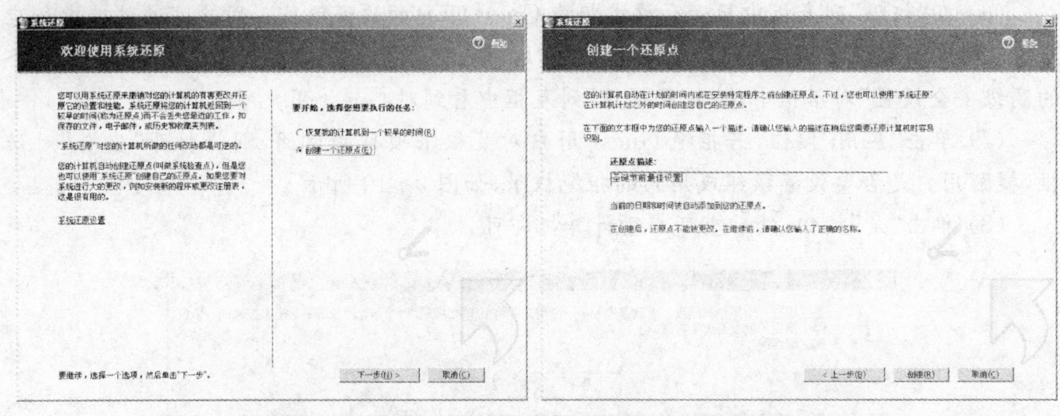

图 9-11 “系统还原”对话框　　　图 9-12 “创建一个还原点”对话框

图 9-13 “还原点已创建”对话框

(4) 在该对话框中显示了所创建系统还原点的时间及系统描述，单击“关闭”按钮即可完成创建系统还原点的操作。

9.2.2 还原系统

当用户在操作计算机时进行了不可逆向的错误操作，或者因为安装某些应用程序而导致系统不稳定时，都可以使用系统还原来返回到以前创建还原点时的状态，不但可以免去重新安装系统之苦，还可以保证磁盘中文件的安全。

【实训 9-5】 还原系统。

(1) 在 Windows XP 桌面选择“开始”|“程序”|“附件”|“系统工具”|“系统还原”命令，打开“系统还原”对话框。

(2) 在对话框中右侧的“要开始，选择您想要执行的任务：”选项区域中选择“恢复我的计算机到一个较早的时间”单选按钮，然后单击“下一步”按钮，打开“选择一个还原点”对话框，如图 9-14 所示。

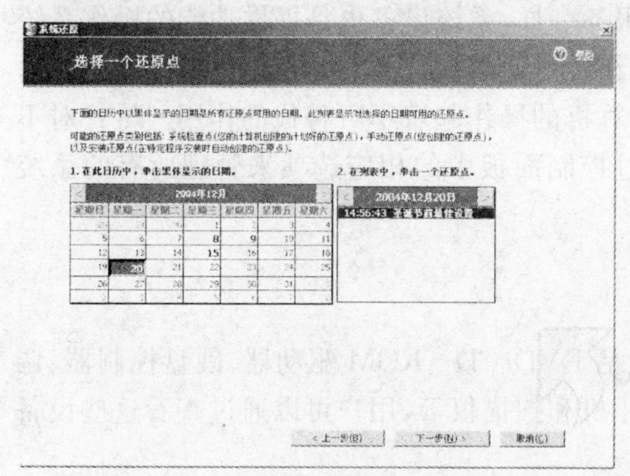

图 9-14　“选择一个还原点”对话框

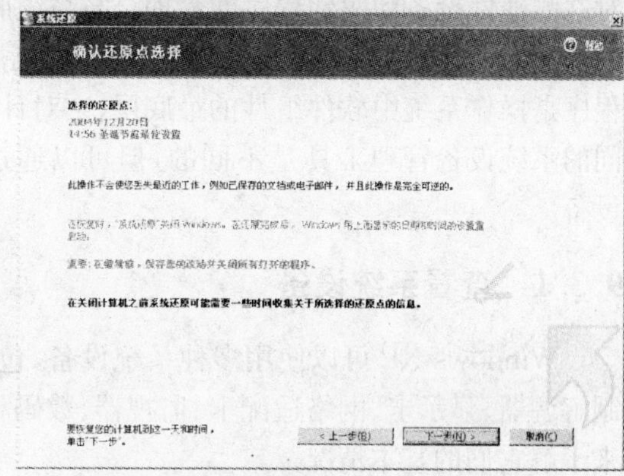

图 9-15　“确认还原点选择”对话框

(3) 在该对话框的日历中，用粗体显示的日期中具有可用还原点。选择要还原的日期，并在右侧列表框中选择该日期中的可用还原点，然后单击“下一步”按钮，打开“确认还原点选择”对话框，如图 9-15 所示。

(4) 系统提示用户在进行系统还原之前先保存用户的改动并关闭所有应用程序。关闭当前正在使用的应用程序后，单击“下一步”按钮，系统关闭 Windows，开始系统还原，并重新启动计算机。

(5) 当还原完成并自动重新启动 Windows XP 后，系统将打开“恢复完成”对话框，提示用户已经成功完成还原工作，如图 9-16 所示。

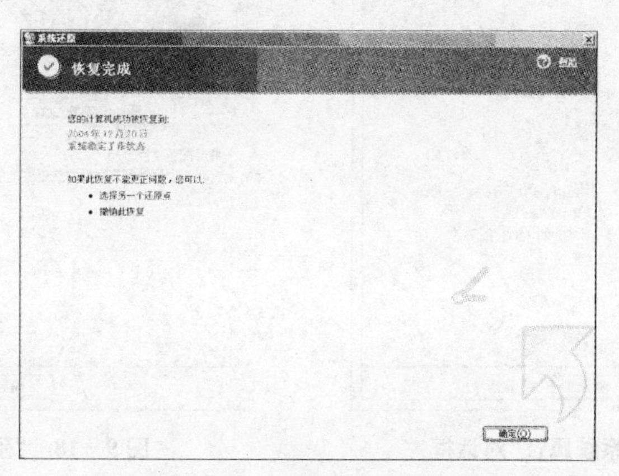

图 9-16　“恢复完成”对话框

(6) 单击“确定”按钮，关闭对话框。系统自动还原到用户所创建还原点时的状态，并且在创建还原点和本次还原操作之前所创建的文档、电子邮件、收藏夹列表等并不会受到影响。

9.3　管理系统设备

在安装了 Windows XP 后，为了保证系统以最高效率运行，应在系统上安装正确的系统设备。系统设备是指计算机中安装的硬件设备和它们的驱动程序，对系统设备的管理就是对这些硬件设备和驱动程序的管理。与系统服务一样，系统设备也是提供功能的操作系统模块，但系统设备是把硬件与其驱动程序紧密结合的通信模块或驱动程序。系统设备驱动程序是操作系统中软件组件的最底层，它对计算机的操作起着不可替代的作用。尽管对不同的系统设备管理工具是不同的，但可以通过控制面板中的相应选项来管理所有的系统设备。

9.3.1 查看系统设备

Windows XP 可以使用多种系统设备，包括 DVD/CD - ROM 驱动器、硬盘控制器、调制解调器、显示卡、网络适配卡、监视器、数码相机和扫描仪等，用户可以通过查看这些设备来了解它们的基本情况。

【实训 9 - 6】 查看系统设备。

(1) 在 Windows XP 桌面，选择“开始”|“设置”|“控制面板”命令，在打开的“控制面板”窗口中双击“系统”图标，打开“系统属性”对话框，如图 9 - 17 所示。该窗口中显示了当前操作系统的版本、软件的注册信息、计算机处理器信息、内存的数量等内容。

(2) 单击“硬件”标签，打开“硬件”选项卡，如图 9 - 18 所示。

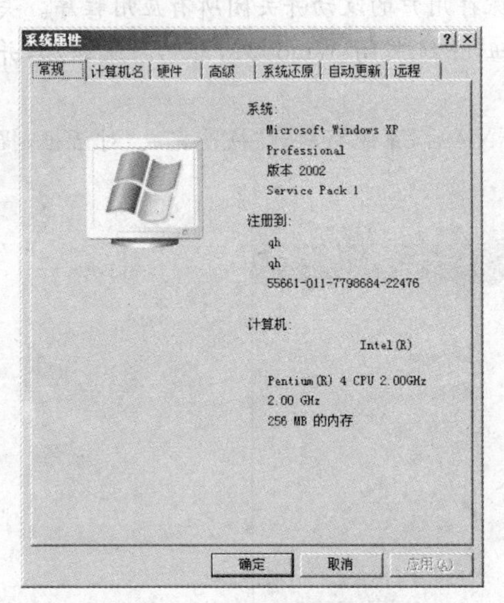

图 9 - 17 “系统属性”对话框

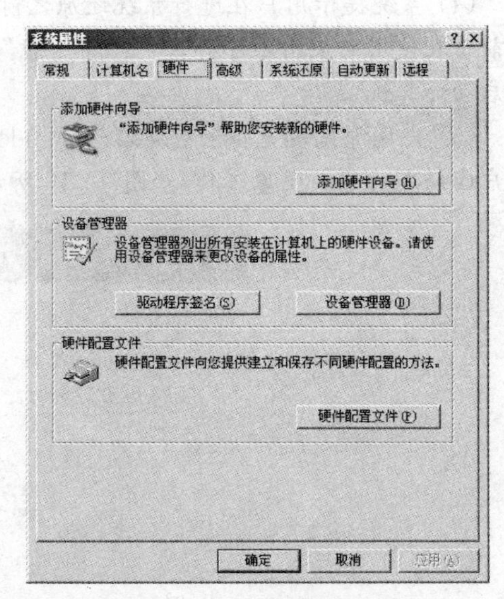

图 9 - 18 “硬件”选项卡

(3) 在“设备管理器”选项区域中，单击“设备管理器”按钮，打开图 9 - 19 所示的“设备管理器”窗口。在该对话框中，用户可以查看所有已经安装到系统中的硬件设备。默认情况下，系统设备按照类型排序。如果用户要按其他方式排序，可在“查看”菜单中进行选择。

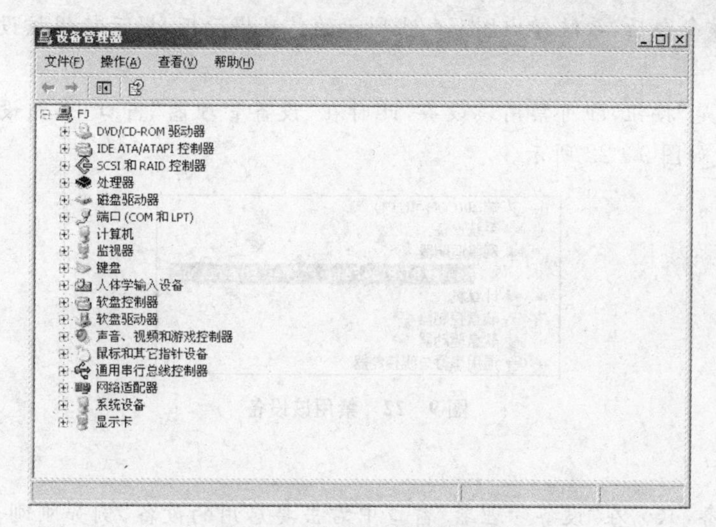

图 9-19 "设备管理器"窗口

注意：

通过"计算机管理"对话框，用户可以查看当前系统设备。首先在 Windows XP 桌面上，选择"开始"|"设置"|"控制面板"命令，在打开的"控制面板"窗口中双击"管理工具"图标，打开"管理工具"窗口，然后双击"计算机管理"图标，打开"计算机管理"窗口。然后在控制台目录树中，双击"系统工具"节点，展开该节点。单击"设备管理器"子节点，在右侧窗口中将列出所有的系统设备。

9.3.2 禁用和启用设备

禁用和启用设备，在设备管理中是经常进行的工作。当某一个系统设备暂时不用时，用户可将其禁用，这样有利于保护系统设备。下面就以网卡为例介绍如何禁用和启用设备。

【实训 9-7】 通过"设备管理器"窗口禁用网卡。

(1) 在"设备管理器"窗口中，双击"网络适配器"选项，展开该选项。右击展开的选项，从弹出的快捷菜单中选择"停用"命令，如图 9-20 所示。

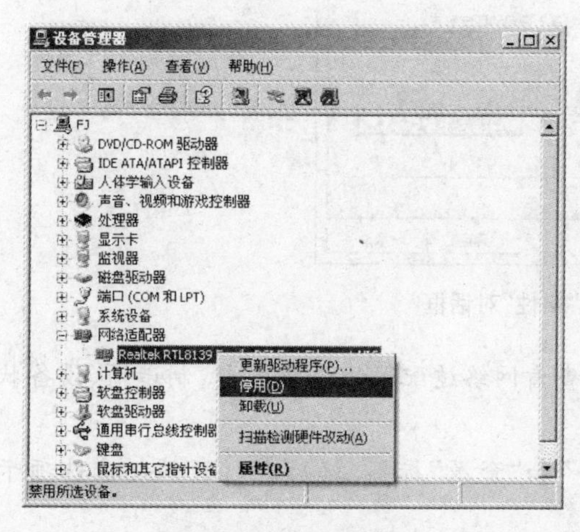

图 9-20 禁用网卡

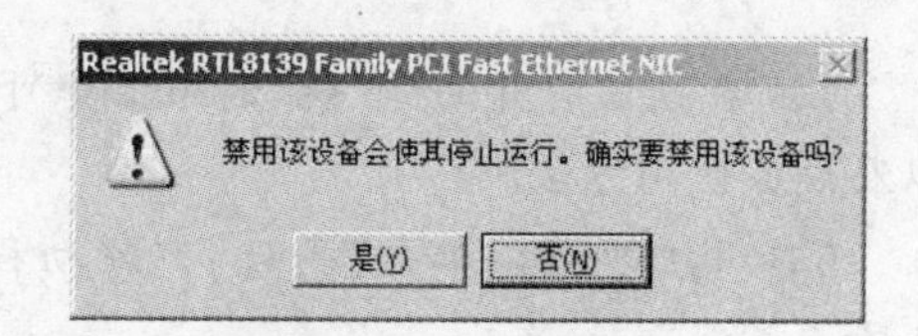

图 9-21 信息提示框

(2) 选择该命令后，系统弹出图 9－21 所示的信息提示框，提示禁用该设备会使其停止运行。

(3) 单击“是”按钮，即可禁用该设备，此时在“设备管理器”窗口中，该设备前的图标上出现禁用符号，如图 9－22 所示。

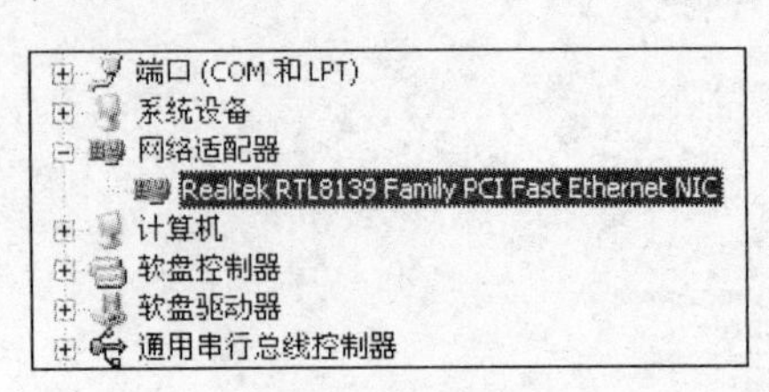

图 9－22　禁用该设备

提示：

要启用设备，只需在“设备管理器”窗口中右击要启用的设备，例如刚刚禁用的网卡，然后从弹出的快捷菜单中选择“启用”命令即可。

9.3.3　查看设备属性

通过“设备管理器”窗口，用户可以查看系统设备的属性。如果需要，用户还可以修改设备的属性，如中断、输入/输出范围等。下面以网卡为例介绍如何查看设备属性。

【实训 9－8】 通过“设备管理器”窗口查看网卡属性。

(1) 在“设备管理器”窗口中，双击“网络适配器”选项，右击展开的选项，然后从弹出的快捷菜单中选择“属性”命令，打开图 9－23 所示的“属性”对话框。

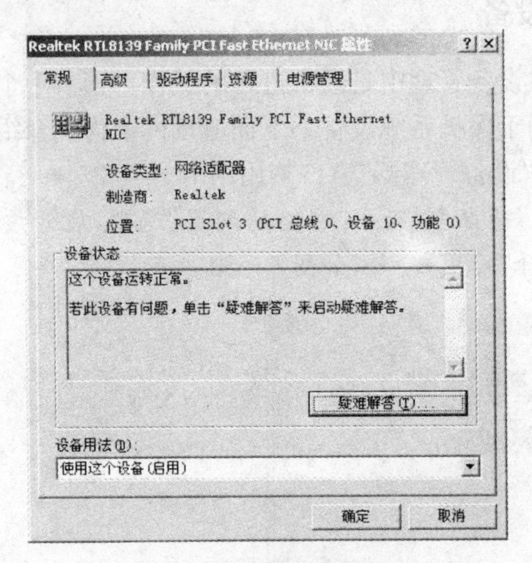

图 9－23　“属性”对话框

(2) 在默认打开的“常规”选项卡中可以查看网络适配器的设备类型、制造商、设备状态以及设备使用方法。

(3) 用户也可以单击“高级”、“驱动程序”和“资源”标签，然后在打开的相应选项卡中查看。

9.3.4 安装即插即用设备

要安装即插即用设备,用户应了解 Windows 的即插即用技术。即插即用技术的关键特性之一就是事件的动态处理,可对安装的硬件进行自动的动态识别,包括初始的系统安装、系统启动期间对硬件更改的识别以及对运行时的硬件事件的反应。它允许以用户模式的代码执行注册并收集某些即插即用事件。

要安装即插即用设备,只需要进行设备的硬件安装,不需要安装该设备的驱动程序,系统会自动识别并加载驱动程序。

9.3.5 安装非即插即用设备

对于符合即插即用的设备,在添加或删除时,Windows XP 将会自动识别并完成配置工作。但是,对于非即插即用设备的安装,就需要用户自己去安装驱动程序。下面就以非即插即用的声卡为例来介绍设备的安装方法。

【实训 9-9】 安装非即插即用型声卡。

(1) 在 Windows XP 桌面,选择"开始"|"设置"|"控制面板"命令,打开"控制面板"窗口。

(2) 双击"添加硬件"图标,打开"添加硬件向导"对话框,提示用户使用该向导可以添加新的计算机硬件,或者解决硬件问题,如图 9-24 所示。

(3) 单击"下一步"按钮,向导将自动对计算机中未安装驱动程序的硬件进行搜索。搜索完成后将打开"硬件是否已连接"对话框,如图 9-25 所示。

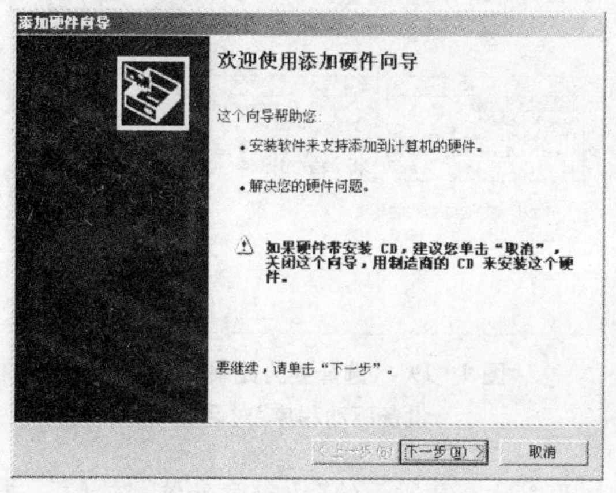

图 9-24 "添加硬件向导"对话框

图 9-25 "硬件是否已连接"对话框

(4) 在"你是否已将这个硬件跟计算机连接"选项区域中选中"是,硬件已连接好"单选按钮,并单击"下一步"按钮,这时系统将弹出如图 9-26 所示的对话框,显示当前计算机中已经安装的所有硬件列表。

(5) 在"已安装的硬件"列表最下面,选择"添加新的硬件设备"选项,然后单击"下一步"按钮,打开图 9-27 所示的选择硬件安装方式对话框。

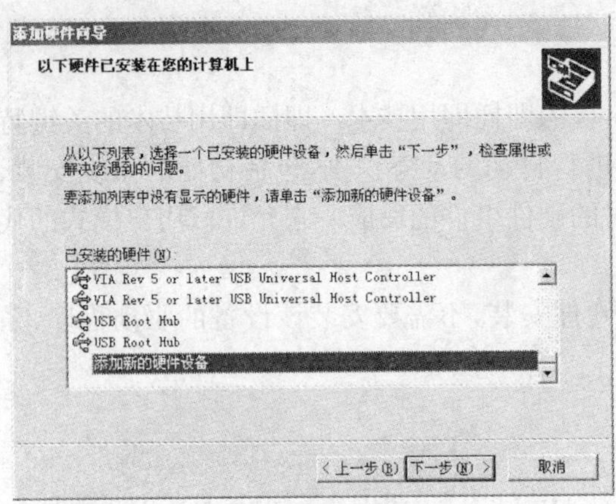

图 9-26 计算机中已经安装的硬件列表

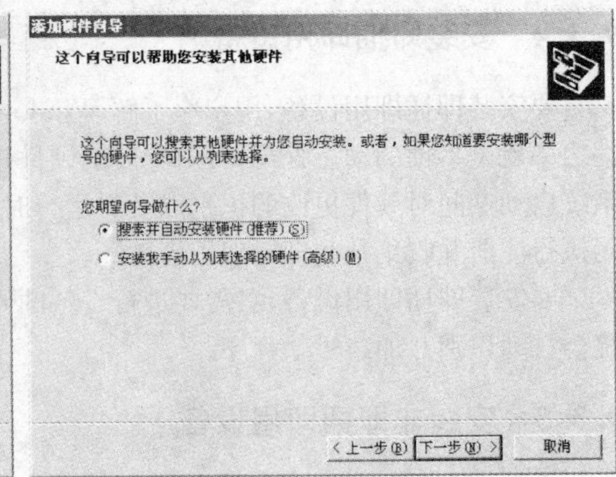

图 9-27 选择硬件安装方式

(6) 选中“安装我手动从列表选择的硬件(高级)”单选按钮，然后单击“下一步”按钮，打开“从以下列表，选择要安装的硬件类型”对话框，如图 9-28 所示。

(7) 选中“声音、视频和游戏控制器”选项，然后单击“下一步”按钮，弹出图 9-29 所示的“选择要为此硬件安装的设备驱动程序”对话框。在窗口左侧的“厂商”列表中选择硬件的生产厂商，并在右侧的“型号”列表中选择和当前要安装的硬件相匹配的设备类型。

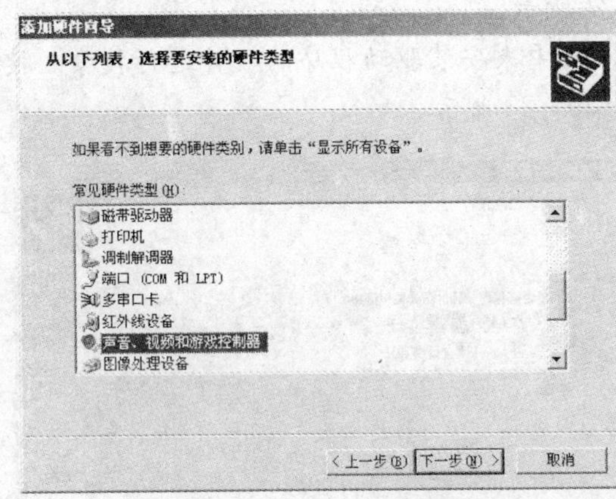

图 9-28 “从以下列表，选择要安装的硬件类型”对话框

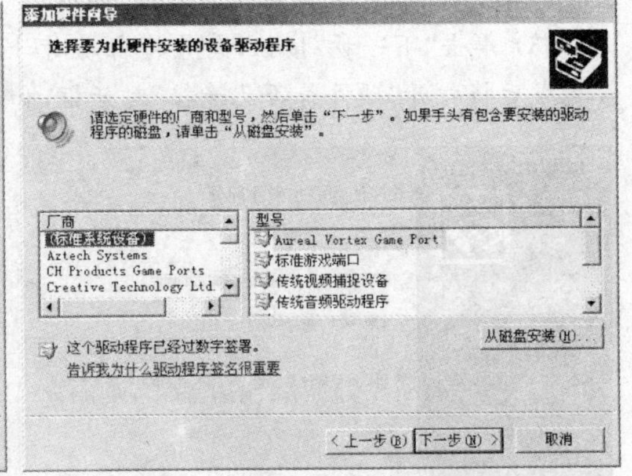

图 9-29 “选择要为此硬件安装的设备驱动程序”对话框

(8) 用户也可以单击“从磁盘安装”按钮，打开图 9-30 所示的“从磁盘安装”对话框，并在“厂商文件复制来源”下拉列表框中输入驱动程序的位置。或者单击“浏览”按钮，从打开的对话框中进行选择。

(9) 在“从磁盘安装”对话框中单击“确定”按钮，返回到“选择要为此硬件安装的设备驱动程序”对话框，在“型号”列表中将显示用户所指定文件夹中的设备类型。

(10) 在“型号”列表选中该设备类型，并单击“下一步”按钮，这时安装向导开始向计算机中复制驱动程序所必需的一些文件。

(11) 复制文件完成后将打开图 9-31 所示的提示对话框，提示用户已经正确地安装了该硬件。单击“完成”按钮，重新启动计算机后，即可正常运行该硬件。

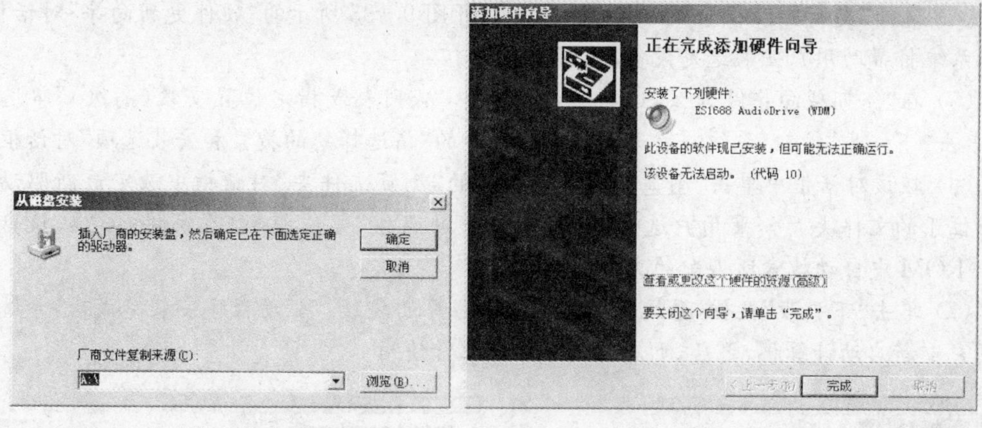

图 9-30 "从磁盘安装"对话框　　　　图 9-31 完成安装

至此，该非即插即用声卡的安装完成。对于其他类型的非即插即用设备，Windows XP的安装方法也是大同小异，仅仅是一些设置上的不同。用户还可以通过参考设备的说明书来正确地配置非即插即用硬件。

9.3.6 更新设备驱动程序

随着计算机硬件的更新换代，硬件设备的驱动程序也被一次又一次地升级。新的硬件驱动程序往往能够更好地支持硬件设备，提高硬件的整体性能。这样，计算机用户难免需要经常升级硬件的驱动程序。下面以显示卡为例介绍如何更新设备的驱动程序。

【实训 9-10】 更新显示卡驱动程序。

(1) 在 Windows XP 桌面，选择"开始"|"设置"|"控制面板"命令，在打开的"控制面板"窗口中双击"系统"图标，打开"系统属性"对话框。

(2) 单击"硬件"标签，打开"硬件"选项卡，单击"设备管理器"按钮，打开"设备管理器"窗口。

(3) 在设备列表中选中更新驱动程序的设备，并在该设备上右击，从弹出的快捷菜单中选择"更新驱动程序"命令，如图 9-32 所示。

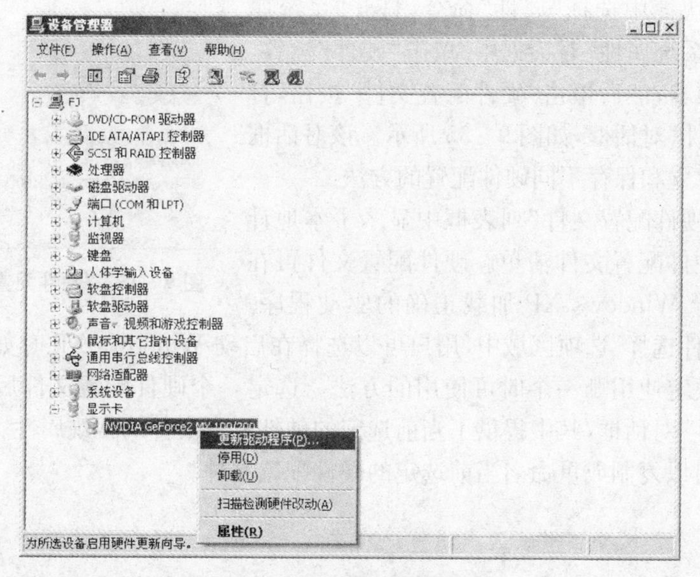

图 9-32 选择"更新驱动程序"命令

(4) 选择"更新驱动程序"命令后，系统将打开图 9-33 所示的"硬件更新向导"对话框，提示系统将帮助用户安装选定设备的软件。

(5) 在"您期望向导做什么"选项区域中选中"从列表或指定位置安装(高级)"单选按钮，单击"下一步"按钮，系统将打开图 9-34 所示的"请选择您的搜索和安装选项"对话框。

(6) 在该对话框中单击"浏览"按钮，从打开的"浏览文件夹"对话框中选定最新驱动程序所位于的文件夹。如果用户选中了"搜索可移动媒体"复选框，则系统将自动从软盘或 CD-ROM 中自动搜索所匹配的文件。

(7) 单击"下一步"按钮，系统将开始该驱动程序的安装。驱动程序安装完成后，系统提示用户重新启动计算机，之后，更新的硬件即可正常使用。

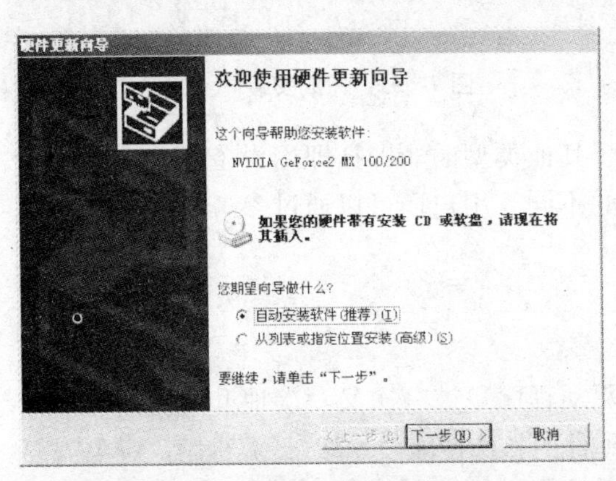

图 9-33 "硬件更新向导"对话框

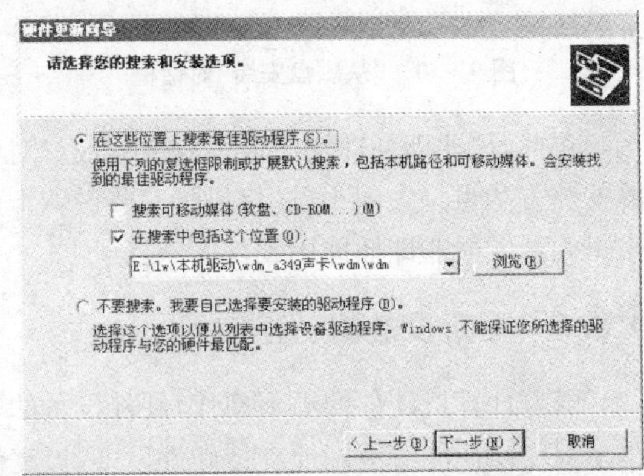

图 9-34 "请选择您的搜索和安装选项"对话框

9.3.7 管理硬件配置文件

合理地管理硬件配置文件，有利于用户使用系统设备。通过"系统属性"对话框，用户可以很方便地进行硬件配置文件的管理。在桌面上，右击"我的电脑"图标，从弹开的快捷中选择"属性"命令，打开"系统属性"对话框；在"系统属性"对话框中，单击"硬件"标签，打开"硬件"选项卡；然后单击"硬件配置文件"按钮，打开"硬件配置文件"对话框，如图 9-35 所示。该对话框为用户提供了建立和保存不同硬件配置的方法。

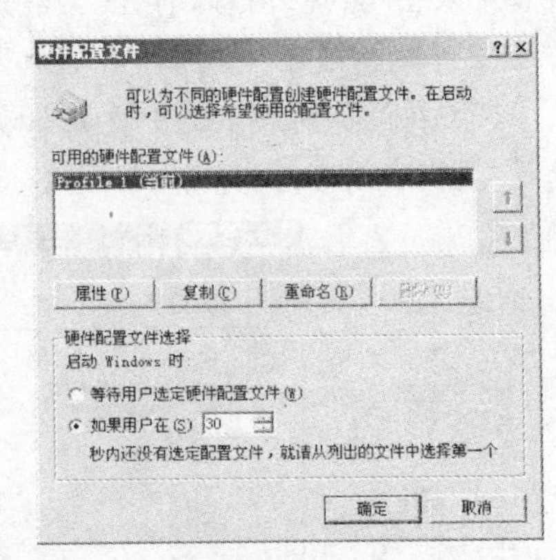

图 9-35 "硬件配置文件"对话框

在"可用的硬件配置文件"列表框中显示了本地计算机中可用的硬件配置文件清单。硬件配置文件可在硬件改变时指导 Windows XP 加载正确的驱动程序。在"硬件配置文件选择"选项区域中，用户可以选择在启动 Windows XP 时如有多个硬件配置文件而无法决定使用哪一个时可使用的方法。选定一个硬件配置文件后单击"属性"按钮，将打开"属性"对话框，其中提供了当前选定的硬件配置文件的常规属性。单击"复制"或"重命名"按钮可以复制或重命名当前选定的硬件配置文件。

9.4 查看系统事件

事件是指在使用应用程序时需要通知用户的重要事件，也包括系统与安全方面的严重事件。当用户启动 Windows XP 时，系统会自动记录事件，包括各种软硬件错误和 Windows XP 的安全性。用户可通过事件日志或事件查看器工具来查看事件，并可以使用各种文件格式保存日志事件。

9.4.1 认识事件查看器

事件查看器是 Windows XP 在管理工具组中提供的一种工具，它不但可以把各种应用程序错误、损坏的文件、丢失的数据以及其他问题作为事件记录下来，而且还可以把系统和网络的问题作为事件记录下来。用户通过查看在事件查看器中显示的系统信息，可以更快地诊断和纠正可能发生的错误和问题。在 Windows XP 事件查看器中，用户可以查看到 3 种类型的日志。

- 系统日志：该日志包含各种系统组件记录的事件，例如使用驱动器失败或加载其他系统组件。
- 安全日志：该日志包含有效与无效的登录尝试及与资源使用相关的事件，例如删除文件或修改设置。安全日志主要是记录与安全性相关的事件，它可以帮助用户跟踪在安全系统中所做的更改，并且可以识别可能会对系统安全造成破坏的事件。例如，非法用户企图以超级用户或系统管理员的身份修改系统安全设置时，将会被记录在安全日志中。本地计算机上的安全日志不会被其他用户查看到，只有本机用户才能查看。
- 应用程序日志：该日志包含由应用程序记录的事件，应用程序的开发者可以决定监视哪些事件。例如在 Visual FoxPro 应用程序中修改数据结构造成数据破坏时，将被应用程序日志记录下来。

在事件查看器中，事件日志由事件头、事件说明以及可选的附加数据组成，而大多数安全日志项由事件头和事件说明组成。事件查看器为每个日志分别显示事件，每行显示与一个事件相关的信息，包括日期、类型、时间、来源、分类、事件、用户和计算机，具体含义如下。

- 日期：指事件发生的日期。
- 类型：指事件严重性的分类，包括系统和应用程序日志中的错误、信息和警告，以及安全日志中的成功审核和失败审核。
- 时间：指事件发生的时间。
- 来源：指记录事件的软件，可以是应用程序名，也可以是各种组件。
- 分类：主要用于安全日志中，该分类是根据事件源进行的。
- 事件：用于标识特定事件的数字(ID)，例如 1000 是安装 Microsoft Office 2000 Premium时发生的事件的数字标识。事件的数字标识以及来源可以帮助产品支持人员清除系统故障。
- 用户：指某个用户的姓名，事件是由该用户引发的。

- 计算机:指发生事件所在计算机的名称,有时计算机名就是用户自身,除非用户在另一台计算机上查看事件日志。

在事件查看器中,事件的类型主要有5种,下面分别介绍它们的含义。

- 错误类型:指诸如丢失数据和丢失功能等严重问题,例如无法将某文件注册到类型库中,则可能记录错误事件。
- 警告类型:指该类型的事件不太严重,但将来可能发生错误,例如格式化硬盘时可能记录警告事件。
- 信息类型:指不经常发生的事件,该类型的事件主要描述各种服务的成功操作,例如成功地启动事件日志服务。
- 成功审核:指成功审核安全性访问尝试,例如用户成功登录系统的尝试可能被记录为成功审核事件。
- 失败审核:指失败审核安全性访问尝试,例如访问网络上其他计算机失败可能被记录为失败审核事件。

9.4.2 查看日志

通过事件查看器,用户可以查看日志的内容。每次用户打开事件查看器,它显示的日志是上一次查看的日志,在控制台目录树中单击其他日志,就可查看其他日志中的事件。

1. 查看本机日志

选择“开始”|“设置”|“控制面板”命令,打开“控制面板”窗口。双击“管理工具”图标,打开“管理工具”窗口。双击“事件查看器”图标,打开“事件查看器”窗口,如图9-36所示。

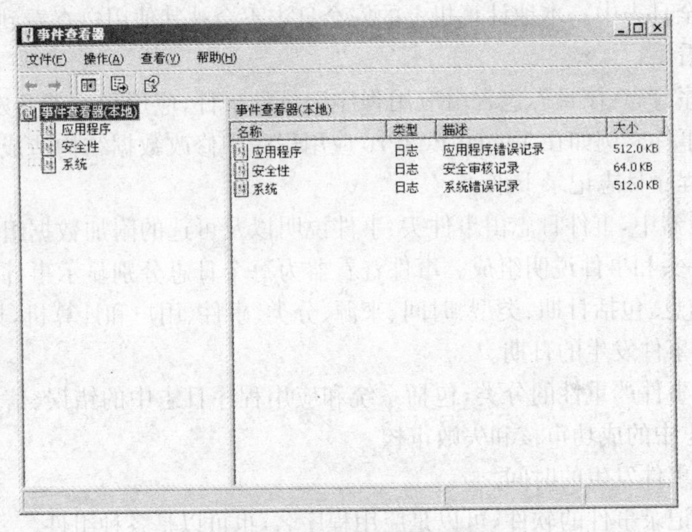

图9-36 “事件查看器”窗口

通过“事件查看器”窗口可查看应用程序日志、安全日志和系统日志。单击控制台目录树中的日志节点,详细资料窗格中就会列出相应日志的全部事件。例如,单击控制台目录树中的“应用程序”日志节点,详细资料窗格会列出“应用程序”日志中的内容,如图9-37所示。

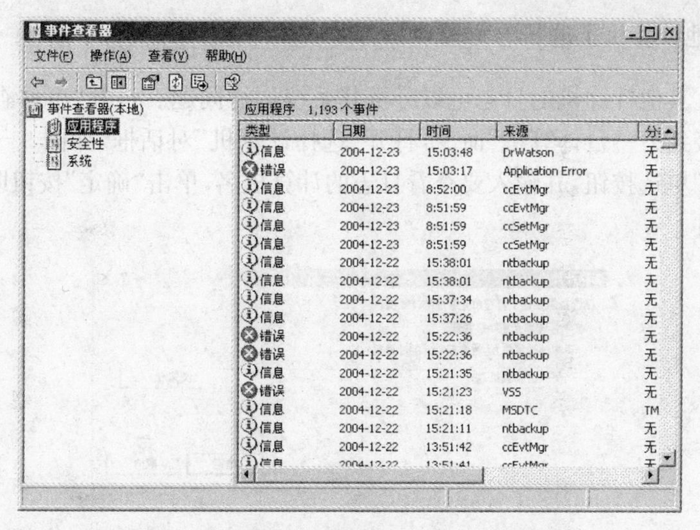

图 9 - 37　显示“应用程序”日志中的事件

2. 查看日志的详细资料

如果用户想查看某事件的详细内容，可先打开“事件查看器”对话框，然后单击控制台目录树中的日志节点，详细资料窗格中将列出相应日志的全部事件。在列表框中双击要查看详细资料的事件，打开图 9 - 38 所示的“事件 属性”对话框。在该对话框中，可查看到事件的详细信息。单击“上一个”按钮 ↑ ，可查看该事件的上一个事件的详细信息；单击“下一个”按钮 ↓ ，可查看该事件的下一个事件的详细信息。

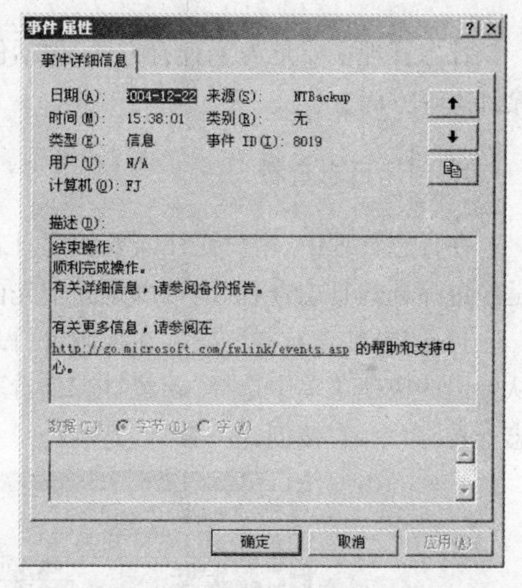

图 9 - 38　“事件 属性”对话框

3. 刷新日志

用户打开事件查看器查看日志时，日志会自动更新。另外，在不关闭事件查看器的情况下，当用户选择查看不同的日志，然后又回到原来查看的日志时，原来的日志也会被自动更新。

但是，用户在查看同一个日志及事件详细资料时所发生的事件并不能出现在日志中，直到再次变换日志或者关闭事件查看器。

用户可以更新在事件查看器中显示的事件，以免发生新的事件而没有察觉到。要想查看到最新事件，选择“操作”菜单中的“刷新”命令即可。新事件会出现在“事件查看器”窗口的详细资料窗格的顶部。

4. 查看其他计算机上的日志

查看网络上其他计算机的日志可以分析其系统运行问题。打开“事件查看器”窗口，选择“操作”|“连接到另一台计算机”命令，打开“选择计算机”对话框，如图 9－39 所示。选择“另一台计算机”单选按钮，并输入要查看日志的计算机名，单击“确定”按钮即可打开该计算机上的日志文件。

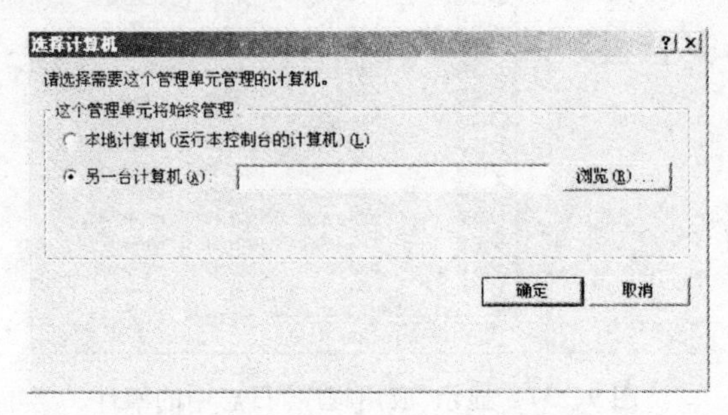

图 9－39 “选择计算机”对话框

9.4.3 日志管理

日志管理主要是为了查看方便，包括创建日志查看、设置日志常规属性、保存日志和删除日志等方面。

1. 创建日志查看

在日志管理中，用户往往需要创建日志查看，以方便查看和管理。创建的日志查看可以是经过筛选的日志查看，也可以是一个先前保存的文件。

打开“事件查看器”窗口，在控制台目录树中，右击需要创建的日志节点，如“系统”节点，从弹出的快捷菜单中选择“新建日志查看”命令，如图 9－40 所示；或者选择“操作”|“新建日志查看”命令，直接创建一个日志查看。

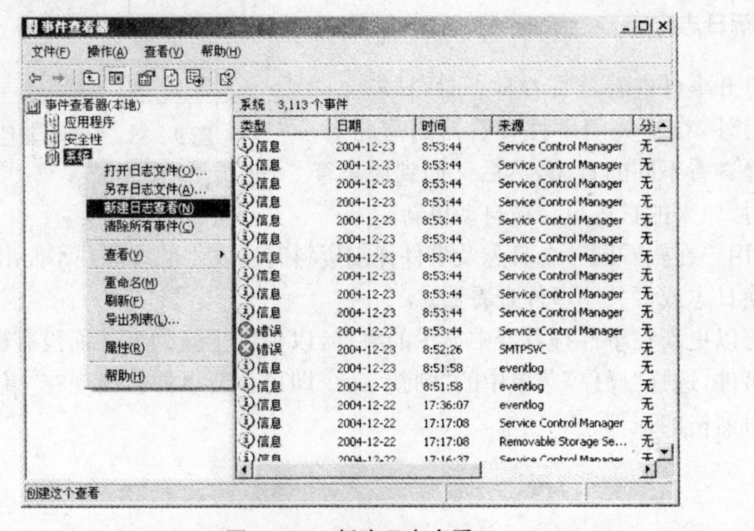

图 9－40 新建日志查看

2. 设置日志常规属性

用户在使用计算机时,系统会自动开始记录事件,但是当日志被填满且不能覆盖本身时,会停止记录事件。事件日志不能覆盖本身的原因可能是用户已把日志登录设置为人工清除,或者是日志空间太小,不能存放第一个事件。

在“事件查看器”窗口中,右击需要调整日志记录参数的日志,例如“应用程序”日志,从弹出的快捷菜单中选择“属性”命令,打开图 9-41 所示的“应用程序 属性”对话框。在“常规”选项卡中,可修改日志名称、日志文件大小及事件日志覆盖方式。

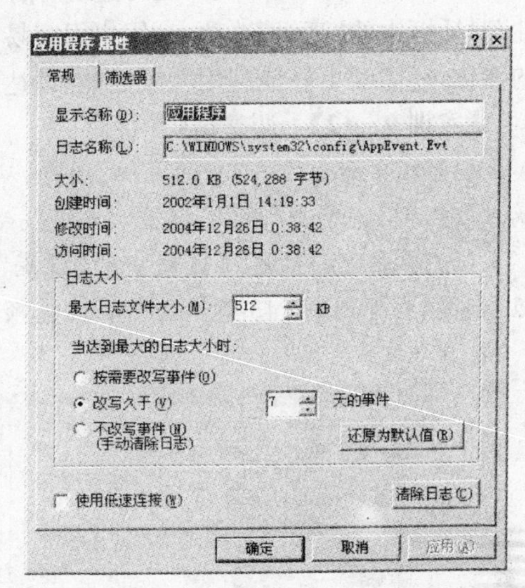

图 9-41 “应用程序 属性”对话框

在默认的条件下,日志文件最大为 512 KB,如果用户认为日志空间太小,可利用“最大日志文件大小”微调框,将其值调大一些。

在默认的条件下,日志覆盖方式是改写长于 7 天的日志事件。如果用户认为 7 天太长或太短,可将其微调框的值调小或调大。一般情况下,选择“按需要改写事件”单选按钮可使日志事件根据需要进行覆盖。

3. 保存日志

保存日志对用户来说是非常重要的,它有利于日后排除系统或者应用程序的故障,用户保存的日志文件主要有日志文件格式和文本格式两种。用日志文件格式存档事件日志,可方便以后在事件查看器中再次打开。以文本格式保存日志,用户可在其他应用程序中使用存档的信息。

如果用户以日志文件格式保存日志,不管在事件查看器中设置什么筛选选项,都将保存整个日志。但是如果以文本格式保存日志,则当事件查看器中改变排序顺序时,事件记录将以显示相同的方式保存。

4. 删除日志

随着计算机的不断使用,用户可能不再需要自己创建的一些日志。这时,可将不需要的日志删除,以免占用空间和影响查看其他日志。不过,用户不能删除系统默认的应用程序日志、安全日志和系统日志。

【实训 9-11】 删除日志。

(1) 选择“开始”|“设置”|“控制面板”命令,打开“控制面板”窗口。

(2) 双击“管理工具”图标,打开“管理工具”窗口。双击“事件查看器”图标,打开“事件查看器”窗口。

(3) 在控制台目录树中,单击要删除的日志节点。

(4) 在菜单栏中选择“操作”|“删除”命令,即可把该日志删除。

9.5 优化内存

为了提高计算机系统的运行速度,用户需要控制应用程序如何使用内存。通过“系统属性”对话框中的“高级”选项卡,用户很容易设置应用程序对内存的使用方式。通过系统内存的优化,还能够更好地利用系统性能,以达到充分利用系统资源的目的。

【实训 9-12】 调整虚拟内存。

(1) 在桌面上右击“我的电脑”图标,从弹出的快捷菜单中选择“属性”命令,打开“系统属性”对话框。单击“高级”标签,打开“高级”选项卡,如图 9-42 所示。

(2) 单击“性能”选项区域中的“设置”按钮,打开“性能选项”对话框。单击其中的“高级”标签,打开图 9-43 所示的“高级”选项卡。

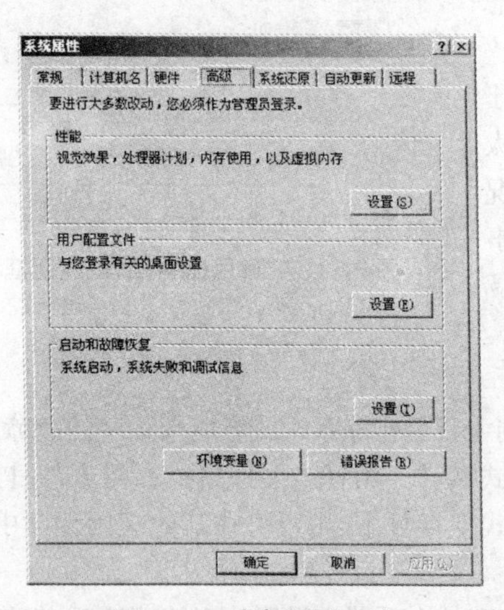

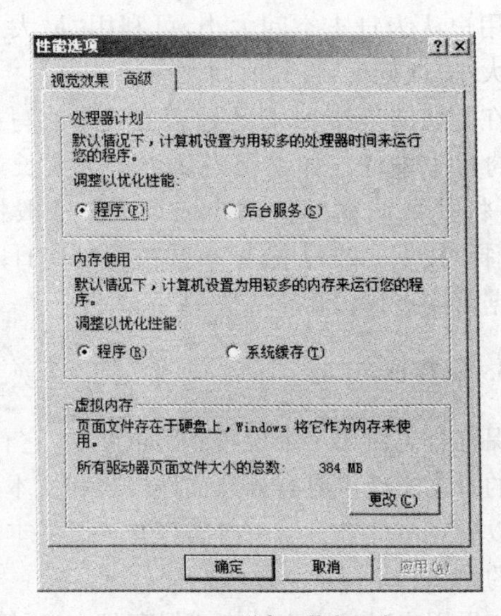

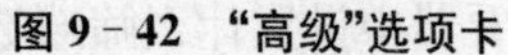

图 9-42 “高级”选项卡　　**图 9-43 “高级”选项卡**

(3) 在“内存使用”选项区域中,选中“程序”单选按钮,优化应用程序性能。

(4) 如果要进行虚拟内存管理,单击“虚拟内存”选项区域中的“更改”按钮,打开“虚拟内存”对话框,如图 9-44 所示。

(5) 在“所选驱动器的页面文件大小”选项区域中,选择“自定义大小”单选按钮,即可自定义虚拟内存的大小。

(6) 在“初始大小”文本框和“最大值”文本框中输入相同大小的数值,一般为物理内存的 1.5 倍。

(7) 单击“设置”按钮,使对所选驱动器页面文件大小的设置生效。

(8) 单击“确定”按钮,返回到“性能选项”对话框。

(9) 单击“确定”按钮,保存设置。

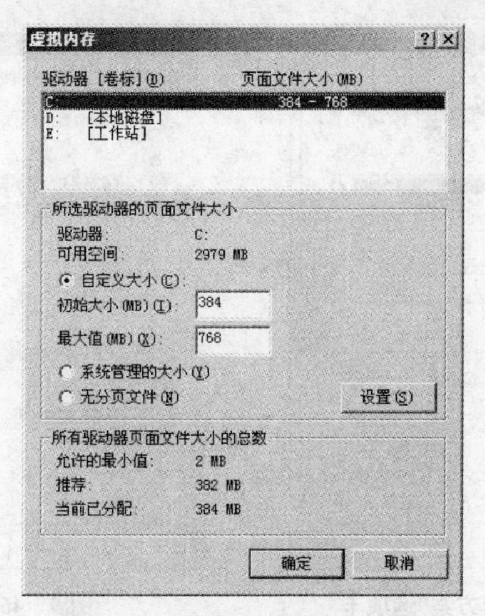

图 9-44 “虚拟内存管理”对话框

9.6 管理电源

当用户启动计算机之后，显示器、硬盘等也同时处于工作状态，但有时用户可能有较长的时间并没有进行任何操作，从能源角度来说，这样势必会浪费部分电源。随着节能型主板的产生，用户可以在 Windows 操作系统里设置不同的电源管理方案，以便使计算机的电源处于最佳工作状态。这样不但有利于节约电源，维护系统安全，而且有利于延长计算机寿命。

【实训 9-13】 设置电源管理方案。

(1) 打开“控制面板”窗口，双击“电源选项”图标，打开“电源选项”对话框，默认打开的是“电源使用方案”选项卡，如图 9-45 所示。

(2) 在“电源使用方案”选项卡中，根据自己的情况从“电源使用方案”选项区域的下拉列表框中选择一种方案：

- 如果用户使用的是台式机，可选择“家用/办公桌”选项。
- 如果用户将自己的系统作为服务器，选择“一直开着”选项。
- 如果用户使用的是笔记本电脑，可选择“便携/袖珍式”选项。

(3) 从“设置电源使用方案”选项区域的“关闭监视器”下拉列表框中选择关闭监视器的方案，例如，选择“20 分钟之后”选项，监视器在停用 20 分钟之后将自动被关闭。从“关闭硬盘”下拉列表框中选择关闭硬盘的方案，例如，选择“30 分钟之后”选项，硬盘在停用 30 分钟之后将自动关闭。

(4) 单击“高级”标签，打开“高级”选项卡，如图 9-46 所示。如果希望在任务栏显示电源管理图标，可选中“总是在任务栏上显示图标”复选框。

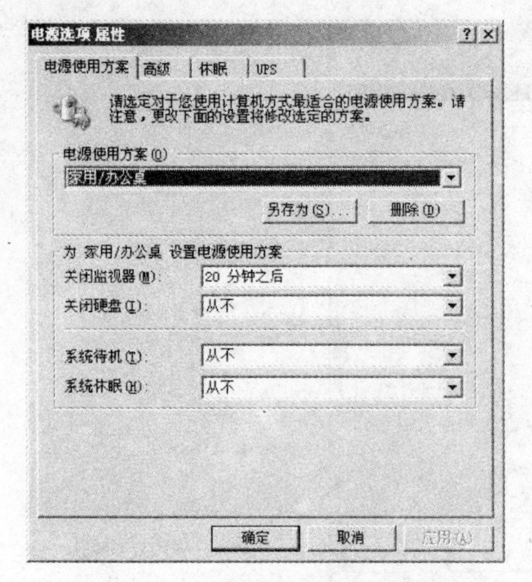

图 9-45 “电源使用方案”选项卡

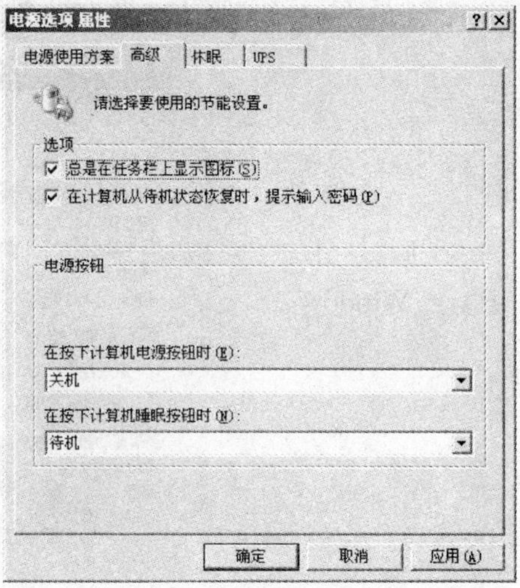

图 9-46 “高级”选项卡

(5) 单击“休眠”标签，打开图 9-47 所示的“休眠”选项卡。如果用户希望使用休眠功能，可选中“启用休眠”复选框。不过，在设置休眠支持时，要根据对话框中提供的数据确认空闲的磁盘空间比休眠所需要的磁盘空间大。

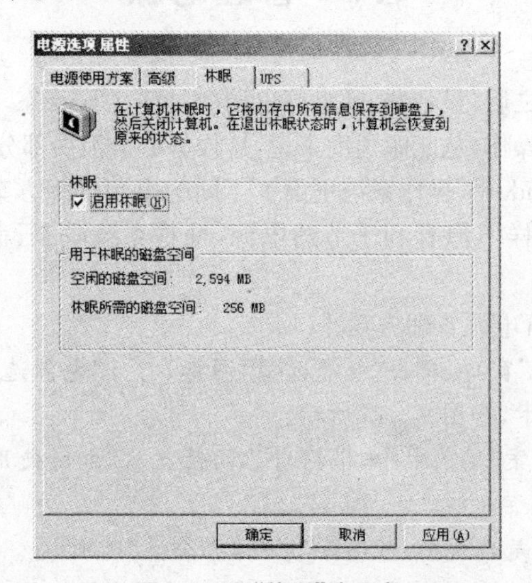

图 9-47 “休眠”选项卡

(6) 设置完毕，单击“确定”按钮保存设置。

注意：

如果用户的计算机经常用来编辑重要数据，可以为计算机配置不间断电源，以防止出现意外的停电事故而导致数据丢失。

9.7 思考与练习

1. 简述注册表的概念、内容和作用。
2. 按照内容层次,可以把注册表划分为哪几类信息?
3. 在 Windows XP 中打开注册表编辑器。
4. 通过注册表编辑器备份和还原注册表。
5. 设置用户对注册表的访问权限,禁止 USER 用户查询 HKEY_USERS 根键。
6. 通过系统还原来自己创建一个还原点,并还原系统。
7. 查看系统设备。
8. 查看显示卡的设备属性。
9. 安装非即插即用型网卡。
10. 如何管理硬件配置文件?
11. 查看本机日志。
12. 调整虚拟内存的大小。
13. 设置电源管理方案。

第 10 章　多媒体与游戏

为了让用户充分体验到使用计算机所带来的乐趣，Windows XP 操作系统集成了更加强大的多媒体技术和更多的自带小游戏。而正是强大的多媒体功能和娱乐性很强的 Windows 小游戏，为 Windows XP 操作系统的普及打下了基础。

通过本章的理论学习和上机实训，读者应了解和掌握以下内容：

- 使用 Windows Media Player 播放媒体文件
- 设置多媒体文件属性
- 自定义 Windows Media Player
- 在线更新 Windows Media Player
- “录音机”的使用
- 禁止光盘自动播放
- 安装游戏控制器
- 安装 Windows XP 自带游戏
- Windows XP 自带游戏的游戏技巧

10.1　设置多媒体属性

用户在使用多媒体的时候，常常需要根据自己的计算机配置情况设置一些属性选项以便操作。用户可以通过控制面板设置声音、音频、语音以及各种多媒体硬件设备的属性参数。

在 Windows XP 的控制面板中，双击“声音和音频设备”图标，即可打开“声音和音频设备 属性”对话框。在该对话框中，用户可以设置多媒体属性。

10.1.1　音量设置

在“声音和音频设备 属性”对话框中，切换到“音量”选项卡，如图 10－1 所示。在该选项卡中拖动滑块，可以调节系统的音量。系统音量包括声音适配器的音量和扬声器的音量。单击“高级”按钮，可以打开相应的音量控制对话框。

在“设备音量”选项区域中，选中“将音量图标放入任务栏”复选框，即可在任务栏显示音量调节图

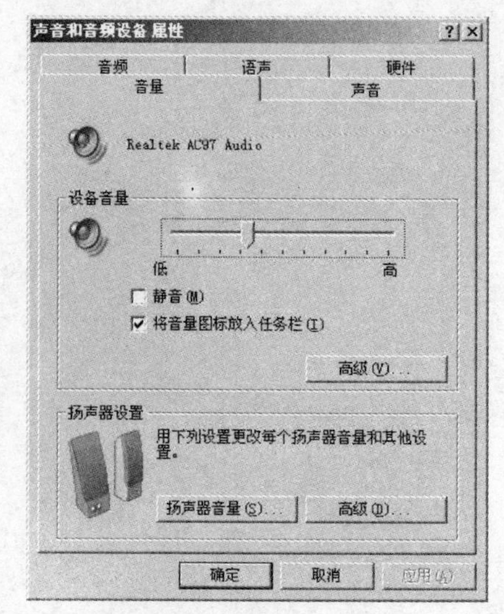

图 10－1　“音量”选项卡

标。在任务栏上，双击“音量”图标，打开“音量控制”窗口，如图10-2所示。在“平衡”滑杆上移动滑块，可以调节声音的左右声道输出；在“音量”滑杆上移动滑块，可以调节音量大小，向上移动为加大音量。

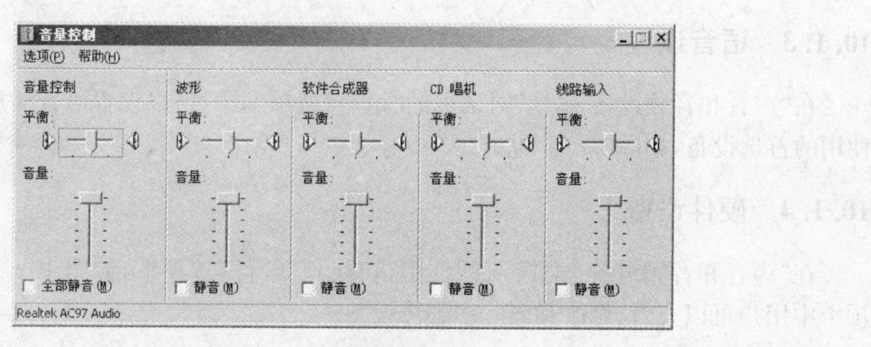

图10-2 “音量控制”窗口

10.1.2 音频设置

在“声音和音频设备 属性”对话框的“音频”选项卡中，可以设置“声音播放”、“录音”和“MIDI音乐播放”选项区域中的默认设备，还可以单独调节音量或进行较为高级的设置，如图10-3所示。

- 默认设备：默认设备是用来播放音频文件设备的。用户可以设定默认设备，以使系统在有多个设备可用的情况下优先选择该设备来进行音频播放或者录音。
- 录音设置：在“录音”选项区域的“默认设备”下拉列表框中可以选择录音的默认设备。单击“音量”按钮，即可打开“录音控制”窗口，如图10-4所示。在该窗口中，调节各个平衡控制滑块可以改变录音时左右声道的平衡状态，调节音量控制滑块可以改变录音的音量大小。在“录音”选项区域中单击“高级”按钮，将打开“高级音频属性”对话框，可以设置录音的硬件加速功能和采样率转换质量。

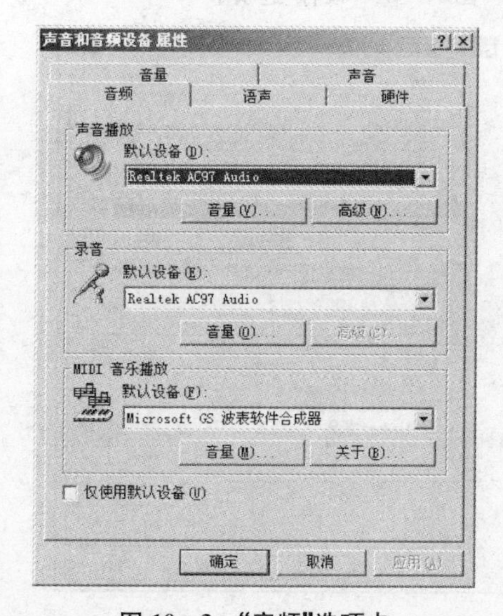

图10-3 “音频”选项卡

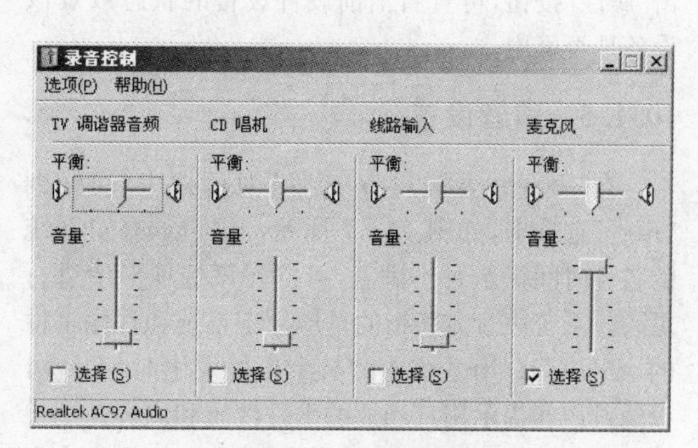

图10-4 “录音控制”窗口

- MIDI 音乐播放设置：在“MIDI 音乐播放”选项区域中，在“默认设备”下拉列表框中选择 MIDI 音乐回放的默认设备。如果用户希望设置 MIDI 音乐回放的音量，单击“音量”按钮，即可在打开的“音量控制”对话框中调整播放音量。

10.1.3 语音设置

在“声音和音频设备 属性”对话框的“语声”选项卡中，可以设置语音播放和语音捕获所使用的首选设备，如图 10－5 所示。

10.1.4 硬件设备

在“声音和音频设备 属性”对话框中，切换到“硬件”选项卡，如图 10－6 所示。在此选项卡中用户可以查看、修改和删除多媒体设备。

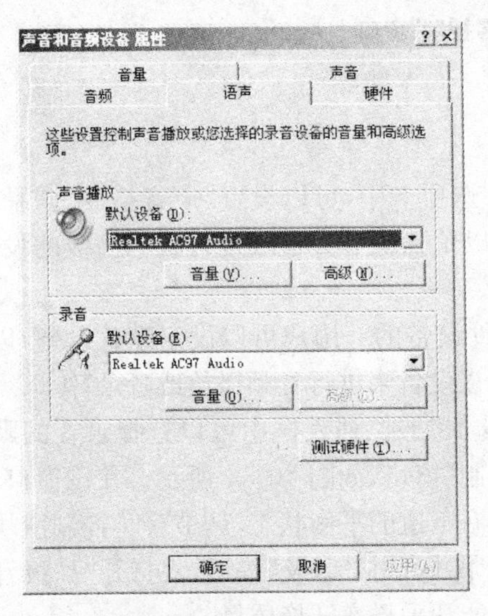

图 10－5 “语声”选项卡

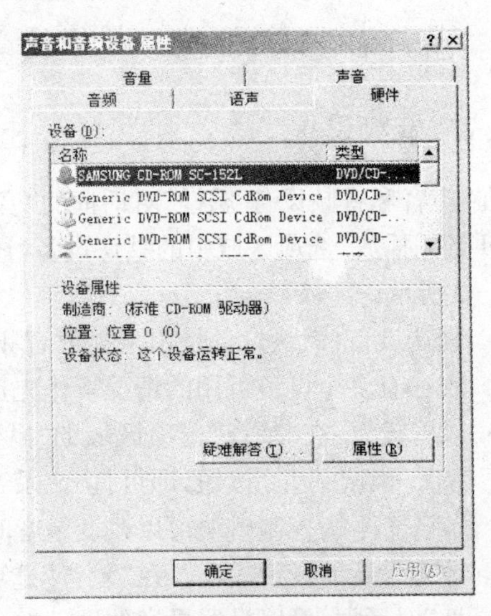

图 10－6 “硬件”选项卡

在“设备”列表框中列出了用户计算机上所有的多媒体硬件设备，选中其中的多媒体硬件设备后单击“属性”按钮，可查看当前硬件设备的状态以及该设备是否可用。

10.1.5 声音设置

在“声音和音频设备 属性”对话框中，切换到“声音”选项卡，如图 10－7 所示。用户如果对系统的各种时间提示音不满意，可以在该选项卡中进行更改。系统声音方案指的是应用于系统和程序事件的一组声音。当系统中的某个事件发生时，系统可以通过声音提示用户当前的事件性质和内容。用户可以在“无声”、“Windows 默认”和自定义的声音方

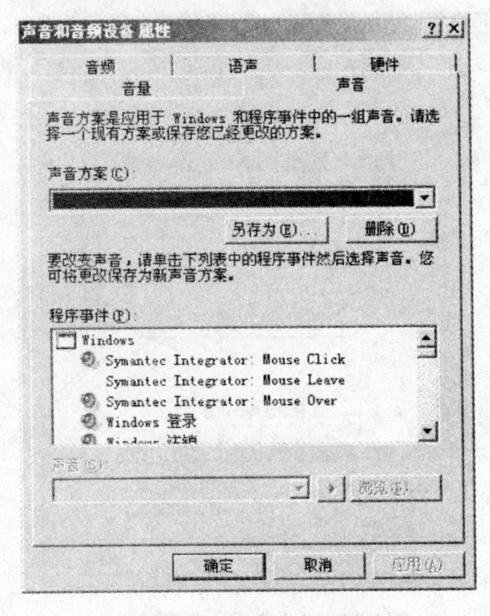

图 10－7 “声音”选项卡

案中进行选择。

10.2 Windows Media Player

10.2.1 Windows Media Player 简介

Windows Media Player 是一种通用的多媒体播放器，也是在计算机和 Internet 上播放和管理多媒体的中心。Windows Media Player 为操作系统提供了前所未有的多媒体选项。这就如同把收音机、电影院、CD 播放机和信息数据库等都装入了一个应用程序中。使用 Windows Media Player，可以收听世界范围内的广播电台的广播、播放和复制用户的 CD、寻找 Internet 上提供的电影、创建计算机上所有媒体的自定义列表，并且可以和一些便携式的媒体播放器如 MP3 播放器、CD 随身听等进行文件的复制。

10.2.2 播放媒体文件

1. 播放音频文件

Windows Media Player 支持包括 CD、WAV 和 MP3 文件在内的多种格式的音频文件。下面就以播放 MP3 文件为例，介绍在 Windows Media Player 中播放音频文件的方法。

【实训 10-1】 使用 Windows Media Player 播放 MP3 文件。

(1) 在 Windows XP 桌面选择“开始”|“程序”| Windows Media Player 命令，打开 Windows Media Player 主窗口。

(2) 在菜单栏中选择“文件”|“打开”命令，打开图 10-8 所示的“打开”对话框。

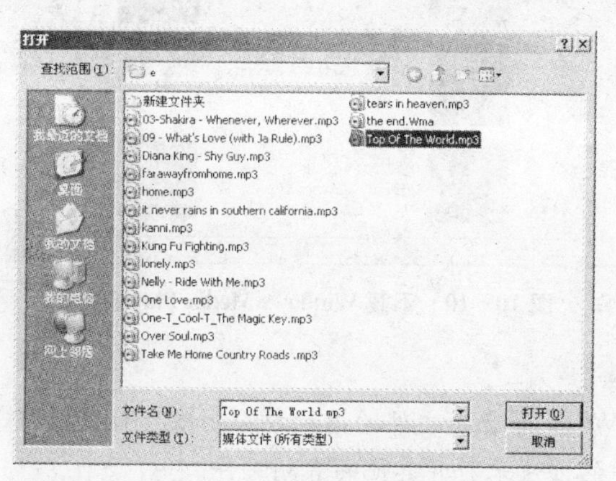

图 10-8 “打开”对话框

(3) 选择一个或多个要播放的文件，单击“打开”按钮。这时 Media Player 将在窗口的右侧显示将要播放的文件列表，并开始播放选中的 MP3 文件。在窗口中部显示系统自带的播放插件，如图 10-9 所示。

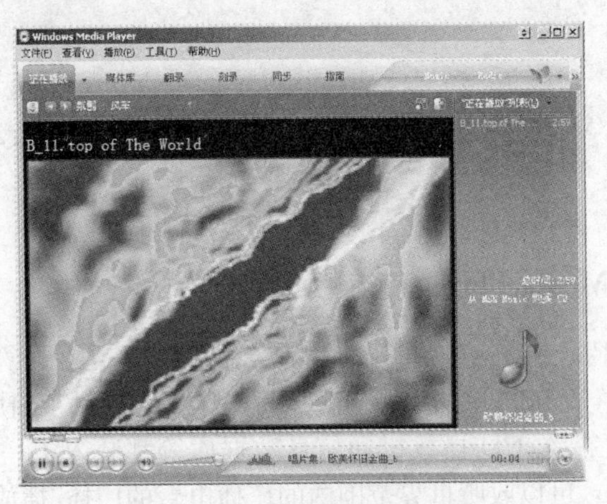

图 10-9　正在播放音频文件

(4) 单击窗口左上方的◀或▶按钮，可以在系统自带的多种插件中选择自己喜欢的播放效果。也可以在菜单栏中选择"工具"|"下载"|"可视化效果"命令，在打开的图 10-10 所示的 Internet 页面中下载其他的插件。

图 10-10　下载 Windows Media Player 插件

提示：

其他如 MIDI 和 WAV 等音频文件的播放方法和播放 MP3 文件的方法完全相同，用户可参照播放 MP3 文件的方法来打开其他的音频文件。

2. 播放电影文件

Windows Media Player 支持的视频文件种类很多，除 MOV、AVI 和 WMV 等流行格式外，也可以打开 CD 光盘中的 DAT 文件、RealPlayer 的 RM 文件等。Windows XP 增强了视频文件的解码纠错功能，使视频文件的播放变得相当流畅。下面以播放 VCD 光盘中的

DAT文件为例，介绍一下如何在Windows Media Player中播放视频文件。

【实训10-2】 使用Windows Media Player播放VCD视频文件。

(1) 在Windows XP桌面选择“开始”|“程序”| Windows Media Player命令，打开Windows Media Player主窗口。

(2) 在菜单栏中选择“文件”|“打开”命令，打开“打开”对话框，选择VCD光盘的驱动器路径。

(3) 在“文件类型”下拉列表框中选择“所有文件”，并打开VCD光盘中的MPEGAV文件夹。

(4) 选择所要播放的DAT文件，单击“打开”按钮。

(5) 系统将开始播放用户选中的文件，在Windows Media Player主窗口中将显示打开的VCD文件的内容，如图10-11所示。

图10-11 正在播放VCD电影文件

(6) 在菜单栏中选择“查看”|“视频大小”命令，在其级联菜单中可以选择播放窗口的大小。选择“启动时使播放机适合视频”命令，可以使当前的播放窗口与Windows Media Player窗口自动匹配。

10.2.3 自定义Windows Media Player

自定义Windows Media Player主要包括切换播放模式、应用外观、选择可视化效果以及调整音频和视频设置4种自定义设置，其作用如下。

- 切换播放模式：Windows Media Player的模式包括完整模式和外观模式。其中完整模式是Windows Media Player第一次打开时的大小。要缩减Windows Media Player的大小，可以切换到外观模式，该模式可以留出桌面空间供其他计算机应用程序使用。切换到外观模式时，Windows Media Player仍保持选定的外观。
- 应用外观：用户可以将外观应用到Windows Media Player，从而设定个性化的外观。Windows Media Player中已经包含多种外观，用户也可以从Internet上下载其他外观并应用到播放器中。

- 选择可视化效果：用户可以选择不同的可视化效果，用以衬托音乐或正在使用的外观。和外观一样，用户也可以从 Internet 上下载其他可视化效果。
- 调整音频和视频设置：通过正在播放功能，可以在图形均衡器、字幕、正在欣赏的音乐的有关信息或视频设置控件之间进行选择。

1. 切换模式

Windows Media Player 有完整模式和外观模式两种。完整模式是 Windows Media Player 的默认视图。在完整模式下，所有功能都可用，包括某些在外观模式下不可用的功能。而在外观模式下，用户只能对当前正在播放的音频或视频应用一些常规的调节功能。

要从完整模式切换到外观模式，可以在 Windows Media Player 窗口的菜单中选择"查看"|"外观模式"命令。Windows Media Player 默认的外观模式如图 10-12 所示。

图 10-12 外观模式

如果要从外观模式切换到完整模式，可以在 Windows Media Player 外观模式窗口上的任何地方右击，从弹出的快捷菜单中选择"切换到完整模式"命令。

2. 应用外观

Windows Media Player 包含多种外观，也可以从 Internet 上下载其他外观。通过选择不同的外观，可以使 Windows Media Player 更为个性化。应用外观后，只要从完整模式切换到外观模式，即会显示该外观。用户可以随时更改外观，但必须在完整模式下进行。

【实训 10-3】 改变 Windows Media Player 外观。

(1) 在 Windows Media Player 的菜单栏中选择"查看"|"外观选择器"按钮，打开 Windows Media Player 的外观选择器窗口，如图 10-13 所示。

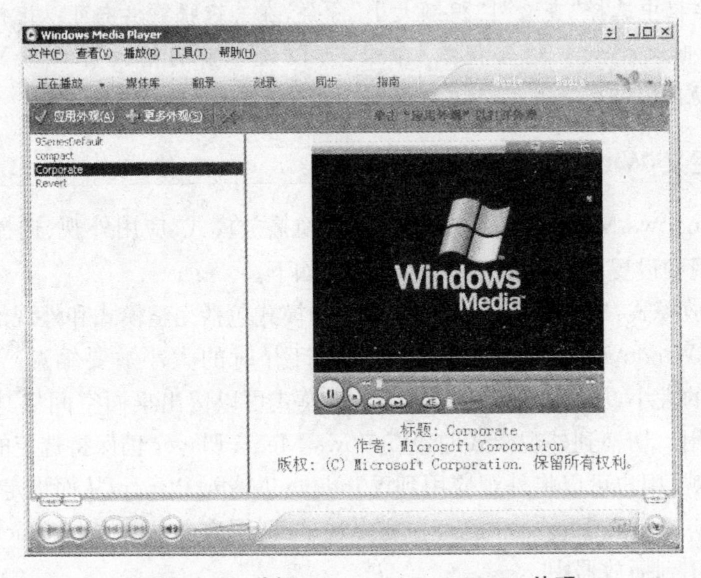

图 10-13 选择 Windows Media Player 外观

(2) 在窗口左边列表框中选择一款外观样式，这时在窗口右侧将显示出该外观的预览效果，单击“应用外观”按钮，即可将选定的外观应用到 Windows Media Player 上，如图 10-14 所示。

图 10-14　在 Windows Media Player 中应用外观

当用户选择好默认的播放器外观后，在以后运行 Windows Media Player 时，选择“查看”|“外观模式”命令，或单击窗口右下方的“切换到外观模式”按钮，即可将 Windows Media Player 窗口变为用户所设定的外观。

3. 选择可视化效果

可视化效果是随着当前播放的音乐节奏在屏幕上跳动的色彩和几何图形。如果 Windows Media Player 处于完整模式，在播放时将显示可视化效果。如果 Windows Media Player 处于外观模式，只有在外观支持时才显示可视化效果。

可视化效果被组合到针对具体主题的集合中，用户可以从 Windows Media Player 中添加或删除可视化效果集。对于某些集合，可以设置诸如视频窗口大小或画外缓冲区大小等属性。

【实训 10-4】　在 Windows Media Player 中使用其他可视化效果。

(1) 在 Windows Media Player 的菜单栏中选择“查看”|“可视化效果”命令。

(2) 在其级联菜单中有多种可视化效果供用户选择，如图 10-15 所示。

(3) 选择所需的可视化效果后，在 Windows Media Player 播放窗口中，可以看到新设定的可视化效果。图 10-16 所示为选择了“氛围”|“坠落”命令后显示的可视化效果。

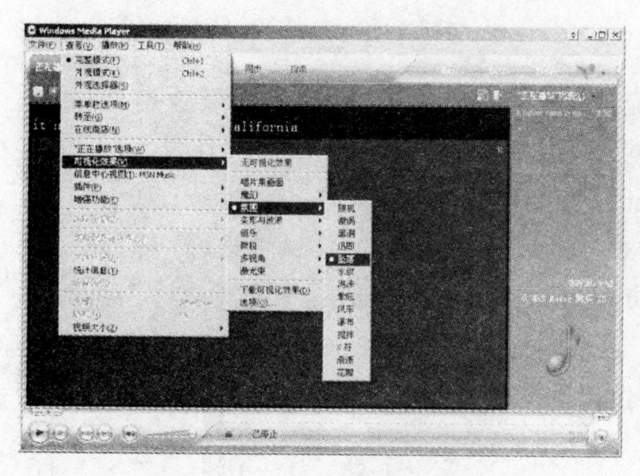

图 10-15　选择可视化效果

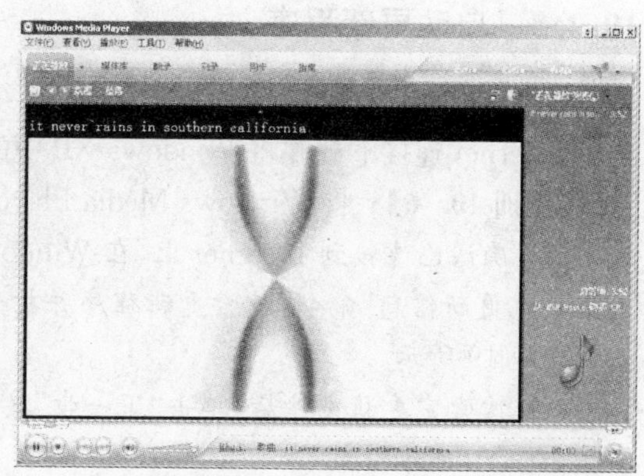

图 10-16　“坠落”可视化效果

10.2.4 在 Internet 上查找媒体内容

使用 Windows Media Player,不仅可以播放本地计算机上的媒体文件,还可以在 Internet 上查找所需的媒体内容。

在 Windows Media Player 的“指南”窗口中包含了 WindowsMedia. com 网站所提供的实时 Web 页。该指南就像一份电子杂志,每天都进行更新,其中含有与 Internet 上最新的电影、音乐和视频的链接。

【实训 10-5】 在 Windows Media Player 中使用媒体指南。

(1) 确认连接至 Internet。

(2) 单击 Windows Media Player 窗口上方的“指南”按钮,进入“指南”窗口,如图 10-17 所示。

(3) 单击窗口上方的标签即可进入相关的页面。例如,如果想要观看或下载一些音乐文件,单击 Music 标签,即可进入媒体指南中有关音乐的页面,如图 10-18 所示。

图 10-17 “指南”窗口

图 10-18 媒体指南中有关音乐的页面

(4) 在打开的页面中单击所需的音频链接,即可在 Windows Media Player 中按“流”式声音方式进行播放,即一边下载一边播放,而不用等到完全下载后才播放。

10.2.5 自动更新程序

在 Windows Media Player 中,内置了系统自动升级程序。只要有了升级版本,就可以通过 Internet 连接下载并将 Windows XP 中的 Windows Media Player 进行升级。

【实训 10-6】 将 Windows Media Player 9 升级为 Windows Media Player 10。

(1) 确认已连接到 Internet 上,在 Windows Media Player 9 菜单栏中选择“帮助”|“查看播放机更新信息”命令,搜索更新程序并打开“Windows Media Player 更新程序”对话框,如图 10-19 所示。

(2) 搜索完更新文件后,单击“下一步”按钮,打开“继续安装之前,先进行检查”对话框,如图 10-20 所示。

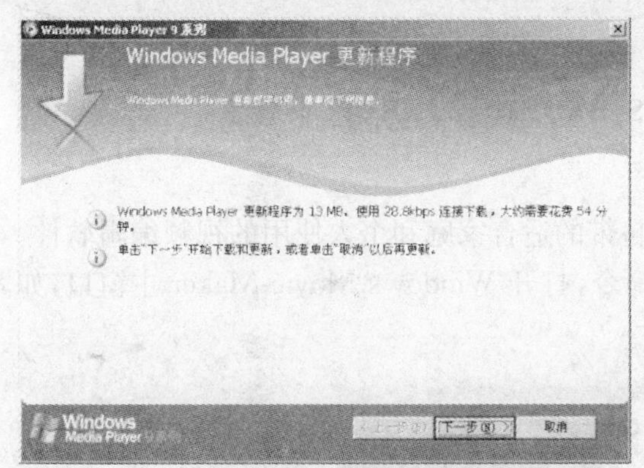

图 10-19 "Windows Media Player 更新程序"对话框

图 10-20 "继续安装之前,先进行检查"对话框

(3) 按照对话框中的提示退出 Windows Media Player 和其他程序后,单击"下一步"按钮,即可开始下载更新文件,如图 10-21 所示。

(4) 更新文件下载完成后,会自动运行 Windows Media Player 10(升级版本)的安装程序,如图 10-22 所示。

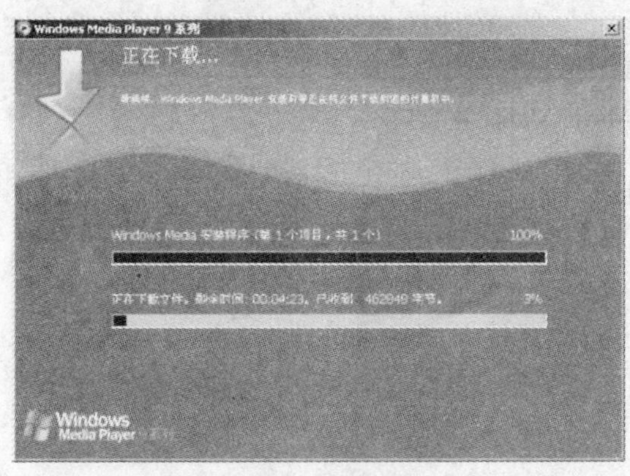

图 10-21 下载更新文件

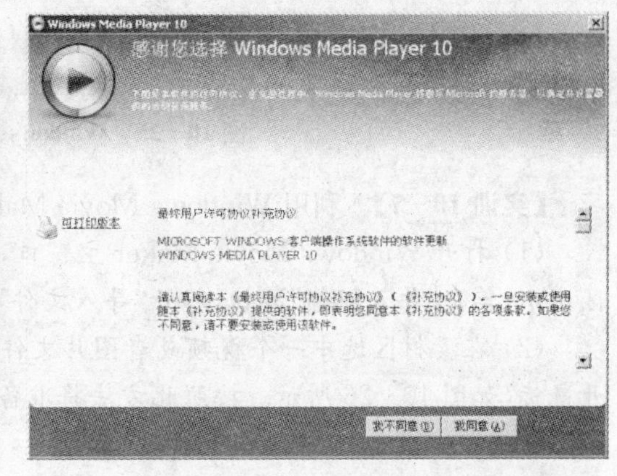

图 10-22 Windows Media Player 10 安装程序

(5) 单击"我同意"按钮,即可开始安装 Windows Media Player 10,如图 10-23 所示。

(6) 安装完成后根据提示完成相关设置操作,最后单击"完成"按钮即可成功将 Windows Media Player 9 升级为 Windows Media Player 10,如图 10-24 所示。

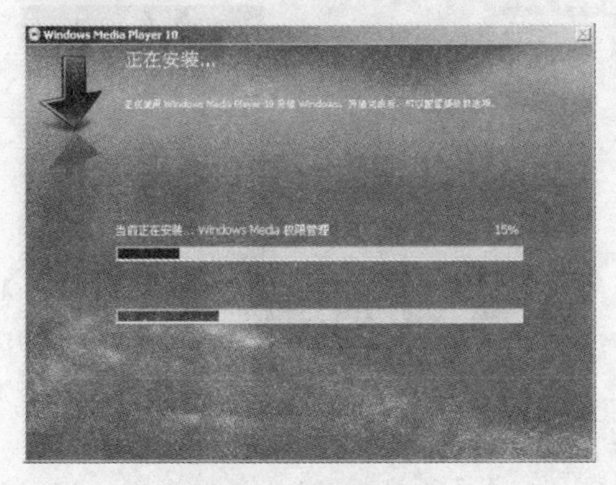

图 10-23 开始安装

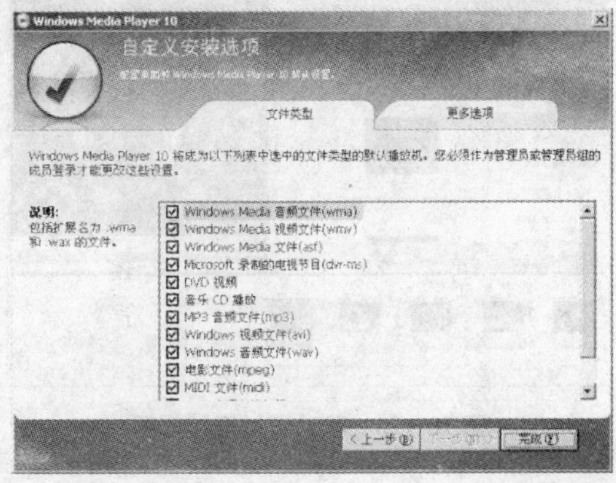

图 10-24 完成安装操作

10.3 Windows Movie Maker

Windows Movie Maker 是 Windows XP 自带的适合家庭和个人使用的视频编辑软件。选择“开始”|“程序”|Windows Movie Maker 命令，打开 Windows Movie Maker 主窗口，如图 10-25 所示。

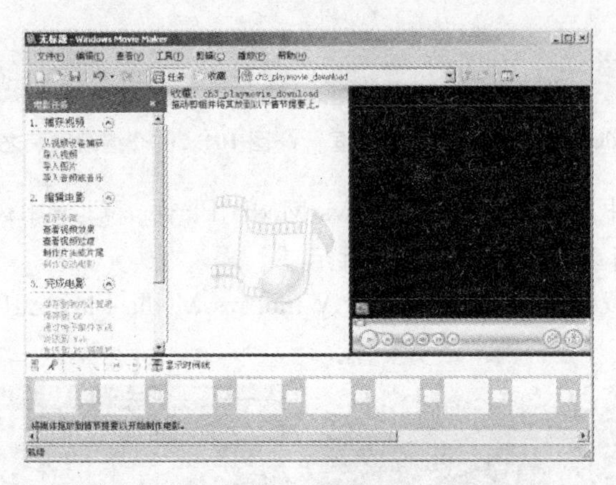

图 10-25　Windows Movie Maker 主窗口

【实训 10-7】　利用 Windows Movie Maker 制作视频。

(1) 打开 Windows Movie Maker 主窗口，在左边“电影任务”列表中的“捕获视频”选项区域中，单击“导入视频”按钮，打开“导入文件”对话框，在其中选择所需的视频素材。

(2) 在素材区选中一个视频或者图片文件，按住鼠标左键将其拖放到编辑区中，然后松开鼠标，如图 10-26 所示。按照此方法将准备好的视频素材按时间顺序全部拖入编辑区。

注意：

一部完整的电影片包括片头片尾，在 Windows Movie Maker 中制作片头片尾也很容易。片头除了可以从其他的电影中剪辑外，也可以自己编辑一个简单的动画效果，下面几步操作将介绍如何自己制作片头。

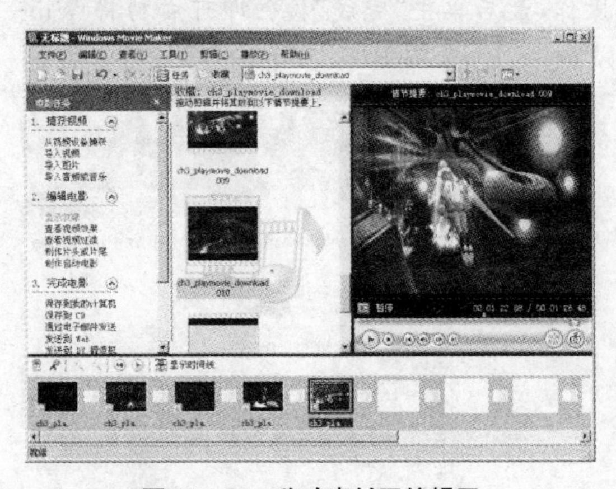

图 10-26　移动素材至编辑区

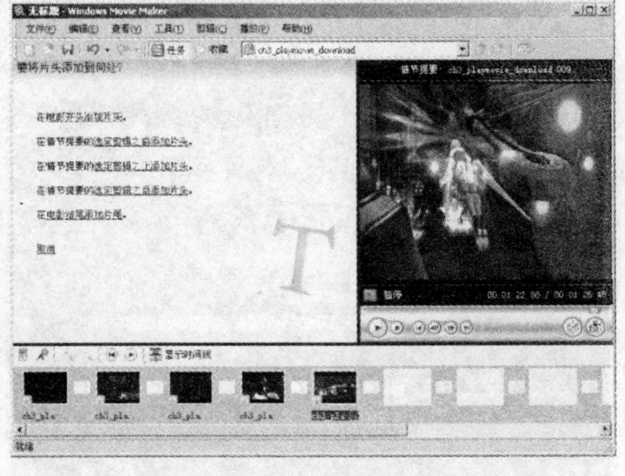

图 10-27　“要将片头添加到何处?”对话框

(3) 在Windows Movie Maker左边“电影任务”列表中的“编辑电影”选项区域中单击“制作片头或片尾”按钮，打开“要将片头添加到何处?”对话框，如图10－27所示。

(4) 在对话框中选择片头添加的位置，这里选择“在电影开头添加片头”按钮，打开“输入片头文本”对话框，如图10－28所示。

(5) 在文本框中输入片头文字，输入完成后在“其他选项”选项区域中单击“更改片头动画效果”按钮，打开“选择片头动画”对话框，如图10－29所示。

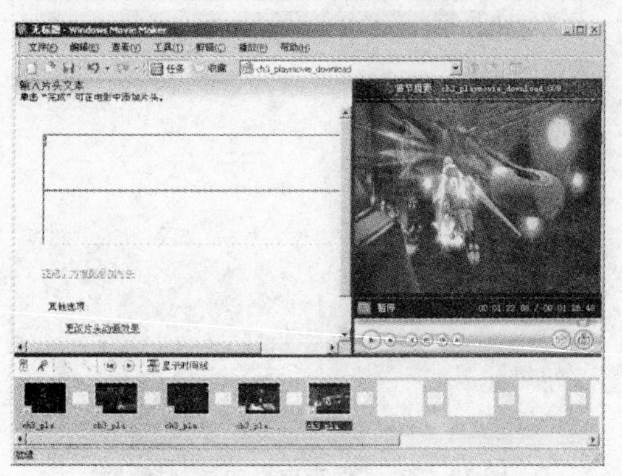

图10－28 “输入片头文本”对话框

图10－29 “选择片头动画”对话框

(6) 在对话框的列表框中选择一种片头动画效果，然后设置片头文本的字体。在“其他选项”选项区域中，单击“更改文本字体和颜色”按钮，打开“选择片头字体和颜色”对话框，如图10－30所示。

(7) 在对话框中设置片头文字和字体，然后单击“完成，为电影添加片头”按钮，将制作好的片头动画添加至编辑区，如图10－31所示。

图10－30 “选择片头字体和颜色”对话框

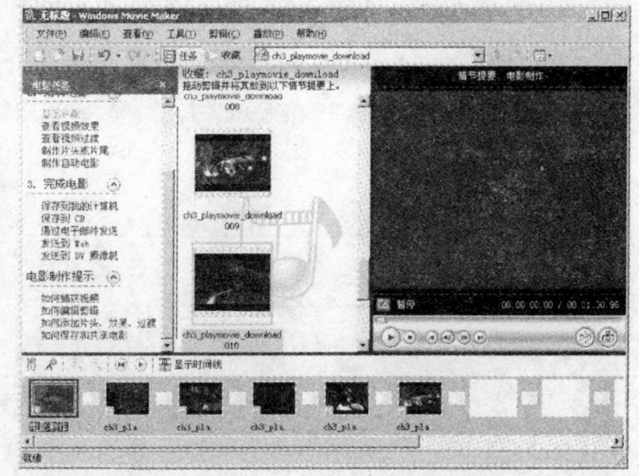

图10－31 将片头添加至编辑区

(8) 给电影添加片尾。在“要将片头添加到何处?”对话框中，单击“在电影结尾添加片尾”按钮，接下来的操作方法和制作片头一样。

(9) 如果要给视频添加旁白，可以在编辑区中单击“旁白时间线”按钮，打开“旁白时间线”对话框，如图10－32所示。

(10) 单击“开始旁白”按钮，可以通过麦克风给视频添加旁白，然后单击“停止旁白”按钮,即可打开“保存 Windows Media 文件”对话框,保存旁白文件。

(11) 视频制作完成后,在 Windows Movie Maker 的菜单栏中选择“文件”|“保存电影文件”命令,打开“保存电影向导”对话框,如图 10-33 所示。

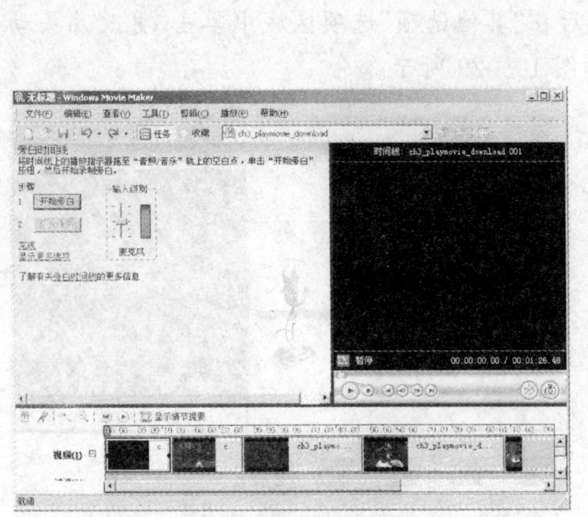

图 10-32 “旁白时间线”对话框

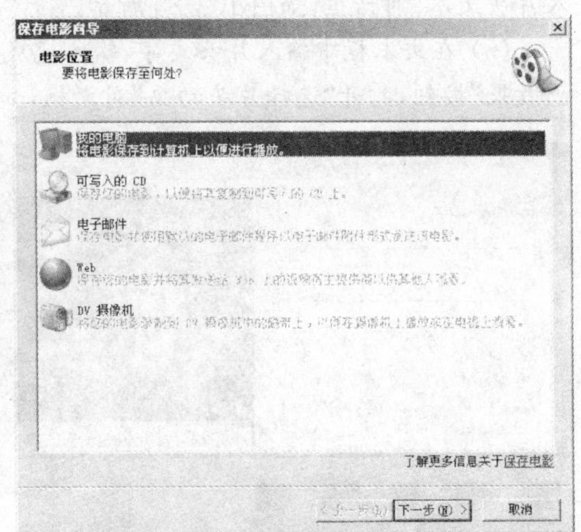

图 10-33 “保存电影向导”对话框

(12) Windows Movie Maker 提供 5 种保存电影的方式。可以直接保存到电脑中,也可以写入到光盘中,还可以通过电子邮件和 Web 方式传输给朋友观看。这里选择“我的电脑”选项,将电影保存至本地硬盘。单击“下一步”按钮,打开“已保存的电影文件”对话框,如图 10-34 所示。

(13) 在“为所保存的电影输入文件名”文本框中,输入创建的视频文件的文件名。单击“浏览”按钮,选择视频文件的保存位置,单击“下一步”按钮,打开“电影设置”对话框,如图 10-35 所示。

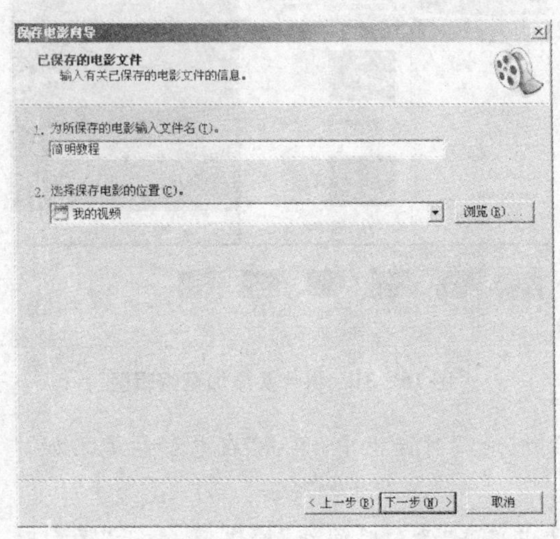

图 10-34 “已保存的电影文件”对话框

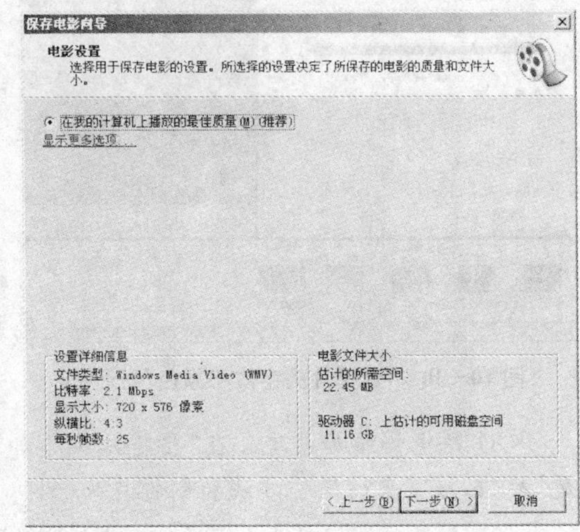

图 10-35 “电影设置”对话框

(14) 选择“在我的计算机上播放的最佳质量”单选按钮。在该对话框中,用户还可以查看视频的设置信息和文件大小。然后单击“下一步”按钮，打开“正在保存电影”对话框，如图10-36所示。

(15) 保存完成后，会打开“正在完成‘保存电影向导’”对话框，如图10-37所示。单击“完成”按钮即可。

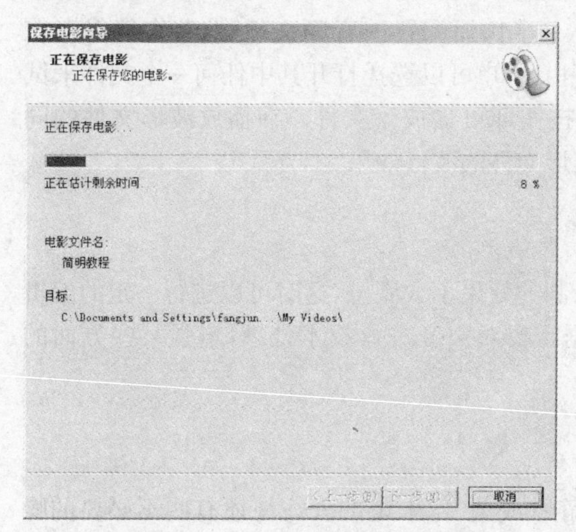

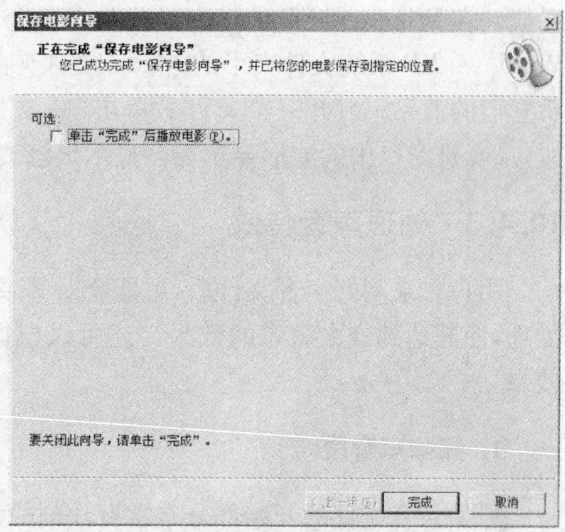

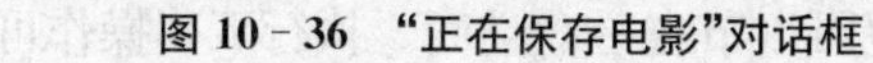
图10-36 “正在保存电影”对话框　　图10-37 “正在完成‘保存电影向导’”对话框

10.4 录音机

“录音机”是Windows XP提供的一种语音录制设备，可以帮助用户录制声音文件，并将声音文件保存在磁盘上。用户可以将保存好的声音文件添加到多媒体文件中或者连接其他文档。在Windows XP桌面选择“开始”|“程序”|“附件”|“娱乐”|“录音机”命令，即可打开录音机主窗口，如图10-38所示。

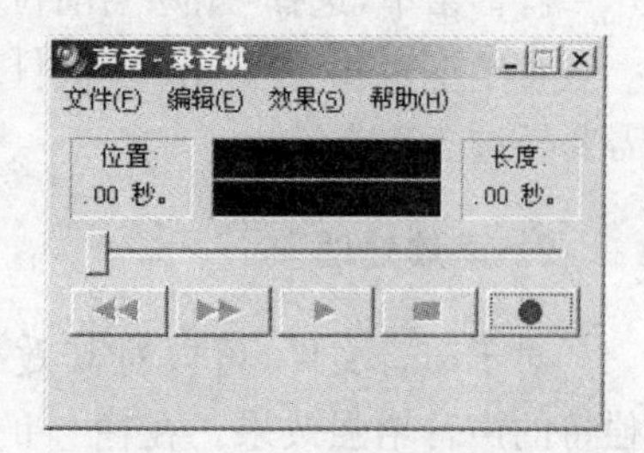

图10-38 录音机主窗口

10.4.1 录制声音文件

要录制声音，首先要有输入设备，即声源。如果希望录下CD或其他音响系统中的音乐，则需要将声源电缆连入声卡。连接并设置好声音输入设备后，即可开始录音。

【实训10-8】 录制声音文件。

(1) 打开录音机主窗口，单击“录音”按钮，开始录音。在波形显示栏左边方框中显示已录制的声音文件的时间长度，右边显示总共可以录制的声音文件的长度。

(2) 单击“停止”按钮，完成录音。

(3) 在菜单栏中选择“文件”|“另存为”命令来保存录制好的声音文件。录制好的声音文件的默认格式是*.wav。

10.4.2 播放声音文件

用户可以在录音机中播放音频文件，播放声音的操作基本上与在媒体播放器中的操作一样。用户可以通过选择“文件”|“打开”命令来打开声音文件，并单击相应的播放按钮进行播放。在 Windows XP 中带有一些为 Windows 事件而配置的音频文件，这些文件保存在 Windows XP 系统文件夹下的 Media 文件夹内。用户可以选择打开其中任何一个文件来试听它们的效果。打开一个文件后单击“播放”按钮即可播放该文件。在播放波形文件的同时，录音机窗口中的波形显示栏会显示出该波形文件的波形效果。

10.4.3 处理声音特效

用户在录制好声音文件后，可能会对其录制的效果不太满意，这时可以进行一定的编辑处理，使其达到令人满意的效果。还可以根据需要对声音进行技术处理，增强某些方面的效果。

1. 删除声音段

原始录音文件的开始部分常常有片刻的静默或杂音，末尾部分往往还有些不必要的噪音。删除这些不需要的部分，既可以提高录音质量，也可以节省磁盘空间。执行下列操作可进行删除工作。

若要删除声音文件的起始部分，可先将标尺放置在要删除的起始部分的末尾。然后打开“编辑”菜单，选择“删除当前位置以前的内容”命令，即可删除标尺之前的所有内容。

若要删除声音文件的结尾部分，可将标尺放置在要删除的结尾部分的起始处。然后打开“编辑”菜单，选择“删除当前位置以后的内容”命令，即可删除标尺之后的所有内容。

对于本来就很短的声音文件，要准确找出要删除部分的起始点与终止点并不十分容易，需要经过多次尝试。

2. 声效处理

对于声音文件，可以对其效果进行处理，以产生许多独特的声音增强效果。在窗口的“效果”菜单中列出了各种声音效果处理选项，如图 10－39 所示。

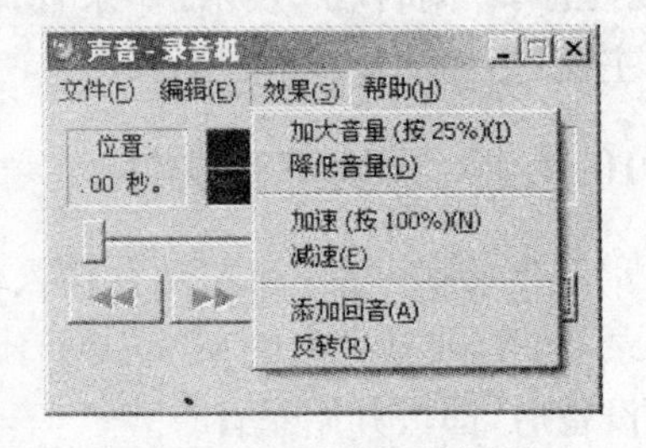

图 10－39 “效果”菜单

下面介绍这些选项的功能。

- 加大音量：按每次增加 25％的幅度增大声音文件播放的音量。
- 降低音量：按每次减少 25％的幅度减小声音文件播放的音量。
- 添加回音：给声音加入回响效果。如果一次操作后的回响效果不很明显，则需要重复执行几次“添加回音”命令。
- 加速：按每次增加 100％的幅度增加声音文件播放的速率。
- 减速：按每次减少 100％的幅度减少声音文件播放的速率。
- 反转：使当前声音文件倒放。倒放后如果想恢复正常播放状态，则可再次执行“反转”命令。

上述声效处理功能可以使原有声音文件产生特殊效果。如果用户不满意已经进行的编辑更改工作,则可利用“文件”菜单中的“还原”选项来恢复上一次存盘时的声音文件。

10.5 禁止光盘自动播放

Windows XP 支持光盘自动播放功能,这项功能给用户带来很大方便。但有些时候用户不需要光盘自动播放,则可以通过以下 3 种方法关闭自动播放功能。

1. 通过设置光盘驱动器属性

打开“我的电脑”窗口,右击光盘驱动器图标,在弹出的快捷菜单中选择“属性”命令,打开“CD 驱动器属性”对话框,切换到“自动播放”选项卡,如图 10-40 所示。在选项卡中选择“选择一个操作来执行”单选按钮,然后在列表框中选择“不执行操作”选项,最后单击“确定”按钮,即可禁用自动播放功能。

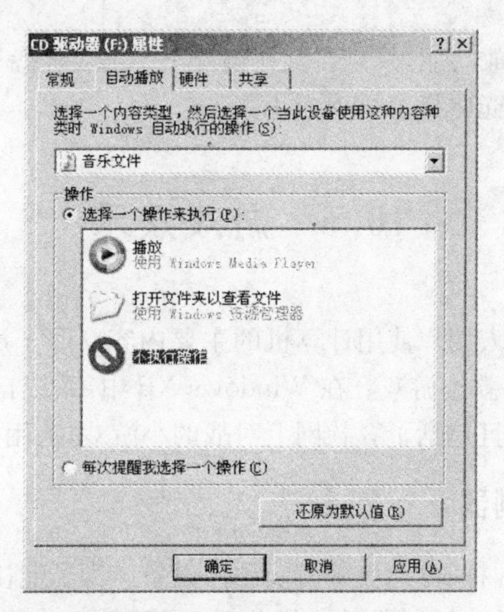

图 10-40 “自动播放”选项卡

2. 通过组策略

在 Windows XP 桌面选择“开始”|“运行”命令,打开“运行”对话框。在“打开”文本框中输入 gpedit. msc 命令,打开“组策略”窗口,如图 10-41 所示。

在对话框左边的列表树中,展开“计算机配置”节点,然后展开“管理模板”节点,选择“系统”节点。在右边的窗口中,双击“关闭自动播放”选项,打开“关闭自动播放属性”对话框,如图 10-42 所示。在“设置”选项卡中选择“已启用”单选按钮,并在“关闭自动播放”下拉列表框中选择“所有驱动器”选项,最后单击“确定”按钮,即可禁用自动播放功能。

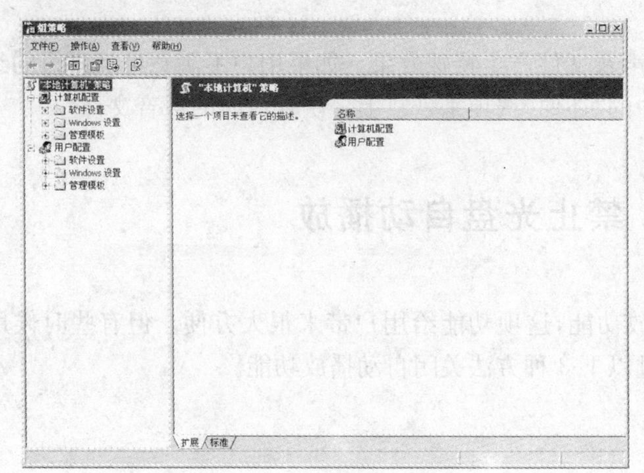

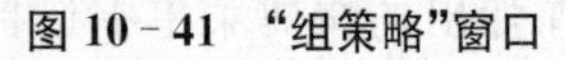
图 10-41 “组策略”窗口

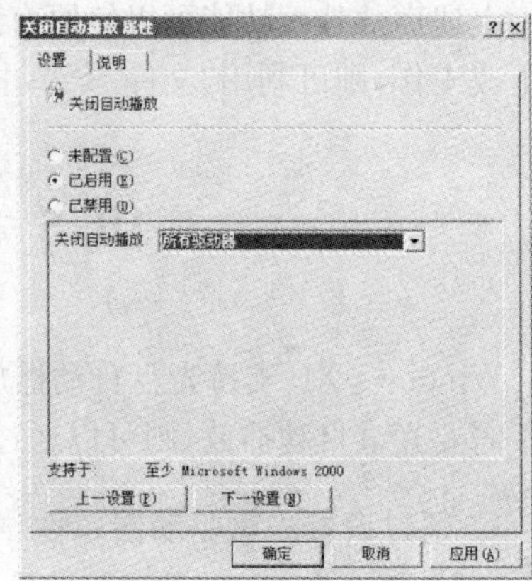

图 10-42 “关闭自动播放 属性”对话框

3. 使用键盘

如果不想禁用自动播放功能，只是在某些情况下不需要光盘自动播放，可以在光盘放入光驱后按住 Shift 键，直到光驱指示灯灭为止。

10.6 游戏娱乐

电脑游戏是大部分个人用户使用计算机的主要内容。除了用户后来安装电脑游戏外，Windows 系统还自带了多款小游戏。在 Windows XP 中，系统自带的小游戏也从最初的 4 种增加到现在的 11 种，并且包括了 3 款网上对战的小游戏，为用户娱乐提供了更多选择。

10.6.1 安装游戏控制器

游戏控制器指手柄、摇杆、方向盘等游戏硬件设备。为了能让用户更舒适方便地进行游戏，很多游戏程序都支持游戏控制器，如 NBA2006、FIFA2006 等。

【实训 10-9】 在 Windows XP 系统中安装游戏控制器。

(1) 将游戏控制器连接到相应的端口。

(2) 在桌面选择“开始”|“设置”|“控制面板”命令，打开“控制面板”窗口。

(3) 双击“游戏控制器”图标，打开“游戏控制器”对话框，如图 10-43 所示。

(4) 单击“添加”按钮，打开“添加游戏控制器”对话框，如图 10-44 所示。

(5) 在“游戏控制器”列表框中选择要添加的游戏控制器，然后单击“确定”按钮，即可在 Windows XP 中安装所选的游戏控制器。

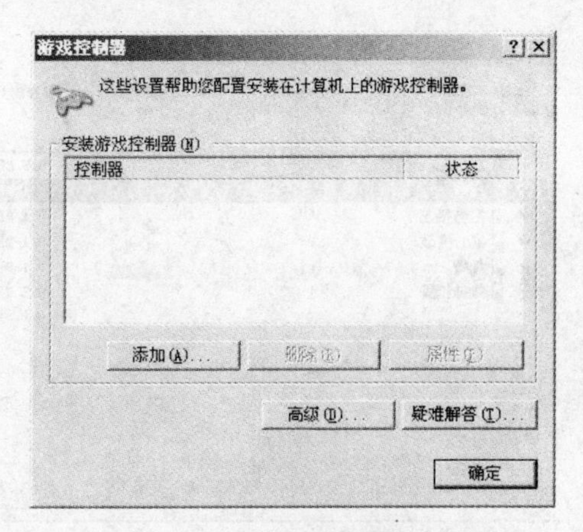

图 10-43 “游戏控制器”对话框

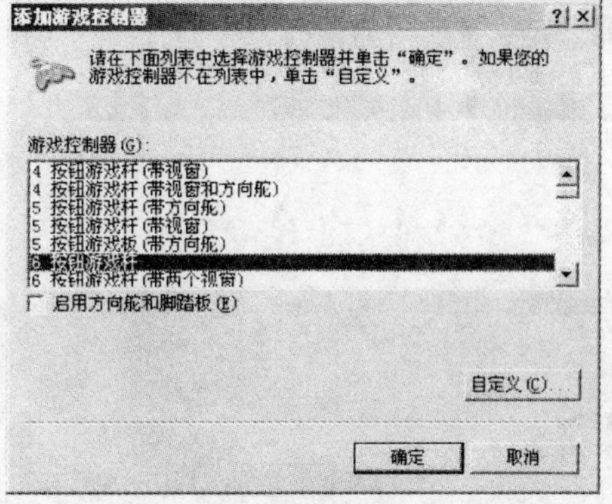

图 10-44 “添加游戏控制器”对话框

10.6.2 安装 Windows XP 自带游戏

Windows XP 自带了多款小游戏，如果在安装 Windows XP 时没有选择安装其自带的游戏或没有全部安装，则可以在安装系统后补充安装。

【实训 10-10】 安装 Windows XP 自带的游戏。

(1) 选择“开始”|“设置”|“控制面板”命令，打开“控制面板”窗口。

(2) 双击“添加或删除程序”图标，打开“添加或删除程序”对话框，如图 10-45 所示。

(3) 在左边单击“添加/删除 Windows 组件”按钮，打开“Windows 组件向导”对话框，如图 10-46 所示。

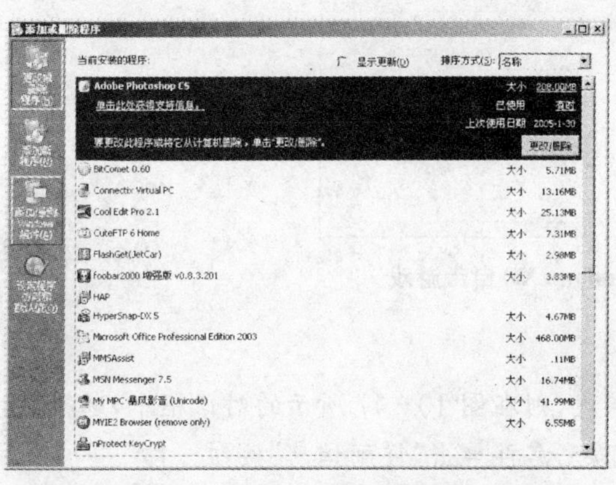

图 10-45 “添加或删除程序”对话框

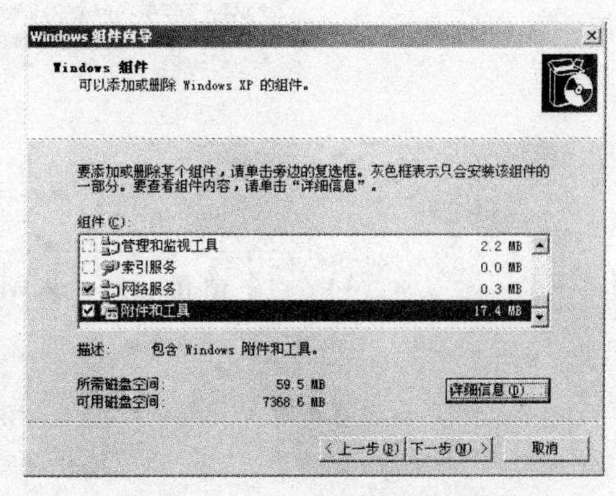

图 10-46 “Windows 组件向导”对话框

(4) 在“组件”列表框中，选择“附件和工具”选项，然后单击“详细信息”按钮，打开“附件和工具”对话框，如图 10-47 所示。

(5) 在“附件和工具 的子组件”列表框中选择“游戏”选项，然后单击“详细信息”按钮，打开“游戏”对话框，如图 10-48 所示。

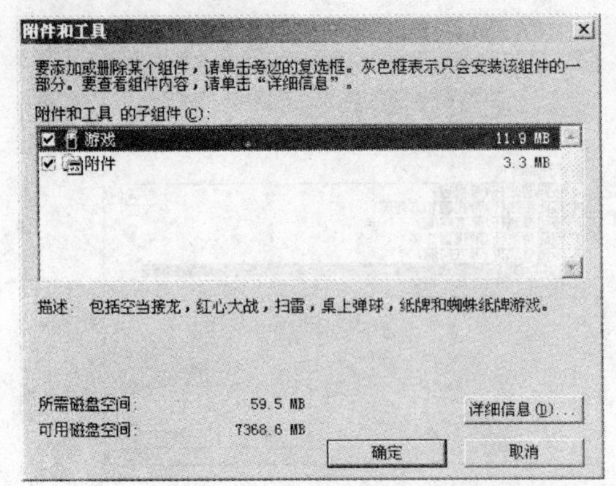

图 10-47 “附件和工具”对话框

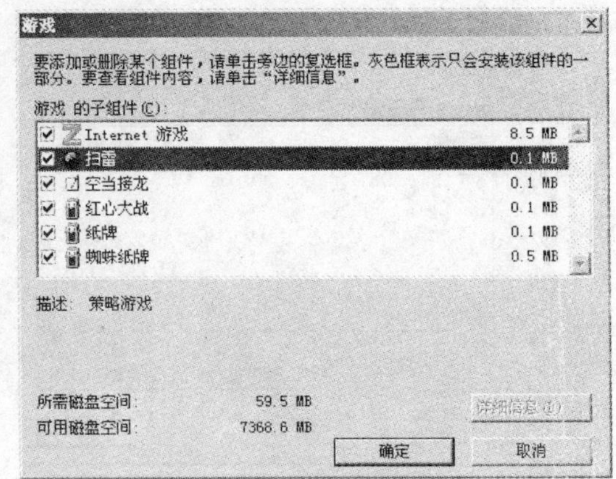

图 10-48 “游戏”对话框

(6) 在“游戏的子组件”列表框中选择要安装游戏的复选框，然后单击“确定”按钮，返回“附件和工具”对话框。单击“确定”按钮，返回“Windows 组件向导”对话框。

(7) 单击“下一步”按钮，开始安装游戏，如图 10-49 所示。安装完成后，单击“完成”按钮即可。

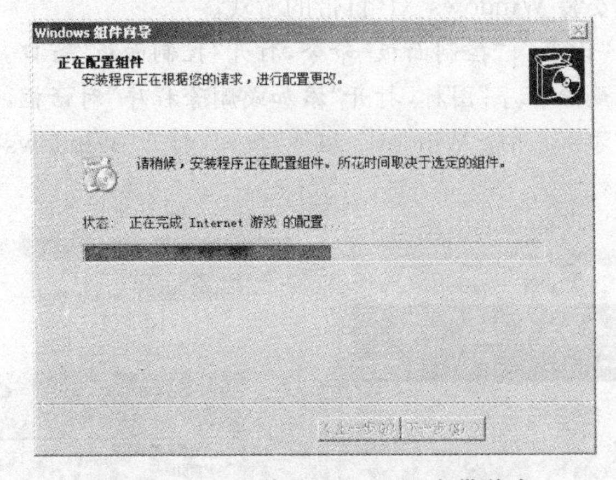

图 10-49 安装 Windows XP 自带游戏

提示：

如果用户要安装所有 Windows XP 自带游戏，则在图 10-47 所示的对话框中，选择“附件和工具”选项后，直接单击“下一步”按钮即可，无需再单击“详细信息”按钮。

10.6.3 Windows XP 自带小游戏技巧

如果用户刚接触到这些 Windows XP 自带的小游戏而感觉无从下手，没关系，下面将介绍其中最受欢迎的 4 种游戏的游戏技巧，帮您快速成为游戏高手。

1. 扫雷技巧

在 Windows XP 桌面选择“开始”|“程序”|“游戏”|“扫雷”命令，打开扫雷游戏，其游戏画面如图 10-50 所示。

图 10-50 “扫雷”游戏画面

在扫雷游戏中掌握以下几点技巧，可以快速提高用户扫雷的速度和准确性。

- 如果无法判定某方块是否为雷，则可以连续右击该方块，将其标注为“?”号。
- 如果某个数字附近的雷已经全部找出，可以对该数字同时点击鼠标左右键，将其周围的所有方块全部打开。
- 寻找常见的数字组合。如连续的 2-3-2 组合，则表示和数字组合旁边平行的一组方块中包含连续的 3 个雷。

2. 空当接龙技巧

在 Windows XP 桌面选择“开始”|“程序”|“游戏”|“空当接龙”命令，打开空当接龙游戏，其游戏画面如图 10-51 所示。

图 10-51 “空当接龙”游戏画面

掌握以下几点技巧，用户可以更加顺利地完成游戏。

- 在开始移牌之前，首先找出本局的难点，如 A 是否在一叠牌的最上面，或者数字小的牌排在数字大的牌之后。
- 尽量让可用单元保持为空，空列也很有价值。
- 要翻开部分被遮住的牌，可以右击它。
- 如果在某一列的底部按顺序排好了两张或多张牌，只要有足够的空单元格，就可以将整个序列的牌移动到另外一列。

- 双击纸牌,可以快速将其移动到可用单元。在每次移牌后,游戏会自动将废牌送到回收单元。当游戏中没有比其更小且颜色相反的牌时,这张牌就称为废牌。
- 当只剩下最后一次合法移牌机会时,游戏标题栏会闪烁,以提醒用户。

3. 红心大战技巧

在 Windows XP 桌面选择“开始”|“程序”|“游戏”|“红心大战”命令,打开红心大战游戏,其游戏画面如图 10－52 所示。

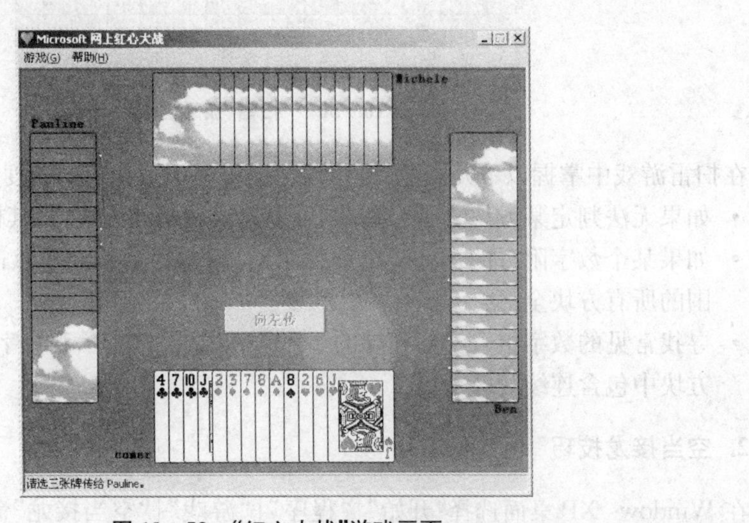

图 10－52 “红心大战”游戏画面

以下的红心大战游戏技巧,可以帮助用户更有机会在游戏中获胜。

- 避免在最后一圈牌中拿到含有红心或黑桃皇后的牌。只有在准备“全收”或者阻止他人“全收”的情况下才收取这些牌。“全收”是指收集到所有的红心和黑桃皇后。
- 给对手传牌时,尽量把大牌传送给别人,如 A 和花牌。
- 如果对手每种花色都有,则在不能垫红心的情况下,越早出大牌越好,没有红心或黑桃皇后的牌不计分。
- 应记住已经打出的牌,特别要注意黑桃皇后是否已经打出、红桃是否已经拆散。

4. 蜘蛛纸牌技巧

在 Windows XP 桌面选择“开始”|“程序”|“游戏”|“蜘蛛纸牌”命令,打开蜘蛛纸牌游戏,其游戏画面如图 10－53 所示。

并非每次的蜘蛛纸牌都可以取胜,用户在游戏时注意以下蜘蛛纸牌的技巧,可以更顺利地完成游戏。

- 单击屏幕下方的得分框,可以查看是否还有合法操作。
- 只要移走一个牌叠,就要把其余的牌排到匹配的牌套中。重新排牌时,用空牌叠作临时存储区。
- 创建匹配牌套叠,用非匹配牌套叠创建牌套以便翻开更多的牌。

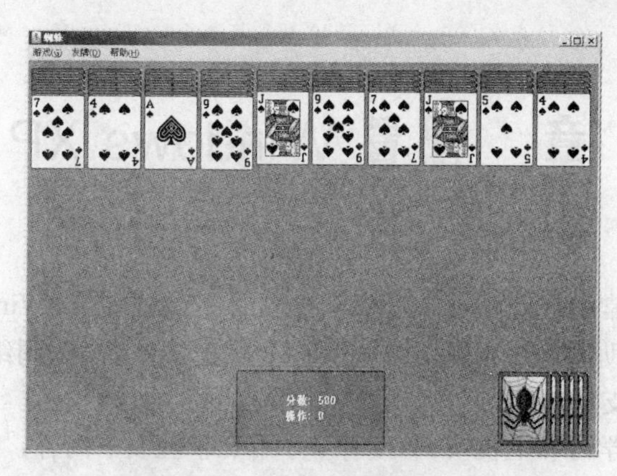

图10-53 “蜘蛛纸牌”游戏画面

- 将牌移动到空牌叠位置以便可以翻开更多的牌。

10.7 思考与练习

1. 通过控制面板设置声音、音频、语音以及各种多媒体硬件设备的属性参数。
2. 如何使用Windows Media Player播放音频和视频文件?
3. 如何改变Windows Media Player外观?
4. 在Windows Media Player中选择可视化效果。
5. 如何使用Windows Media Playe查找Internet媒体内容?
6. 将Windows Media Player 9升级为Windows Media Player 10。
7. 如何彻底删除在Windows Media Player播放器中的音乐文件?
8. 利用Windows Movie Maker制作视频。
9. 使用录音机录制声音文件。
10. 如何删除一些不需要的声音段?
11. 禁止光盘自动运行。
12. 在Windows XP系统中安装游戏控制器。
13. 安装Windows XP自带的三维弹球游戏。
14. 在玩扫雷游戏时,应该掌握那些技巧?
15. 玩扫雷游戏,尝试成功扫雷,效果如图10-54所示。

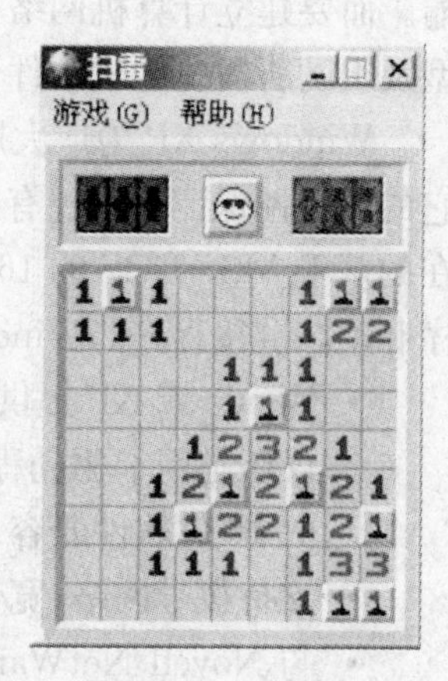

图10-54 习题15

第 11 章　配置 Windows XP 网络

网络在人们的日常工作和学习中发挥着越来越重要的作用。Windows XP 提供的网络安装向导功能可以帮助用户轻松配置各种网络，从接入 Internet 到组建局域网，都能得到 Windows XP 的可靠支持。

通过本章的理论学习和上机实训，读者应了解和掌握以下内容：

- 安装网络客户端
- 安装和设置网络协议
- 接入 Internet
- 理解局域网的组建原理
- 网络向导的使用方法
- 对等网络资源的使用
- 设置网络 ID

11.1　Windows XP 网络简介

网络就是由许多不同用途、不同目的的站点，以相同的协议和方式进行联接，完成信息传输和信息交换的所有硬件及软件的集合。通过通信设施(通信线路及设备)将地理上相对独立分布的多个计算机系统互联起来，进行信息交换、资源共享、互操作和协同处理的系统，称为计算机网络。

计算机技术与通信技术的结合形成了计算机网络，计算机网络在当今社会中越来越体现出它的作用与价值。大到全球网络，小到工作组，都可以根据需求实现资源共享、信息传输。而要建立计算机网络，应首先了解一些网络的基本概念、网络的功能与结构、网络的类型及组网所需要的软硬件设备等方面的知识。

Windows XP 为广大用户提供了精心集成的、高性能且可管理的 32 位网络体系结构。它的兼容性保证了对现有模式组件的支持，又使 Windows XP 的新 32 位保护模式兼容于现在的基于 MS-DOS 的 16 位应用程序和设备驱动程序，以及基于 Windows 的 16 位应用程序和动态链接程序。Windows XP 中文版具有如下网络新特性。

- Windows XP 提供开放式的高性能的 32 位网络结构，无论是网络客户软件、网络协议还是网卡驱动程序都是 32 位的，同时能够很好地与基于 MS-DOS 和 Windows 的 16 位软件兼容。
- 支持拨号网络，宽带 PPPoE 虚拟拨号，以及远程访问协议如 PP78、SLIP 等。
- 与 Novell NetWare 更好地结合，实现了完全登录 NetWare 5. x 服务器，完全支持 NetWare 5. x 登录脚本，完全兼容 16 位 MDS 文件以及支持 Novell 32 Bit ODI NIC

驱动程序。

- Windows XP 内置了个人 Web 服务器，使用户在本机就可实现创建及管理个人 Web 页面的强大功能。Windows XP 网络系统的构成沿袭了 Windows XP 的 4 个组成模块：客户端、适配器、通信协议、服务。

11.2 连接 Internet

随着 Internet 的不断发展，我们已经步入了网络社会，人们越来越依赖它进行各种活动。这样也就对操作系统的上网功能提出了要求，即系统不但要有强大的上网功能，而且还要简便、快捷，同时上网前的配置工作也不能太复杂。Windows XP 正是这样一个具有众多优点的网络操作系统。

在连接 Internet 前要安装所需的网络组件。Windows XP 在网络应用方面提供了许多核心组件，包括由安装程序自动安装的网络组件和许多附加的组件供用户选择安装，以扩展 Windows XP 的网络功能。这些组件分为 3 类：客户端、服务以及协议。它们可以在安装时添加，也可以在安装后添加。选择更多的组件意味着服务器可以提供更多的功能，但同时也需要更多的硬盘空间。其中客户端和协议是组建网络时必须要安装的；而服务则是根据用户的网络类型而定，当创建对等网络时，就不需要安装服务项。安装并配置完网络组件后，使用 Internet 浏览器即可浏览 Internet 网页。

11.2.1 安装客户端

客户端软件使计算机能与特定的网络操作系统通信，网络客户端软件提供了共享网络服务器上的驱动器和打印机的能力。用户在配置客户端软件时，可根据自身情况选择安装相应的软件。

【实训 11－1】 安装 Windows XP 网络客户端程序。

(1) 在 Windows XP 桌面选择“开始”|“设置”|“控制面板”命令，打开“控制面板”窗口。双击“网络连接”图标，打开“网络连接”窗口，如图 11－1 所示。

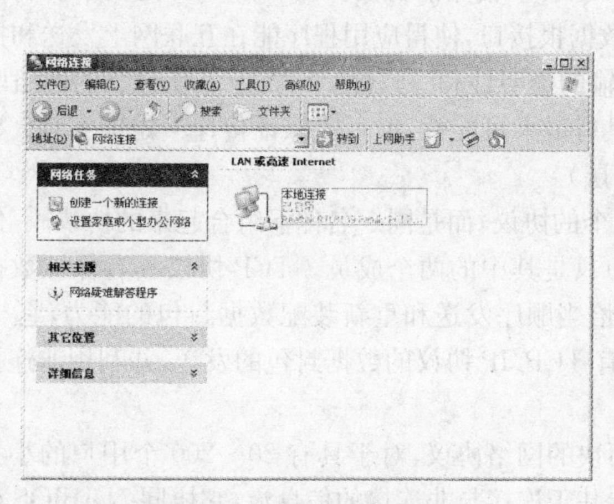

图 11－1 “网络连接”窗口

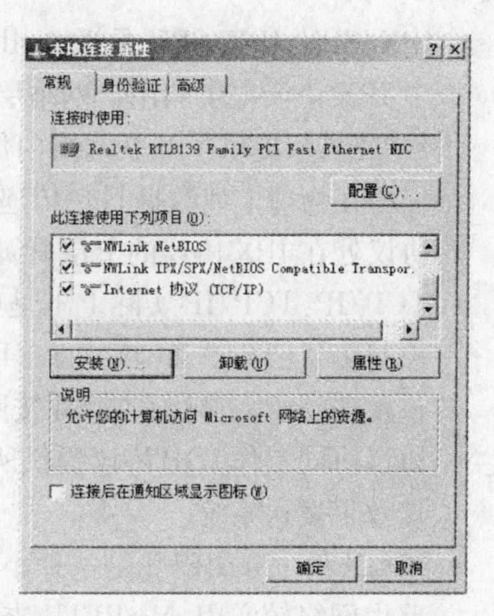

图 11－2 “本地连接 属性”对话框

(2) 在“本地连接”图标上右击，并在弹出的快捷菜单中选择“属性”命令，打开“本地连接 属性”对话框，如图 11-2 所示。

(3) 在此对话框中单击“安装”按钮，打开“选择网络组件类型”对话框，如图 11-3 所示。

(4) 在对话框中可以安装“客户端”、“协议”或者“服务”这 3 个不同的网络组件，在此我们选择“客户端”选项，并单击“添加”按钮。

(5) 在打开的“选择网络客户端”对话框中选择“Microsoft 网络客户端”选项，并单击“添加”按钮。系统在复制了必需的文件后，将自动返回“本地连接 属性”对话框，并在该窗口的“此连接使用下列项目”列表框中显示已经安装的客户端，如图 11-4 所示。

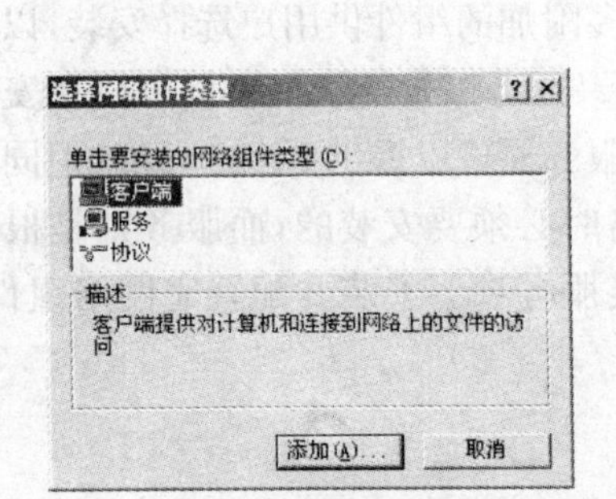

图 11-3 “选择网络组件类型”对话框

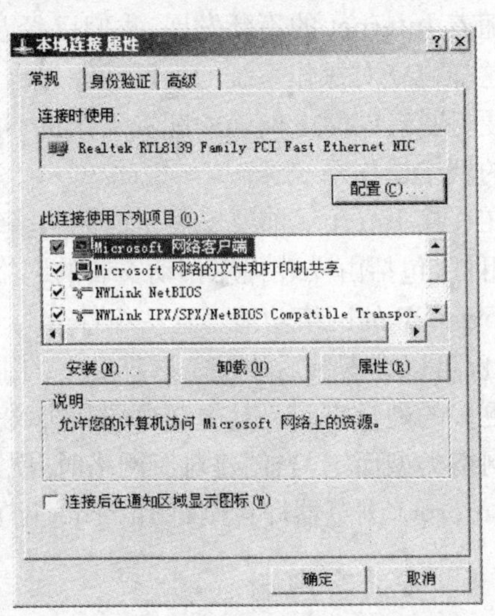

图 11-4 “选择网络客户机”对话框

11.2.2 安装通信协议

协议是网络上计算机通信的基本语言，它定义了一台计算机怎样找到另一台计算机以及它们之间传送数据时所遵守的规则。目前，最流行的网络协议是 IPX/SPX、TCP/IP 和 NetBEUI。

- IPX/SPX：IPX/SPX 是 Novell NetWare 使用的协议。IPX 和 SPX 是两个协议。其中 IPX 协议提供的用户网络层数据报接口，使得应用程序能在互联网上发送和接收数据封包，提供了互联网络内传输的透明性和一致性。SPX 及其所包含的网络驱动程序在物理上使数据封包传递具有最大可能性，但不能保证传递一定能实现。SPX 协议处在 IPX 协议的上层(传输层)。
- TCP/IP：TCP/IP 实际上不是单个的协议，而是同一名称下组合起来的协议簇，传输控制协议(TCP)和网际协议(IP)只是其中的两个成员。TCP 协议具有保证数据封包发送到所需目标系统，并按照恰当顺序发送和重新装配数据封包的能力，它与 IP 协议协同工作。IP 协议提供所有 TCP/IP 协议的数据封包的发送，并利用非连接最佳效果发送系统。
- NetBEUI：NetBEUI 是一种小而快的网络协议，对于具有 20～200 个用户的小型非路由网络较实用，NetBEUI 支持基于连接与非连接的信息流，它协同 NetBIOS 建立到其他网络资源的连接。

【实训 11-2】 在 Windows XP 中安装通讯协议。

(1) 在 Windows XP 桌面选择“开始”|“设置”|“控制面板”命令,打开“控制面板”窗口。双击“网络连接”图标,打开“网络连接”窗口。

(2) 在“本地连接”图标上右击,从弹出的快捷菜单中选择“属性”命令,打开“本地连接属性”对话框。

(3) 单击“安装”按钮,打开“选择网络组件类型”对话框。在其中的“单击要安装的网络组件类型”列表框中选择“协议”选项,单击“添加”按钮,系统将打开图 11-5 所示的“选择网络协议”对话框。

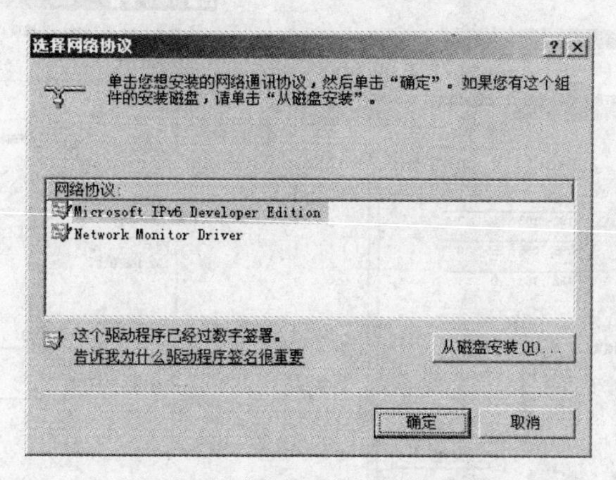

图 11-5 “选择网络协议”对话框

(4) 在“网络协议”列表中选定所要安装的网络协议,单击“确定”按钮。复制完所需的文件后,返回到“本地连接 属性”对话框。如果在“已经安装了下列网络组件”列表框中增加了所选的协议,表明该协议已添加完毕。

11.2.3 接入 Internet

目前最常用的接入 Internet 的方式为小区宽带和 ADSL。本节就将向用户介绍如何通过这两种接入方式来连接 Internet。

1. 通过小区宽带接入 Internet

根据小区宽带的 ISP(Internet 接入服务商)不同,要进行的配置也略有不同。大部分情况下,在连接网线后,只需根据 ISP 所提供的信息来配置 TCP/IP 网络协议,即可接入 Internet。

【实训 11-3】 配置 TCP/IP 协议。

(1) 在 Windows XP 桌面选择“开始”|“设置”|“控制面板”命令,打开“控制面板”窗口。双击“网络连接”图标,打开“网络连接”窗口。

(2) 右击“本地连接”图标,在弹出的快捷菜单中选择“属性”命令,打开“本地连接 属性”对话框。

(3) 单击“常规”选项卡,在“此连接使用下列项目”列表框中选择“Internet 协议(TCP/

IP)”选项，单击“属性”按钮，打开“Internet 协议(TCP/IP) 属性”对话框，如图 11-6 所示。

注意：

IP 地址的获取方式有两种：一种是自动获得 IP 地址，另一种是指定 IP 地址。如果用户的网络中有 DHCP 服务器，就可以实现自动为该计算机分配 IP 地址，用户只需选择“自动获得 IP 地址”单选按钮即可；如果没有专用的服务器，则需手动指定一个 ISP 认可的 IP 地址。例如，用户可以输入一个标准的局域网 IP 地址：192.168.0.1，子网掩码：255.255.255.0。

(4) 在对话框中，单击“高级”按钮，打开“高级 TCP/IP 设置”对话框，如图 11-7 所示。其中的“IP 设置”选项卡用于选择前面安装的某个网络组件来与 TCP/IP 协议通信。

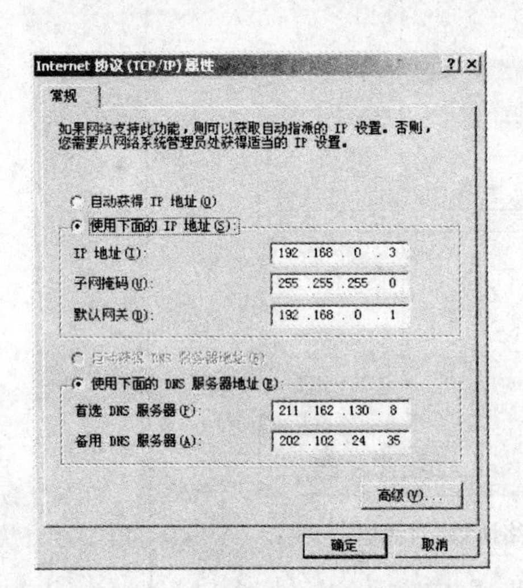

图 11-6 “Internet 协议(TCP/IP)属性”对话框

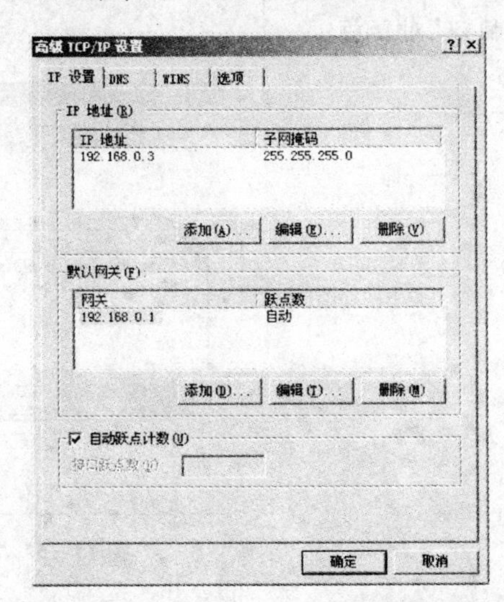

图 11-7 “高级 TCP/IP 设置”对话框

(5) 在“高级 TCP/IP 设置”对话框中，切换到 DNS 选项卡，如图 11-8 所示。DNS 的全称是 Domain Name Service(域名服务)，主要用于配置分布式数据库，该数据库用来在 Internet上识别主机的层次型命名系统。

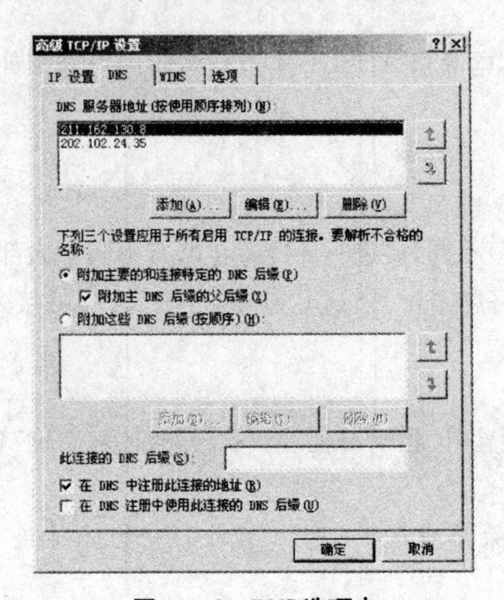

图 11-8 DNS 选项卡

图 11-9 “TCP/IP DNS 服务器”对话框

(6) 如果用户是通过宽带连接，则必须设置 DNS 服务器地址。在 DNS 选项卡中，单击“添加”按钮，打开“TCP/IP DNS 服务器”对话框，如图 11－9所示。在“DNS 服务器”文本框中输入 ISP 提供给用户的 DNS 地址，单击“添加”按钮即可。

(7) 在“高级 TCP/IP 设置”对话框中，切换到 WINS 选项卡，如图 11－10 所示。WINS 是在路由网络环境中执行域名到 IP 地址映射的数据库。WINS 需要一个 Windows NT/2000 服务器来执行解析任务，并可以自动查找工作站或者服务器地址，而不必通过网络进行广泛搜寻。

(8) 设置完成后，单击“确定”按钮，关闭“高级 TCP/IP 设置”对话框。然后单击“确定”按钮，关闭“Internet 协议(TCP/IP) 属性”对话框，即可完成配置 TCP/IP 协议操作。

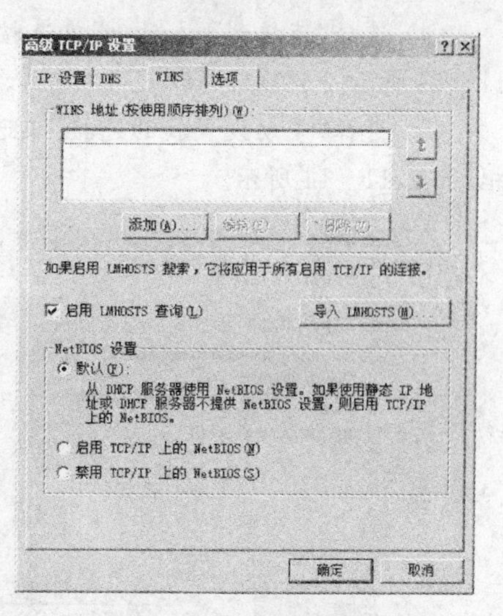

图 11－10 WINS 选项卡

2. 通过 ADSL 接入 Internet

如果没有小区宽带，用户要想享受宽带上网乐趣，则可到当地电话局申请开通 ADSL 业务。ADSL 接入方式是通过电话线来连接 Internet，因此需要一个 ADSL 调制解调器，将计算机和电话线相连接。连接完成后即可按照下面所介绍的步骤来设置 ADSL 连接。

【实训 11－4】 创建 ADSL 连接。

(1) 在 Windows XP 桌面选择“开始”|“设置”|“控制面板”命令，打开“控制面板”窗口。双击“网络连接”图标，打开“网络连接”窗口。

(2) 在“网络连接”窗口左边的任务窗格中单击“创建一个新的连接”按钮，打开“新建连接向导”对话框，如图 11－11 所示。

(3) 单击“下一步”按钮，打开“网络连接类型”对话框，如图 11－12 所示。

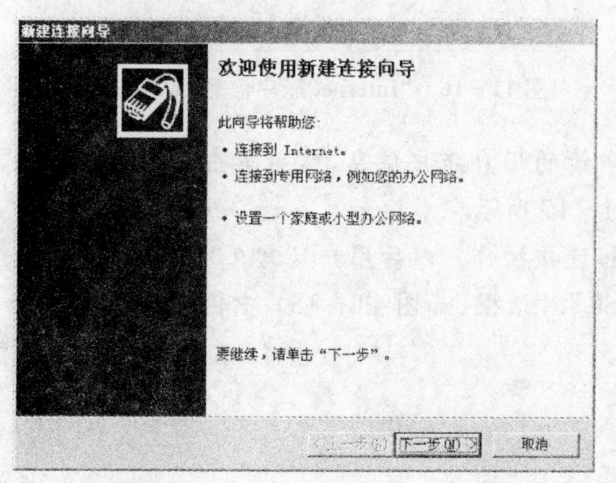

图 11－11 “新建连接向导”对话框

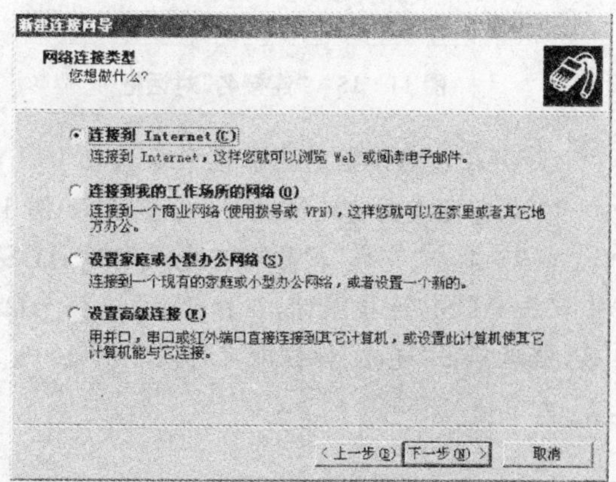

图 11－12 “网络连接类型”对话框

(4) 选择“连接到 Internet”单选按钮，单击“下一步”按钮，打开“准备好”对话框，如图 11－13 所示。

(5) 选择“手动设置我的连接”单选按钮，单击“下一步”按钮，打开“Intetnet 连接”对话框，如图 11－14 所示。

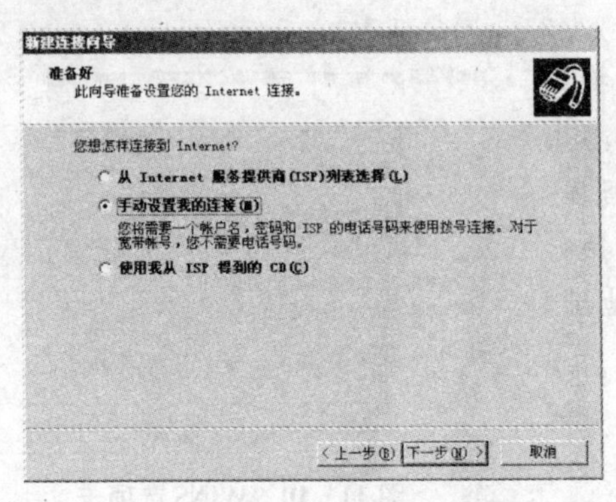

图 11－13 “准备好”对话框

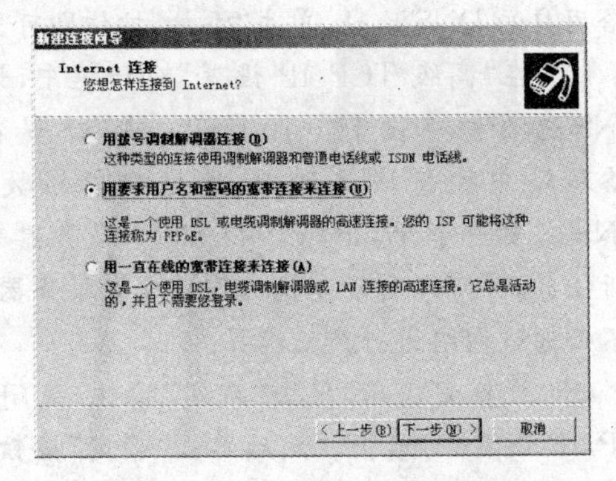

图 11－14 “Intetnet 连接”对话框

(6) 选择“用要求用户名和密码的宽带连接来连接”单选按钮，单击“下一步”按钮，打开“连接名”对话框，如图 11－15 所示。

(7) 在“ISP 名称”文本框中输入连接的名称，单击“下一步”按钮，打开“Internet 账户信息”对话框，如图 11－16 所示。

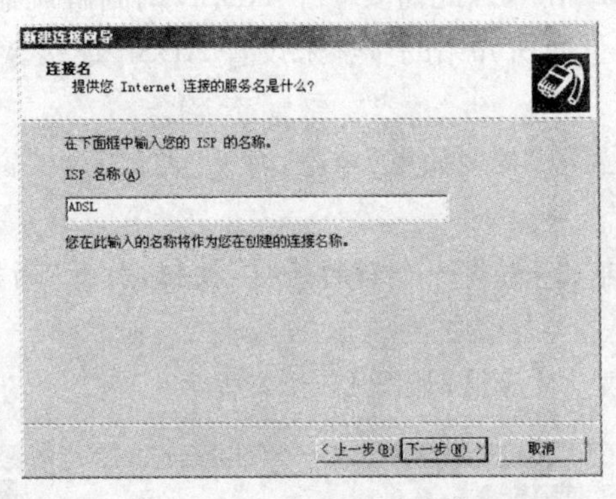

图 11－15 “连接名”对话框

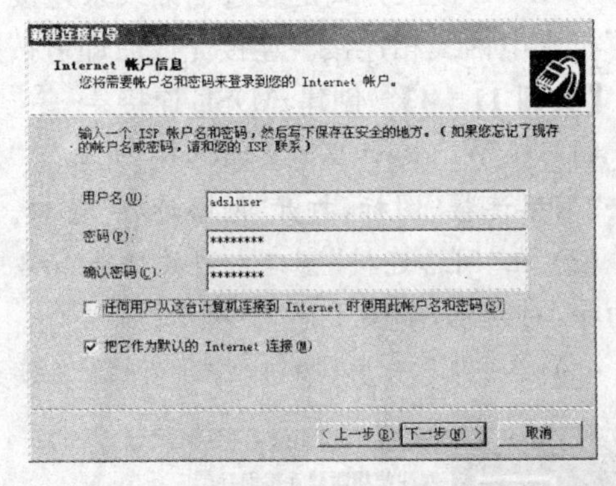

图 11－16 “Internet 账户信息”对话框

(8) 在该对话框的文本框中输入在 ISP 申请的用户账户信息，然后单击“下一步”按钮打开“正在完成新建连接向导”对话框，如图 11－17 所示。

(9) 单击“完成”按钮即可完成创建 ADSL 连接操作。以后用户只需在“网络连接”窗口中双击 ADSL 连接图标，在打开的“连接 ADSL”对话框(如图 11－18) 中输入用户名和密码，然后单击“连接”按钮即可接入 Internet。

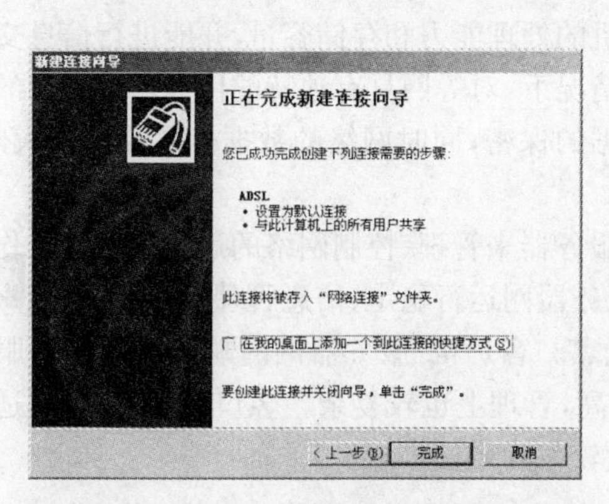

图 11－17 "正在完成新建连接向导"对话框

图 11－18 "连接 ADSL"对话框

注意:

如果用户的计算机还有其他用户会使用,则建议用户在图 11－16 所示的对话框中,取消选择"任何用户从这台计算机连接到 Internet 时使用此账户名和密码"复选框。

11.3　组建与配置局域网

Windows XP 的网络连接包括局域网的连接和 Internet 的连接。系统为这两种连接提供了向导功能,使得网络连接在 Windows XP 中变得简单易行。尤其是对于局域网,只要用户事先安装了网络适配器,则系统启动后局域网的安装将自动完成。经过改进的网络安装向导可以帮助用户快速地创建拨号连接、ISDN 、DSL、光缆连接等。不仅如此,用户还可以在向导的协助下创建直接电缆连接和虚拟个人网络。由于所有的服务和连接方法均可通过向导完成,所以用户无需对网络有太多的了解,也无需有专门的管理工具即可配置网络的所有选项。下面介绍如何安装和配置用户的局域网。

11.3.1　局域网的组建

小型局域网具有占地空间小、规模小、建网经费少等特点,常用于办公室、学校多媒体教室、游戏厅、网吧,甚至家庭中的两台电脑也可以组成小型局域网。小型办公局域网的主要作用是实施网络通信和共享网络资源。组成小型局域网以后,我们可以共享文件、打印机、扫描仪等办公设备,还可以用同一台 Modem 上网,共享 Internet 资源。

在创建局域网之前,必须考虑好局域网的联网方式,要对网络进行整体性规划。网络规划主要指操作系统的选择和网络结构的确定。目前应用较为广泛的小型局域网主要有对等网(Peer To Peer)和客户机/服务器网(Client/Server)这两种网络结构。

1. 网络连接方式

对等网不使用专用服务器,各站点既是网络服务提供者—— 服务器,又是网络服务申请者——工作站,所以又称点对点网络(Peer To Peer)。对等网建网容易,成本较低,易于维护，适用于计算机数量较少、布置较集中的单位。在对等网中，每台计算机不但有单机的所有自主权限，而且可共享网络中各计算机的处理能力和存储容量，并能进行信息交换。在硬盘容量较小、计算机的处理速度较慢的情况下，对等网具有独特的优势。对等网的缺点在于网络中的文件存放非常分散，不利于数据的保密，同时网络的数据带宽受到很大限制，不易于升级。

客户机/服务器网中至少有一台专用服务器来管理、控制网络的运行。所有工作站均可共享服务器中的软、硬件资源。客户机/服务器网运行稳定、信息管理安全、网络用户扩展方便、易于升级，与对等网相比有着突出的优点。客户机/服务器网的缺点是需专用服务器和相应的外部连接设备（如 Hub），建网成本高，管理上也较复杂。客户机/服务器网适用于计算机数量较多、位置相对分散、信息传输量较大的单位。

2. 网络拓扑结构

网络的整体模式给出了网络的逻辑组织方式，但同时还要考虑好网络的物理组织方式。

网络中结点的互连模式称为网络的拓扑结构。小型局域网中常用总线型拓扑结构和星形拓扑结构。

总线结构采用单根传输线（总线）连接网络中的所有节点（工作站和服务器），任一站点发送的信号都可以沿着总线传播，能被其他所有节点接收。总线结构小型局域网工作站和服务器常采用 BNC 接口网卡，利用 T 型 BNC 接口连接器和 50Ω 同轴电缆串行连接各站点，总线两个端头需安装终端电阻器。

总线结构的优点：电缆长度短、结构简单、造价低、易于布线、易于规模扩展，组成串行连接的小型局域网非常容易，适用于计算机数量较少、布置较集中的单位，如小型办公网络、游戏网络等。

总线结构的缺点：不能集中控制；故障检测需在网上的各个节点间进行，很难确定故障所在。在扩展总线的干线长度时，需重新配置中继器、剪裁电缆、调整终端器等；对计算机数量较多、位置相对分散、传输信息量较大的网络，建议不使用总线结构。

星形结构网络中有一个惟一的转发结点（中央结点），每一计算机都通过单独的通信线路连接到中央结点。信息传送方式、访问协议十分简单。星形结构小型局域网工作站和服务器常采用 RJ－45 接口网卡，以集线器为中央结点，用双绞线连接集线器与工作站和服务器。目前性价比较高的方案是采用 10/100 Mb/s 自适应集线器，工作站使用低档 10 Mb/s 网卡，服务器采用高档 100 Mb/s 网卡购成的小型星形网络。服务器与集线器间以 100 Mb/s 速率通信；各工作站与集线器间以 10 Mb/s 速率通信。

星形结构的优点：利用中央结点可方便地提供服务和重新配置网络；单个连接点的故障只影响一个设备，不会影响网络，容易检测和隔离故障，便于维护。

星形结构的缺点：每个站点直接与中央结点相连，需要大量电缆，因此费用较高；如果中央结点产生故障，则整个网络不能工作，对中央结点的可靠性要求很高。

注意：

组建局域网时，首先要考虑网络分布的地理范围，范围的大小决定网络结构和布线。当范围较小时，使用一条电缆线就可将几台工作站连接起来形成一个小型网络；而当网络的地理分布较宽广时，就要考虑是否要分段管理，并相应地配置每一网段和各网段之间所需的传输介质和连接设备。

3. 局域网的硬件设备

组成小型局域网的主要硬件设备有网卡、集线器等网络传输介质和中继器、网桥、路由器、网关等网络互连设备。

- 网卡(Network Interface Card,NIC)也叫网络适配器,是连接计算机与网络的硬件设备。网卡插在计算机或服务器扩展槽中,通过网线(如双绞线、同轴电缆或光纤)与网络交换数据、共享资源。
- 集线器:集线器(Hub)是局域网中计算机和服务器的连接设备,是局域网的星型连接点,每个工作站通过双绞线连接到集线器上,由集线器对工作站进行集中管理。独立型集线器有多个用户端口(8 口或 16 口),用双绞线连接每一端口和网络站(工作站或服务器)的连接。数据从一个网络站发送到集线器上以后,就被中继到集线器中的其他所有端口,供网络上每一用户使用。独立型集线器通常是最便宜的集线器,最适合于小型独立的工作小组、部门或者办公室。独立型集线器上均带有 BNC 接口,通常用于连接网络服务器。选择集线器主要从网络站容量考虑端口数(8 口、16 口或 24 口),从数据流考虑速度(10 Mb/s、100 Mb/s)。集线器的型号、类型很多,选择时请参考相应的集线器说明书。
- 中继器:中继器(Repeater)用于延伸同型局域网,在物理层上连接两个网络,在网络间传递信息。中继器在网络间传递信息时起信号放大、整形和传输的作用。当局域网物理距离超过了允许的范围时,可用中继器将该局域网的范围进行延伸。很多网络上都限制了工作站之间加入中继器的数目,例如在以太网中最多使用 4 个中继器。
- 网桥:网桥(Bridge)数据层连接两个局域网络段,网间通信从网桥传送,网内通信被网桥隔离。网络负载重而导致性能下降时,用网桥将其分为两个网络段,可最大限度地缓解网络通信繁忙的程度,提高通信效率。例如可以把分布在两层楼上的网络分成每层一个网络段,用网桥连接。网桥同时起到隔离作用,一个网络段上的故障不会影响另一个网络段,从而提高了网络的可靠性。
- 路由器:路由器(Router)用于连接网络层、数据层、物理层上执行不同协议的网络,协议的转换由路由器完成,从而消除了网络层协议之间的差别。路由器适合于连接复杂的大型网络。路由器的互连能力强,可以执行复杂的路由选择算法,处理的信息量比网桥多,但处理速度比网桥慢。
- 网关:网关(Gateway)用于连接网络层之上执行不同协议的子网,组成异构的互连网。网关能实现异构设备之间的通信,对不同的传输层、会话层、表示层、应用层协议进行翻译和变换。网关具有对不兼容的高层协议进行转换的功能,例如使 NetWare 的 PC 工作站和 SUN 网络互连。

11.3.2 使用网络安装向导设置局域网

系统自动安装的网络组件仅仅是组网的基本成分。为了能让系统搜集当前网络上的必要的其他信息。建议用户运行"网络安装向导",该向导将完成网络安装的其他任务。

“网络安装向导”不仅能够帮助用户设置局域网络，还可以使用它将本地计算机连入 Internet，或通过服务器间接地连入 Internet。

【实训 11－5】 使用“网络连接向导”建立本地计算机和网络的连接。

(1) 在 Windows XP 桌面，选择“开始”|“程序”|“附件”|“通讯”|“网络安装向导”命令，打开“欢迎使用网络安装向导”对话框，如图 11－19 所示。

(2) 单击“下一步”按钮，打开图 11－20 所示的提示对话框，提醒用户注意事项。此时要求用户必须将网络适配器安装完毕。

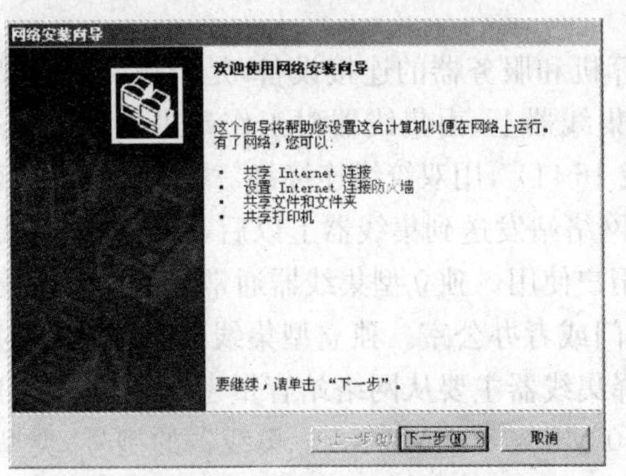

图 11－19 “欢迎使用网络安装向导”对话框

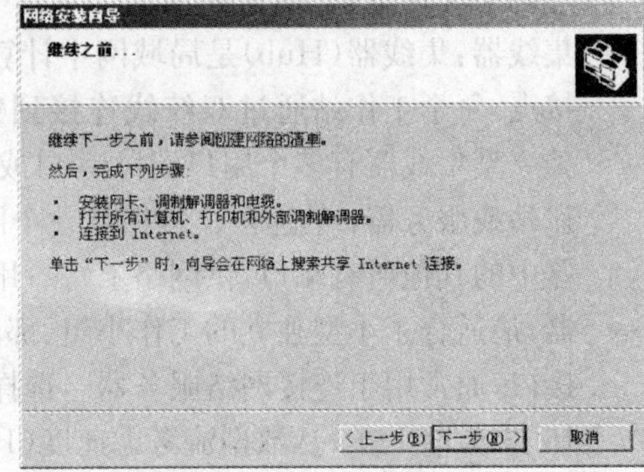

图 11－20 提示对话框

(3) 单击“下一步”按钮，打开“选择连接方法”对话框，如图 11－21 所示。根据网络配置和联网需要，选择相应的网络连接方法。例如根据本计算机的硬件安装实际情况选择“其他”单选按钮。

(4) 单击“下一步”按钮，打开“其他 Internet 连接方法”对话框，查看其他连接方法。如图 11－22 所示。

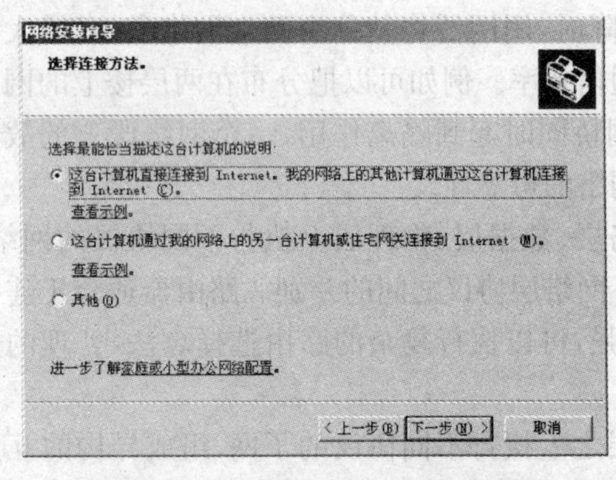

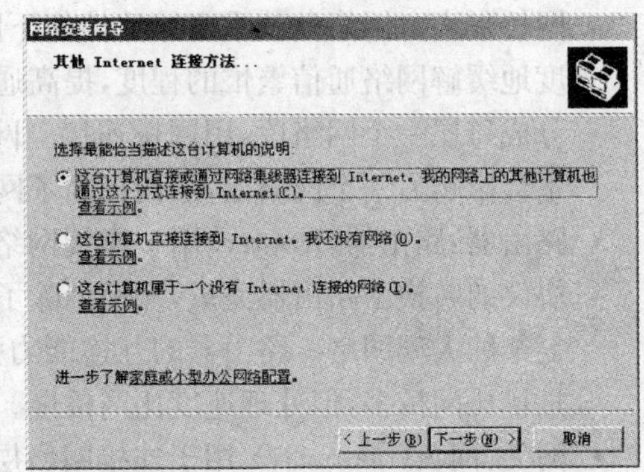

图 11－21 “选择连接方法”对话框　　图 11－22 “其他 Internet 连接方法”对话框

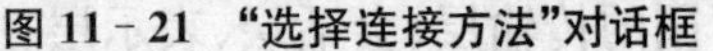

(5) 如果用户对某种连接不熟悉，可以单击下方的“查看示例”链接，在打开的窗口中查看该连接的示例，如图 11－23 所示。

(6) 关闭示例窗口。单击“下一步”按钮，打开“给这台计算机提供描述和名称”对话框，如图 11－24 所示。确定本地计算机在网络上的名字和相应的计算机描述。

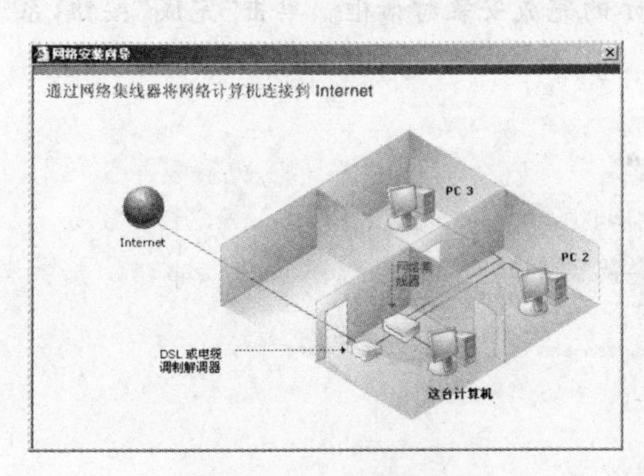

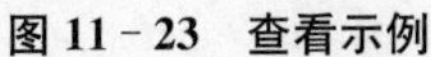

图 11-23　查看示例

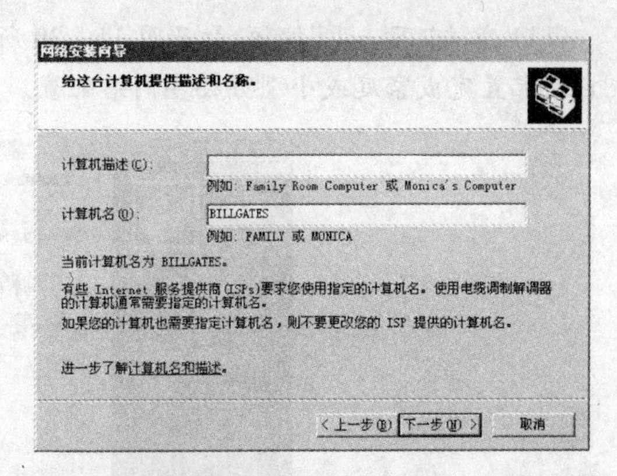

图 11-24　“给这台计算机提供描述和名称”对话框

(7) 单击“下一步”按钮，打开图 11-25 所示的“命名您的网络”对话框。确定计算机所在的工作组，用户可以根据需要加入现有的工作组或创建新的工作组。

(8) 单击“下一步”按钮，打开图 11-26 所示的确认对话框。

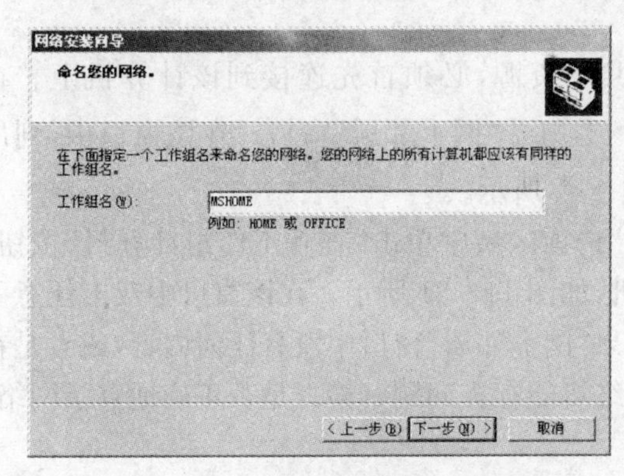

图 11-25　“命名您的网络”对话框

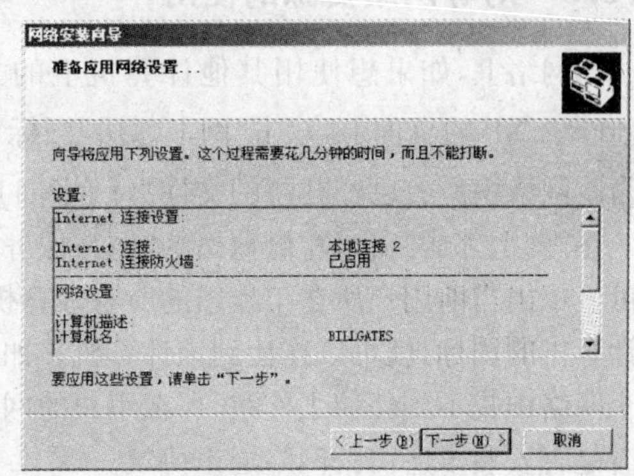

图 11-26　确认对话框

(9) 单击“下一步”按钮，开始创建家庭或小型办公网络，如图 11-27 所示。

(10) 创建完成后，打开图 11-28 所示的对话框。用户可以有 4 种选择，如果其他用户使用的是非 Windows XP 系统，则需要在其上运行网络安装向导以配置网络。一般情况下，用户无需创建磁盘，直接选择“完成该向导，我不需要在其他计算机上运行该向导”单选按钮即可。

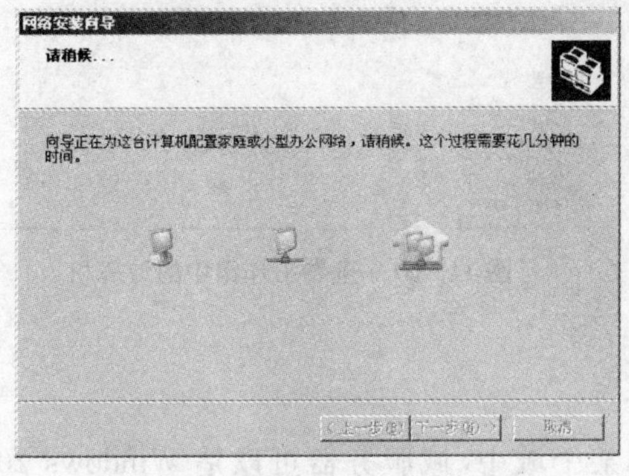

图 11-27　创建家庭或小型办公网络

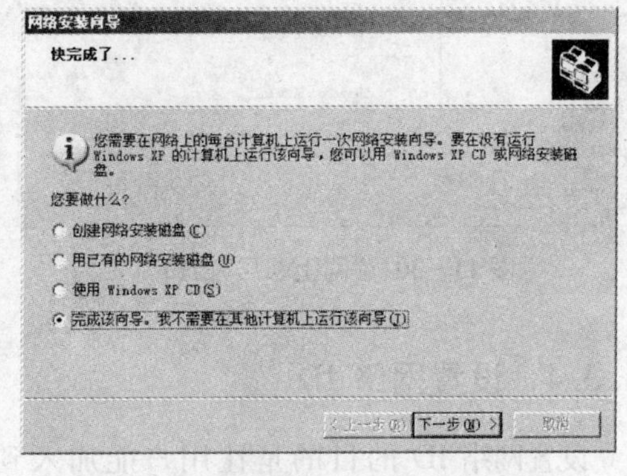

图 11-28　选择是否创建网络安装磁盘

（11）单击“下一步”按钮，打开图 11－29 所示的完成安装对话框。单击“完成”按钮，系统自动配置完成家庭或小型办公室网络配置。

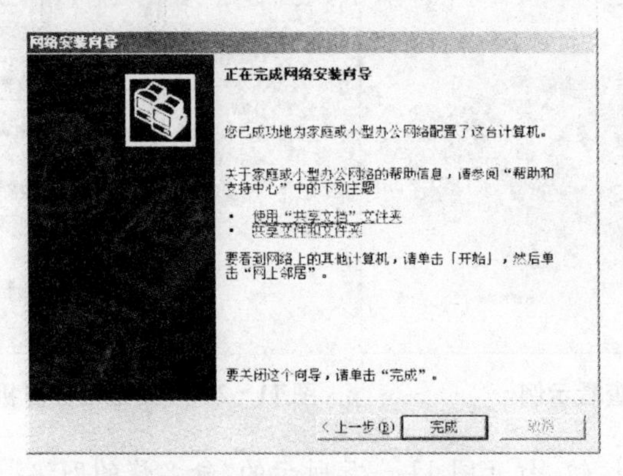

图 11－29　完成安装对话框

11.3.3　对等网络资源的使用

在网络上，如果想使用其他计算机上的共享资源，必须首先连接到该计算机上。在 Windows XP 的桌面上，双击“网上邻居”图标，打开“网上邻居”窗口。在该窗口中，列出了当前网络中所有已经共享的文件夹，如图 11－30 所示。

在“网上邻居”窗口左侧窗格的“网络任务”选项区域中单击“查看工作组计算机”按钮，即可显示出当前用户所在工作组的所有计算机，如图 11－31 所示。在该窗口中双击任意一台计算机的图标，就可以连接到该计算机。如果“网上邻居”窗口中没有任何内容，或者是在整个网络中找不到任何工作组，那么用户的网络可能存在问题。检查是否正确地登录网络，或者是否安装了所需的网络通讯协议。

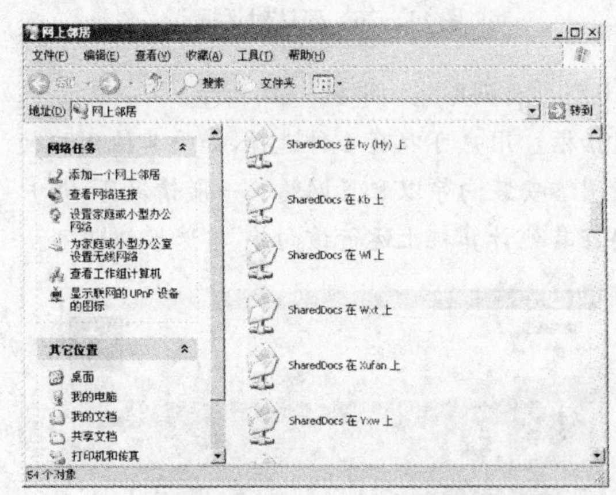

图 11－30　“网上邻居”窗口

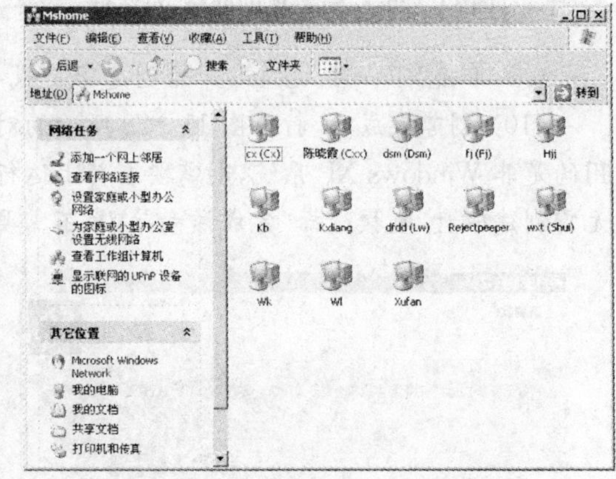

图 11－31　查看工作组中的计算机

11.3.4　设置网络 ID

设置网络 ID 的目的是让用户能加入到某个域中，域服务器可以是 Windows 2000 Server 或 Windows XP。

【实训 11-6】 设置网络 ID。

(1) 右击"我的电脑"图标,在弹出的快捷菜单中选择"属性"命令,打开"系统属性"对话框。

(2) 在"系统属性"对话框中切换到"计算机名"选项卡,如图 11-32 所示。

(3) 单击"网络 ID"按钮,打开"欢迎使用网络标识向导"对话框,如图 11-33 所示。

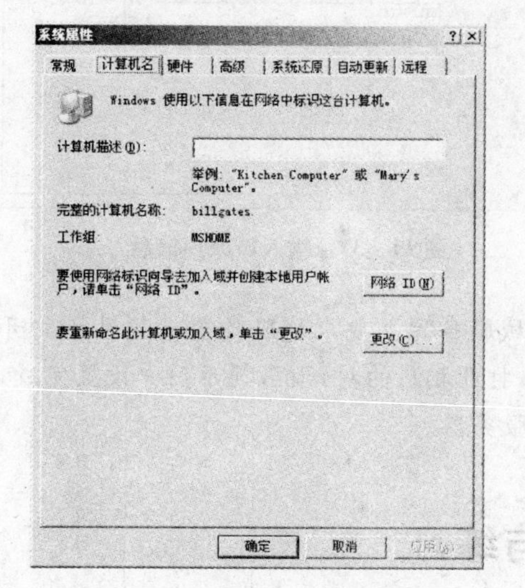

图 11-32 "计算机名"选项卡

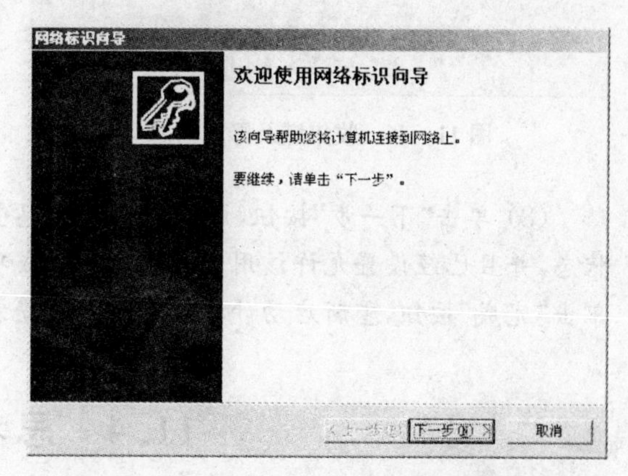

图 11-33 "欢迎使用网络标识向导"对话框

(4) 单击"下一步"按钮,打开图 11-34 所示的对话框。根据计算机所在网络的用途,选择相应的单选按钮。

(5) 单击"下一步"按钮,打开图 11-35 所示的对话框。选择是否让用户计算机加入到某个域中。

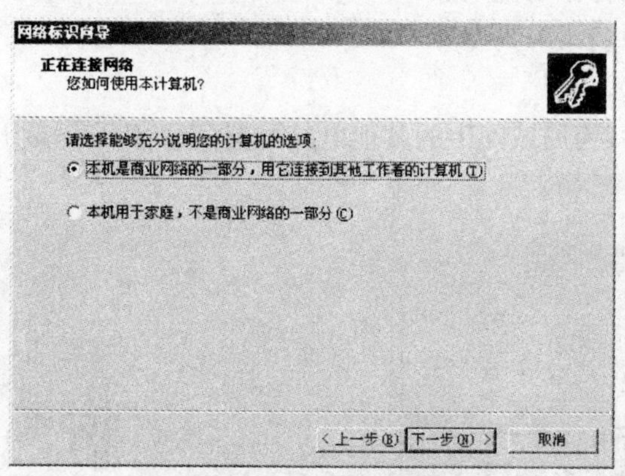

图 11-34 选择网络的用途

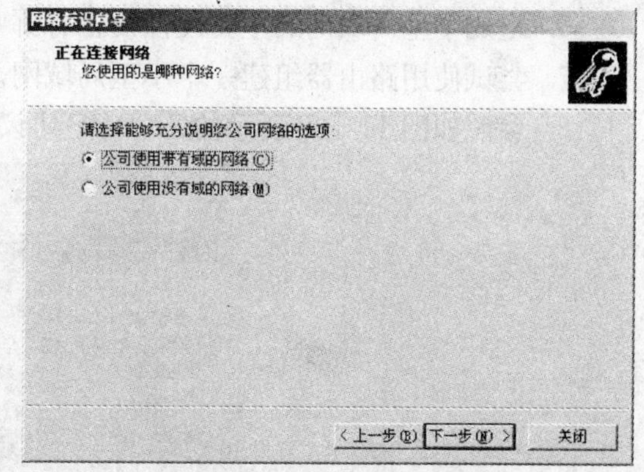

图 11-35 选择加入域

(6) 单击"下一步"按钮,打开图 11-36 所示的对话框。计算机收集域和账户信息用于加入域使用。

(7) 单击"下一步"按钮,打开图 11-37 所示的对话框。输入用户的域账户信息。此信息是域服务器事先建立好的账户信息。

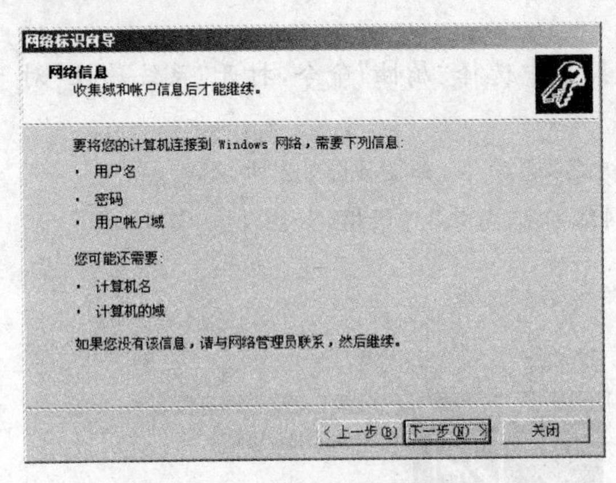

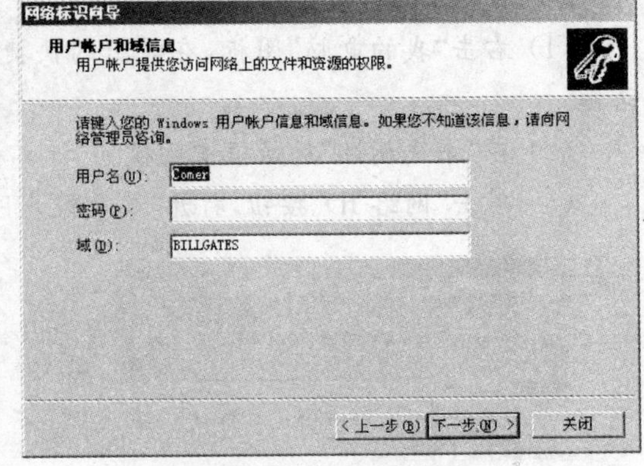

图 11－36　收集域及账户信息　　　　图 11－37　输入域账户信息

(8) 单击“下一步”按钮，计算机用此信息登录域服务器。要求域服务器必须处于打开状态，并且已经设置允许该用户登录。登录成功后，打开相应的对话框，提示用户设置完成。单击“完成”按钮，重新启动计算机后就可以登录域服务器。

11.4　思考与练习

1. 什么是网络？什么是计算机网络？
2. 简述 Windows XP 中文版的网络新特点。
3. 如何安装 Windows XP 网络客户端程序？
4. 安装 IPX/SPX 协议。
5. 简述计算机网络有几种拓扑结构，以及各自的优缺点。
6. 组成小型局域网的主要硬件设备有哪些？
7. 尝试使用路由器组建一个小型局域网。
8. 参照如图 11－38 所示的 TCP/IP 协议，为局域网中的其他电脑配置 TCP/IP 协议。

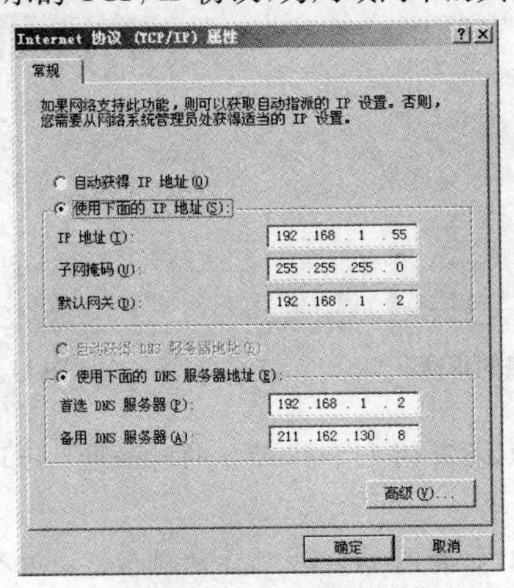

图 11－38　习题 8

9. 在单位或学校将两台计算机创建为如图 11－39 所示的对等网。

图 11－39　两台计算机互联

10. 使用“网络安装向导”建立本地计算机和网络的连接。
11. 设置本地计算机的网络 ID。

第 12 章　浏览 Internet

Internet 是一个信息宝库，通过 Internet，用户可以下载软件、收发电子邮件，或者到世界各地进行观光旅游等，让用户真正做到足不出户就能知晓天下事。本章所介绍的内容可以帮助用户快速掌握使用 Internet Explorer 浏览器浏览 Internet 的方法。

通过本章的理论学习和上机实训，读者应了解和掌握以下内容：

- 使用 Internet Explorer 浏览、搜索 Internet 信息
- 通过 Internet Explorer 快速浏览网站
- 设置 Internet 安全性
- 设置安全中心

12.1　Internet Explorer 简介

浏览器又称为 Web 客户程序，主要用于获取 Internet 上的资源，是查看网络中的超文本文档及其他文档、菜单和数据库的重要工具。Internet Explorer 浏览器是 Microsoft 公司开发的基于超文本技术的 Web 浏览器。

了解 Internet Explorer 浏览器的工作窗口，有助于使用 Internet Explorer 浏览器漫游 Internet。Internet Explorer 浏览器的工作窗口主要由菜单栏、工具栏、地址栏、链接工具栏、Web 窗口、状态栏等组成，如图 12－1 所示。

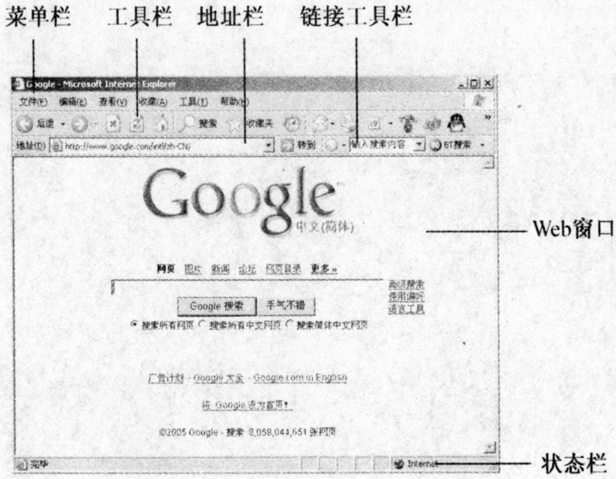

菜单栏　工具栏　地址栏　链接工具栏

Web窗口

状态栏

图 12－1　Internet Explorer 浏览器

- 菜单栏：Internet Explorer 窗口的菜单栏中包括“文件”、“编辑”、“查看”、“收藏”、

"工具"和"帮助"等菜单项。利用这些菜单可以浏览网页、查找相关内容、实现脱机工作、实现 Internet 自定义等。

- 工具栏：Internet Explorer 窗口的工具栏提供了在浏览网页时常用的工具按钮，包括"后退"、"前进"、"停止"、"刷新"、"主页"、"搜索"、"收藏"、"历史"和"邮件"等按钮。通过选择菜单栏中的菜单命令也可以完成这些按钮的功能，但使用工具栏中的按钮更方便快捷。另外，Internet Explorer 允许用户根据自己的需要自定义工具栏。
- 地址栏：地址栏位于工具栏的下方，用来显示当前打开的网页的地址。在地址栏中输入地址后，就可以访问相应的网页。用户还可以通过下拉列表框直接选择曾经访问过的网页地址，进而访问该网页。
- 链接工具栏：链接工具栏位于地址栏的下方。其中给出了 Internet Explorer 浏览器自带的 3 个网页链接：Windows、免费的 HotMail 和自定义链接，单击它们就可直接访问相应的网页。用户也可以向链接工具栏添加链接，建立访问网页的快捷方式。
- Web 窗口：Web 窗口就是显示网页的窗口，它是 Internet Explorer 浏览器的主窗口。用户从网上下载的所有网页内容都将在该窗口中显示。
- 状态栏：Internet Explorer 窗口的状态栏显示了关于 Internet Explorer 当前状态的有用信息。查看状态栏左侧的信息可了解 Web 页的加载过程，右侧则显示当前页所在的安全区域。如果是安全的站点，还将显示锁形图标。

12.2 浏览 Internet 信息

Internet 是一个巨大的信息库，并且信息量每时每刻都在增长。通过 Internet 可以非常便捷地查找所需要的信息和获取有关的服务。本节将介绍使用 Internet Explorer 浏览网页的方法。

12.2.1 打开网站

Internet Explorer 窗口中的地址栏是输入和显示网页地址的地方。在地址栏中输入一个网页的 URL 地址，按下 Enter 键，即可打开该网页。

例如，想要访问新浪网，可以在地址栏中输入新浪网的 URL 地址 http://www.sina.com.cn，按下 Enter 键，就可以连接到新浪网，如图 12-2 所示。

提示：

如果想打开一个新的窗口浏览网页，则可在菜单栏中选择"文件"|"新建"|"窗口"命令，打开一个新的 Internet Explorer 窗口，然后在地址栏输入相应网址即可。也可以使用快捷键 Ctrl+N 打开新的 Internet Explorer 窗口。

12.2.2 停止与刷新网页

Internet Explorer 提供了停止网页下载的按钮，即"停止"按钮 。当不小心错误连接了某些站点或者正在连接某个网页，由于下载速度的原因迟迟打不开该网页，此时如果想放弃对该网页的访问，单击"停止"按钮就可以强迫停止网页的传输。此时在 Internet Explor-

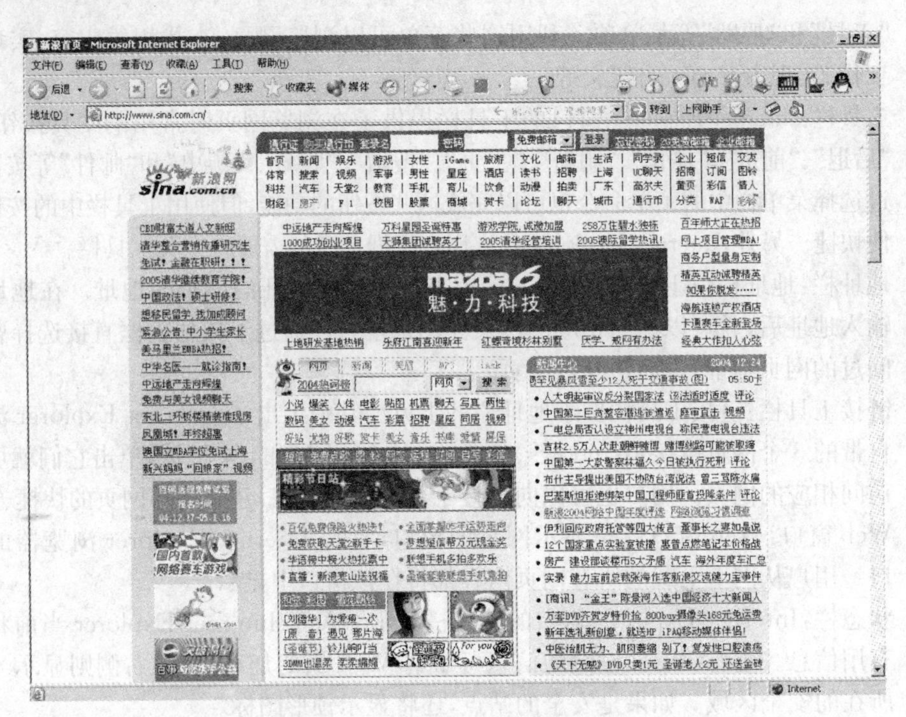

图 12-2　使用地址栏访问新浪网

er 窗口中将显示网页传输中断后的结果。

当访问过某些网页后，Internet Explorer 会自动将这些网页的信息以 Cookie 的形式保存在 Windows 目录下。这样当再次访问该网页时，不要重新从网站上下载数据，从而可以得到较快的访问速度，但同时也会造成某些网页的内容不能及时更新。不过，Internet Explorer 提供了“刷新”按钮，单击此按钮就可以将该网页中的内容从网站重新下载，以得到最近的更新内容。

12.2.3　搜索网页

通常人们浏览 Internet 的目的是为了查找所需要的信息和获取有关的服务，而 Internet 是一个巨大的信息库，有许许多多各方面的信息，并且还在不断地增加，每天都有新的网页、新的站点出现，凭个人的精力和时间是不可能将所有的信息都浏览到的。所以，为了方便用户快速地查找到所需要的信息，Internet Explorer 提供了一系列的搜索功能，使用户能够在最短的时间内搜寻到所需的信息。

在 Internet 中查找信息的方法有很多，既可以使用地址栏或工具栏中的“搜索”按钮搜索网页或网站，也可以在打开网页之后，使用“编辑”菜单中的“查找”命令查找当前网页中的信息。

1. 从地址栏中搜索网页

在通常情况下，用户都是利用 Internet Explorer 的地址栏进行网页搜索。当从地址栏中搜索时，Internet Explorer 可以自动显示与要搜索的内容最匹配的网页，同时还列出其他相似的站点。如果网页地址无效，Internet Explorer 将询问用户是否搜索近似的地址。可以更改该设置，以便 Internet Explorer 不经提示就自动搜索。

要在地址栏中搜索网页，先输入网页的地址或者输入一些要搜索普通的单词或短语，然后按 Enter 键或单击“转到”按钮 转到，Internet Explorer 将使用预置的搜索条件开始搜索。

利用地址栏进行搜索时，用户可以按不同方式查看这些搜索结果。在 Internet Explorer 窗口的菜单栏中，选择“工具”|“Internet 选项”命令，打开“Internet 选项”对话框。单击“高级”标签，在打开的“高级”选项卡中拖动滚动条，在列表框中找到“从地址栏中搜索”选项组，并按以下方法进行选择。

- 如果要在搜索栏中查看相似站点的列表，并在主窗口中显示最喜欢的网页，选择“显示结果，然后转到最相近的站点”单选按钮。
- 如果要在主窗口中查看相似站点的列表，以便选择要显示的网页，选择“只在主窗口中显示结果”单选按钮。
- 如果只查看最相似的网页，选择“转到最相近的站点”单选按钮。
- 如果要从地址栏中关闭搜索功能，选择“不从地址栏中搜索”单选按钮。

2. 使用搜索栏搜索网页

如果不知道要搜索的网站的地址，可以利用 Internet Explorer 窗口中的搜索栏进行搜索。通过这种方式可以搜索各种信息，例如网页、电子邮件、公司、地图等窗口。要搜索网页，单击工具栏上的“搜索”按钮 搜索，打开搜索栏，它是浏览器窗口左侧的独立窗格，如图 12-3 所示。

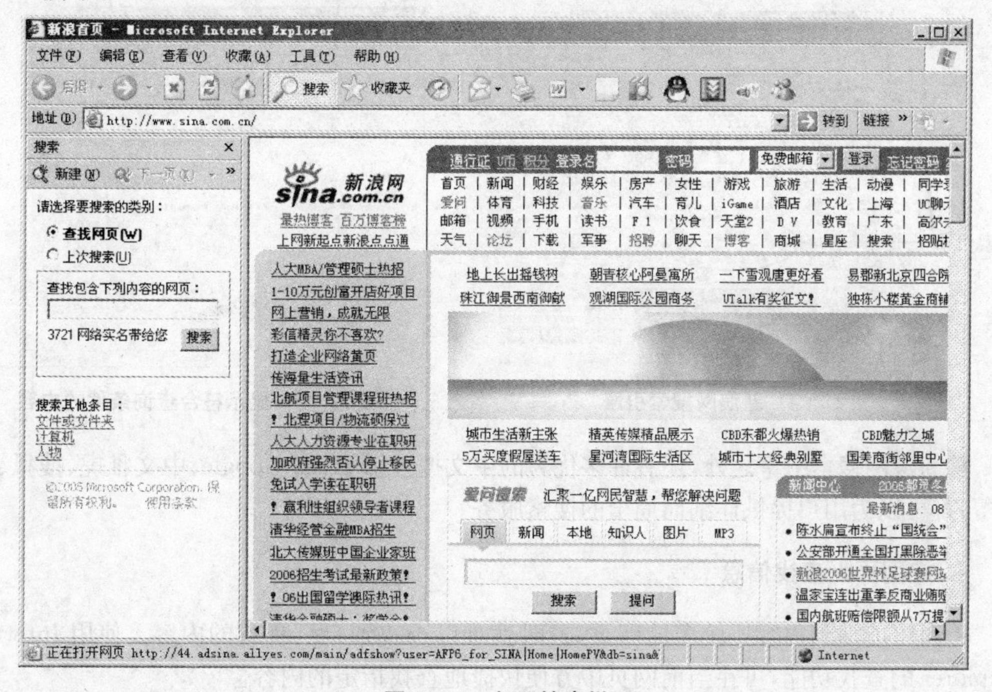

图 12-3　打开搜索栏

搜索时，先要在搜索栏中选择一个搜索类别，有“查找网页”和“以前的搜索”两种类别可以选择。如果选择了“查找网页”单选按钮，还需要在“查找包含下列内容的网页”文本框中输入要搜索的关键字，然后单击“搜索”按钮，即可进行搜索。搜索的结果是包含搜索关键字的网页链接列表，并按照产生的链接与查询条件的匹配程度进行排序。如果选择了“上次搜索”单选按钮，则会显示以前搜索过的所有字段的链接列表。注意，显示搜索结果的字段数目和类型取决于搜索的类别，在每个字段中输入的信息越多，则显示结果的时间越长，但准确性越好。

在部分搜索类别中，用户可以指定使用多个不同的搜索条件。然后，通过单击搜索栏顶端的“下一页”按钮，无需重复键入查询条件，就可以在多个条件中快速搜索。

搜索到网页后，在链接列表中单击链接，就会打开其相应的网页，并显示在浏览器主窗口右侧的 Web 窗口中。单击搜索栏标题栏上的“关闭”按钮 ×，可以关闭搜索栏，在整个窗口中显示找到的网页。

3. 使用搜索引擎

对于初学者来说，了解一个速度较快、比较适合自己并且带有主题目录的中文搜索引擎，将会大大方便搜索 Internet 信息。

新浪网的搜索引擎是一个面向全球范围的中英文搜索引擎。在地址栏中输入新浪网的地址 www. sina. com. cn，单击“转到”按钮，即可打开新浪网首页。

在新浪网首页上有一个搜索栏，即搜索引擎，如图 12 - 4 所示。如果要开始进行特定主题的搜索，在搜索引擎的文本框中键入关键字（该搜索引擎支持 AND、OR 和 NOT 等布尔逻辑）。例如，输入 Windows XP，并单击“搜索”按钮，搜索引擎即开始进行搜索，系统将查找符合查询条件的内容，并显示出来供用户参考，如图 12 - 5 所示。

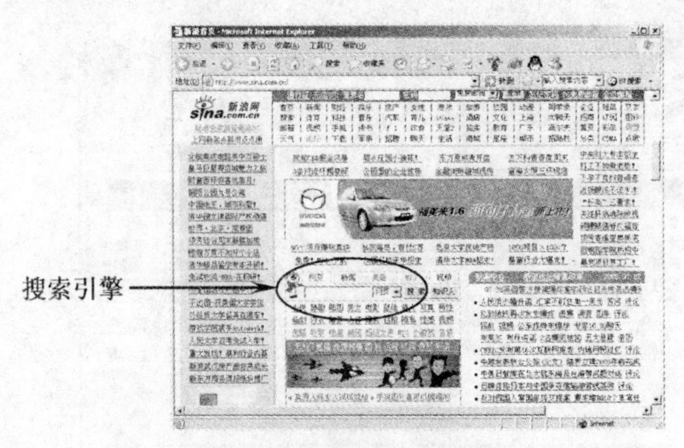

图 12 - 4　新浪网搜索引擎

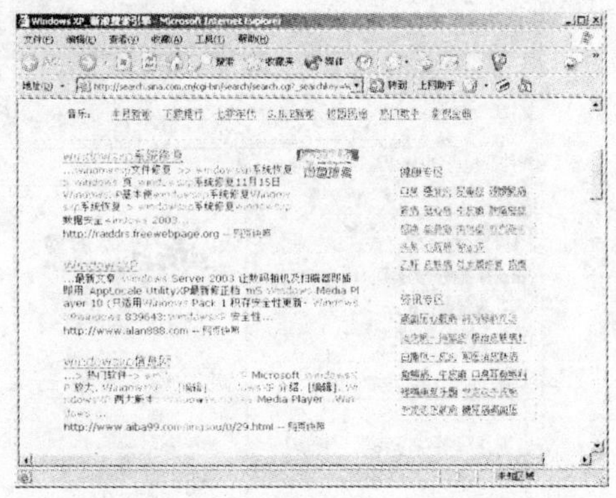

图 12 - 5　显示符合查询条件的内容

除新浪网搜索引擎之外，还有许多优秀的中文搜索引擎，如 Google、中文雅虎、搜狐、网易等，都可以为用户提供详细而周全的搜索服务。

4. 在网页上查找信息

有时可能遇到内容比较多的网页，这时就难以查找到自己喜欢的内容。使用 Internet Explorer 的查找功能，可在当前网页中方便快捷地查找指定的内容。

【实训 12-1】 在当前网页上查找信息。

(1) 在 Internet Explorer 窗口的菜单栏中选择"编辑"|"查找(在当前页)"命令，打开"查找"对话框，如图 12-6 所示。

(2) 在"查找内容"文本框中输入要查找的文本或超链接。

图 12-6 查找对话框

(3) 为了只查找全部符合"查找内容"文本框中内容的单词对象，选择"全字匹配"复选框。如果不选择该复选框，则可以同时查找包含该单词字符的所有单词。

(4) 要在查找时区分大小写，选择"区分大小写"复选框。

(5) 在"方向"选项区域中，选择"向上"单选按钮，则从当前位置朝文档起始位置进行查找；选择"向下"单选按钮，则从当前位置朝文档结尾进行查找。

(6) 设置好查找条件之后，单击"查找下一个"按钮，即可进行查找工作。查找到需要的内容之后，将在主窗口中显示。

12.3 快速浏览网站

在 Internet 中漫游了一段时间后，用户一定会遇到一些自己喜欢的网站，这时可以保存相应的网站地址，以便以后能够快捷地访问这些网站。Internet Explorer 提供了 4 种网站快速访问方式：将网页设置为主页、使用历史记录、使用链接栏和使用收藏夹。

12.3.1 设置主页

主页是每次打开 Internet Explorer 时最先显示的网页。如果用户对某一网站的访问特别频繁，可以将这个网站设置为主页。这样，以后每次启动 Internet Explorer 时，该网站就会第一个显示出来，或者在单击工具栏的"主页"按钮时立即显示。

【实训 12-2】 将新浪网首页设置为主页。

(1) 在 Internet Explorer 的地址栏中输入新浪网的网址 www.sina.com.cn，打开新浪网首页。

(2) 在 Internet Explorer 浏览器窗口中，选择"工具"|"Internet 选项"命令，打开"Internet 选项"对话框，如图 12-7 所示，对话框中默认打开的为"常规"选项卡。

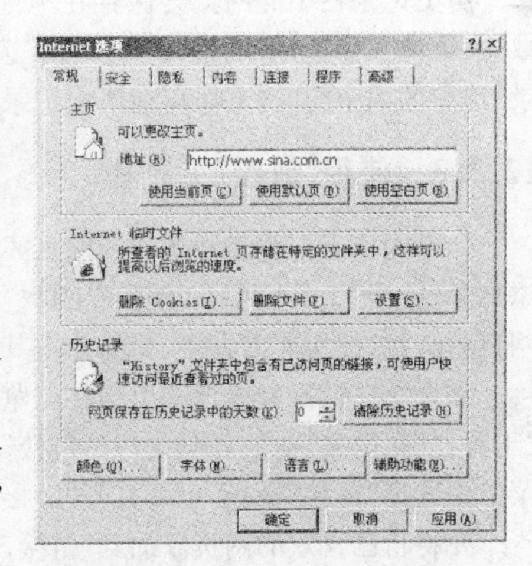

图 12-7 "Internet 选项"对话框

（3）在“主页”选项区域中，单击“使用当前页”按钮，即可将新浪网首页设置为主页。

12.3.2 使用历史纪录

如果要查看最近访问过的网页，可单击工具栏的“历史”按钮，这时窗口左侧将打开“历史记录”窗格，如图 12－8 所示。该窗格中显示的是用户几天或几周以前访问过的网页的链接，单击其中的某一链接即可转到相应的网页。

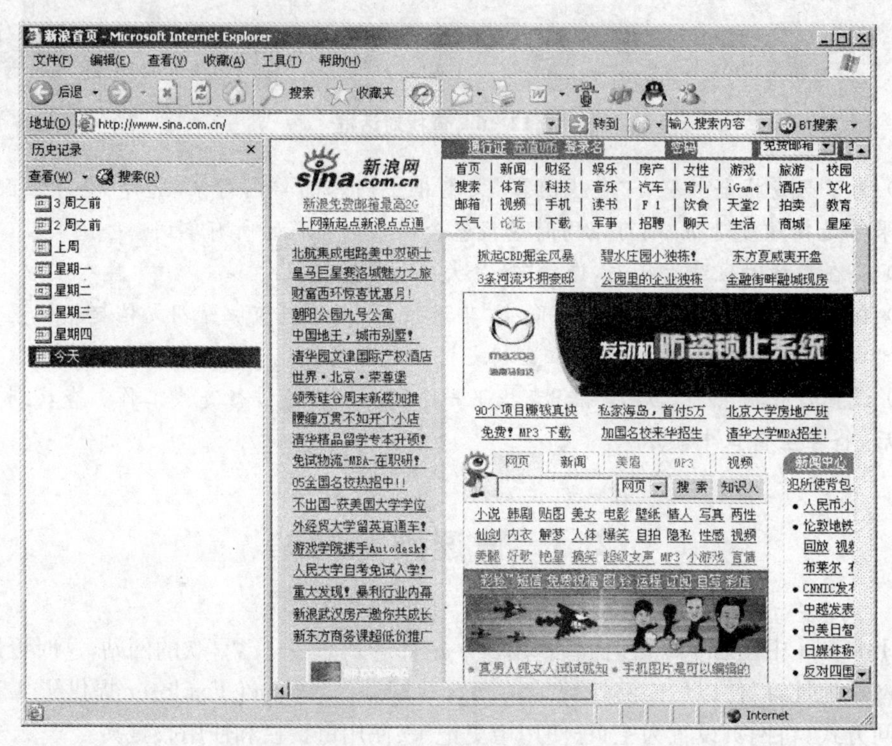

图 12－8 “历史记录”窗格

历史记录栏中的网页会保存在本地电脑中，默认仅保存 20 天。如果要改变默认的天数，在菜单栏中选择“工具”|“Internet 选项”命令，打开“Internet 选项”对话框。在“历史记录”选项区域中的“网页保存在历史记录中的天数”文本框中输入保存网页的天数即可。

12.3.3 使用“链接”工具栏

如果用户有一些经常访问的网页或站点，并希望能放在最容易获得的地方，可以把它们添加到“链接”工具栏中。“链接”工具栏位于地址栏的右边，用于添加一些指向频繁访问的网页的链接，使用非常方便，只需单击其中的链接按钮即可显示相应的站点。

如果“链接”工具栏没有出现在浏览器窗口中，可以在 Internet Explorer 中选择“查看”|“工具栏”|“链接”命令，即可打开“链接”工具栏。另外，右击菜单栏或工具栏，在弹出的快捷菜单中选择“链接”命令，也可打开“链接”工具栏。

要将自己喜欢的网页添加到“链接”工具栏，可以将网页的图标直接从地址栏中拖放到“链接”工具栏。在地址栏中，将鼠标指针指向网页的图标，然后按下鼠标左键，拖动到链接栏上，这时在链接栏上会出现一道黑色指示线，在想要放置该链接的位置释放鼠标，即可将该页面添加到"链接"工具栏上。

除了可以将整个网页添加到"链接"工具栏上之外，还可以将网页中的某一链接网页添加到"链接"工具栏上，而不用在打开该链接后，再将其相应的网页添加到"链接"工具栏中。

把网页添加到"链接"工具栏上之后，以后直接在"链接"工具栏上单击该链接按钮，就可以打开相应的网页。

对于"链接"工具栏上的链接按钮，用户可以方便地调整它们的位置，只需将链接拖动到"链接"工具栏上的不同位置即可。拖动链接时，将会出现一条黑色指示线，指示移动到的位置，在合适的位置释放鼠标即可。

如果用户不再需要某个指向网页的链接，可将其从"链接"工具栏上删除，只需在"链接"工具栏中右击该链接，从弹出的快捷菜单中选择"删除"命令即可。

12.3.4 使用收藏夹

当用户在网上发现自己喜欢的网页时，可将该网页添加到收藏夹列表中。这样，用户以后可以通过收藏夹来访问它，而不用担心忘记了网页地址。

1. 使用收藏夹

在 Internet Explorer 浏览器中使用收藏夹很简单，可以参照以下两种使用方法。

- 在 Internet Explorer 窗口中，选择"收藏"菜单中已经添加的网页地址，就可以在 Internet Explorer 中打开该网站。
- 单击工具栏中的"收藏夹"按钮 收藏夹，Internet Explorer 窗口左侧将打开"收藏夹"窗格，如图 12-9 所示。"收藏夹"窗格的使用方法与资源管理器的文件管理窗格类似，单击其中的网页地址即可打开相应的网页。

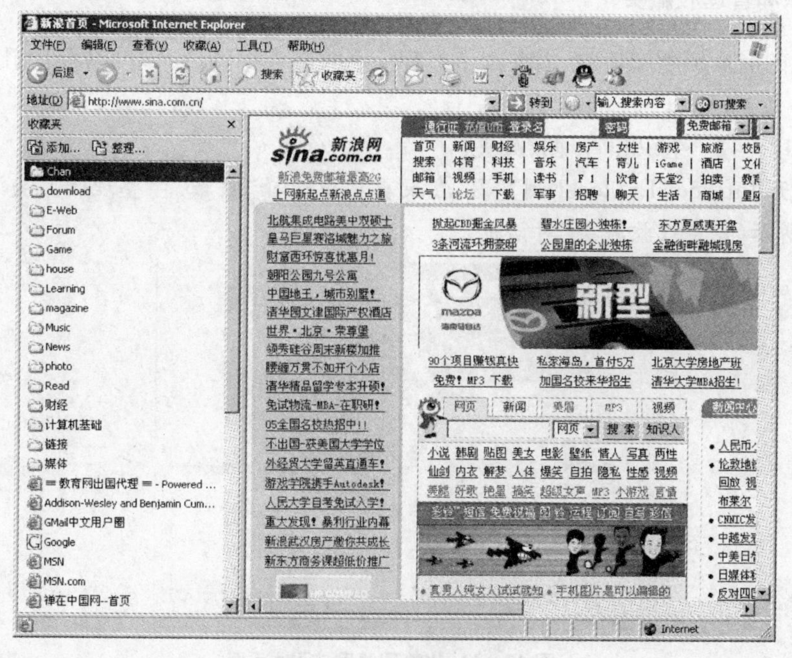

图 12-9 "收藏夹"窗格

2. 将网页添加到收藏夹

用户在使用 Internet Explorer 浏览网页时，如果发现自己感兴趣的网页，可以将其加入收藏夹中，以便以后快速地打开。

【实训 12－3】 将新浪网添加到收藏夹。

(1) 在 Internet Explorer 浏览器的地址栏中输入新浪网的网址 http://www.sina.com.cn。

(2) 选择“收藏”|“添加到收藏夹”命令，打开图 12－10 所示的“添加到收藏夹”对话框。

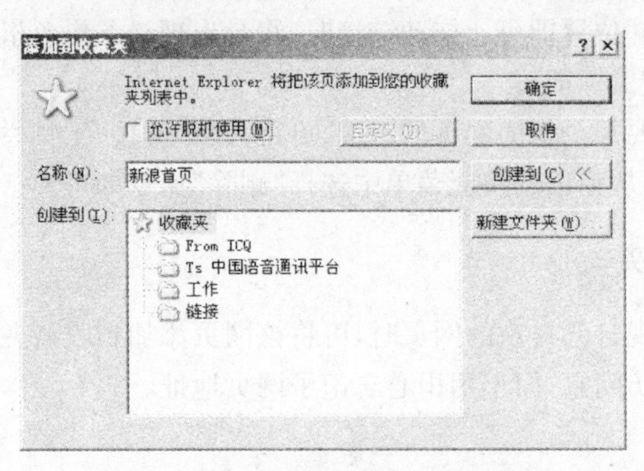

图 12－10 “添加到收藏夹”对话框

(3) 在“名称”文本框中显示了当前网页的名称，如果需要，可为该网页输入一个新名称。

(4) 在“创建到”选项组中选择一个收藏网页的文件夹，或者新建一个文件夹。单击 新建文件夹(W)... 按钮，在打开的对话框中输入新文件夹名称，并单击“确定”按钮。

(5) 选择文件夹后，单击“确定”按钮即可将该网页添加到收藏夹中。

3. 组织和管理收藏夹

当收藏的网页不断增加时，需要经常整理一下收藏夹中的内容，可以将它们分门别类地组织到文件夹中。

【实训 12－4】 组织和管理收藏夹。

(1) 打开 Internet Explorer 浏览器，在菜单栏中选择“收藏”|“整理收藏夹”命令，打开图 12－11 所示的“整理收藏夹”对话框。

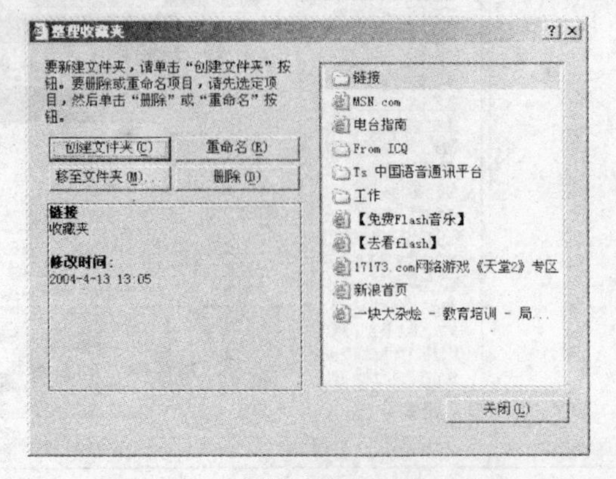

图 12－11 “整理收藏夹”对话框

(2) 要创建一个新的文件夹,单击"创建文件夹"按钮,然后输入该文件夹的名称即可。

(3) 如果需要修改某个文件夹的名称,选中该文件夹,然后单击"重命名"按钮,即可对该文件夹进行重命名操作。

(4) 如果选中某个文件夹后,单击"删除"按钮,将会删除此文件,并且其中的网页也随之被删除。

(5) 如果需要将某个网页从当前文件夹移动至另一文件夹中,可以先打开当前文件夹,从中选择要移动的网页后,单击"移至文件夹"按钮,将打开"浏览文件夹"窗口,在此窗口中选中要移至的目标文件夹,单击"确定"按钮即可。也可以使用鼠标拖动的方法,在"收藏"菜单或者"整理收藏夹"对话框中,直接将某个网页移动到另一个文件夹中。

12.4 设置 Internet 的安全性

在 Internet 上,虽然有各种各样的资源,但也存在着各种威胁。例如某个用户准备购买一件商品,通过 Internet 传送定单、信用卡号码时,黑客如果截取了这部分数据,就可盗用用户的信用卡。另外,在网站和计算机之间传输文件和程序时,如果没有安全措施,某些计算机病毒将连同文件、程序一同存储在用户的计算机上。

因此,学会保护自己的计算机和输入输出的资料是非常重要的。随着计算机网络的发展,Internet 的安全功能得到加强,为用户增加了安全保护机制,以防止未经授权的用户发送和接收数据。通常把带有安全保护机制的站点称为"安全站点"。

Internet Explorer 支持"安全站点"所使用的协议,使用户可以安全从容地从"安全站点"上发送和接收信息,而不被其他用户窃取。用户可以通过对计算机安全机制的设置来保护自己的计算机和资料。

12.4.1 使用安全区域

Internet Explorer 浏览器将 Internet 世界划分为 4 个区域,每个区域都有自己的安全级别,这样用户可以根据不同区域的安全级别来确定区域中的活动内容。Internet 被划分的 4 个区域分别是 Internet、本地 Intranet、可信站点和受限站点。其中 Internet 区域中包含所有未放在其他区域中的网站,安全级别预定为中级;本地 Intranet 区域中包含用户网络上的所有站点,安全级别为中低级;可信站点区域中包含用户确认不会损坏计算机或数据的网站,安全级别为低级;受限站点区域中包含可能会损坏用户计算机和数据的网站,它的安全级别最高,但功能也最少。

12.4.2 设置区域安全级别

虽然 4 个安全区域中的每个区域都有自己的安全级别,但是它们并不一定适合所有的用户。Internet Explorer 浏览器允许用户对 Internet 区域的安全级别进行设置,使其符合自己的安全要求。

【实训 12-5】 设置区域安全级别。

(1) 右击桌面上的 Internet Explorer 图标,在弹出的快捷菜单中选择"属性"命令,打开

“Internet 属性”对话框。

(2) 单击“安全”标签，打开“安全”选项卡，如图 12－12 所示。

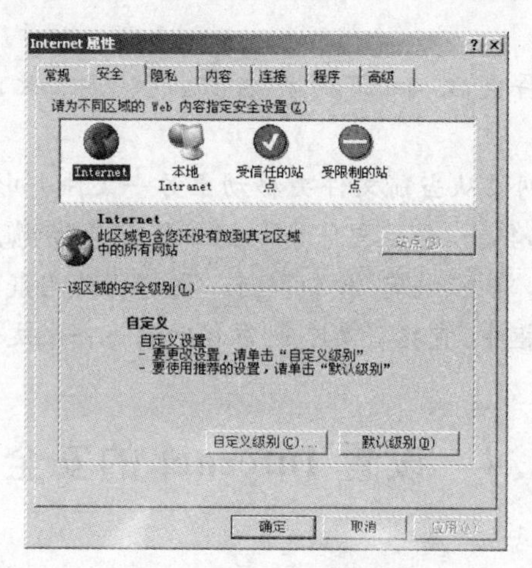

图 12－12 “安全”选项卡

(3) 在“请为不同区域的 Web 内容指定安全设置”列表框中，选择 Internet 图标，将显示相应安全级别的安全内容。

(4) 单击对话框中的“自定义级别”按钮，打开“安全设置”对话框，如图 12－13 所示，可进行各种安全设置。例如，选择“下载未签名的 ActiveX 控件”选项下的“启用”单选按钮，就可利用 Internet Explorer 下载未经签名的 ActiveX 控件。

(5) 单击“确定”按钮返回“安全”选项卡，在列表框中选择“受信任的站点”图标，然后单击“站点”按钮，打开“可信站点”对话框，如图 12－14 所示。

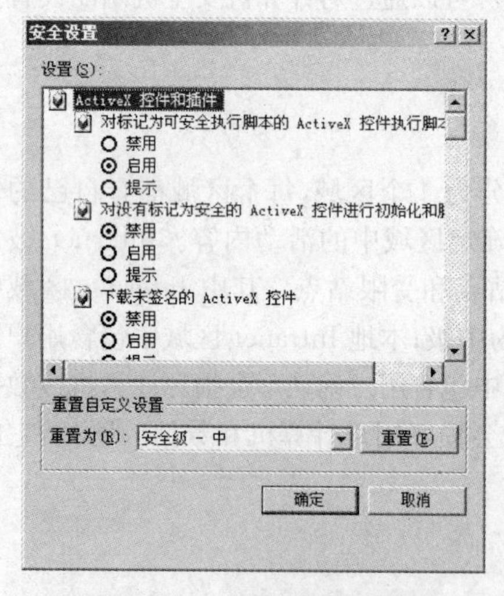

图 12－13 “安全设置”对话框

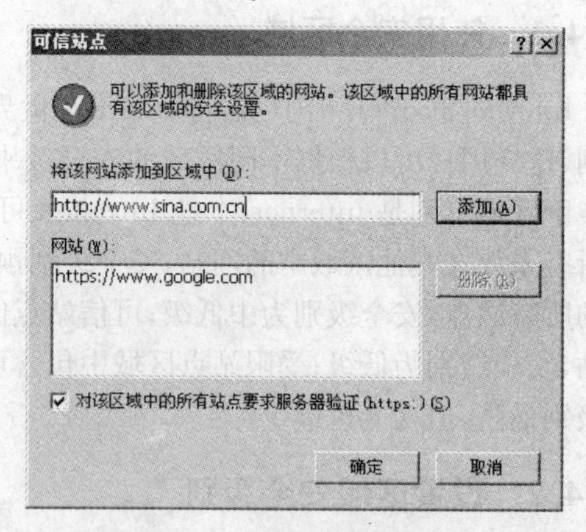

图 12－14 “可信站点”对话框

(6) 通过“可信站点”对话框，可添加或删除可信站点。在“将该网站添加到区域中”文本框中输入可信站点的地址，会激活“添加”按钮，单击它即可添加可信站点。如果“网站”列表框列出了已知的可信站点，单击其中的一个，再单击“删除”按钮，可将其删除。

(7) 选择“受限站点”图标之后，单击“站点”按钮，可打开“受限站点”对话框，其设置方法与“可信站点”对话框相同。

提示：

虽然系统已经定义了每个区域的安全级别，但用户可以为每个安全区域或网站创建自定义的安全级别。例如，如果相信 Internet 或者本地 Intranet 上的网站，可将它们的级别设为最低。

12.4.3 分级审查

Internet 信息丰富多彩，但是这些信息并不是对每一位用户都适合。例如用户不希望自己的孩子在网上看到有关暴力和性方面的内容。通过分级审查，Internet Explorer 可为用户提供一种控制方式，帮助用户控制自己的计算机访问 Internet 网络上的内容的类型。

建立分级审查机制之后，Internet Explorer 就可以控制计算机可访问的文件类型，只有符合审查要求的内容才能显示出来，而那些不符合审查要求的内容将被屏蔽掉。

Windows XP 从暴力、语言、裸体和性 4 个方面分级审查，用户可针对上述各方面设置查看的范围。为了防止他人对预设级别进行修改，可以设置监护人的密码，只有输入该密码的用户才能修改分级审查的设置。

设置好“分级审查”功能后，只可以查看那些满足标准的分级审查内容。用户也可根据需要随时调整此项设置。

【实训 12－6】 设置分级审查。

(1) 右击桌面上的 Internet Explorer 图标，在弹出的快捷菜单中选择“属性”命令，打开“Internet 属性”对话框。

(2) 单击“内容”标签，打开“内容”选项卡，如图 12－15 所示。

(3) 单击“分级审查”选项区域中的“启用”按钮，打开“内容审查程序”对话框，如图 12－16 所示，此时默认的是“级别”选项卡。

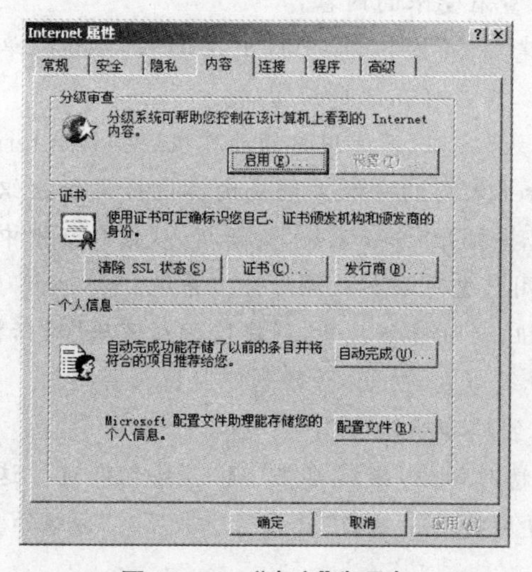

图 12－15 “内容”选项卡

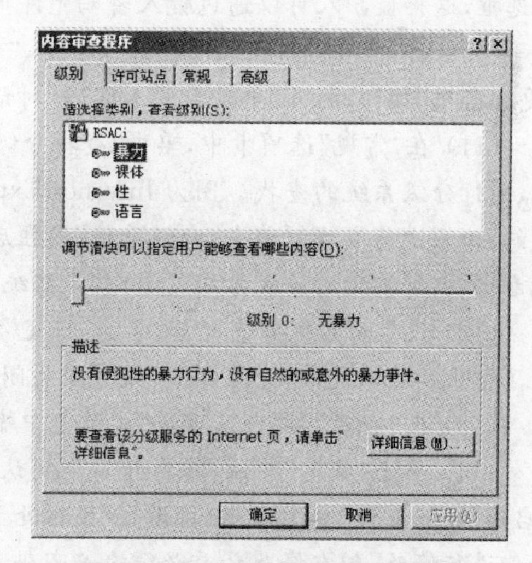

图 12－16 “内容审查程序”对话框

(4) “级别”选项卡中有 4 个类别选项，分别是暴力、裸体、性和语言。单击其中任何一个选项，则可在下面查看到相应的级别和说明，并且能够查看每一种类型的分级服务的网页，单击“详细信息”按钮即完成此项功能。

(5) 如果想适当降低“暴力”和“语言”方面的级别，可依次单击“暴力”和“语言”两个选项，分别将其调节滑块向后移动一个单位，最低可以把它们的级别降至0。

(6) 单击“许可站点”标签，打开“许可站点”选项卡，如图12-17所示。

(7) 在该选项卡中可选择许可的站点和不能查看的站点。在“允许该网站”文本框中输入站点地址，若使该站点成为许可的站点，则单击“始终”按钮；若使该站点成为不能查看的站点，单击“从不”按钮。

(8) 单击“常规”标签，打开“常规”选项卡，如图12-18所示。

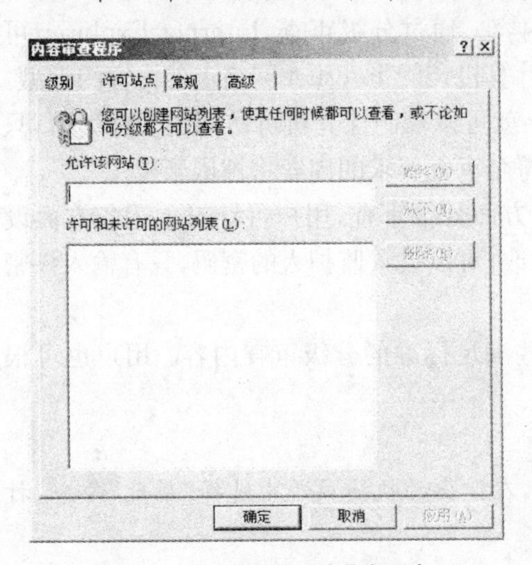

图12-17 “许可站点”选项卡

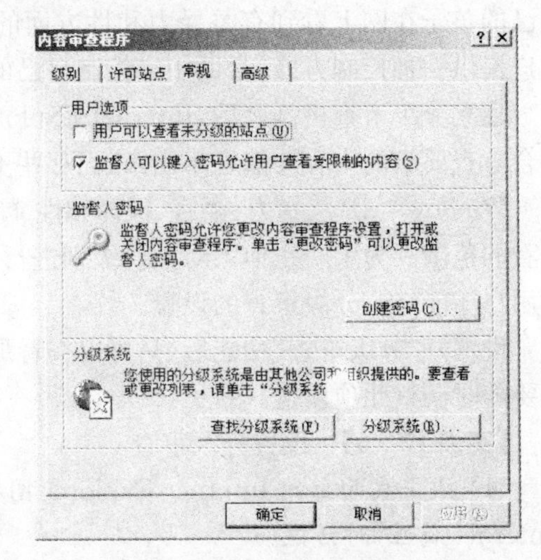

图12-18 “常规”选项卡

(9) 选择“用户选项”选项区域中的“监督人可以键入密码允许用户查看受限制的内容”复选框，这样监护人可以通过键入密码允许用户查看受限的内容。

(10) 创建密码后，在“常规”选项卡中，“创建密码”按钮会变为“更改密码”按钮。单击“更改密码”按钮，打开“更改监督人密码”对话框，用户可在此更换密码。

(11) 在“常规”选项卡中，单击“查找分级系统”按钮，可使用户的计算机连接到Internet上，进行分级系统的查找。因为Internet Explorer采用的分级系统是由其他公司和组织提供的，必须进行查找。单击“分级系统”按钮后可将打开“分级系统”对话框，从该对话框中可以看出，系统内定的分级系统是RSACi系统。用户也可添加或删除分级系统。

(12) 设置好分级审查之后，单击“确定”按钮，这时将会打开“创建监护人密码”对话框。为了防止其他人更改“分级审查”设置或关闭“分级审查”功能，必须创建监护人密码。

(13) 在“密码”和“确认密码”文本框中输入密码和确认密码。

(14) 单击“确定”按钮，将打开一个确认信息对话框，继续单击“确定”按钮即可。这时“启用”按钮变为“禁用”按钮，“设置”按钮处于可用状态。单击“设置”按钮，可对“分级审查”功能进行修改，但在修改之前必须输入密码。

至此，启用“分级审查”系统，每次访问网站时，都先对其内容进行评估，然后才能查看。“分级审查”虽然有好处，但有时也会带来工作上的不便，例如增加了浏览时间。若对网站的内容无特殊要求，可将“分级审查”功能关闭。

提示：

关闭“分级审查”功能的步骤如下：单击“内容”选项卡的“分级审查“选项区域的“禁用”按钮，打开“需要输入监督人密码”对话框，在其中输入密码，然后单击“确定”按钮即可。

12.4.4 证书管理

为了保证网络的安全，Windows XP 提供了一系列的解决方案。安全证书就是其中之一，它是 Internet Explorer 的特性之一。安全证书相当于用户的身份证，通过它来验证用户的真实身份。Internet Explorer 使用两种不同类型的证书：“个人证书”与“网站证书”。个人证书是对个人身份的一种保证，拥有者可以指定一些个人信息，例如用户名、密码等。通过 Internet 向网站发送信息时，可以使用个人证书以证明身份。

网站证书是对网站身份的一种保证，可以确保该站点不被其他网站所冒充。如果有人试图需要网站证书的站点，Internet Explorer 将首先检查存储在证书中的地址是否正确，并根据当前日期检查使用的网站证书是否过期。如果地址不正确或者证书已经过期，Internet Explorer 都将显示警告信息。

【实训 12－7】 选择与查看证书。

(1) 右击桌面上的 Internet Explorer 图标，在弹出的快捷菜单中选择“属性”命令，打开“Internet 属性”对话框。单击“内容”标签，打开“内容”选项卡。在该选项卡中单击“证书”按钮，打开“证书”对话框，如图 12－19 所示。

(2) 在“预期目的”下拉列表框中可选择证书应用的预期目的，例如要应用在安全电子邮件方面，可从下拉列表框中选择“安全电子邮件”选项。

(3) 单击选项卡标签中的任一个，列表框中就会显示出相关的内容。单击“导入”按钮，打开“证书导入向导”对话框，如图 12－20 所示，通过这个向导可导入相关的证书文件。

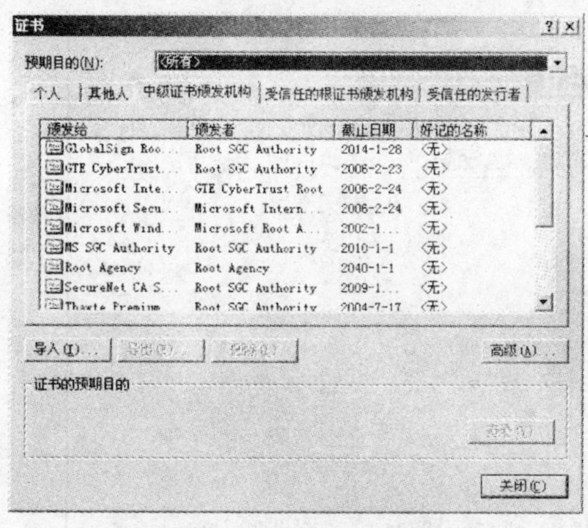

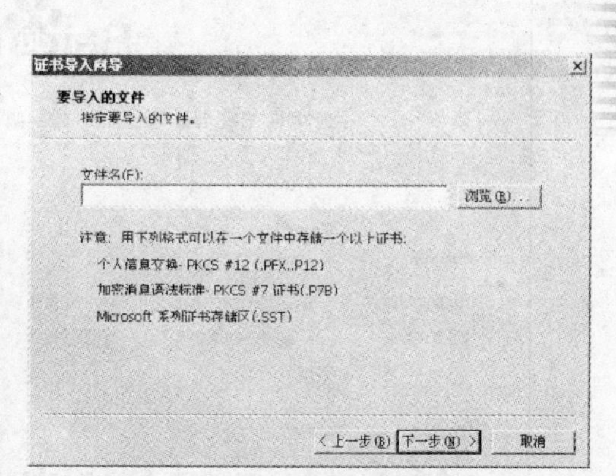

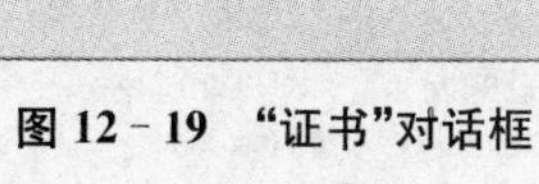

图 12－19 “证书”对话框

图 12－20 “证书导入向导“对话框

(4) 在“证书”对话框中，单击“高级”按钮，将打开图 12－21 所示的“高级选项”对话框。用户可以在“证书目的”列表框中选择一个或多个证书目的。

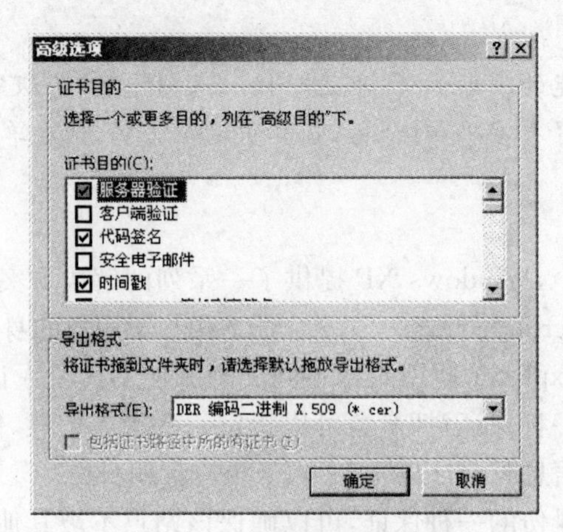

图 12-21 "高级选项"对话框

(5) 用户一般都要将证书保存到自己的文件夹中，以备以后使用，这就需要选择一种证书导出格式。可从"导出格式"下拉列表框中选择一种证书导出格式。

(6) 单击"确定"按钮完成设置。

12.5 思考与练习

1. 什么是浏览器？Internet Explorer 浏览器由那几部分组成，以及各组成部分的功能有哪些？

2. 使用 IE 浏览器打开如图 12-22 所示的百度首页。

图 12-22 习题 2

3. 如何停止与刷新网页？

4. 如何在网页上查找信息？

5. 在 Internet Explorer 中浏览访问南京大学出版社网站，并将其设置为主页。南京大学出版社网站的地址 http://www.njupco.com。

6. 使用百度搜索引擎查找关于“笔记本”电脑的网页信息。

7. 使用历史纪录打开新浪网首页。

8. 把如图 12－23 所示的网页添加到“链接”工具栏上，然后重启 IE 浏览器，直接通过“链接”工具栏打开该网页。

图 12－23 习题 8

9. 将如图 12－24 所示的网页添加到收藏夹。

图 12－24 习题 9

10. 设置区域安全级别。

11. 设置分级审查。

12. 如何选择与查看证书？

第 13 章　系统安全管理

安全性是衡量一个操作系统的主要指标。作为占据操作系统市场很大份额的 Windows 操作系统最新版本,Windows XP 拥有杰出的安全管理能力。本章将向用户介绍如何对自己的系统进行安全管理。

通过本章的理论学习和上机实训,读者应了解和掌握以下内容:

- 设置启动密码
- 设置电源管理密码
- 设置屏保密码
- 自动锁定 Windows XP
- 加密文件
- 验证数字签名
- ASR 功能的使用
- Windows 安全中心的使用
- IP 安全管理
- 提高网络安全特性

13.1　设置密码

保护系统安全最有效的方法就是为系统设置密码,在 Windows XP 中用户可以设置不同方面的多个密码,让系统得到全面有效的保护。其中最常使用的密码包括系统启动密码、电源管理密码以及屏保密码等,下面就向您详细介绍这些密码的设置方法。

13.1.1　设置系统启动密码

保护系统安全最直接和常用的方法就是给系统添加启动密码,这样用户每次在登录系统时都需要输入正确的密码才能登录。

【实训 13-1】 设置系统启动密码。

(1) 在 Windows XP 中选择"开始"|"运行"命令,打开"运行"对话框。

(2) 在"打开"文本框中输入 Syskey,打开"保证 Widnows XP 账户数据库的安全"对话框,如图 13-1 所示。

(3) 选择"启用加密"单选按钮,单击"更新"按钮,打开"启动密码"对话框,如图 13-2 所示。

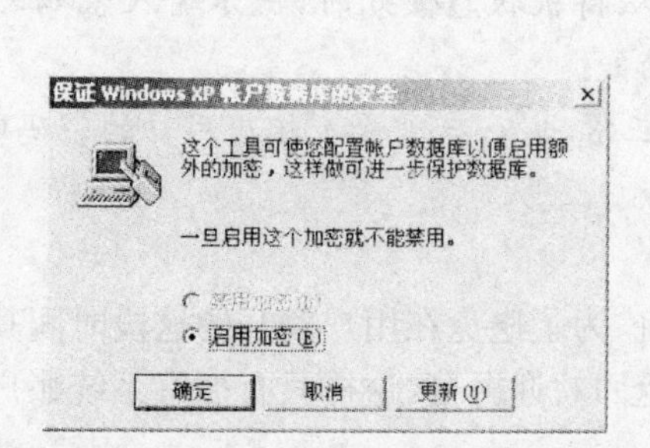

图 13-1 “保证 Widnows XP 账户数据库的安全”对话框

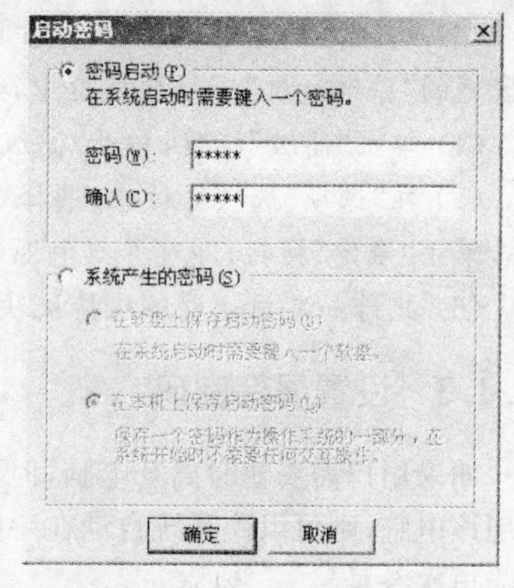

图 13-2 “启动密码”对话框

(4) 选择“密码启动”单选按钮，并在其下面的文本框中输入系统启动密码，然后单击“确定”按钮，即可为系统添加启动密码。

(5) 如果用户要取消系统启动密码，则在“启动密码”对话框中，选择“系统产生的密码”单选按钮，然后选择“在本机上保存启动密码”单选按钮，单击“确定”按钮即可。

提示：

系统启动密码和前面章节中介绍的系统用户密码并不冲突，当用户设置系统启动密码后再启动系统，Windows XP 会首先提示用户输入系统启动密码，验证通过后才会提示用户输入系统用户密码。

13.1.2 设置电源管理密码

在 Windows XP 中，用户可以设置电源管理密码。设置密码后，系统在从待机状态返回时就会要求输入密码，不知道密码的用户则无法令计算机返回正常状态，从而保证了计算机数据的安全。

【实训 13-2】 设置电源管理密码。

(1) 在 Windows XP 中选择“开始”|“设置”|“控制面板”命令，打开“控制面板”窗口。

(2) 双击“电源选项”图标，打开“电源选项 属性”对话框，如图 13-3 所示。

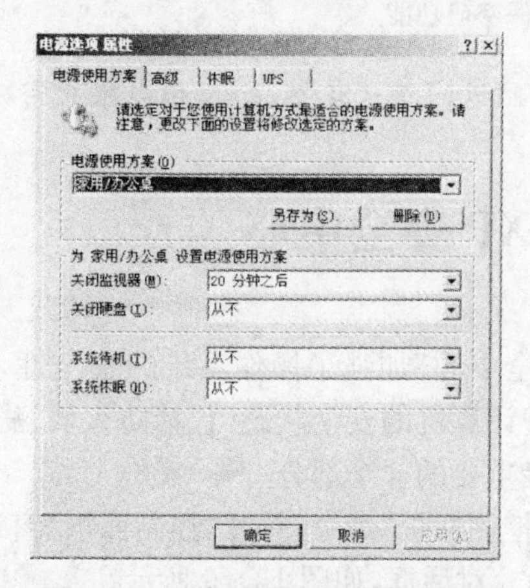

图 13-3 “电源选项 属性”对话框

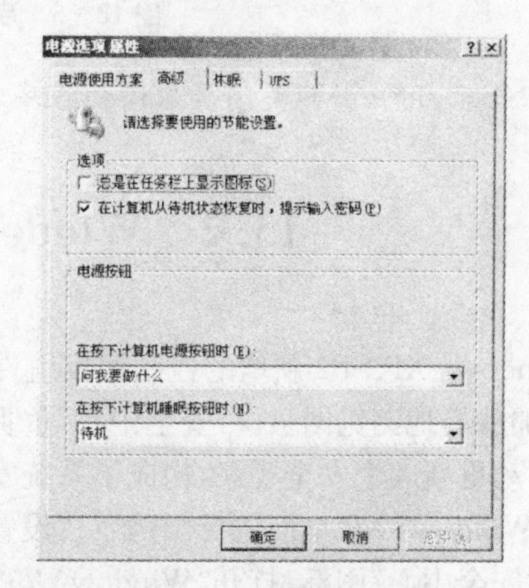

图 13-4 “高级”选项卡

(3) 默认打开的是“电源使用方案”选项卡，在“为家用/办公桌 设置电源使用方案”选项区域的“系统待机”下拉列表框中，设置系统在多长时间没有操作后，自动进入待机状态。

(4) 单击“高级”标签，打开“高级”选项卡，如图 13-4 所示。

(5) 在“选项”选项区域中，选择“在计算机从待机状态恢复时，提示输入密码”复选框，然后单击“确定”按钮，即可开启电源管理密码功能。

(6) 此后如果想让电脑从待机状态恢复到正常状态，只需输入相应用户的密码即可。

13.1.3 设置屏保密码

如果用户需要暂时离开电脑，但又不想关机，为了避免在用户离开的这段时间其他用户使用该电脑，则可以让系统自动在一段时间后返回欢迎屏幕，这样只有拥有系统账户的用户才能再次登录。

【实训 13-3】 设置退出屏保进入系统时要输入账户密码。

(1) 右击桌面空白处，在弹出的快捷菜单中选择“属性”命令，打开“显示 属性”对话框。

(2) 单击“屏幕保护程序”标签，打开“屏幕保护程序”选项卡。

(3) 在“屏幕保护程序”选项区域中，选择“在恢复时使用密码保护”复选框，启动屏保密码功能，如图 13-5 所示。

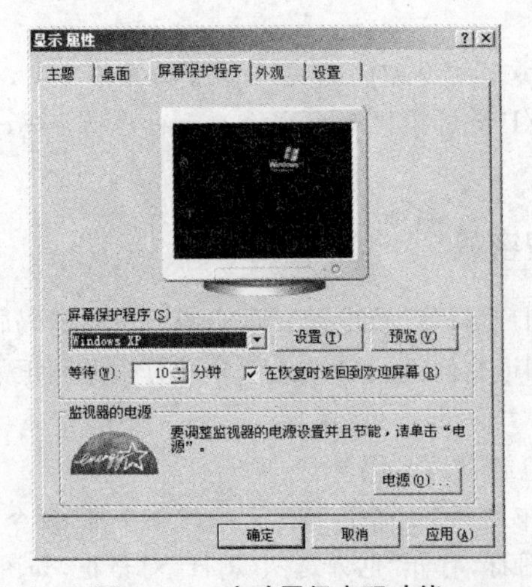

图 13-5 启动屏保密码功能

(4) 此后，用户若想关闭屏幕保护程序，让电脑返回正常状态，输入相应账户密码即可。

13.2 Windows XP 安全中心

Windows XP SP2 新增的控制面板组件“安全中心”加强了操作系统的安全性，使用户可以更加放心地浏览网页。“安全中心”负责检查计算机的安全状态，包括防火墙、病毒防护软件、自动更新 3 个安全要素，构成了系统安全最重要的 3 个部分。

在 Windows XP 桌面选择“开始”|“设置”|“控制面板”命令，打开“控制面板”窗口，双击其中的“安全中心”图标，打开“Windows 安全中心”对话框，如图 13-6 所示。

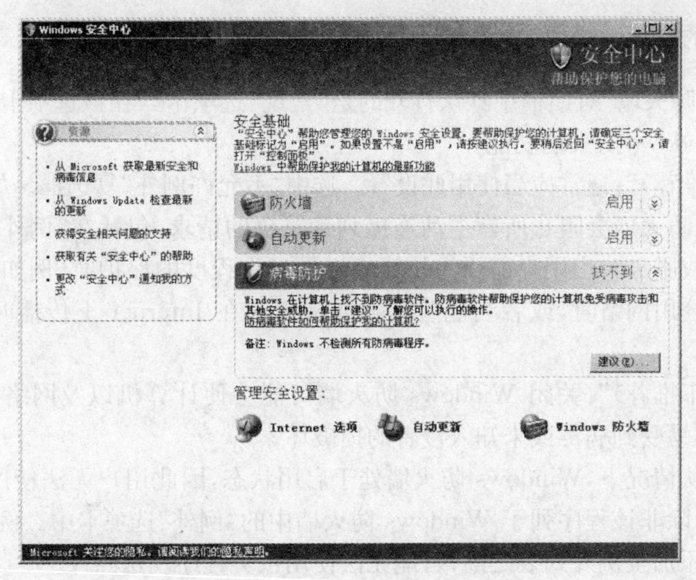

图 13－6 "Windows 安全中心"对话框

13.2.1 Windows 防火墙

防火墙有助于提高计算机的安全性。Windows 防火墙将限制从其他计算机发送到本地计算机上的信息，并对那些未经邀请而尝试连接到本地计算机的用户或程序（包括病毒和蠕虫）提供了一条防御线。

在默认情况下，Windows XP SP2 操作系统中的 Windows 防火墙处于打开状态。如果对其他的防火墙软件更熟悉，而准备选择安装和运行该防火墙软件时，就需要首先关闭 Windows 防火墙，否则两个防火墙软件将会引起系统冲突。

使用拥有管理员权限的账户登录计算机，在 Windows XP 桌面选择"开始"|"设置"|"控制面板"命令，然后双击"Windows 防火墙"图标，打开"Windows 防火墙"对话框。如图 13－7 所示。在该对话框中用户可以对 Windows 防火墙进行设置。

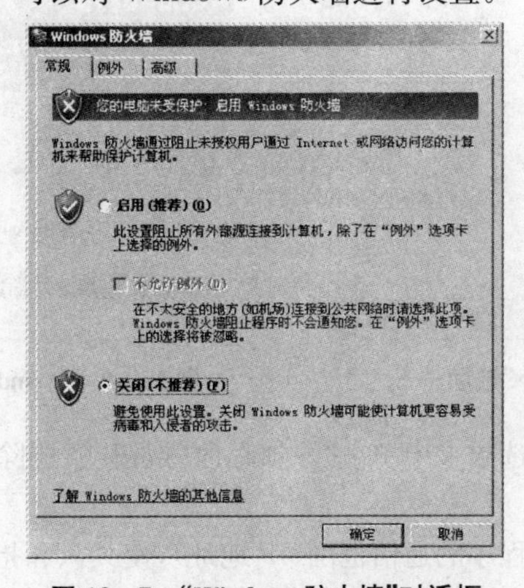

图 13－7 "Windows 防火墙"对话框

1. 防火墙的常规设置

“Windows 防火墙”对话框中默认打开的是“常规”选项卡。在该选项卡中，用户可以设置是否启用 Windows 防火墙功能。

- “启用(推荐)”：通常应当使用此设置。选中“不允许例外”复选框。如果选择此复选框，那么防火墙会阻止所有主动连接到计算机的请求，包括在“例外”选项卡中选择的程序或服务。当用户需要为计算机提供最大程度的保护时(例如，当在旅馆或机场使用公用网络时，或者当危险病毒或蠕虫正在 Internet 上传播时)，可以使用该设置。
- “关闭(不推荐)”：关闭 Windows 防火墙可能会使计算机以及网络(如果有网络的话)更容易受到病毒或未知入侵者的损破坏。

  默认情况下，Windows 防火墙处于启用状态，因此用户无法使用某类程序的某些功能，除非该程序列于 Windows 防火墙中的“例外”选项卡中。例如，在将即时消息程序添加至例外列表之前，可能无法使用该类程序发送照片。

2. 设置允许访问网络的应用程序

在“Windows 防火墙”对话框中，单击“例外”标签，打开“例外”选项卡，如图 13-8 所示。默认情况下，在“程序和服务”列表框中显示允许连接入网络的程序和服务。

当程序需要访问网络被阻止时，会询问用户，如图 13-9 所示。例如，软件 eMule 准备访问 Internet 前，防火墙提出的 Windows 安全警报，由用户来选择是否解除对该软件的阻止。如果选择“解除阻止”，则该程序被添加到例外列表中。如图 13-10 所示，eMule 下次访问 Internet 时就不会产生询问。

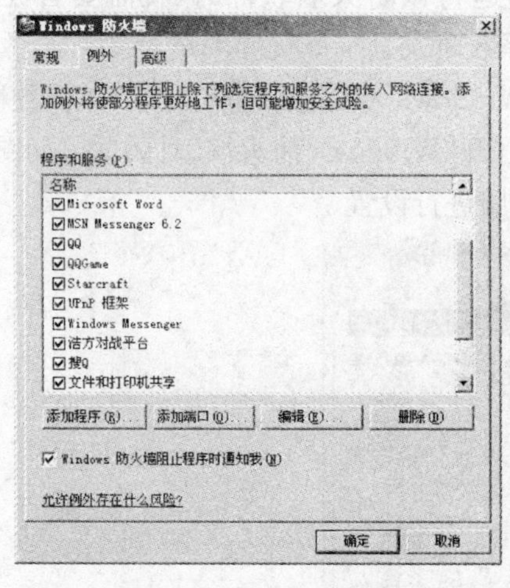

图 13-8 “例外”选项卡

图 13-9 “Windows 安全警报”对话框

用户也可以在“例外”选项卡中单击“添加程序”按钮或“删除”按钮，在“程序和服务”列表框中添加或删除程序。

用户也可以编辑例外程序的通信范围(IP 地址)，使其只和指定的计算机进行通信。在“程序和服务”列表框中，选定一个程序，然后单击“编辑”按钮，打开“编辑程序”对话框，如图

13-11所示。在该对话框中单击“更改范围”按钮，打开“更改范围”对话框，如图13-12所示，然后进行指定程序通信范围的操作。

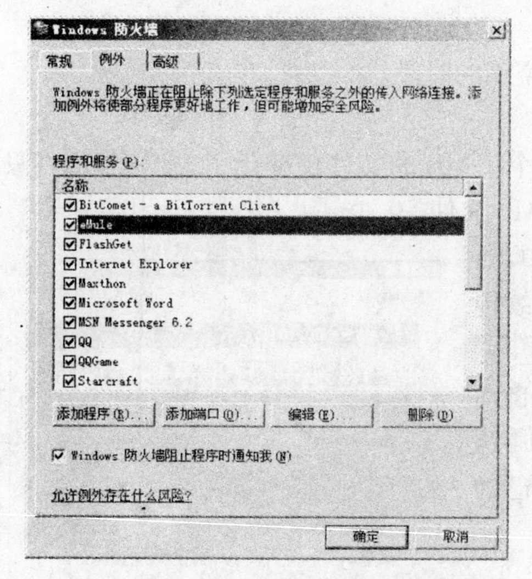

图13-10　解除阻止的程序和服务

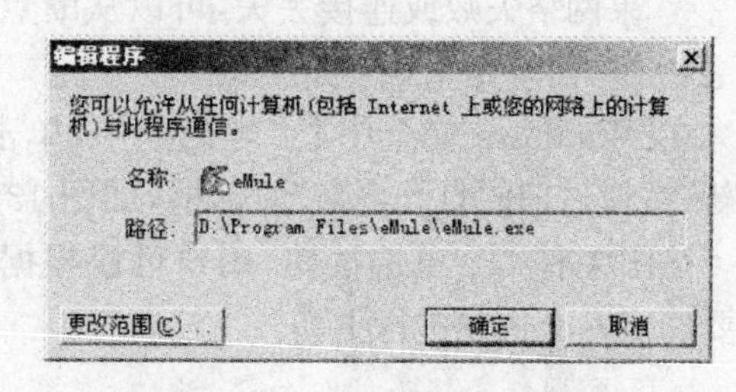

图13-11　“编辑程序”对话框

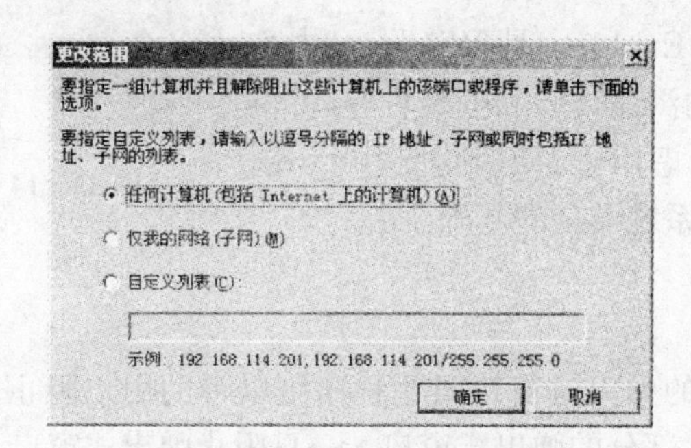

图13-12　“更改范围”对话框

3. 防火墙高级设置

在“Windows防火墙”对话框中，单击“高级”标签，打开“高级”选项卡，如图13-13所示。该选项卡内可以对选定的一个或多个网络连接进行设置，也可以指定安全日志以记录被丢弃数据包和成功的连接。“还原为默认值”按钮可以帮助用户快速恢复为默认的安全状态。

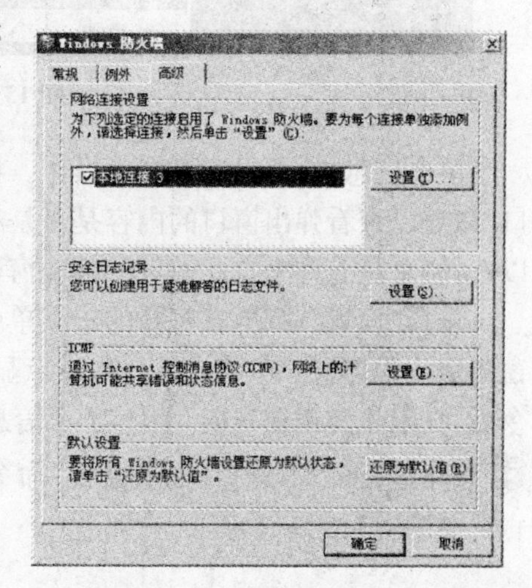

图13-13　“高级”选项卡

13.2.2　自动更新

用户可以通过使用安全中心中的“自动更新”功能，保持Windows系统和安全性处于最新的状态，从而尽量避免利用系统漏洞的恶意攻击。

在Windows XP SP2中，默认开启了“自动更新”功能，该功能包括支持安全修补程序、关键更新、累积更新包、服务软件包等更多类型。如果用户更改了自动更新的设置，将会被系统提醒或警告。“自动更新”功能有以下几个特点：

- 可以指定时间下载更新，例如指定网络空闲的时段。
- 由用户决定下载以及下载安装的方式。
- 仅下载文件变化的部分。例如，如果一个 1 MB 的文件仅变化了一个字节，将只传送其中需要的文件字节，而不是整个 1 MB 文件。
- 从网络传输失败中恢复。在下载过程中，如果网络失败或连接丢失，可以从断点继续传输，而不是重新开始下载。

在“Windows 安全中心”对话框中，单击“自动更新”按钮，打开“自动更新”对话框，如图 13 - 14 所示。该图中有 4 个单选按钮，用户可以根据自己的需要确定一个选项进行更新。

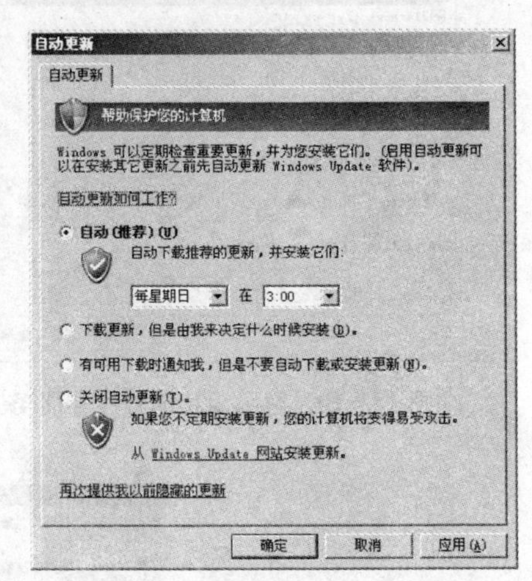

图 13 - 14 “自动更新”对话框

13.2.3 Internet Explorer 安全选项

Microsoft Internet Explorer 是 Windows 中主要的浏览器程序，用户的浏览体验和安全性是 Windows XP SP2 的重要考虑因素，同时保证 Internet Explorer 的安全也成为系统安全的基础。

1. 阻止弹出式窗口

Windows XP SP2 的弹出式窗口阻止程序可以帮助用户阻止那些自动打开的广告页面。默认情况下，阻止大部分的弹出式窗口。一旦阻止弹出式窗口，将会显示一个信息提示窗口，并在信息栏中给出提示，如图 13 - 15 所示，同时可以听到提示音效。

图 13 - 15 阻止弹出窗口

单击信息栏，可以选择多项操作。如果是第一次访问该站点，可选择“临时允许弹出窗口”命令以查看弹出窗口的内容是否是有用信息；如果需要该站点的弹出式窗口信息，则可以选择“总是允许来自此站点的弹出窗口”命令。

选择“设置”命令，在打开的子菜单中可以对信息栏进行进一步的设置；选择“关闭弹出窗口阻止程序”命令，将允许任何站点显示弹出窗口；取消选择“显示弹出窗口的信息栏”命令后，在阻止弹出窗口时，将不显示信息栏。此时可以从 Internet Explorer 状态栏中单击按钮进行设置，选择“更多设置”命令，可以打开“弹出窗口阻止程序设置”对话框，如图 13 - 16 所示。

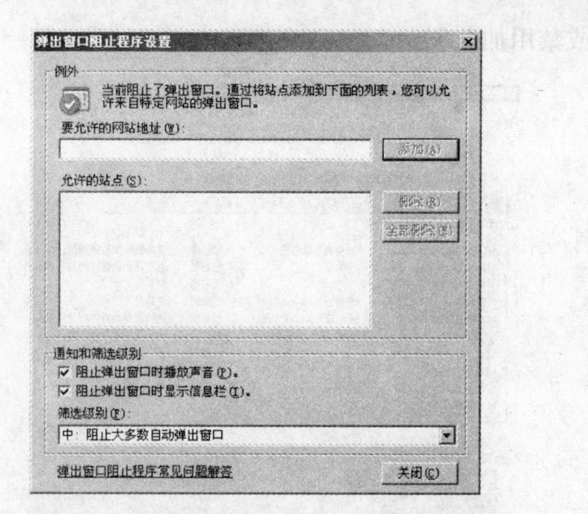

图 13-16 “弹出窗口阻止程序设置”对话框

在“弹出窗口阻止程序设置”对话框中，用户可以手工输入允许站点的地址，还可以选择是否播放声音和显示信息栏，以及不同的筛选级别(默认级别为中)。此外，如果在打开网页时按下 Ctrl 键，将不会阻止弹出窗口。

2. 文件下载和安装提示

从 IE 下载文件时，会出现提示窗口，如图 13-17 所示。提示窗口会显示文件的图标和文件的大小。根据下载文件的不同类型和安全性，提示窗口标题下方的图示也有所不同。

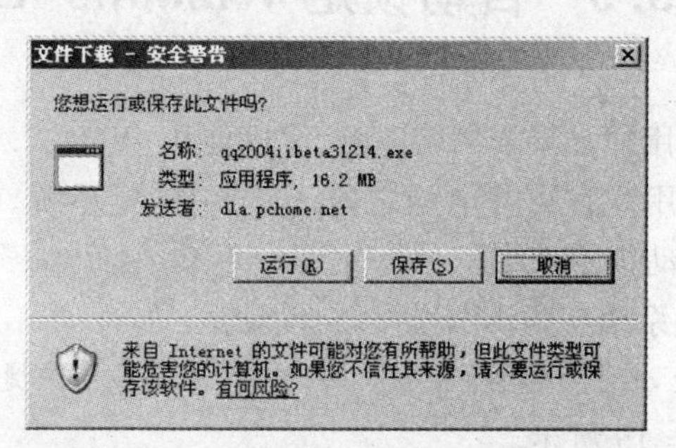

图 13-17 “文件下载-安全警告”对话框

在安装加载项或下载程序时，同样会收到安全警告。对于签署过的程序，可以有更多的选项来决定今后如何处理来自同一发行者的程序。

3. 加载项管理和崩溃检测

加载项向 IE 中添加了多种功能(如额外的工具栏、按钮等)，这使用户可以更加灵活和高效地浏览网页。许多加载项都来自 Internet，大多数加载项在下载到本地计算机之前，都会提示用户的授权下载和安装。但是，有些加载项可能会未经确认即进行下载。还有一些加载项是随 Windows 安装的。

用户可以在 Internet Explorer 中管理加载项，在 Internet Explorer 主窗口的菜单栏中选择“工具”|“管理加载项”命令，打开“管理加载项”对话框，如图 13-18 所示。在该对话框

中,用户可以启用或禁用加载项。

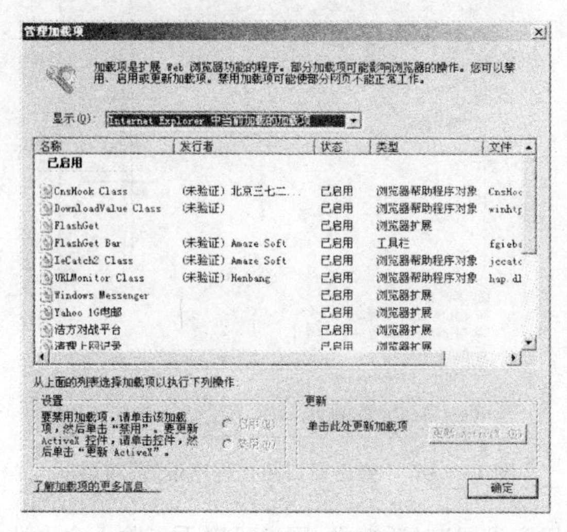

图 13 - 18 "管理加载项"对话框

如果加载项导致网页不能正常显示或被迫关闭,并弹出崩溃报告检测到加载项问题,则可以在加载项管理器中,禁用该加载项。如果是一个 Active X 加载项,可以尝试更新它以解决问题。

13.3 自动锁定 Windows XP

在 Windows XP 中,用户如果要离开电脑,可以使用 Win+L 键锁定系统,让其他用户无法使用电脑。但有时,用户在离开电脑之前,会忘记锁定系统。通过 Windows XP 中的"任务计划"功能,可以自动锁定系统。

【实训 13-4】 设置系统空闲 15 分钟后自动锁定。

(1) 右击桌面空白处,在弹出的快捷菜单中选择"新建"|"快捷方式"命令,打开"创建快捷方式"对话框,如图 13-19 所示。

(2) 在"请键入项目的位置"文本框中输入 rundll32. exe user32. dll. LockWorkStation,然后单击"下一步"按钮,打开"选择程序标题"对话框,如图 13-20 所示。

图 13 - 19 "创建快捷方式"对话框

图 13 - 20 "选择程序标题"对话框

(3) 在“键入该快捷方式的名称”文本框中任意输入一个名称,如输入“锁定计算机”,然后单击“完成”按钮,即可在桌面创建锁定计算机的快捷方式。双击该快捷方式就能锁定计算机。

(4) 选择“开始”|“设置”|“控制面板”命令,打开“控制面板”窗口。

(5) 双击“任务计划”图标,打开“任务计划”窗口,如图13-21所示。

(6) 将桌面的“锁定计算机”快捷图标,拖动至“任务计划”窗口中,以添加任务计划,如图13-22所示。

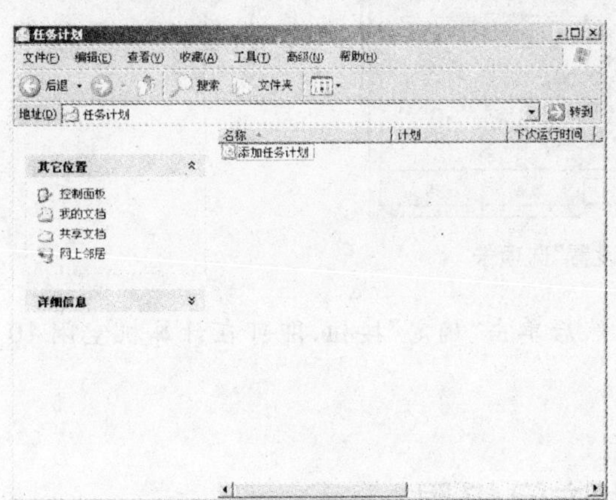

图13-21 “任务计划”窗口

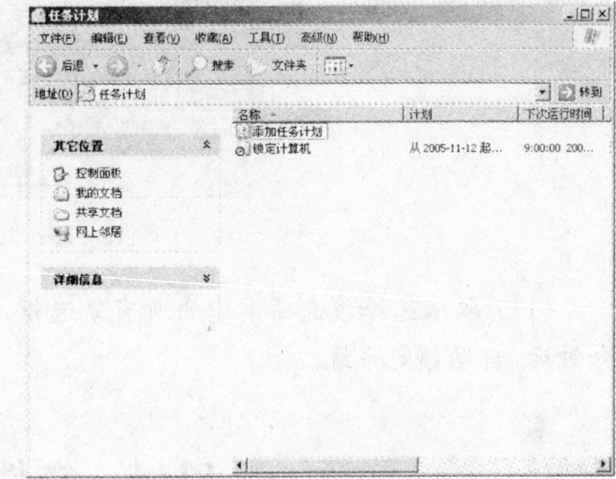

图13-22 添加任务计划

(7) 双击“任务计划”窗口中的“锁定计算机”图标,打开“锁定计算机”对话框,如图13-23所示。

(8) 单击“计划”标签,打开“计划”选项卡,如图13-24所示。

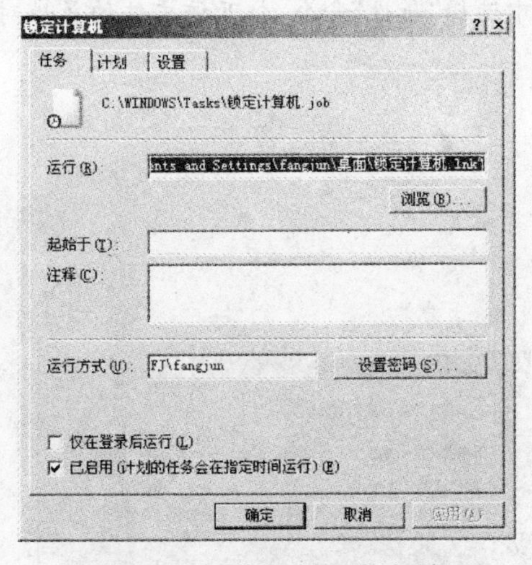

图13-23 “锁定计算机”对话框

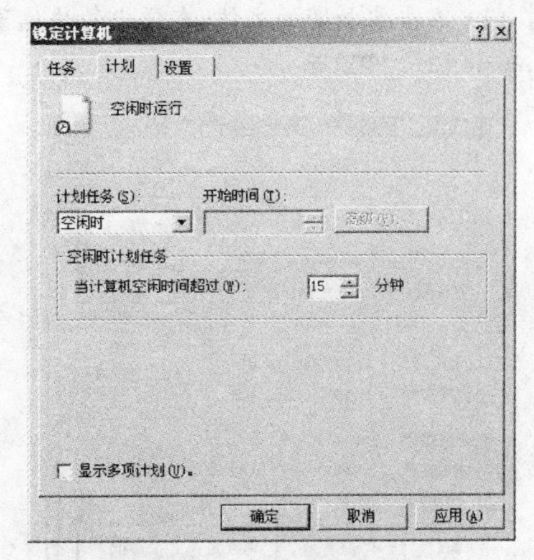

图13-24 “计划”选项卡

(9) 在“计划任务”下拉列表框中,选择“空闲时”选项,然后在“当计算机空闲时间超过”文本框中输入15,设置计算机在空闲15分钟后,自动锁定系统。

(10) 单击“设置”标签,打开“设置”选项卡,如图13-25所示。

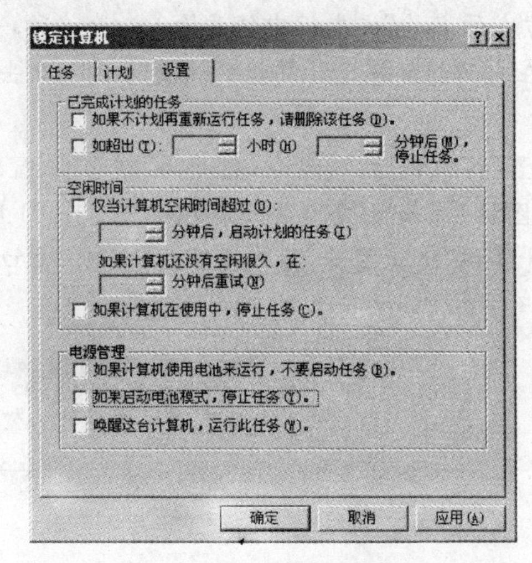

图 13-25 “设置”选项卡

(11) 取消选择该选项卡中的所有复选框，然后单击“确定”按钮，即可在计算机空闲 10 分钟后，自动锁定系统。

13.4 文件访问权限

在 Windows XP 中，如果用户使用的是 NTFS 文件系统，则可以设置文件访问权限，以防止他人随意访问该文件。

【实训 13-5】 设置文件访问权限。

(1) 右击要加密的文件，在弹出的快捷菜单中选择“属性”命令，打开该文件的属性对话框，如图 13-26 所示

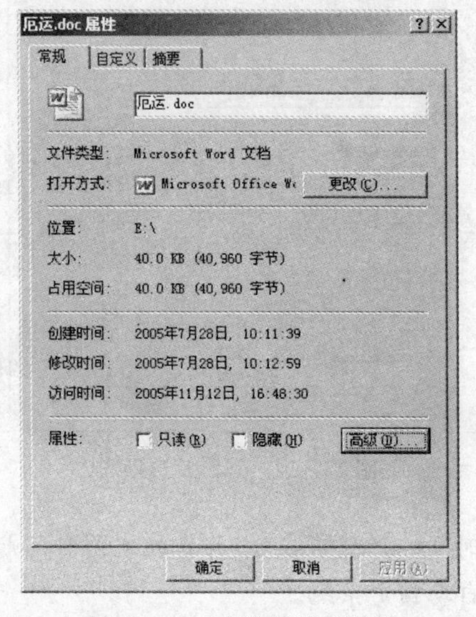

图 13-26 文件属性对话框

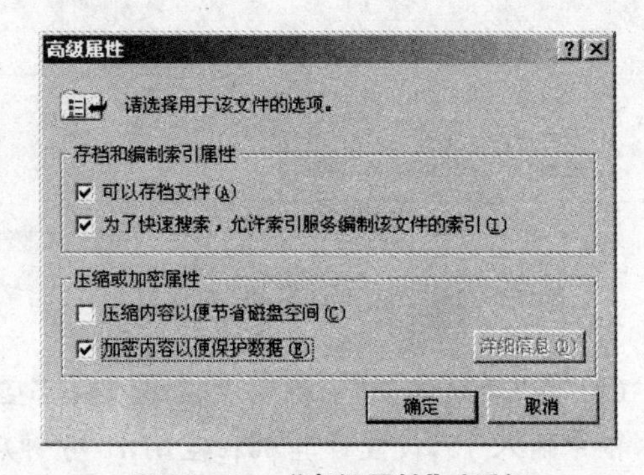

图 13-27 “高级属性”对话框

(2) 默认打开的是“常规”选项卡，在“属性”选项区域中单击“高级”按钮，打开“高级属性”对话框，如图 13－27 所示。

(3) 在“压缩或加密属性”选项区域中，选择“加密内容以便保护数据”复选框，然后单击“确定”按钮返回文件属性对话框，单击“确定”按钮将打开“加密警告”对话框，如图 13－28 所示，

(4) 选择“只加密文件”单选按钮，然后单击“确定”按钮即可加密该文件。

(5) 此后只有使用给该文件加密的用户账户登录才能打开该文件。如果用户想要其他特定账户也能打开该文件，则在“高级属性”对话框中，单击“详细信息”按钮，打开加密详细信息对话框。在该对话框中添加可以访问该文件的用户账户即可。

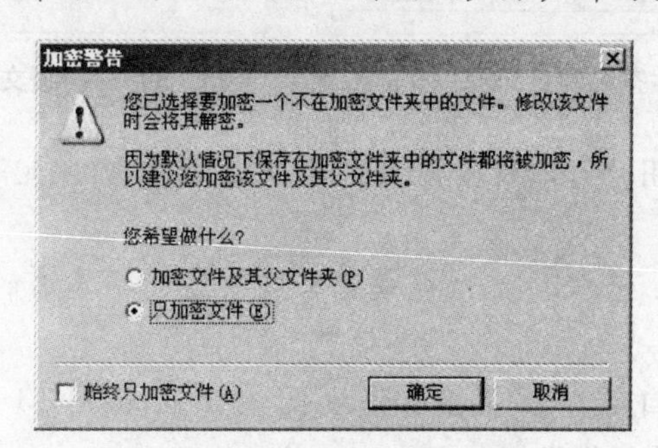

图 13－28 “加密警告”对话框

13.5 验证数字签名

数字签名是允许用户验证的，如果某文件没有有效的数字签名，那么将无法确保该文件确实来自它所声明的来源，或者无法确保它在发行之后未被篡改过(可能由病毒篡改)。

在计算机上安装新软件时，系统文件和设备驱动程序文件有时会被未经过签名的或不兼容的版本覆盖，导致系统不稳定。随 Windows XP 一起提供的系统文件和设备驱动程序文件都有 Microsoft 数字签名，这表明这些文件都是原始的未更改过的系统文件，或者它们已被 Microsoft 同意可以用于 Windows。用户可以通过 Windows XP 中提供了“文件签名验证”工具来检查系统文件的数字签名状态。

【实训 13－6】 查看系统中未经过数字签名的文件列表。

(1) 在 Windows XP 中选择“开始”|“运行”命令，打开“运行”对话框。

(2) 在“打开”文本框中输入 sigverif 命令，然后单击“确定”按钮，打开“文件签名验证”对话框，如图 13－29 所示。

(3) 单击“高级”按钮，打开“高级文件签名验证设置”对话框，如图 13－30 所示。

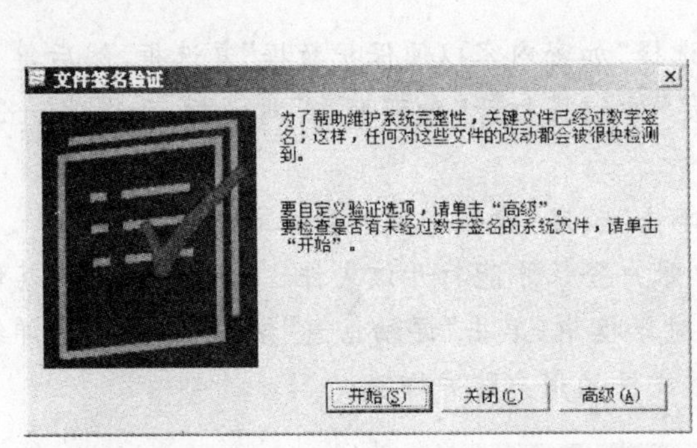

图 13－29　“文件签名验证”对话框

13－30　“高级文件签名验证设置”对话框

(4) 在该对话框中，用户可以设置搜索范围，完成后单击“确定”按钮，返回“文件签名验证”对话框。

(5) 单击“开始”按钮，开始搜索系统中是否有未经数字签名的系统文件，如图 13－31 所示。

(6) 搜索完成后，会自动打开“签名验证结果”对话框，如图 13－32 所示，该列表框中显示的所有文件均未经过数字签名。

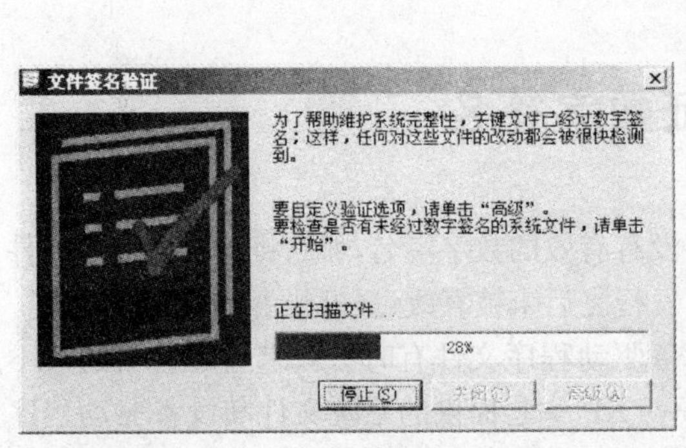

图 13－31　开始搜索

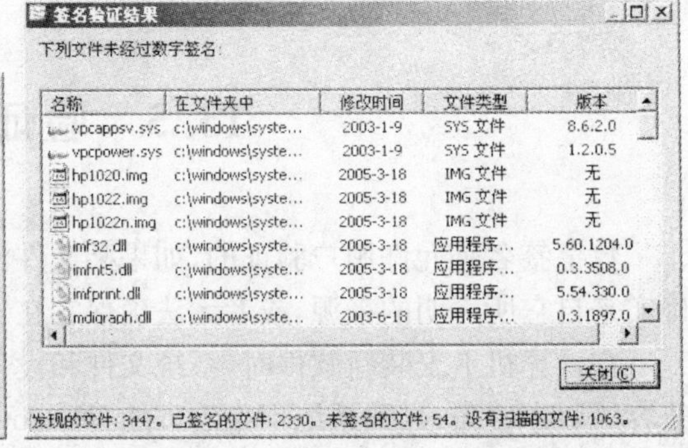

图 13－32　“签名验证结果”对话框

13.6　ASR 系统保护功能

Windows XP 的新增 ASR(Automated System Recovery)功能加强了系统的安全性。ASR 可以保存和还原应用程序、系统状态以及系统和启动分区上的重要文件。ASR 功能

包含两部分内容：一张含有系统设置的软盘(即 ASR 救援盘)以及保存在本地硬盘上的系统分区备份文件。

【实训 13－7】 创建 ASR 救援盘。

(1) 选择“开始”|“程序”|“附件”|“系统工具”|“备份”命令，打开“备份或还原向导”对话框，如图 13－33 所示。

(2) 单击对话框中间的“高级模式”按钮，打开“备份工具”对话框，如图 13-34 所示。

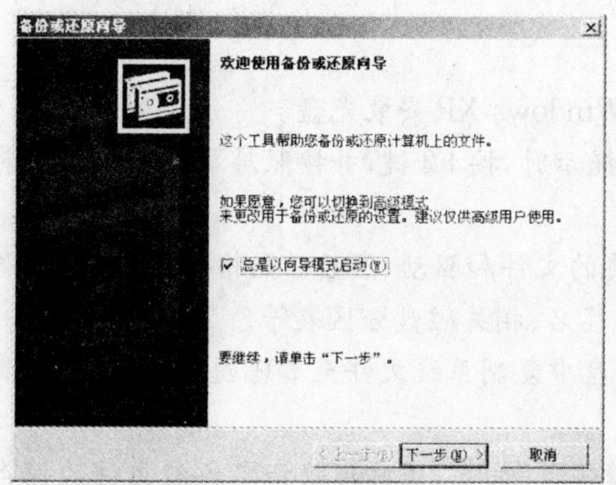

图 13-33 “备份和还原向导”对话框

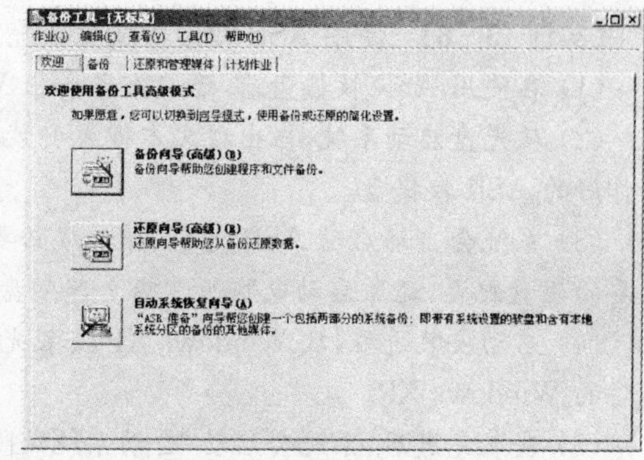

图 13-34 “备份工具”对话框

(3) 单击“自动系统恢复向导”按钮，打开“自动系统故障恢复准备向导”对话框，如图 13-35所示。

(4) 单击“下一步”按钮，打开“备份目的地”对话框，如图 13-36 所示。

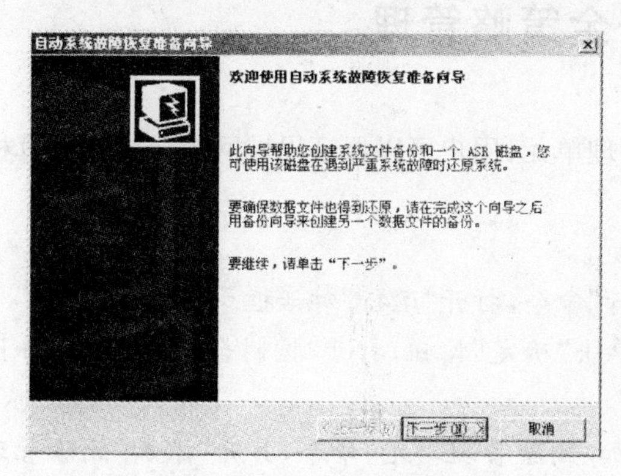

13-35 “自动系统故障恢复准备向导”对话框

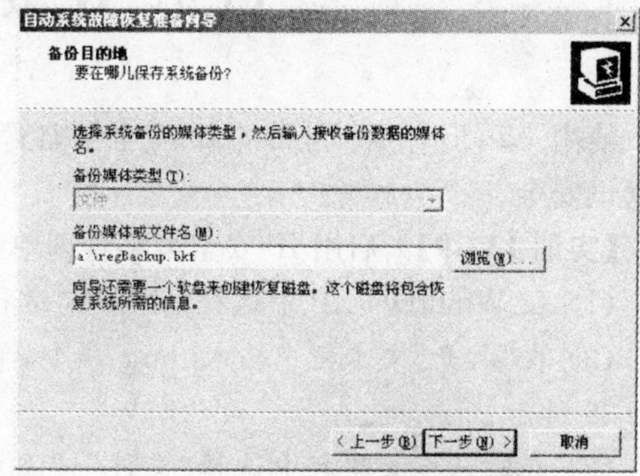

图 13-36 “备份目的地”对话框

(5) 在“备份媒体或文件名”文本框后单击“浏览”按钮，选择自动备份文件的保存路径。单击“下一步”按钮，打开“正在完成自动系统故障恢复准备向导”对话框，如图 13-37 所示。

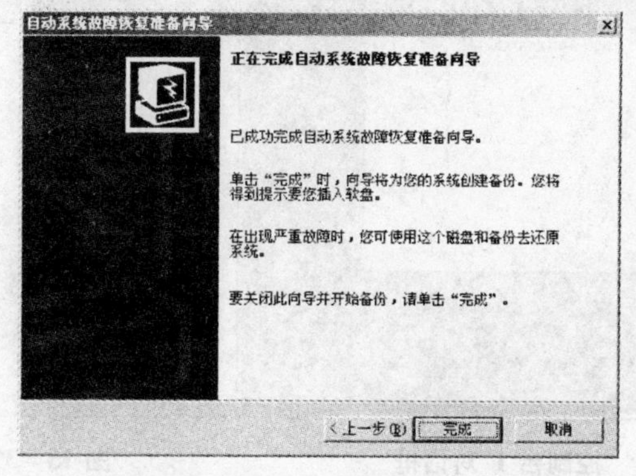

图 13-37 “正在完成自动系统故障恢复准备向导”对话框

(6) 单击“完成”按钮开始备份操作,完成后系统会提示插入一张格式化号的软盘,开始制作 ASR 修复盘。

【实训 13-8】 使用 ASR 救援盘恢复系统。

(1) 在使用 ASR 救援盘前,还应准备一张 Windows XP 安装光盘。

(2) 从光盘启动系统,当出现文本模式安装提示时,按 F2 键,并按照屏幕提示插入先前制作好的 ASR 救援盘。

(3) 系统会自动启动 ASR 进程,并加载必要的文件和驱动,然后开始格式化 C 盘,读取必要的磁盘配置,还原启动电脑所需额全部磁盘签名、相关磁盘分区表等。

(4) 启动安装进程,从 Windows XP 安装光盘中复制系统文件至本地硬盘,开始安装最简洁的 Windows XP。

(5) 安装完成后,系统会启动“自动系统故障恢复”向导,用户可以指定备份文件的保存路径。

(6) 然后打开“备份工具”对话框,把备份文件导入原路径,然后自动重新启动系统即可恢复系统。

13.7 IP 安全策略管理

使用 Windows XP 自带的 IP 安全策略管理单元,用户可以保证局域网内或域内计算机的通讯安全。

【实训 13-9】 启用 IP 安全策略管理单元。

(1) 在 Windows XP 中选择“开始”|“运行”命令,打开“运行”对话框。

(2) 在“打开”文本框中输入 mmc 命令,单击“确定”按钮,打开“控制台 1”对话框,如图 13-38 所示。

(3) 在对话框菜单栏中选择“文件”|“添加/删除管理单元”命令,打开“添加/删除管理单元”对话框,如图 13-39 所示。

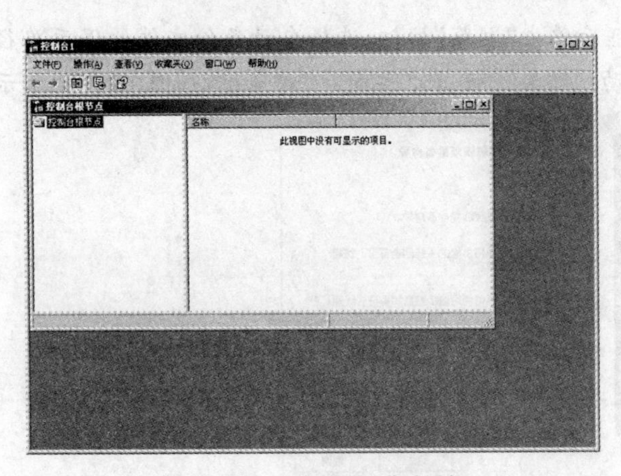

图 13-38 “控制台 1”对话框

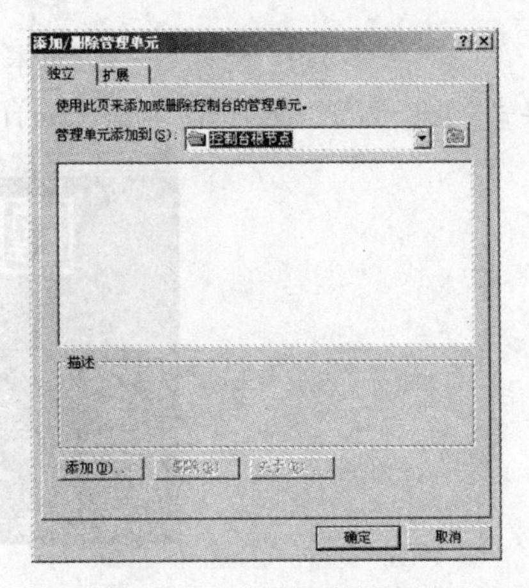

图 13-39 “添加/删除管理单元”对话框

（4）单击“添加”按钮，打开“添加独立管理单元”对话框，如图13－40所示。

（5）在“可用的独立管理单元”列表框中选择“IP安全策略管理”选项，单击“添加”按钮，打开“选择计算机或域”对话框，如图13－41所示。

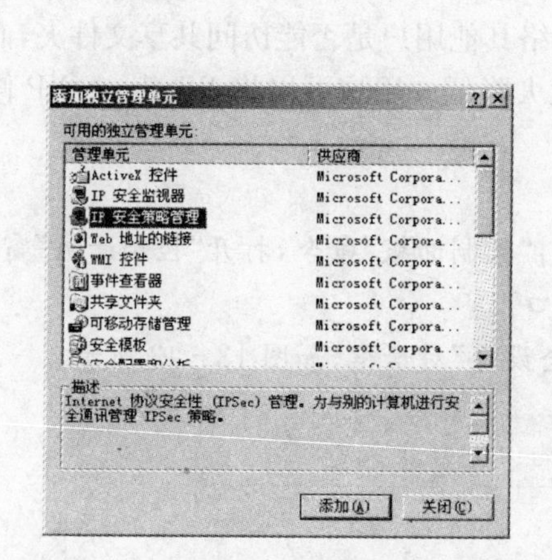

图13－40 “添加独立管理单元”对话框

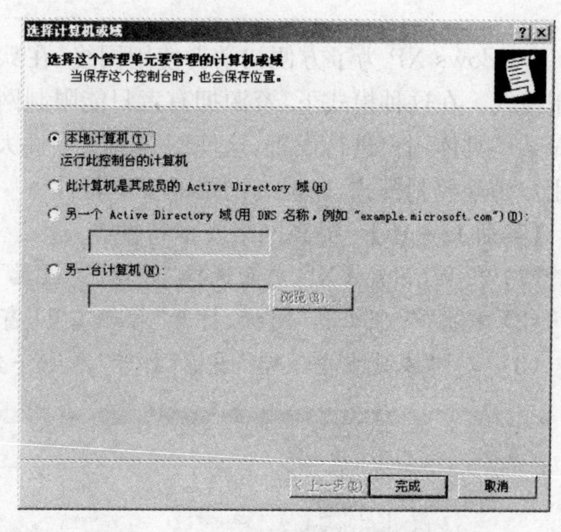

图13－41 “选择计算机或域”对话框

（6）在对话框中选择要管理的计算机或域，然后单击“完成”按钮，返回“添加独立管理单元”对话框。单击“关闭”按钮，返回“添加/删除管理单元”对话框。单击“确定”按钮，返回“控制台1”对话框。此时在对话框中添加了相应的控制单元，以便用户对IP安全进行管理，如图13－42所示。

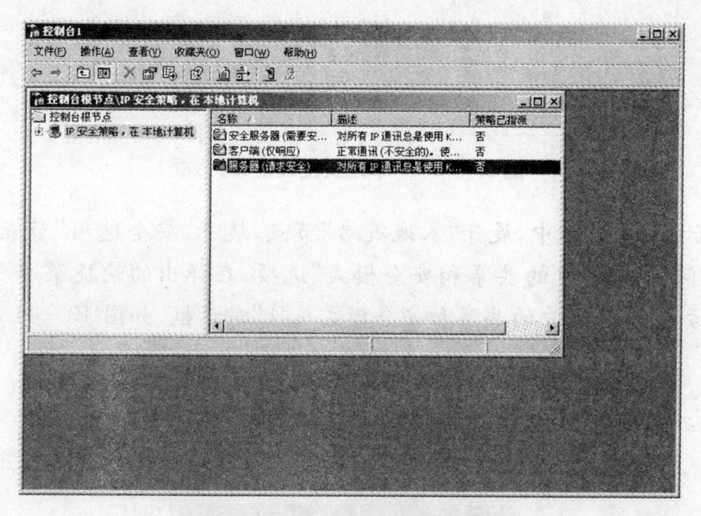

图13－42 添加的控制单元

13.8 网络安全特性

Windows XP 为了方便初学者使用网络，在默认情况下设置为相对简单的共享级访问控制模式。在这种模式下，资源拥有者只能限制网络其他用户是否能访问共享文件夹，而不能对某一具体用户进行设置，这使网络的安全性大大降低。用户可以将 Windows XP 修改为用户访问控制模式，以提高网络的安全特性。

【实训 13-10】 提高网络安全特性。

(1) 在 Windows XP 桌面选择“开始”|“设置”|“控制面板”命令，打开“控制面板”窗口。

(2) 双击“管理工具”图标，打开“管理工具”窗口。

(3) 双击“本地安全策略”图标，打开“本地安全设置”对话框，如图 13-43 所示。

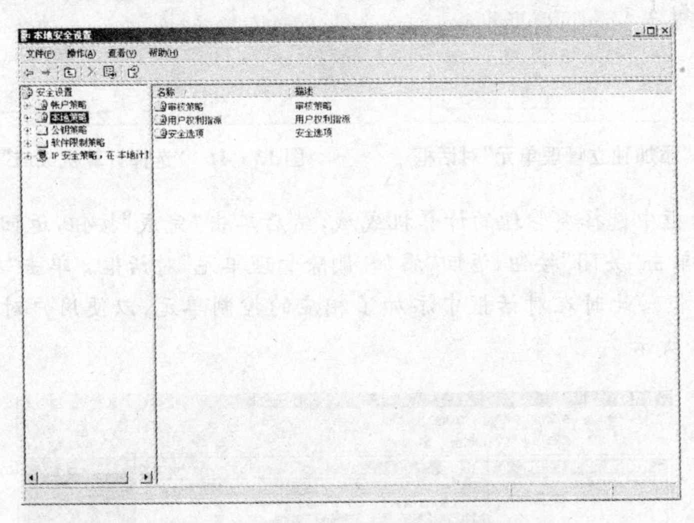

图 13-43 “本地安全设置”对话框

(4) 在对话框的列表树中，展开“本地策略”节点，展开“安全选项”节点，在右边的窗口中右击“网络访问：本地账户的共享和安全模式”选项，在弹出的快捷菜单中选择“属性”命令，打开“网络访问：本地账户的共享和安全模式属性”对话框，如图 13-44 所示。

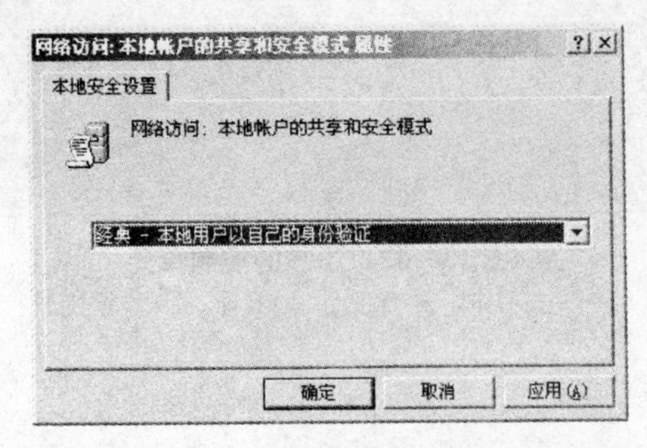

图 13-44 “网络访问：本地账户的共享和安全模式”对话框

(5) 在“本地安全设置”下拉列表框中选择“经典-本地用户以自己的身份验证”选项，然后单击“确定”按钮，即可将共享修改为用户访问控制模式。

(6) 此时，右击要共享的文件夹，在弹出的快捷菜单中选择“共享和安全”命令，打开该文件夹的属性对话框，单击“共享”标签，打开“共享”选项卡，如图 13-45 所示。

(7) 选择“共享此文件夹”单选按钮，然后单击“权限”按钮，打开权限对话框，如图 13-46 所示。

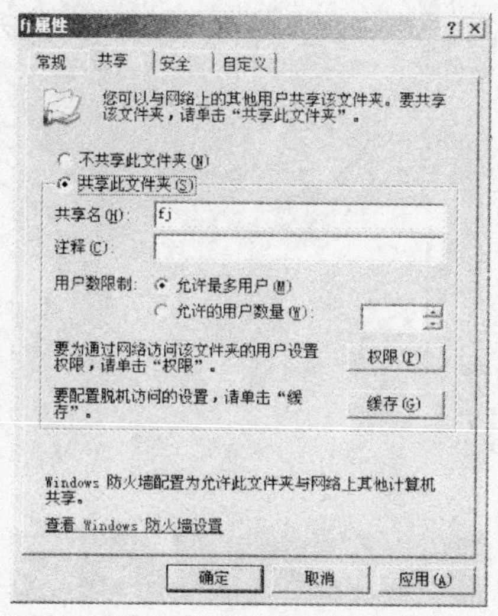

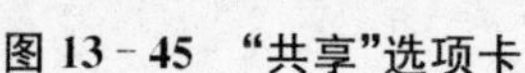
图 13-45 “共享”选项卡

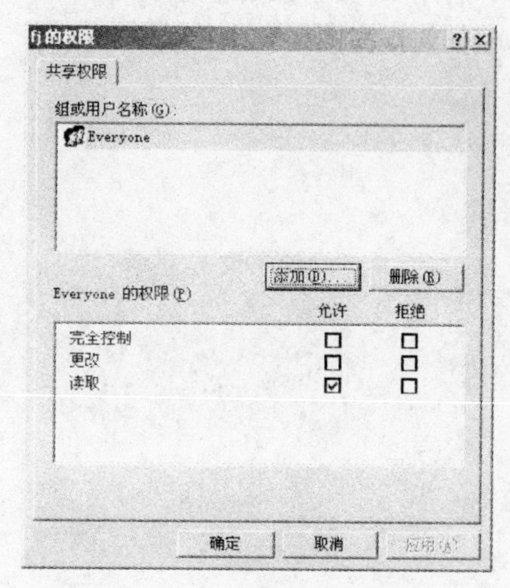

图 13-46 文件夹权限对话框

(8) 在该对话框中可以给不同用户或组设定访问该共享资源的不同权限。

(9) 单击“确定”按钮返回“共享”选项卡，然后单击“确定”按钮关闭该文件夹的属性对话框，即可限制没有权限的用户访问共享资源。

13.9 思考与练习

1. 保护系统安全最有效的方法是什么？
2. 如何设置系统启动密码？
3. 在 Windows XP 中设置电源管理密码。
4. 设置退出屏保进入系统时要输入账户密码。
5. 简述“安全中心”的功能和组成要素。
6. 简述防火墙的功能和原理。
7. 如何启用和关闭防火墙？
8. 设置允许本机上的一个应用程序访问网络。
9. 如何允许任何站点显示弹出窗口？
10. 简述“自动更新”功能的类型和特点。
11. 如何关闭自动更新？
12. 设置阻止弹出式窗口。
13. 设置启用或禁用加载项。

14. 设置系统空闲 20 分钟后自动锁定。
15. 设置文件访问权限。
16. 查看系统中未经过数字签名的文件列表。
17. 创建 ASR 救援盘。
18. 使用上题创建的 ASR 救援盘来恢复系统。
19. 启用 IP 安全策略管理单元。
20. 如何提高网络安全特性?

第 14 章　实　训

14.1　装 Windows XP 操作系统

实训目标

1. 掌握安装 Windows XP 的步骤
2. 能够在安装过程中设置 Windows XP

实训内容

利用 Windows 98 启动盘启动计算机，从光盘中安装 Windows XP。在安装过程中，根据提示设置 Windows XP。

相关知识

在安装 Windows XP 时，为加快安装速度，可在制作 Windows 98 启动盘后，找到 Windows 98 系统下的 smartdrv. exe 程序，将其复制到软盘中，这一点非常重要。smartdrv. exe 是一个硬盘缓冲程序，执行此程序可以加快在 DOS 下访问硬盘的速度。

安装 Windows XP 时，也可以直接从光盘启动计算机进行安装，但这需要在 CMOS 中将计算机设置为从光盘启动，并需要一张启动光盘。

上机操作详解

(1) 开机进入 CMOS 设置，将计算机设置为从软盘启动。

(2) 启动计算机后，运行软盘上的 smartdrv. exe 程序，以加快在 DOS 下访问硬盘的速度，快速安装 Windows XP。

(3) 将 Windows XP 安装光盘插入光盘驱动器。

(4) 找到光驱的盘符，进入到 Windows XP 安装程序的 i386 目录中。

(5) 在 i386 目录下面执行 winnt. exe 命令，运行 Windows XP 的安装程序，启动 Windows XP 安装向导，并确定 Windows XP 安装程序的位置。

(6) 一般安装程序的位置不用改变，直接按下 Enter 键即可。接下来安装程序开始复制启动文件到磁盘中。

(7) 文件复制完成后，安装程序提示用户重新启动计算机。这时按下 Enter 键，重新启动计算机后，进入 Windows XP 安装程序，如图 14－1 所示。

(8) 根据提示，按下 Enter 键开始安装 Windows XP。接下来安装程序显示“Windows

XP 许可协议”界面,如图 14-2 所示。

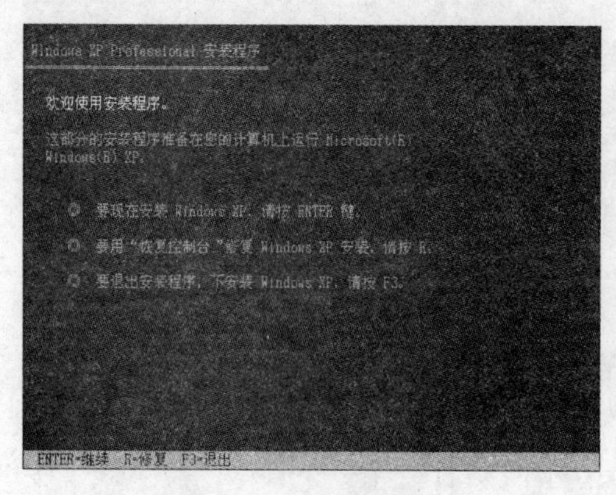

图 14-1 选择安装方式

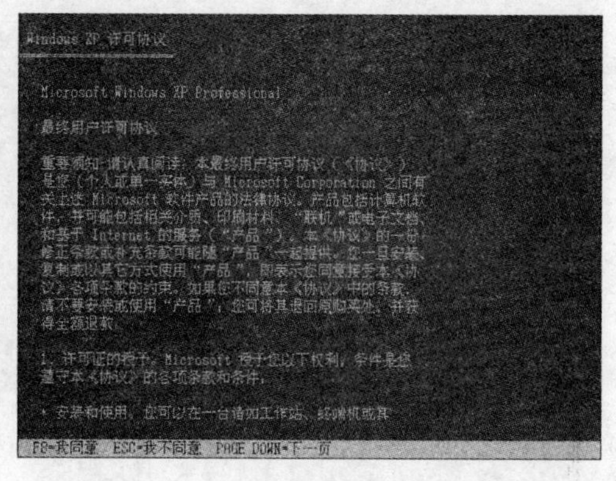

图 14-2 Windows XP 许可协议界面

(9) 按下 F8 键,同意许可协议,继续 Windows XP 的安装。然后,安装程序显示磁盘的分区情况,这里用户可以选择安装系统的磁盘分区,如图 14-3 所示。

提示:

由于当前没有对硬盘进行分区,所以,这里显示的是“未划分的空间”。

(10) 这里我们选择将 Windows XP 系统安装到“未划分的空间”上,按下 Enter 键,系统将自动创建分区,并询问采用什么样的文件系统格式化磁盘分区,如图 14-4 所示。

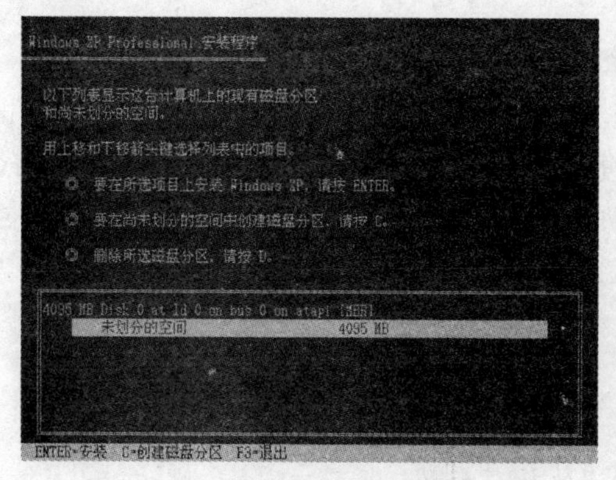

图 14-3 选择安装系统的磁盘分区

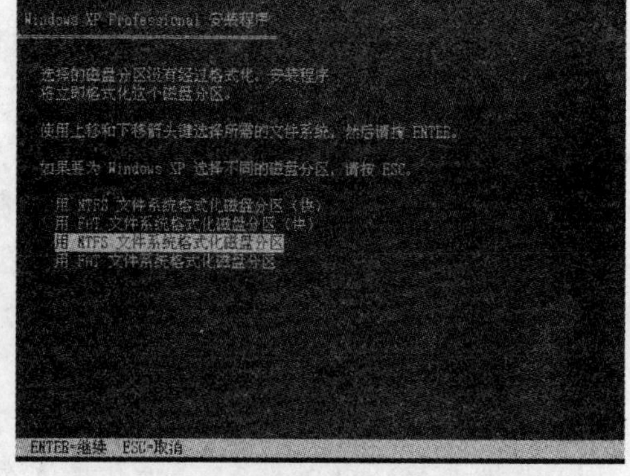

图 14-4 选择文件系统格式化磁盘分区

(11) 由于考虑到兼容性,我们不选择使用 NTFS 文件系统格式化磁盘分区,而是选择“用 FAT 文件系统格式化磁盘分区(快)”选项,使用 FAT 文件格式快速格式化磁盘,如图 14-5 所示。

(12) 按 Enter 键,安装程序提示用户是否继续格式化磁盘分区,如图 14-6 所示。

(13) 按 Enter 键,开始格式化磁盘分区,此时将显示图 14-7 所示的界面。

(14) 格式化磁盘后,安装程序将自动复制文件到 Windows XP 安装文件夹中,此时显示复制文件界面,如图 14-8 所示。

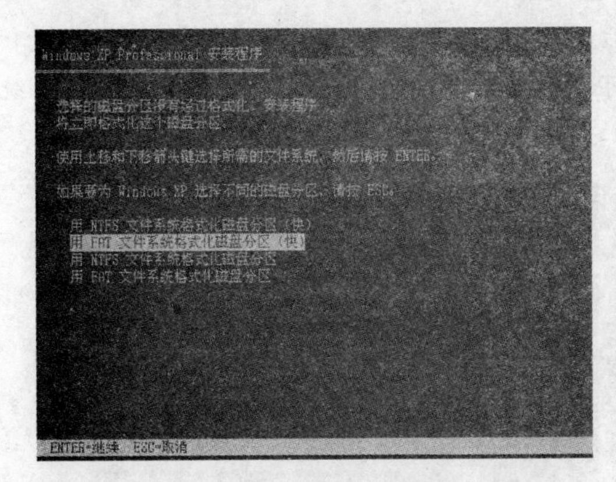

图 14－5　选择分区格式

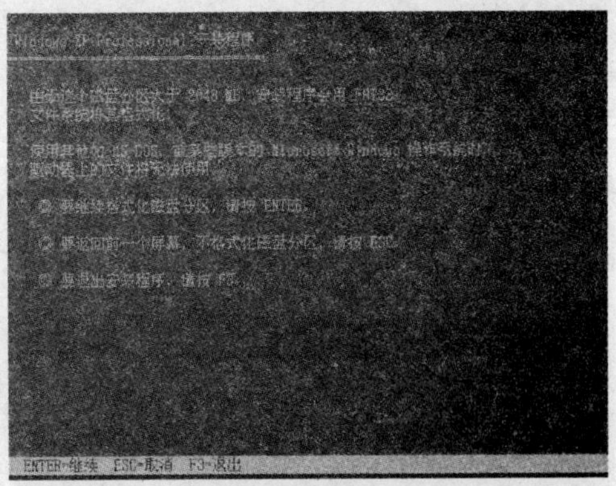

图 14－6　选择是否格式化磁盘分区

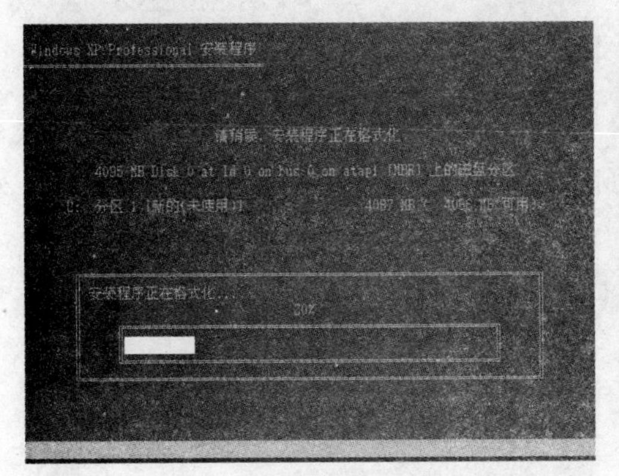

图 14－7　格式化磁盘

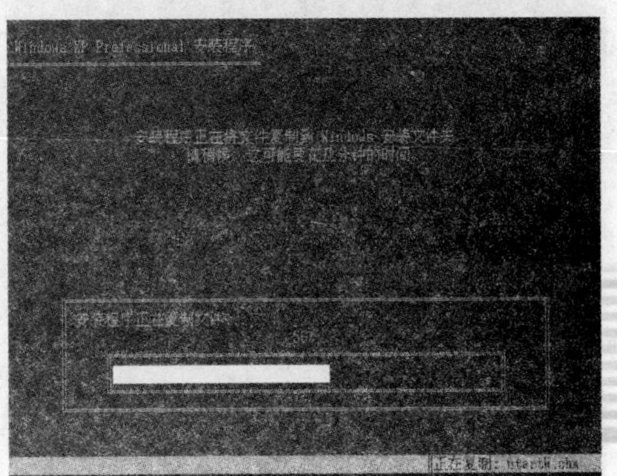

图 14－8　复制文件

(15) 文件复制结束后，将软盘从软驱中取出。按 Enter 键重新启动计算机，或等待 15 秒后，安装程序会自动重新启动计算机。

(16) 重新启动计算机后，就可以看到 Windows XP 的启动画面了，如图 14－9 所示。

图 14－9　Windows XP 的启动画面

(17) 接下来系统将自动检测计算机中安装的硬件并安装其相应的驱动程序，此时将显示图 14－10 所示的检测进度画面。

(18) 等待一段时间,自动检测硬件结束后,安装程序进入到图 14-11 所示的“区域和语言选项”对话框。单击“自定义”按钮,用户可以根据需要在打开的设置对话框中设置系统的区域信息以及输入法。

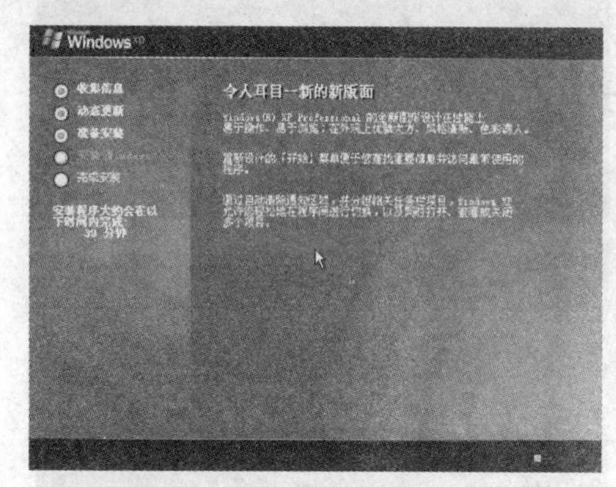

图 14-10　检测并安装设备

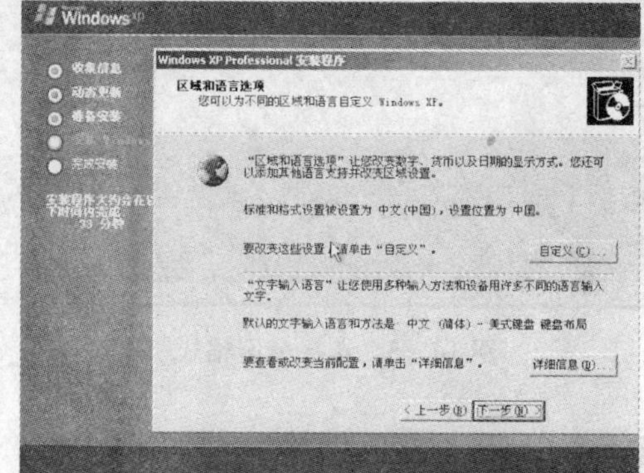

图 14-11　“区域和语言选项”对话框

(19) 单击“下一步”按钮,打开图 14-12 所示的对话框,在此需要用户输入姓名以及公司或单位的名称。

(20) 单击“下一步”按钮,打开图 14-13 所示的“您的产品密钥”对话框,输入产品密钥。

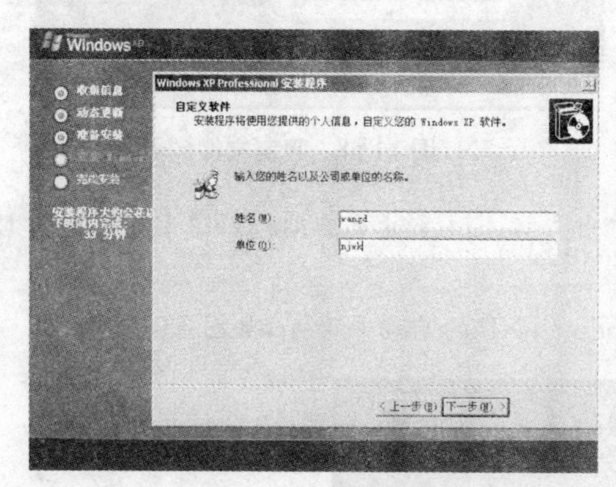

图 14-12　输入姓名和单位

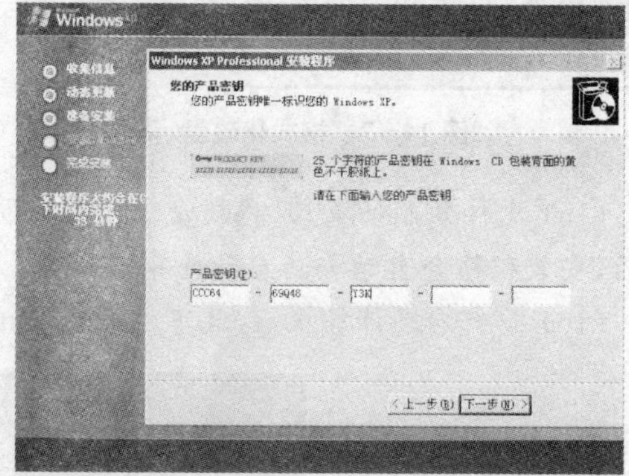

图 14-13　“您的产品密钥”对话框

(21) 单击“下一步”按钮,打开图 14-14 所示的输入计算机名称和管理员密码的对话框,用户可以根据需要设置计算机名称和管理员密码。

提示:

管理员的密码可以不设置,但是计算机名称一定要设置。如果该计算机要连接到局域网中,那么该计算机名称不能与局域网中其他的计算机名称相同。此外,如果设置了管理员密码,必须记牢该密码。

(22) 单击“下一步”按钮,打开图 14-15 所示的“日期和时间设置”对话框,用户可以为系统设置正确的时间、日期和时区。

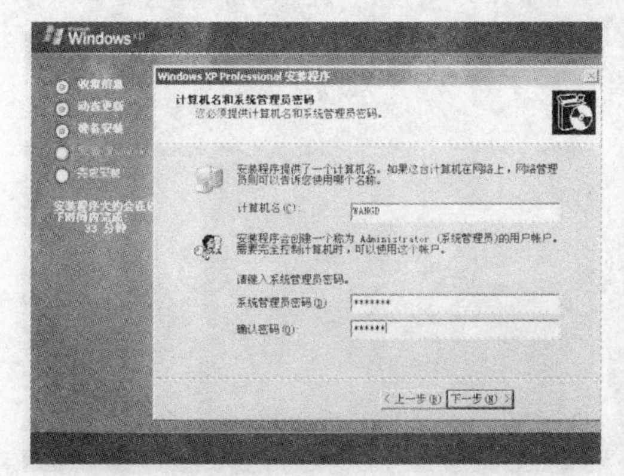

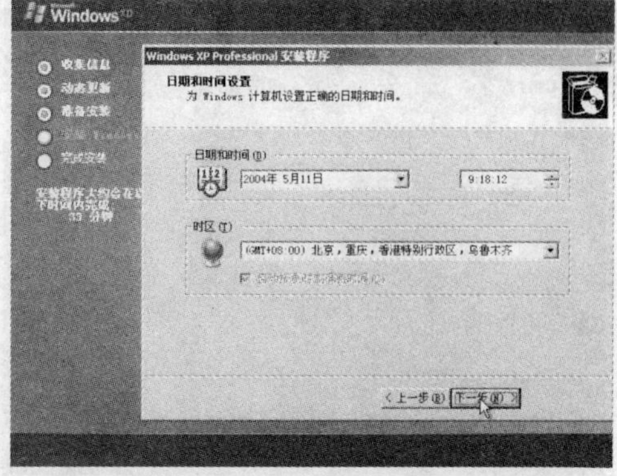

图 14-14　输入计算机名称和管理员密码　　　　图 14-15　“时间和日期设置”对话框

(23) 单击“下一步”按钮,安装程序开始搜集网络信息,搜集完成后显示图 14-16 所示的网络设置对话框。这里有两个单选按钮,其中,选中“典型设置”单选按钮,则 Windows XP 安装程序将用户网络配置设置成只包含 3 个组件的网络环境;选中“自定义设置”单选按钮,则用户可以自己选择网络的组件和设置这些组件的信息。这里选择“典型设置”单选按钮。

(24) 单击“下一步”按钮,打开图 14-17 所示的“工作组或计算机域对话框”。用户可以根据计算机所处网络的实际情况进行设置。例如,想加入名称为 NJWK 的工作组,那么选择“是,把此计算机作为下面域的成员”单选按钮,并在“工作组或计算机域”对话框中输入 NJWK 即可。

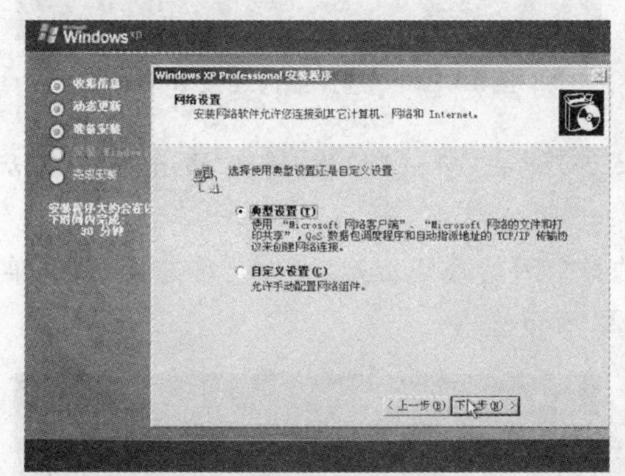

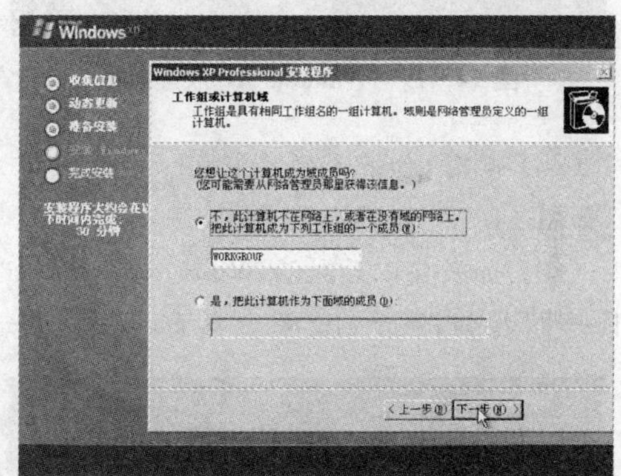

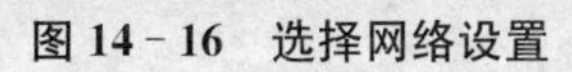
图 14-16　选择网络设置　　　　图 14-17　“工作组或计算机域”对话框

(25) 单击“下一步”按钮,安装程序进行文件的复制和系统的设置工作,依次显示图 14-18所示的画面。

(26) 文件复制完成后,系统会自动重启计算机,并显示欢迎界面,如图 14-19 所示。

(27) 单击“下一步”按钮,系统将提示这台计算机将如何连接到 Internet 上,如图 14-20 所示。

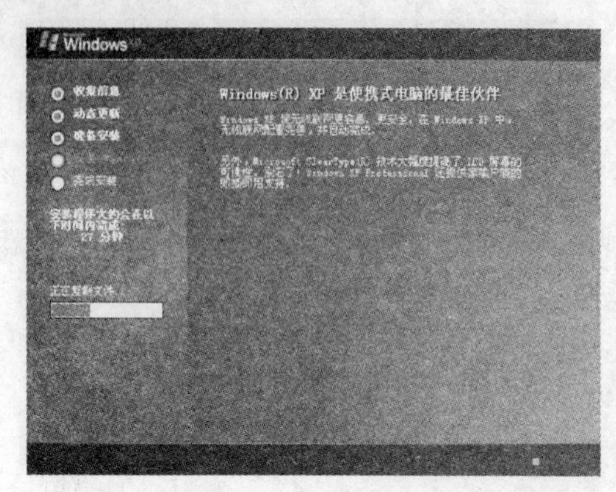

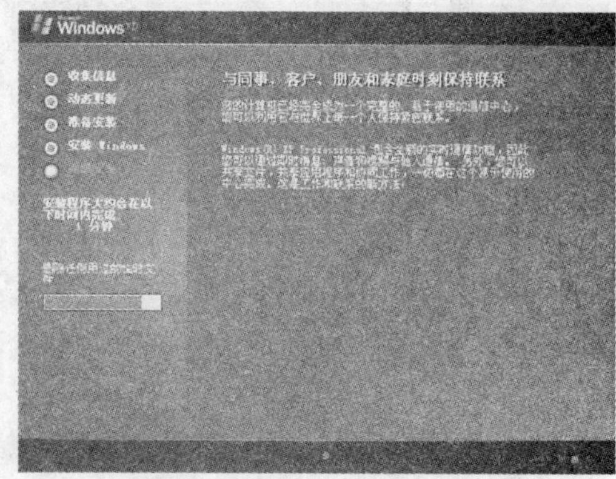

图 14 - 18　复制文件并进行系统设置

图 14 - 19　Windows XP 欢迎界面

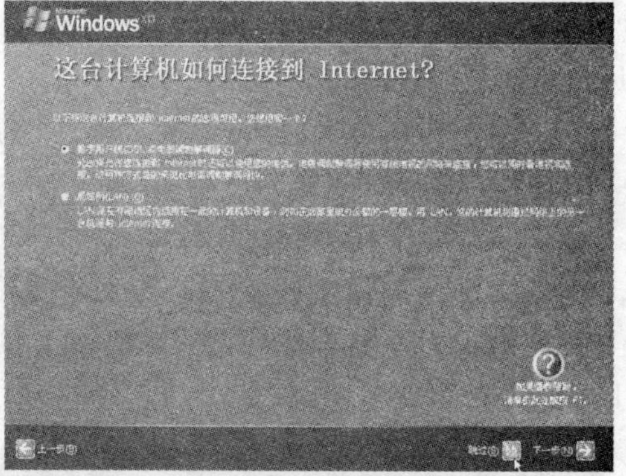

图 14 - 20　选择如何连接 Internet

(28) 此时，如果不确定 Internet 连接方式，可单击“跳过”按钮，进入 Windows 激活窗口，如图 14 - 21 所示。

(29) 如果要以后激活 Windows XP，可选择“否，请每隔几天提醒我”单选按钮，并单击“下一步”按钮，显示创建用户界面，如果 14 - 22 所示。

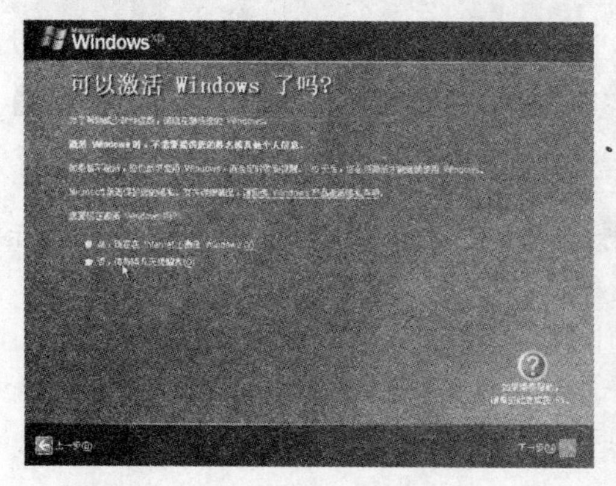

图 14 - 21　确定是否激活 Windows XP

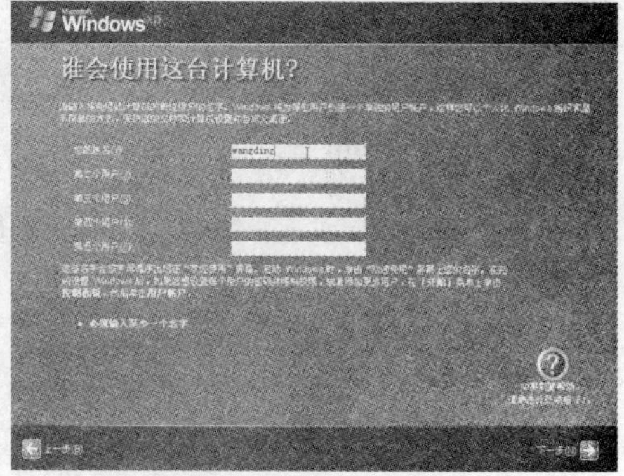

图 14 - 22　创建用户

(30) 输入用户账户名称(至少需要输入一个)，然后单击“下一步”按钮，系统将显示“谢谢”画面，单击“完成”按钮，即可完成Windows XP的所有设置，如图14－23所示。

(31) 等待一段时间后，系统将显示Windows XP的桌面，如图14－24所示。

图14－23　完成Windows XP设置

图14－24　Windows XP桌面

14.2　定制Windows XP的桌面显示

实训目标

1. 掌握修改Windows XP主题的方法
2. 掌握自定义屏幕保护程序的方法
3. 掌握自定义桌面背景的方法

实训内容

首先将系统的主题设置为Windows XP风格，然后更换Windows XP的桌面背景，最后为其设置屏幕保护程序。

相关知识

本实训操作全部可以在“显示 属性”对话框中完成，在该对话框中除了可以完成本实训所示操作外还可以自定义系统的外观样式、设置显示分辨率和刷新率等。

在Windows XP中，修改主题可以同时修改该主题所设定的窗口、按钮、“开始”菜单等一系列外观风格。

上机操作详解

(1) 首先设置Windows XP的主题风格。

(2) 在Windows XP桌面空白处，右击鼠标打开快捷菜单，如图14－25所示。

(3) 在快捷菜单中选择“属性”命令，打开“显示 属性”对话框，如图14－26所示，默认打开的是“主题”选项卡。

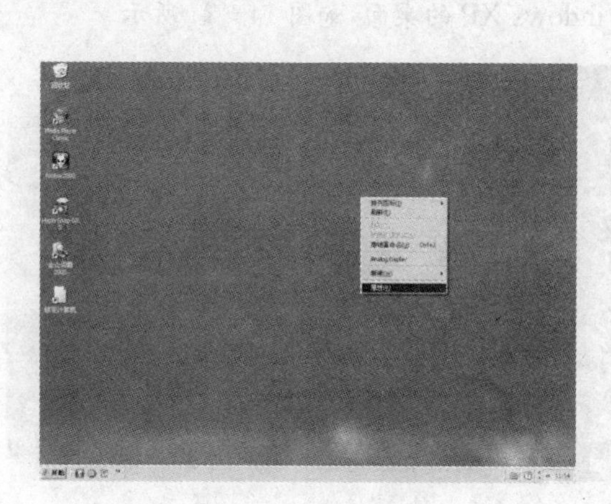

图 14-25 打开快捷菜单

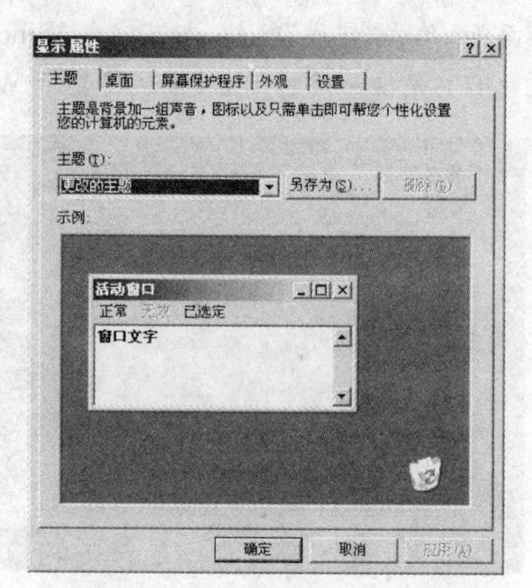

图 14-26 “显示 属性”对话框

(4) 在对话框的“主题”下拉列表框中选择 Windows XP 选项，如图 14-27 所示。

(5) 单击“确定”按钮，即可将系统风格主题修改为 Windows XP 主题，如图 14-28 所示。

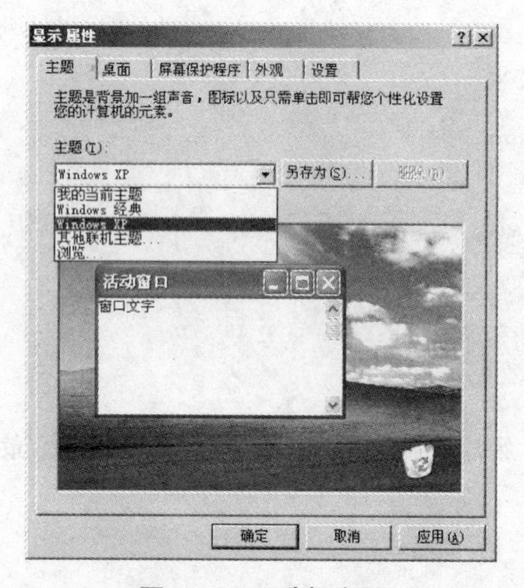

图 14-27 选择主题

图 14-28 Windows XP 主题风格

(6) 设置完主题后，如果用户对其默认的桌面不满意，可以按照以下步骤来自定义系统桌面。

(7) 在“显示 属性”对话框中单击“桌面”标签，打开“桌面”选项卡，如图 14-29 所示。

(8) 在“背景”列表框中选择想要更换的背景选项，单击“确定”按钮，返回桌面，完成更换桌面背景操作，如图 14-30 所示。

图 14－29　“桌面”选项卡

图 14－30　成功更换桌面背景

(9) 更换背景成功后，最后为 Windows XP 设置屏幕保护程序。

(10) 在“显示 属性”对话框中，单击“屏幕保护程序”标签，打开“屏幕保护程序”选项卡，如图 14－31 所示。

(11) 在“屏幕保护程序”选项区域中，从“屏幕保护程序”下拉列表框中选择一种自己喜欢的屏幕保护程序，并在上面的显示窗口中观察具体效果。如果要预览屏幕保护程序的全屏效果，可单击“预览”按钮。预览之后，单击鼠标即可返回到对话框。

(12) 要对选定的屏幕保护程序进行参数设置，可单击“设置”按钮，打开屏幕保护程序设置对话框进行设置。

(13) 启动屏幕保护程序的系统默认时间为 30 分钟，如果用户认为时间过长，可调整“等待”微调器的值，例如将等待时间设置为 10 分钟。

(14) 如果要为屏幕保护程序加上密码，可启用“在恢复时使用密码保护”复选框。此后如果系统进入了屏幕保护程序，需要输入当前用户和系统管理员的密码，才能返回到 Windows 桌面。

图 14－31　“屏幕保护程序”选项卡

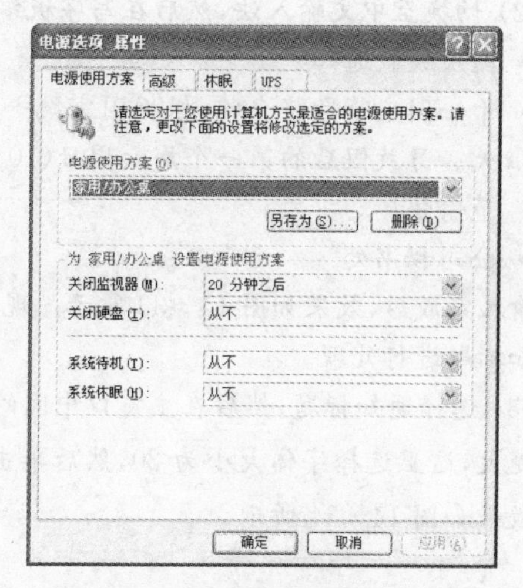

图 14－32　“电源选项 属性”对话框

(15) 单击“监视器的电源”选项区域中的“电源”按钮,打开“电源选项 属性”对话框,如图 14-32 所示,系统默认打开的是“电源使用方案”选项卡。

(16) 在“关闭监视器”和“关闭硬盘”下拉列表框中设置相应的时间后,如果计算机在指定的时间内没有进行任何操作,将会自动关闭显示器和硬盘,这一设置可以有效地提高显示器或硬盘的使用寿命。

(17) 单击“确定”按钮,返回“屏幕保护程序”选项卡。单击“确定”按钮,即可完成该实训的操作。

14.3 文字处理

实训目标

掌握使用 Windows XP 自带的写字板进行文字处理的方法。

实训内容

使用 Windows XP 的写字板创建一个放假通知。

相关知识

写字板和记事本是 Windows XP 自带的两款文字处理工具,拥有基本的文字处理功能。如果其功能不能满足用户的需要,可以安装专门的文字处理软件。目前使用最为广泛的文字处理软件为 Microsoft Office Word。

上机操作详解

(1) 在 Windows XP 桌面选择“开始”|“程序”|“附件”|“写字板”命令,打开“写字板”主窗口。

(2) 切换至中文输入法,然后在写字板编辑区中输入以下通知内容:

- 国庆放假通知
- 十一国庆节即将来临,根据国家统一安排,本公司员工将于 10 月 1 日—7 日放假 7 天。另放假后的第一个周六周日(10 月 8 日、9 日)两天正常上班。最后祝大家国庆节愉快!
- 公司秘书处

输入完成后,效果如图 14-33 所示。现在的通知标题不显眼,不能引人注意。下面就对通知标题进行处理。

(3) 选择通知标题,然后在主窗口中间的下拉列表框中选择字体的大小,数字越大代表字体越大,这里选择字体大小为 20,然后单击工具栏上的“粗体”按钮 **B**,将标题加粗显示,最后效果如图 14-34 所示。

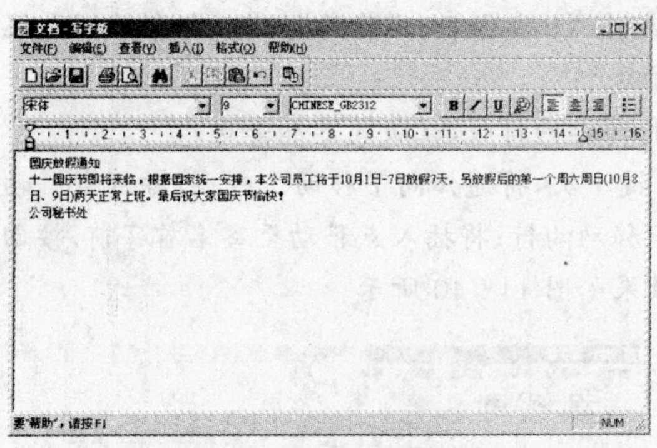

图 14-33 输入通知内容

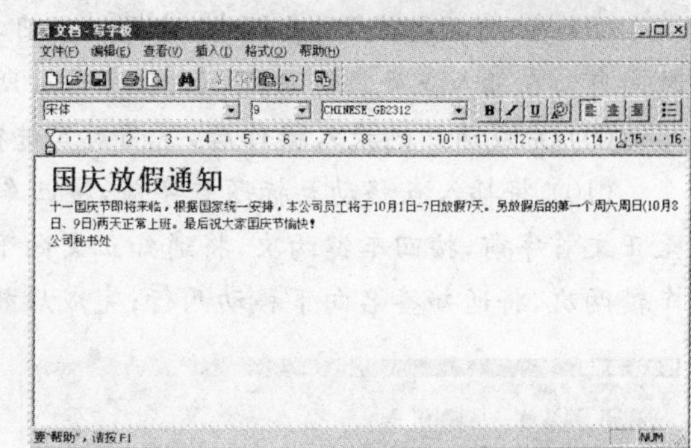

图 14-34 设置标题字体大小与格式

(4) 选择通知标题，单击工具栏上的“居中”按钮，即可将通知标题居中对齐，如图14-35所示。

(5) 设置正文的字体。选择通知正文，然后在主窗口的字体下拉列表框中选择“隶书”选项，将通知正文的字体设置为隶书。然后将通知正文的字体大小设置为14，完成后效果如图14-36所示。

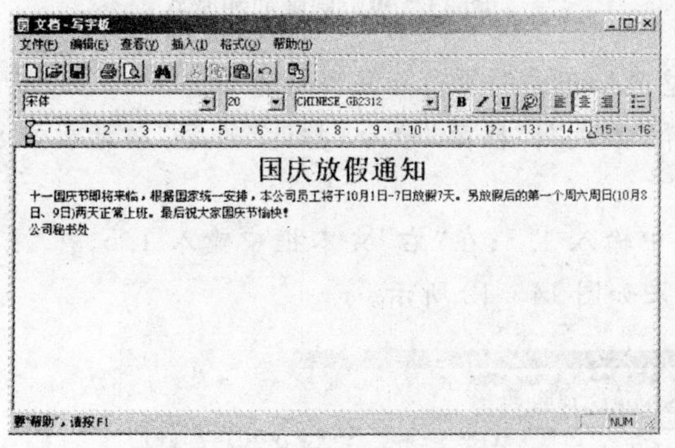

图 14-35 居中对齐通知标题

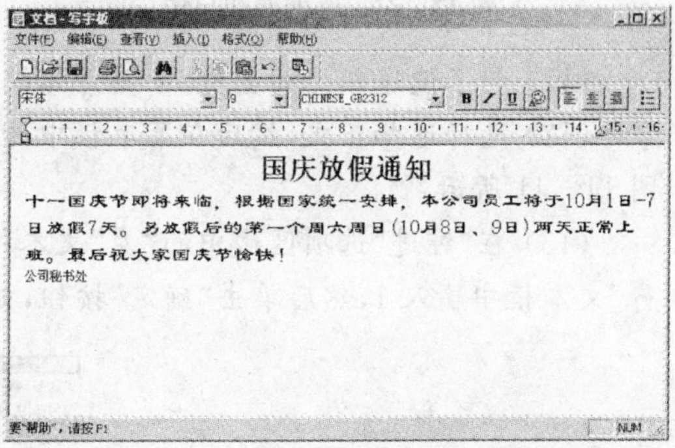

图 14-36 设置通知正文字体与大小

(6) 选择通知签名，然后单击“右对齐”按钮，即可右对齐通知签名，如图14-37所示。

(7) 给通知加上日期。将插入点移至通知签名的下一行，然后在菜单栏中选择“插入”|“日期和时间”命令，打开“日期和时间”对话框，如图14-38所示。

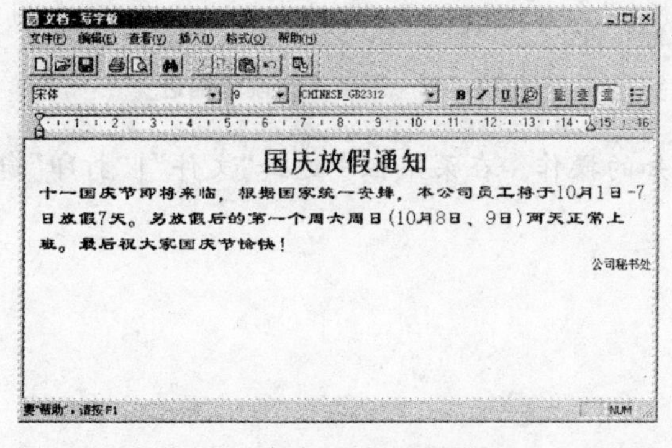

图 14-37 右对齐通知签名

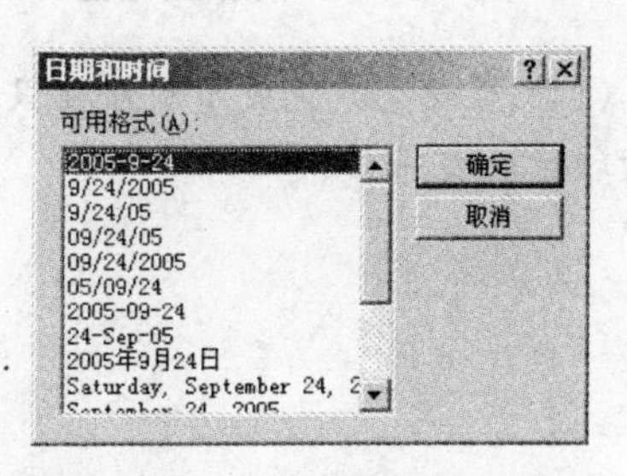

图 14-38 “日期和时间”对话框

(8) 在“可用格式”列表框中，选择一种日期格式，然后单击“确定”按钮，即会根据系统时间自动在插入点处添加日期，如图 14－39 所示。

(9) 完成通知的录入操作后，下面对其进行简单的排版，让版式更加美观。

(10) 将插入点移动至标题首字前，按回车键 1 次，将通知向下移动 1 行；将插入点移动至正文首字前，按回车键两次，将通知正文向下移动两行；将插入点移动至签名首字前，按回车键两次，将通知签名向下移动两行；完成后效果如图 14－40 所示。

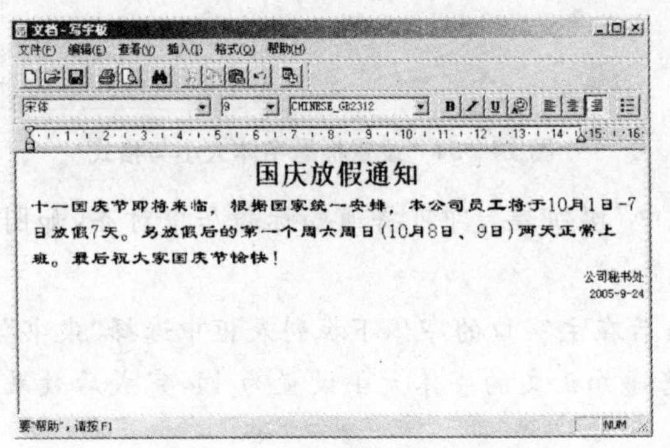

图 14－39　添加通知日期

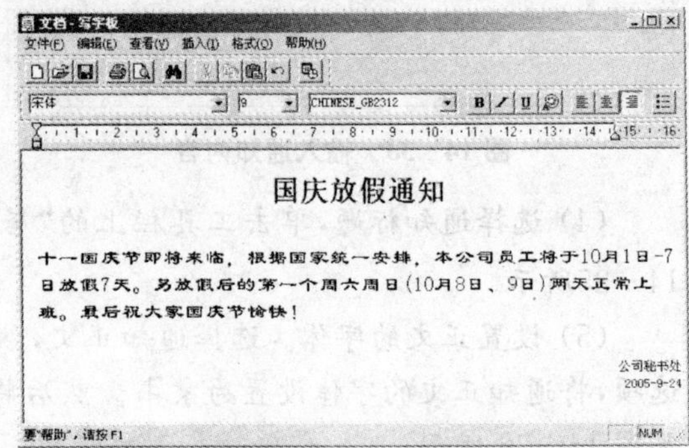

图 14－40　调整通知版式

(11) 为了使通知更加美观，下面开始调整通知正文的页边距与首行缩进。

(12) 选择通知正文，然后在菜单栏中选择“格式”|“段落”命令，打开“段落”对话框，如图 14－41 所示。

(13) 在“缩进”选项区域中的“左”文本框中输入 1.5；在“右”文本框中输入 1.5；在“首行”文本框中输入 1，然后单击“确定”按钮，效果如图 14－42 所示。

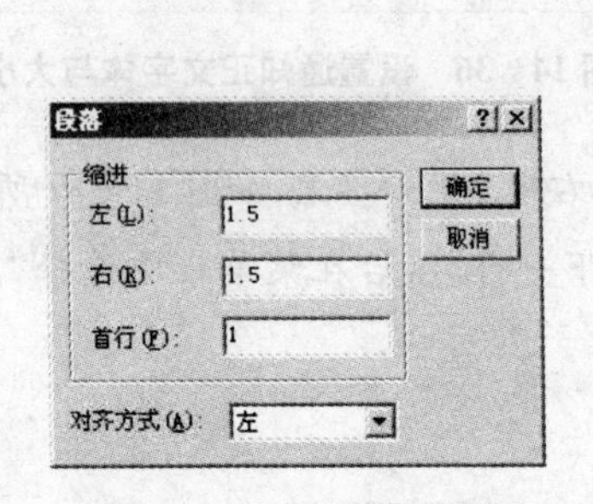

图 14－41　“段落”对话框

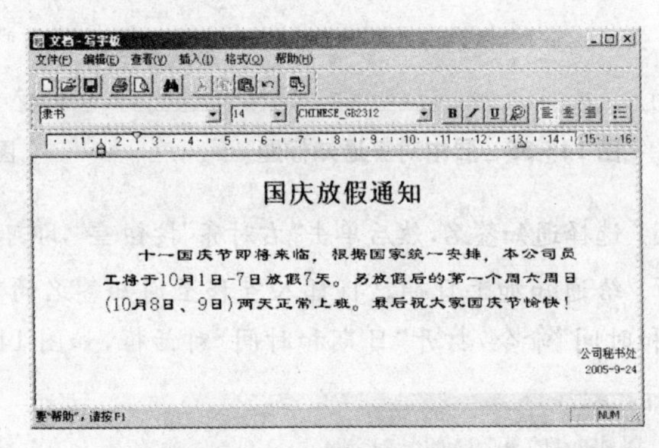

图 14－42　调整正文段落缩进

(14) 至此也就完成了制作放假通知的操作。在菜单栏中选择“文件”|“打印”命令，即可打印该放假通知。

14.4 安装与使用打印机

实训目标

1. 掌握打印机的安装方法
2. 掌握打印文件的方法

实训内容

本实训将详细介绍打印机的安装方法，并以打印 Word 文档为例，介绍使用打印机打印文件的方法。

相关知识

在中文版 Windows XP 中，用户不但可以安装并共享本地打印机，以供本地用户和网上其他用户使用，而且还可以添加和配置网络打印机，使用网络上其他用户的共享打印机来打印文档。另外，在打印过程中，用户还可以通过打印作业管理窗口来管理打印作业，以使打印机快速有效地打印文档内容。

上机操作详解

(1) 首先要安装打印机。在桌面上选择“开始”|“设置”|“打印机和传真”命令，打开“打印机和传真”窗口。

(2) 在“打印机和传真”窗口，双击“添加打印机”图标，打开“欢迎使用添加打印机向导”对话框，如图 14-43 所示。

(3) 单击“下一步”按钮，打开图 14-44 所示的“本地或网络打印机”对话框，从中选择是安装本地打印机或是网络打印机。如果要安装本地打印机，需要先确保已将打印机连接在计算机的打印口(一般是 LPT1 口)上，然后选中“本地打印机”单选按钮。如果要安装网络打印机，则需要选中“网络打印机”单选按钮。

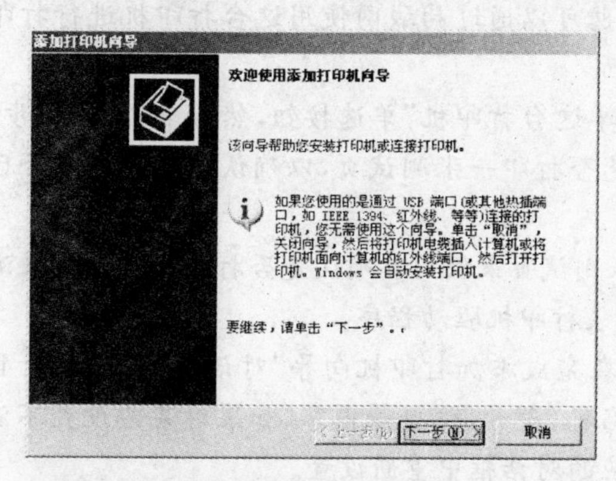

图 14-43 “欢迎使用添加打印机向导”对话框

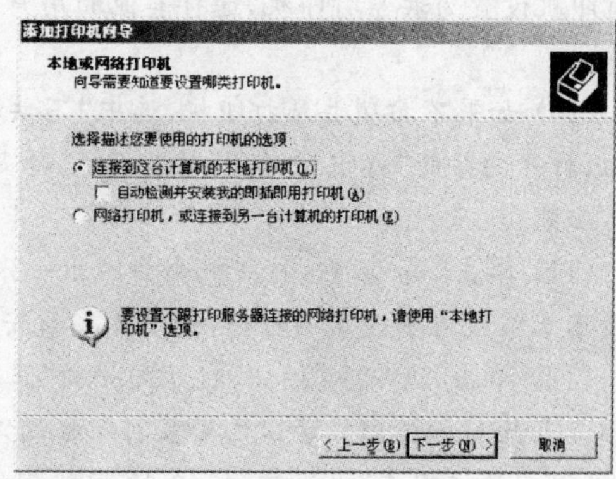

图 14-44 “本地或网络打印机”对话框

(4) 选中“本地打印机”单选按钮，单击“下一步”按钮，打开向导的“选择打印机端口”对话框。因为大多数计算机使用 LPT1 端口与本地打印机通讯，所以在此选择“LPT1：打印机端口”。

(5) 继续单击“下一步”按钮，打开图 14－45 所示的“安装打印机软件”对话框，从中选择打印机制造商和打印机型号。

(6) 在“厂商”列表框中选择本地打印机的生产厂商，在“打印机”列表框中选择打印机的型号。一般情况下，每台打印机都附带驱动程序，如果用户手中持有打印机的附带驱动程序，可以单击“从磁盘安装”按钮，打开“从磁盘安装”对话框。

(7) 在“从磁盘安装”对话框中的“厂商文件复制来源”下拉菜单中选择装有打印机驱动程序的磁盘。也可以通过单击“浏览”按钮打开“查找文件”对话框，搜索驱动程序所在的位置。选择后，单击“确定”按钮，所选中的打印机名称及型号显示在“打印机”列表框中。

(8) 单击“下一步”按钮，打开向导的“命名打印机”对话框，如图 14－46 所示。在“打印机名”文本框中显示的是通过磁盘安装的打印机的名称，如果需要还可以更改此名称。在此对话框中还可以选择“是否希望将这台打印机设置为默认打印机?”，如果不希望将其设置为系统默认的打印机，选中“否”单选按钮。

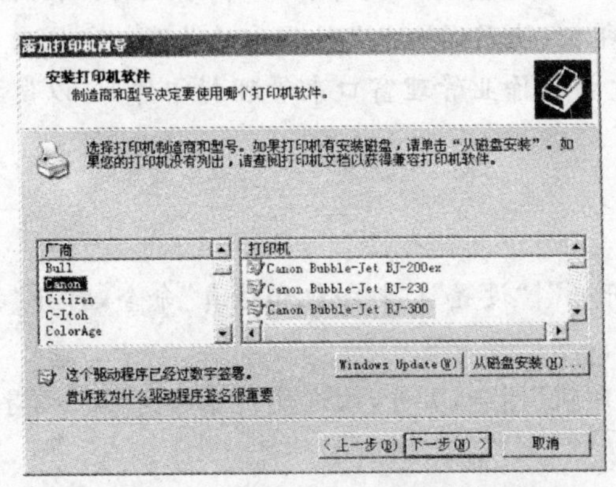

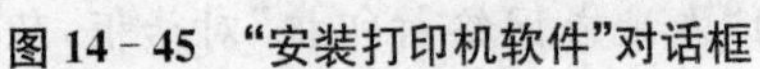
图 14－45 “安装打印机软件”对话框

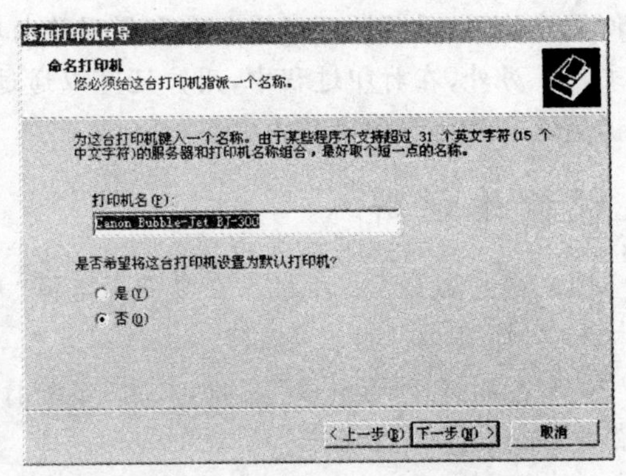

图 14－46 “命名打印机”对话框

(9) 单击“下一步”按钮，打开向导的“打印机共享”对话框，如图 14－47 所示。选中“共享名”单选按钮，并在后面的文本框中输入这台打印机在网络中的共享名称，即可将已安装的打印机设置为共享打印机，这样其他的用户也可以通过局域网使用这台打印机进行打印操作。

(10) 如果不希望共享打印机，选中“不共享这台打印机”单选按钮，然后单击“下一步”按钮，打开向导的“打印测试页”对话框，选择是否打印一张测试页，以确认该打印机是否已正常安装。

(11) 单击“是”按钮，打印机会打印出一张测试页来供用户确认是否打印正常。如果测试页不正常或者不能正确打印，则需要重新安装打印机驱动程序。

(12) 单击“下一步”按钮，打开向导的“正在完成添加打印机向导”对话框，如图 14－48 所示。在此对话框中显示出已安装打印机的名称、型号、端口等内容，如果对某些设置不满意，还可以通过单击“上一步”按钮，返回到相应的对话框中重新设置。

图 14-47 “打印机共享”对话框

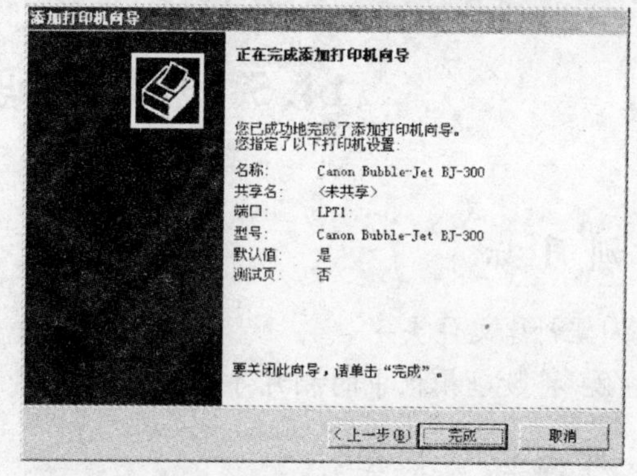

图 14-48 “正在完成添加打印机向导”对话框

(13) 单击“完成”按钮，完成“添加打印机向导”，并开始从指定的驱动器中复制需要的文件。稍后，已安装的打印机图标即会出现在“打印机”窗口中。

提示：

完成安装打印机后，在打印文件之前，一般要对打印机的属性进行一些设置，只有设置合适的打印机属性才能获得理想的打印效果。打印机中可以设置的内容很多，而且根据打印机的型号不同，其属性选项也会有所不同。

(14) 打开要打印的 Word 文档，在菜单栏中选择“文件”|“打印预览”命令，打开打印预览窗口，查看打印效果，如图 14-49 所示。

(15) 单击窗口左上方的“关闭”按钮 ，关闭打印预览窗口。

(16) 在 Word 菜单栏中选择“文件”|“打印”命令，打开“打印”对话框，如图 14-50 所示。

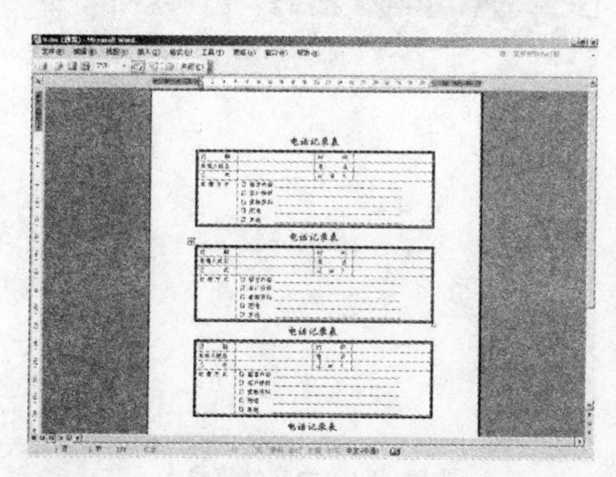

图 14-49 打印预览

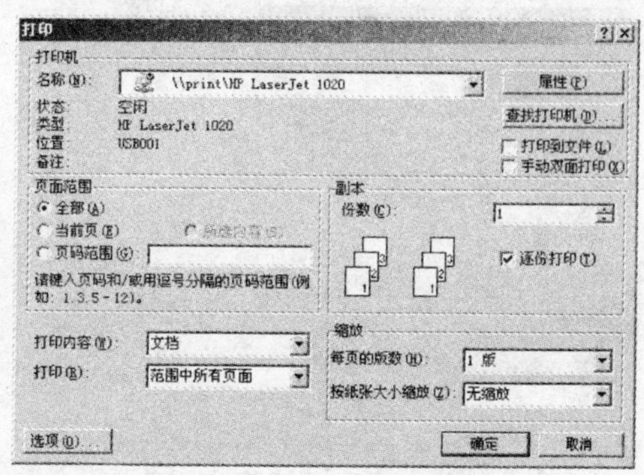

图 14-50 “打印”对话框

(17) 在“打印机”选项区域中的“名称”下拉列表框中选择要使用的打印机；在“页面范围”选项区域中，选择“全部”单选按钮；在“副本”选项区域的“份数”文本框中输入 1；若想要具体设置打印机与纸张属性，则可以在“打印机”选项区域中单击“属性”按钮，打开设置对话框来进行具体设置。

(18) 设置完成后单击“确定”按钮即可开始打印 Word 文档。

14.5 获取数码相机中的图片

实训目标

1. 新建文件夹
2. 将数码相机中的相片导入计算机

实训内容

首先在系统中创建一个存放照片的文件夹，然后将数码相机通过 USB 接口连接计算机，通过 Windows XP 自带的扫描仪和照相机向导，将相机中的照片导入计算机。

相关知识

大多数数码设备，都有其专门的导入软件。如果用户没有安装这些软件，同样可以通过 Windows XP 自带的扫描仪和照相机向导来完成导入操作。导入相片的速度主要取决于主板是否支持 USB2.0，支持 USB2.0 可以大大提高导入速度。

上机操作详解

(1) 在要创建照片文件夹的窗口菜单栏中选择“文件”|“新建”|“文件夹”命令，新建文件夹如图 14－51 所示。

(2) 为新建的文件夹命名，如图 14－52 所示。

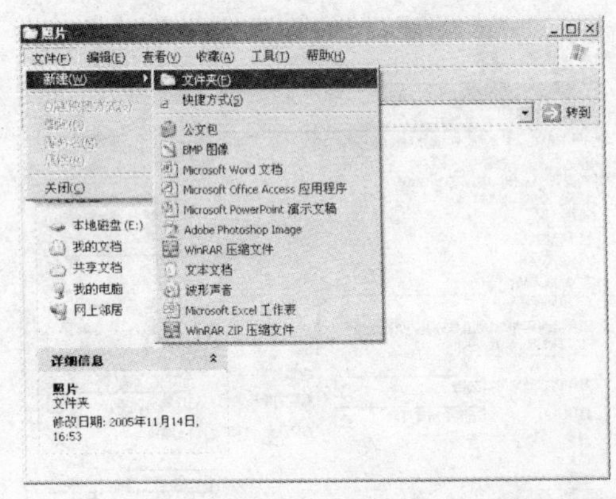

图 14－51　新建文件夹

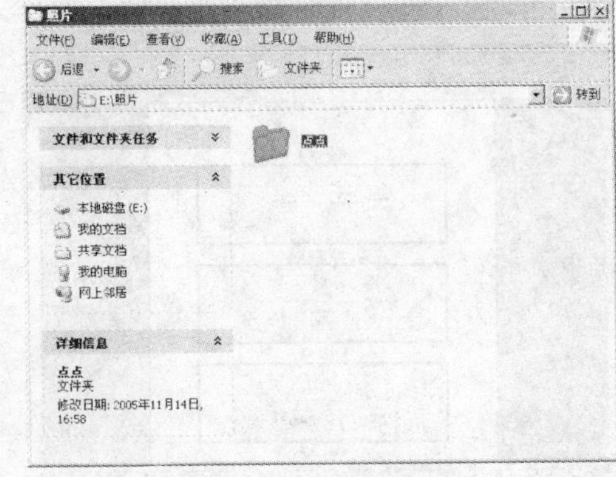

图 14－52　为文件夹命名

(3) 将相机中的照片导入至该文件夹中。首先使用 USB 数据线将数码相机连接至计算机。

(4) 打开数码相机电源，系统会自动检测到数码相机，并打开“已连接照相机”对话框，如图 14－53 所示。

(5) 在“选择要为这个操作启动的程序”列表框中，选择“Microsoft 扫描仪和照相机向导”选项，然后单击“确定”按钮，打开“扫描仪和照相机向导”对话框，如图 14－54 所示。

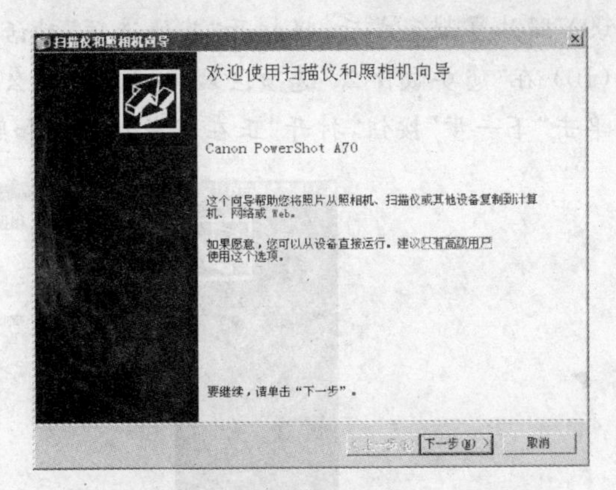

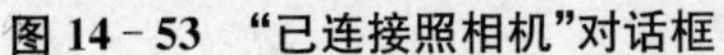

图 14-53　"已连接照相机"对话框　　　图 14-54　"扫描仪和照相机向导"对话框

(6) 单击"下一步"按钮，打开"选择要复制的照片"对话框，如图 14-55 所示。

(7) 在列表框中，会显示数码相机中所存放的所有图片。选中要导入的图片右上角的复选框，如要旋转图片或查看图片属性，则选中该图片，然后单击对话框左下角相应的按钮。选择完成后，单击"下一步"按钮，打开"照片名和目标"对话框，如图 14-56 所示。

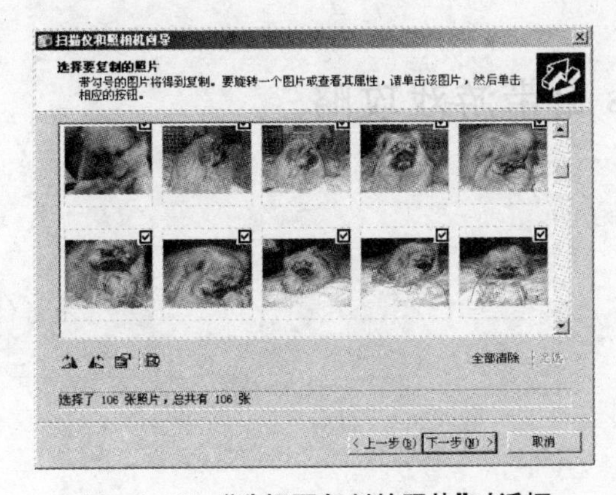

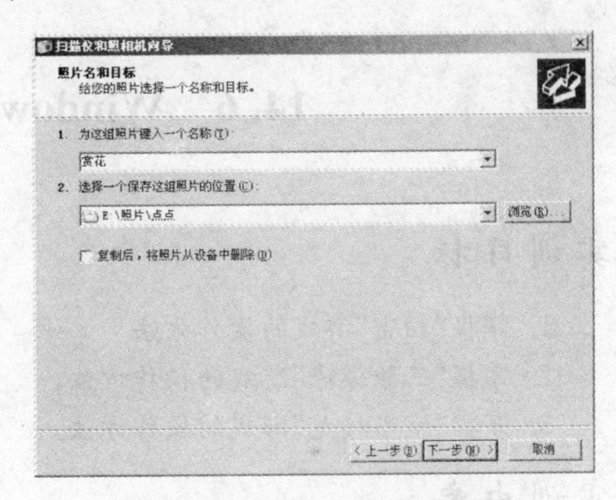

图 14-55　"选择要复制的照片"对话框　　　图 14-56　"照片名和目标"对话框

(8) 在对话框中输入该组照片的名称和导入硬盘的路径，然后单击"下一步"按钮，打开"正在复制照片"对话框，如图 14-57 所示。

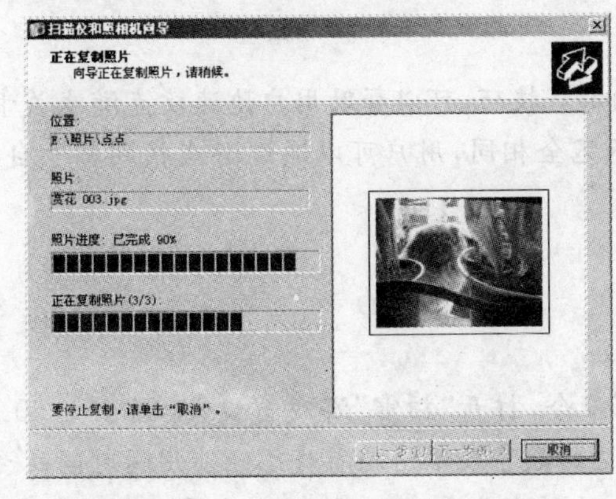

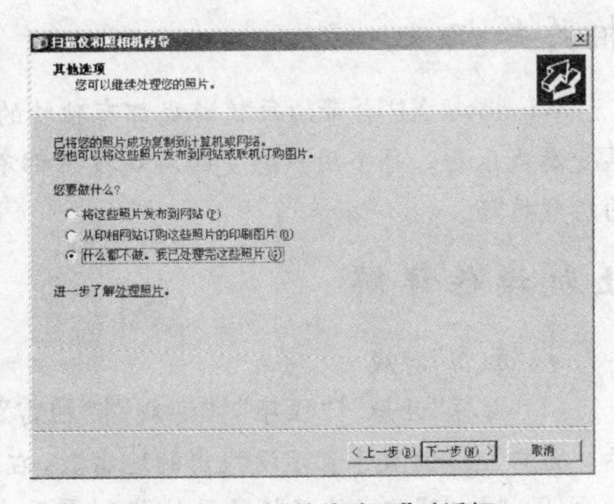

图 14-57　"正在复制照片"对话框　　　图 14-58　"其他选项"对话框

(9) 照片复制完成后,将打开“其他选项”对话框,如图 14－58 所示。

(10) 在“您要做什么”选项区域中,选择“什么都不做,我已处理完这些照片”单选按钮,然后单击“下一步”按钮,打开“正在完成扫描仪和照相机向导”对话框,如图 14－59 所示。

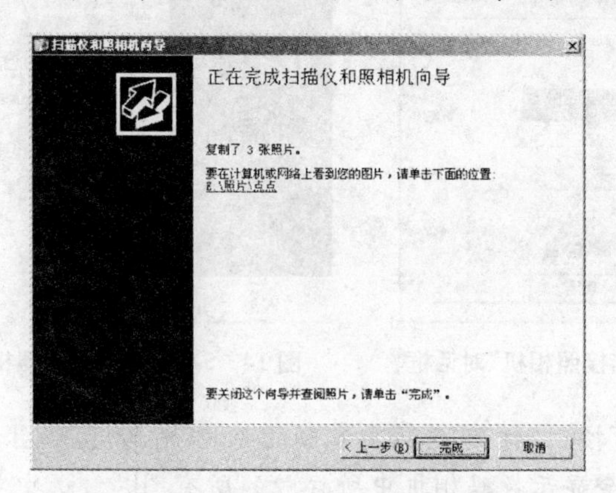

图 14－59 “正在完成扫描仪和照相机向导”对话框

(11) 单击“完成”按钮,完成导入数码相机照片的操作。

14.6 Windows 自带游戏攻略

实训目标

1. 掌握“扫雷”游戏的操作方法
2. 掌握“三维弹球”游戏的操作方法
3. 掌握“空当接龙”游戏的操作方法

实训内容

依次介绍了“扫雷”、“三维弹球”和“空当接龙” 3 款 Windows 自带游戏的启动和游戏操作方法。

相关知识

Windows XP 自带的每款游戏都有独特的游戏技巧,可以帮助用户快速攻克游戏关卡,享受游戏乐趣。每个用户感受的游戏技巧都不完全相同,用户可以通过游戏找到属于自己的游戏技巧。

上机操作详解

- “扫雷”游戏

(1) 选择“开始”|“程序”|“游戏”|“扫雷”命令,打开“扫雷”游戏窗口,如图 14－60 所示。窗口左边的数字表示没找出的地雷数,右边的数字表示这局游戏已经使用的时间。

(2) “扫雷”游戏的目标是尽快找到雷区中的所有地雷,而不许踩到地雷。如果挖开的是地雷,则输掉游戏,如图14-61所示。

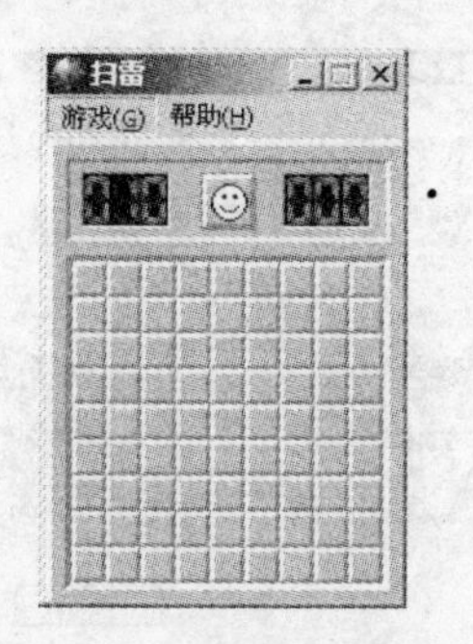

图14-60 “扫雷”游戏窗口

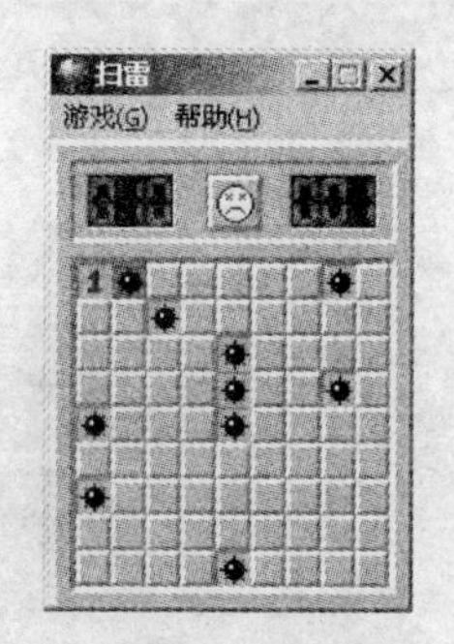

图14-61 游戏失败

(3) 游戏失败后,单击☹按钮,即可重新开始游戏。

(4) 当用户成功找出所有地雷时,则成功完成游戏,如图14-62所示。

(5) 在菜单栏选择“游戏”|“高级”命令,可以增多地雷数目,提高游戏难度,如图14-63所示。

图14-62 找出所有地雷

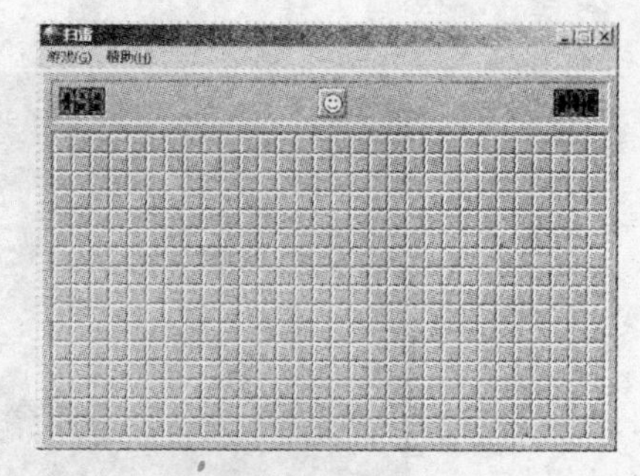

图14-63 高级难度

(6) 在玩“扫雷”游戏时,掌握以下几点技巧,可以快速提高扫雷的速度和准确性:

◇ 如果无法判定某方块是否为雷,则可以连续右击该方块将其标注为旗号。

◇ 如果某个数字附近的雷已经全部找出,可以对该数字同时点击鼠标左右键,将其周围所有的方块全部打开。

◇ 寻找常见得的数字组合。如连续的2-3-2组合,则表示和数字组合旁边平行的一组方块中包含连续的3个雷。

• “三维弹球”游戏

(1) 三维弹球也是一款经典的Windows游戏。选择“开始”|“程序”|“游戏”|“三维弹球”命令,打开“Windows三维弹球”游戏窗口,如图14-64所示。

提示:

游戏的主要目的是发射球,然后通过命中缓冲器、目标和旗帜来赢取尽量多的分数。

(2) 在菜单栏中选择“选项”|“玩家控制”按钮,打开“三维弹球:玩家控制”对话框,如图14-65所示。

图 14 - 64 “Windows 三维弹球”游戏窗口

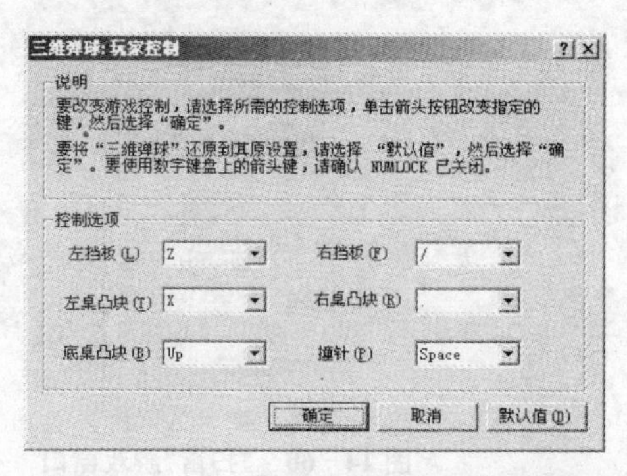

图 14 - 65 “三维弹球:玩家控制”对话框

(3) 在该对话框中,可以查看默认的游戏按键设置,如果用户觉得操作不习惯,也可以修改按键设置。

(4) 在菜单栏选择“游戏”|“开局”命令,然后选择“游戏”|“发射球”命令即可开始游戏,如图 14 - 66 所示。

图 14 - 66 开始游戏

• “空当接龙”游戏

(1) “空当接龙”是 Windows 游戏家族中很受用户喜爱的成员之一,选择“开始”|“程序”|“游戏”|“空当接龙”命令,打开“空当接龙”游戏窗口,如图 14 - 67 所示。

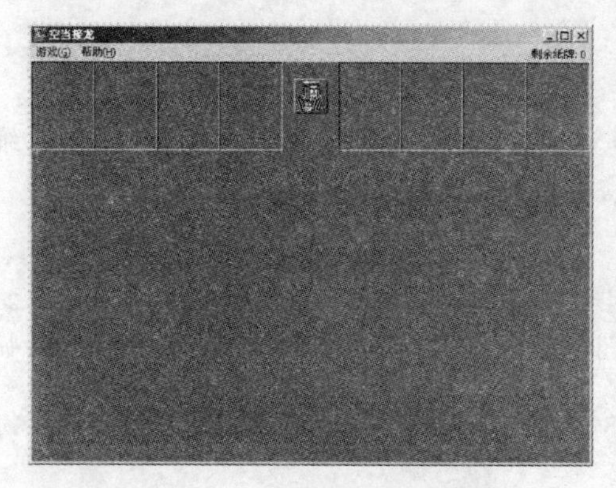

图 14 - 67 “空当接龙”游戏窗口

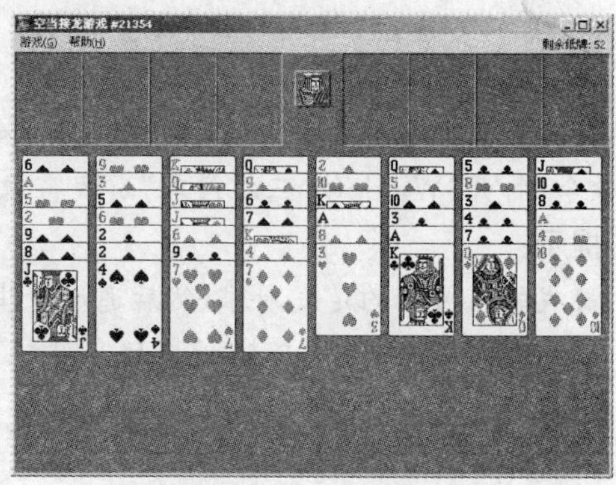

图 14 - 68 开始游戏

(2) 在菜单栏选择“游戏”|“开局”命令，即可开始游戏，如图 14－68 所示。

提示：

游戏的目标是利用可用单元作为空位将所有纸牌都移到回收单元。如果能在回收单元中叠放 4 叠从 A 到 K 升序排列的、每叠只有一种花色的牌，就赢得游戏。

(3) 如果用户的操作错误，游戏会打开对话框提示用户，如图 14－69 所示。

(4) 当达到游戏目标，在回收单元将牌按花色升序排列后即可赢得游戏，如图 14－70 所示。

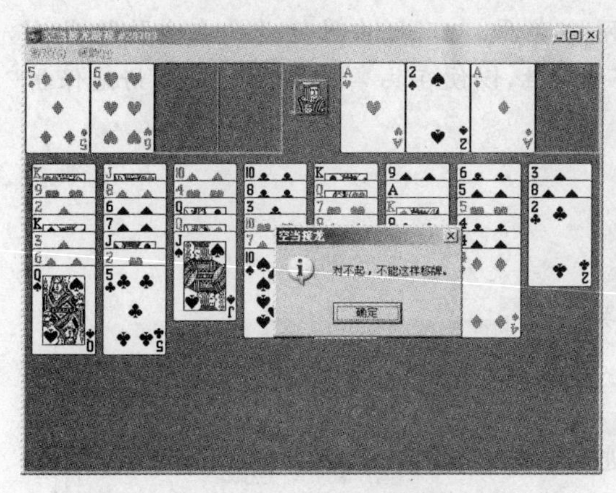

图 14－69　错误操作提示

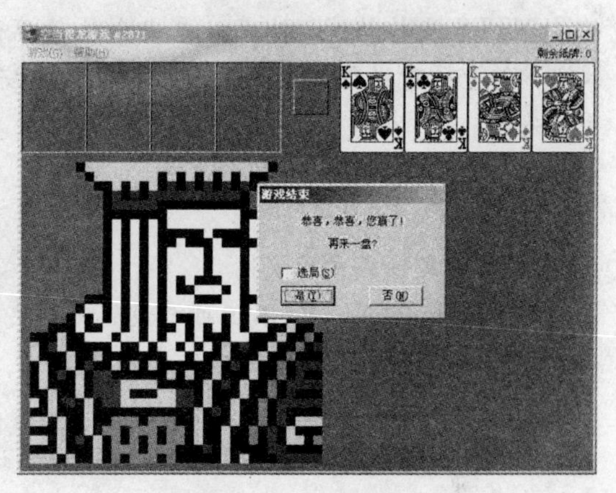

图 14－70　赢得游戏

(5) 在玩“空当接龙”时，掌握以下技巧可以更加顺利地完成游戏：

◇ 在开始移牌之前，首先找出本局的难点，如 A 是否在一叠牌的最上面，或者数字小的牌排在数字大的牌之后。

◇ 尽量让可用单元保持为空，空列也很有价值。

◇ 要翻开部分被遮住的牌，可以右击它。

◇ 如果在某一列的底部按顺序排好了两张或多张牌，只要有足够的空单元格，就可以将整个序列的牌移动到另外一列。

◇ 双击纸牌，可以快速将其移动到可用单元。在每次移牌后，游戏会自动将废牌送到回收单元。当游戏中没有比其更小且颜色相反的牌时，这张牌被称为废牌。

◇ 当只剩下最后一次合法移牌机会时，游戏标题栏会闪烁，以提醒用户。

14.7　共享网络资源

实训目标

1. 掌握共享文件和文件夹的方法
2. 掌握共享打印机的方法

实训内容

本实训将介绍 2 种最常使用的网络资源的共享方法，包括文件和文件夹的共享，以及打印机的共享。本实训中以共享C盘中的Documents and Settings文件夹为例,介绍共享文件和文件夹操作方法,以及使用网络中其他计算机来访问该共享文件夹的方法。在介绍共享打印机的操作时,将计算机名称为print中的打印机设置为共享,并在网络中的其他计算机中添加该网络打印机。

相关知识

共享网络资源时,最需要注意的就是网络安全性问题。在Windows XP中,用户若使用的是NTFS文件格式,则可以更安全地共享网络资源,本实训中的操作均在文件格式为NTFS的分区中进行。用户还可以提高网络安全特性,以便在共享网络资源时,更好地保护系统安全。

上机操作详解

• 共享文件或文件夹

在Windows XP中,不但可以设置文件夹共享,而且还可以设置访问的权限为完全或是只读。下面以具体实例介绍共享文件和文件夹的方法。

(1) 在"我的电脑"或资源管理器窗口中,进入C盘根目录,右击Documents and Settings文件夹,在弹出的快捷菜单中选择"共享和安全"命令,打开"Documents and Settings属性"对话框的"共享"选项卡,如图14-71所示。

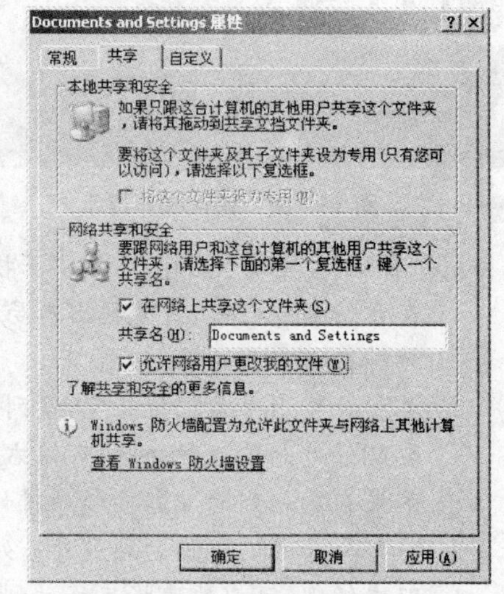

图14-71 "共享"选项卡

(2) 在"网络共享和安全"选项区域中选择"在网络上共享这个文件夹"复选框,然后在"共享名"文本框中输入该文件夹的共享名,默认即为该文件夹的名称。

(3) 选择"允许网络用户更改我的文件"复选框,则表示该文件夹设置为完全共享,网络中其他用户不但可以进行读取操作,还可以进行写入或者删除操作,这里选择该复选框;如果不选择该复选框,则网络用户只可以对该共享文件夹进行读取操作。

(4) 单击"确定"按钮即可完成共享Documents and Settings文件夹操作。

(5) 若要在网络中的其他计算机上访问该共享文件夹,则打开"我的电脑"窗口,在"地址"栏中输入"\\共享文件夹所在的计算机名称",如计算机名称为fj,则输入如图14-72所示内容。

(6) 输入完成后,按回车键即可访问该计算机,查看共享的Documents and Settings文件夹,如图14-73所示。

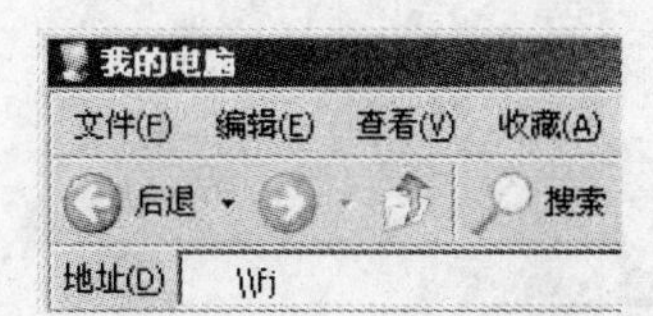

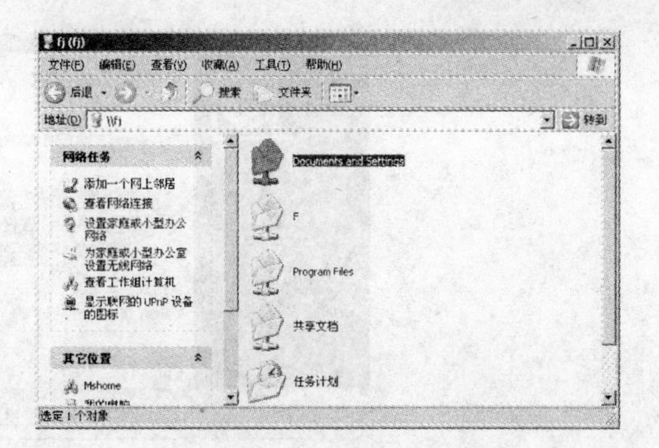

图 14－72 访问计算机

图 14－73 访问共享的文件夹

提示:

若提高了 Windows XP 的安全级别，则“Documents and Settings 属性”对话框的“共享”选项卡会变成如图 14－74 所示。根据对话框中提示，即可完成文件和文件夹的共享设置操作。

- 共享打印机

用户安装了本地打印机，可将其设为共享，以便网络中的其他用户使用。本地打印机设为共享之后，即成为网络共享打印机。

(1) 在名称为 print 的计算机上打开“打印机和传真”窗口，右击本地打印机图标，在弹出的快捷菜单中选择“共享”命令，打开图 14－75 所示的对话框。

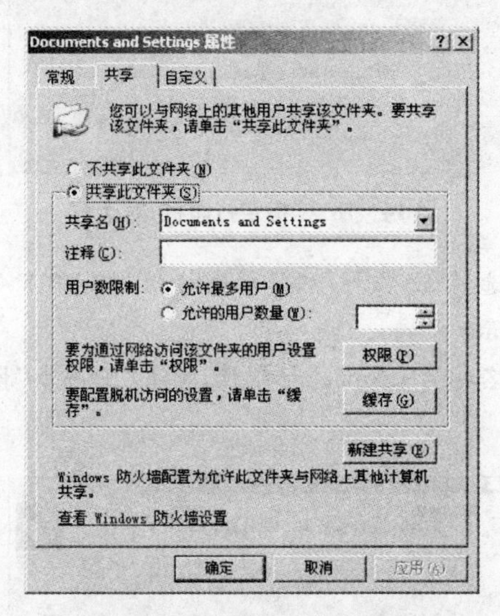

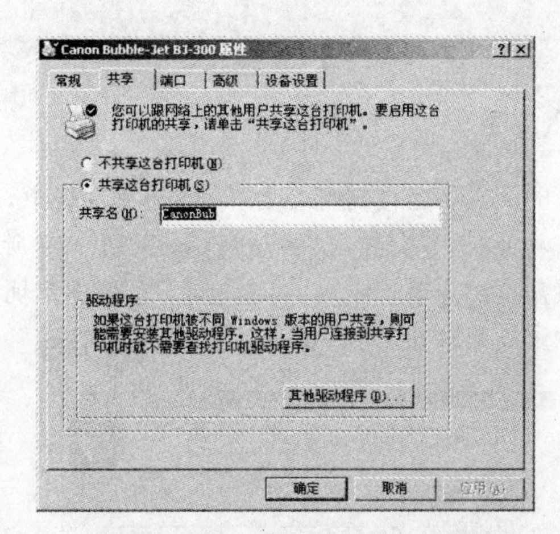

图 14－74 高级别共享设置

图 14－75 设置本地打印机共享

(2) 选择“共享这台打印机”单选按钮，并输入共享名，单击“确定”按钮应用设置。这样本地打印机就成了网络中的共享打印机，可供其他网络用户访问。

(3) 网络中的其他计算机要使用这台已经共享的打印机，则在“打印机和传真”窗口的菜单栏中选择“文件”|“添加打印机”命令，打开“添加打印机向导”对话框，如图 14－76 所示。

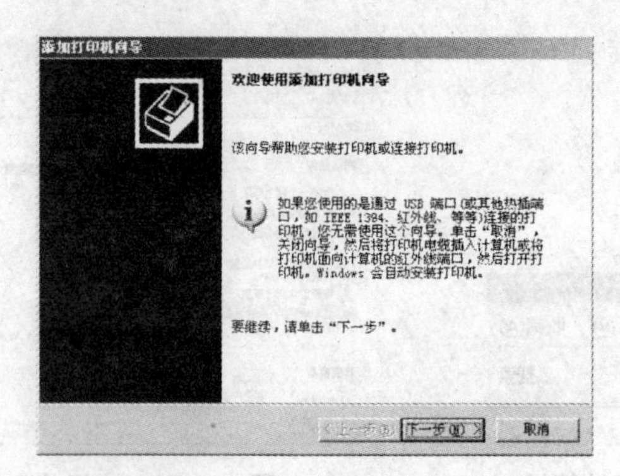

图 14-76 “添加打印机向导”对话框

(4) 单击“下一步”按钮，打开“本地或网络打印机”对话框，如图 14-77 所示。

(5) 在“选择描述您要使用的打印机的选项”选项区域中，选择“网络打印机，或连接到另一台计算机的打印机”单选按钮，单击“下一步”按钮，打开“指定打印机”对话框，如图 14-78 所示。

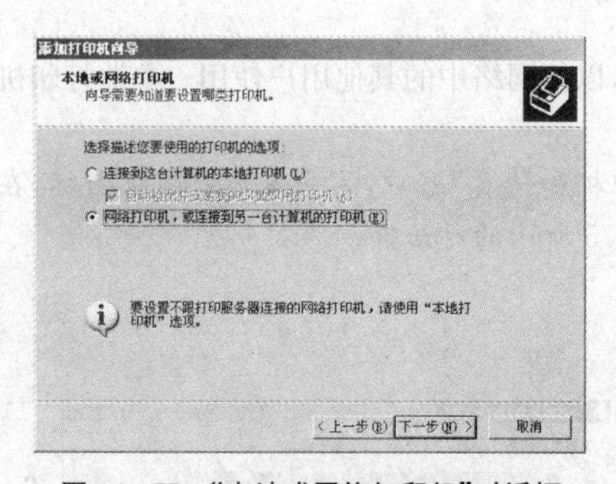

图 14-77 “本地或网络打印机”对话框

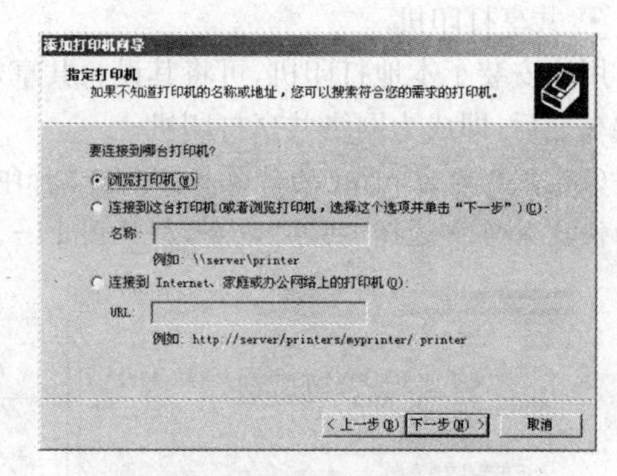

图 14-78 “指定打印机”对话框

(6) 在“要连接到哪台打印机”选项区域中，选择“浏览打印机”单选按钮，单击“下一步”按钮，打开“浏览打印机”对话框，如图 14-79 所示。

(7) 在“共享打印机”列表框中，选择计算机名称为 print 的打印机，单击“下一步”按钮，打开“默认打印机”对话框，如图 14-80 所示。

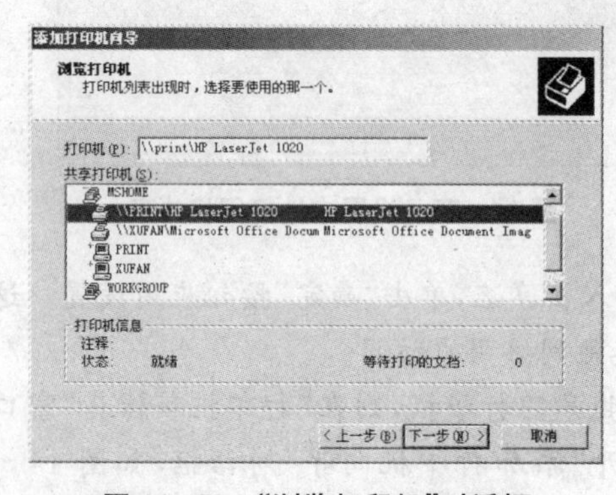

图 14-79 “浏览打印机”对话框

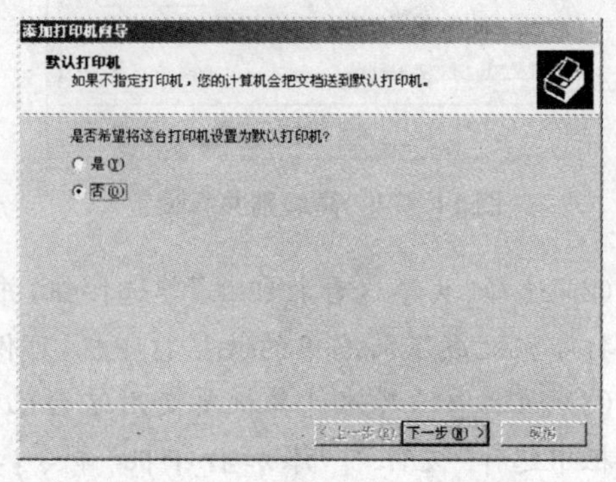

图 14-80 “默认打印机”对话框

(8) 选择"是"单选按钮,设置该打印机为默认打印机。单击"下一步"按钮,打开"正在完成添加打印机向导"对话框,如图14-81所示。

(9) 单击"完成"按钮,即可在本地添加该网络打印机,如图14-82所示。以后用户即可和使用本地打印机一样使用网络打印机。

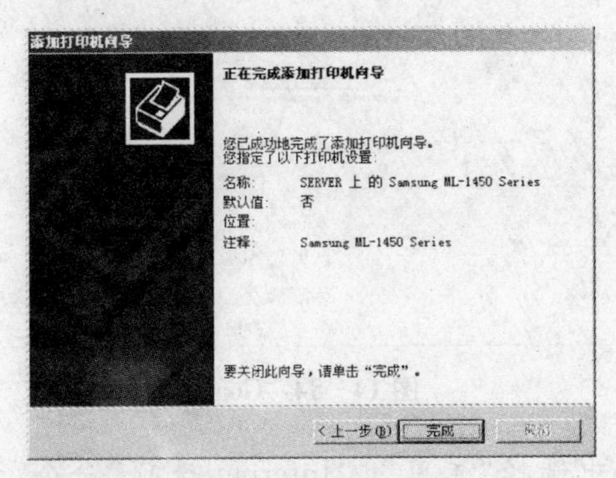

图14-81 "正在完成添加打印机向导"对话框

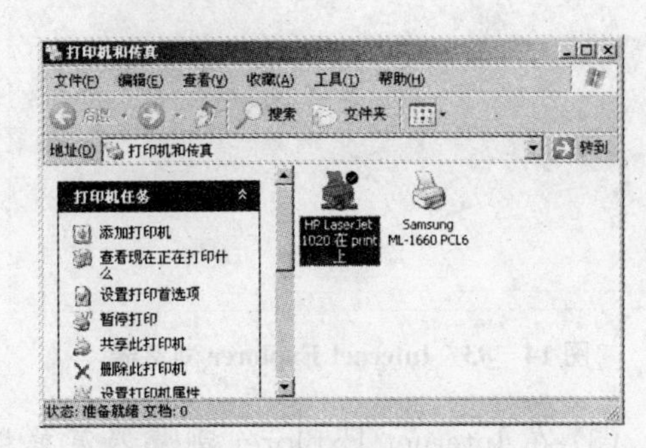

图14-82 添加好的网络打印机

14.8 浏览 Internet 信息

实训目标

1. 掌握使用 Internet Explorer 打开网页的方法
2. 掌握设置主页的方法
3. 掌握收藏夹的使用方法
4. 掌握通过网上的搜索引擎查找所需网页的方法

实训内容

本实训操作顺序为:先在 Internet Explorer 中打开 Google 页面,并将其设置为主页。然后使用 Google 网页的搜索引擎搜索新浪网,并将新浪网首页添加至收藏夹。

相关知识

现在除了IE浏览器外,还有很多基于IE内核的浏览器,如MyIE等。这些浏览器不仅拥有IE原有功能,并且还添加了一些IE没有但却很实用的功能。这些浏览器是以IE为基础来实现其功能的,因此在安装这类浏览器前必须先安装IE浏览器。

上机操作详解

(1) 双击桌面的 Internet Explorer 图标,打开 Internet Explorer,如图14-83所示。

(2) 在 Internet Explorer 地址栏中输入 Google 的网址 http://www.google.com,然后单击"转到"按钮或按 Enter 键,打开 Google 页面,如图14-84所示。

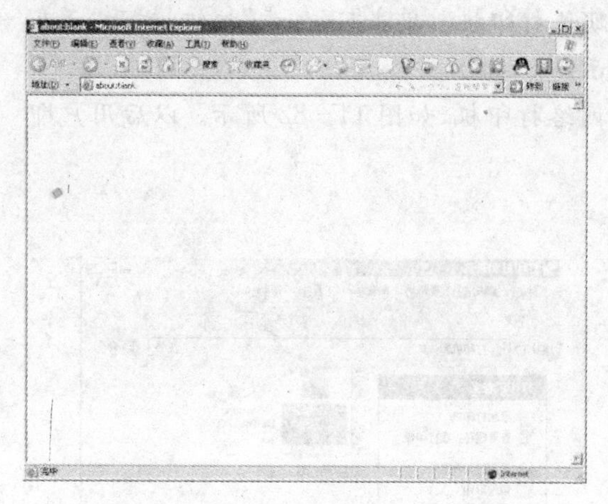

图 14－83　Internet Explorer 浏览器

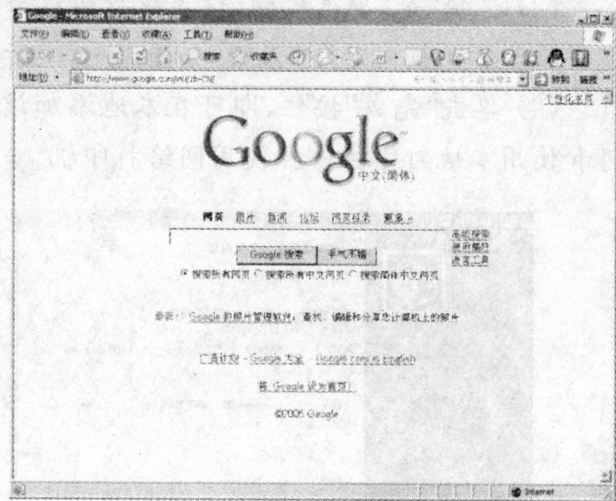

图 14－84　Google 页面

（3）在 Internet Explorer 浏览器菜单栏中选择“工具”|“Internet 选项”命令，打开“Internet选项”对话框，默认打开的是“常规”选项卡，如图 14－85 所示。

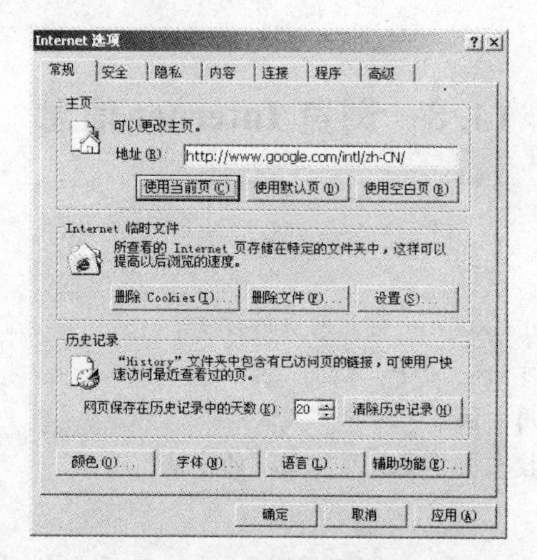

图 14－85　“常规”选项卡

（4）在“主页”选项区域中，单击“使用当前页”按钮，然后单击“确定”按钮，即可将 Google 页面添加至收藏夹。

下面通过 Google 页面的搜索引擎，搜索新浪网。

（1）在 Google 搜索引擎的文本框中输入要搜索网页的关键字，这里输入“新浪网”，如图 14－86 所示。

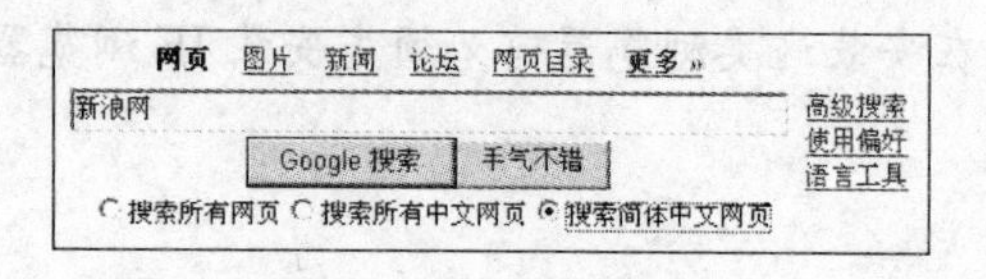

图 14－86　输入关键字

（2）单击“Google 搜索”按钮，即可开始搜索相关网页。

(3) 搜索完成后，会自动打开搜索结果页面，如图 14－87 所示。

(4) 单击第一个“新浪首页”链接，即可打开新浪首页，如图 14－88 所示。

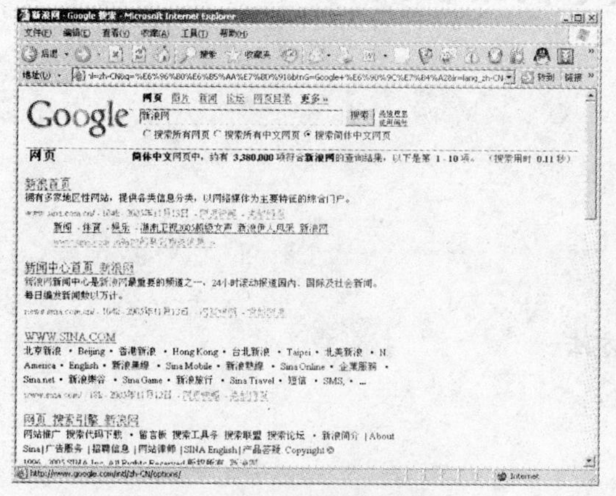

图 14－87　搜索结果页面

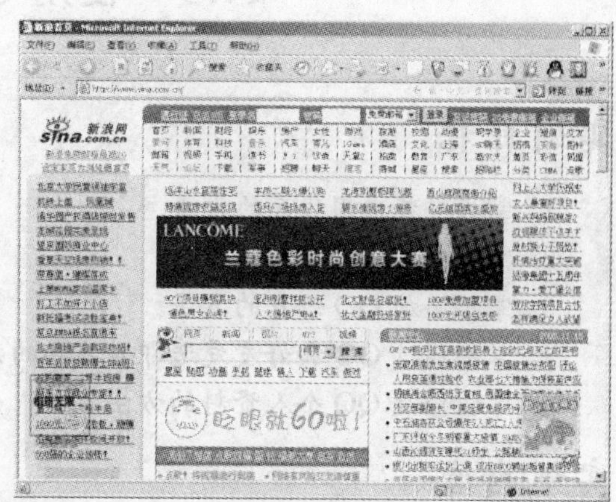

图 14－88　新浪首页

(5) 如果用户记不住新浪网的网址，并且不想每次都通过搜索的方式访问新浪网，则可以将其添加至收藏夹，以便以后能更加方便地访问。

(6) 在 Internet Explorer 浏览器菜单栏中选择“收藏”|“添加到收藏夹”命令，打开“添加到收藏夹”对话框，如图 14－89 所示。

(7) 单击“确定”按钮，即可将新浪网首页添加至收藏夹。

(8) 单击 Internet Explorer 浏览器工具栏的“收藏夹”按钮，即可打开“收藏夹”窗格，用户在其中可以找到新增的“新浪首页”链接，如图 14－90 所示，以后只需单击该链接即可访问新浪首页。

(9) 至此完成本实例的所有操作。

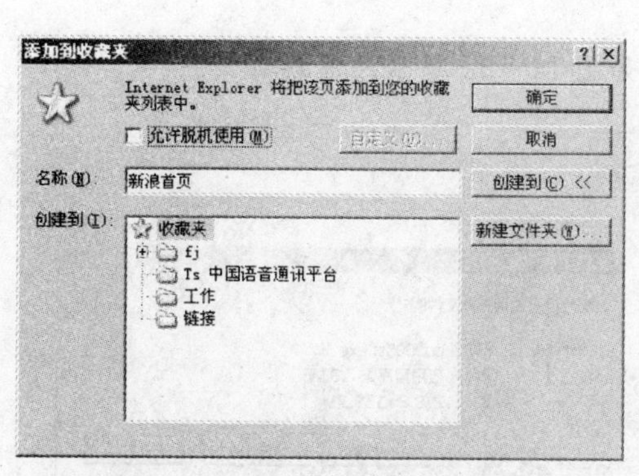

图 14－89　“添加到收藏”对话框

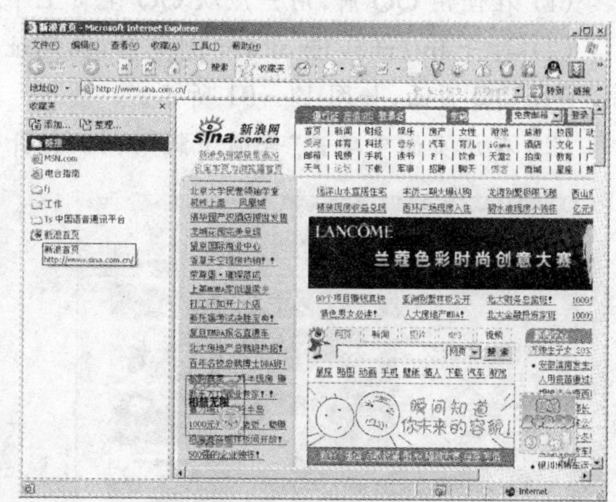

图 14－90　添加至收藏夹

14.9 使用QQ网络聊天

实训目标

1. 掌握安装应用程序的方法
2. 掌握申请QQ号码的方法
3. 掌握添加QQ好友的方法
4. 掌握通过QQ和好友发送即时消息的方法
5. 掌握修改QQ个人资料的方法

实训内容

首先从QQ主页上下载安装最新的QQ客户端，然后申请一个属于用户自己的QQ号码。在QQ中添加好友，并和好友发送与接收即时消息。最后介绍了如何修改QQ用户个人资料。

相关知识

QQ是目前使用最多的网络即时通讯软件。随着软件版本的不断更新，QQ也拥有了越来越多的功能，包括语音视频聊天、文件传送、网络硬盘、群、手机短讯等，让用户的QQ生活越来越丰富。

上机操作详解

(1) 在使用QQ前，用户应从QQ主页上下载并安装最新的QQ客户端。

(2) 打开Internet Explorer浏览器，在地址栏中输入http://im.qq.com/qq/dlqq.shtml，下载QQ页面，如图14-91所示。

(3) 在该页面中单击“普通下载”按钮，打开如图14-92所示的下载页面。

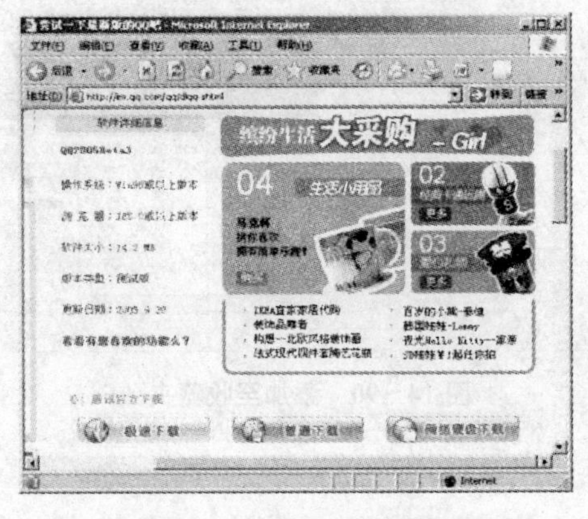

图14-91 QQ下载页面

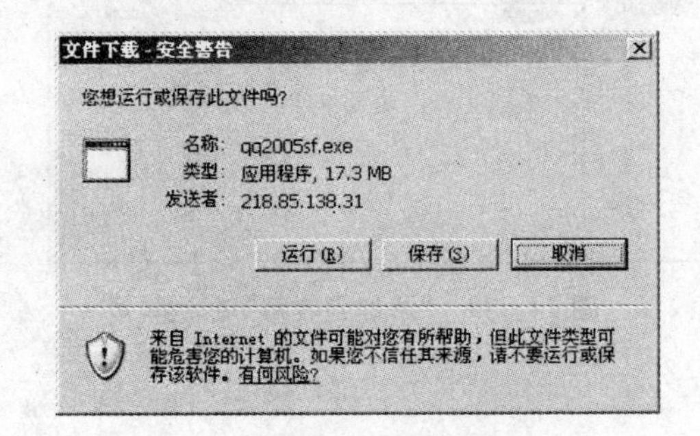

图14-92 下载页面

(4) 单击“保存”按钮，打开图14-93所示的“另存为”对话框，选择保存的路径。

(5) 单击“保存”按钮，开始下载。将QQ安装程序下载完成以后，双击其图标即可启动安装向导，开始安装QQ2005。启动QQ安装向导后，用户只需要陆续在打开的对话框中单击“下一步”按钮，最后单击“完成”按钮，即可完成安装，如图14－94所示。

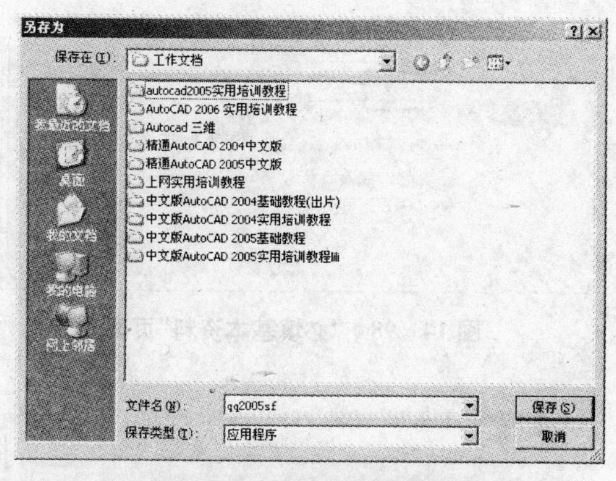

图14－93　“另存为”对话框

图14－94　完成安装界面

(6) 完成安装后，用户若要使用QQ还需要申请一个QQ号码。这个号码的功能和电话号码作用类似，是用户身份的标志。

(7) 双击桌面QQ图标，打开“QQ用户登录”对话框，如图14－95所示。

(8) 单击“申请号码”按钮，打开“申请号码”对话框。

(9) 在对话框左侧单击“免费申请号码”按钮，打开“免费号码申请”页面，如图14－96所示。

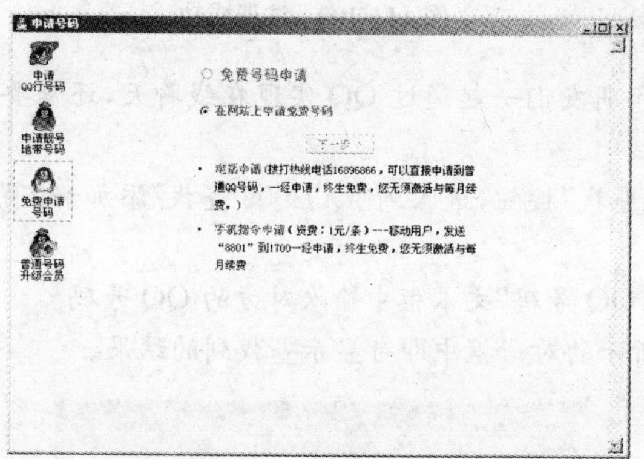

图14－95　“QQ用户登录”对话框

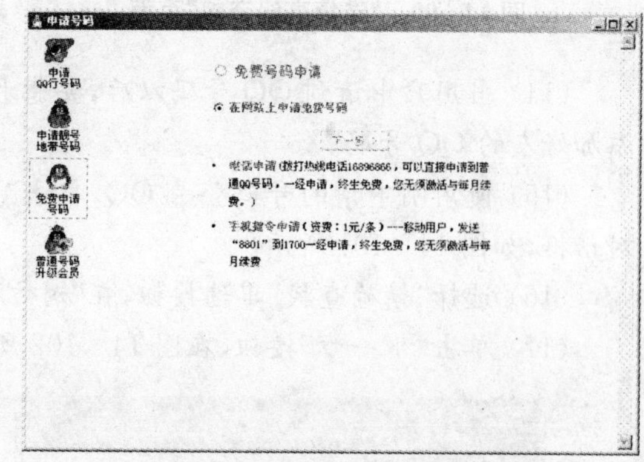

图14－96　“免费号码申请”页面

(10) 单击“下一步”按钮，打开“腾讯QQ用户服务条款”页面，如图14－97所示。

(11) 单击“下一步”按钮，在打开的“必填基本资料”页面中填写申请人的资料，如图14－98所示。

(12) 单击“下一步”按钮，打开“选填高级资料”页面，如图14－99所示。

(13) 单击“下一步”按钮，系统会提示注册成功，如图14－100所示。在该页面中会给出分配给用户的QQ号码，以后用户就可以利用该号码与好友进行网络聊天了。

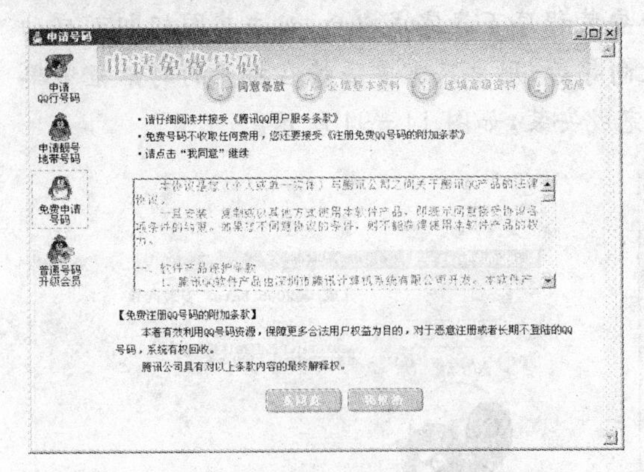

图 14-97 “腾讯 QQ 用户服务条款”页面

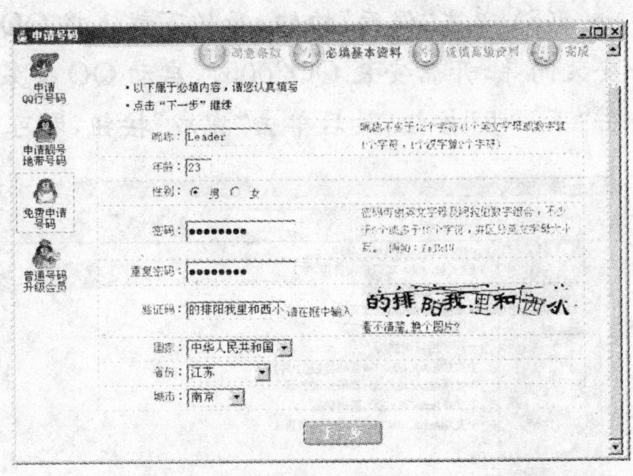

图 14-98 “必填基本资料”页面

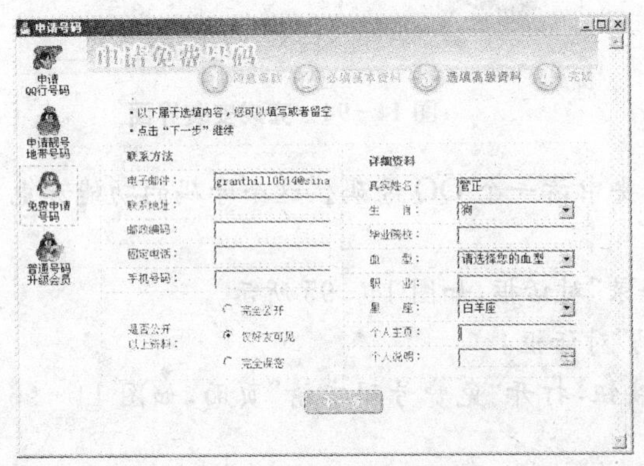

图 14-99 “选填高级资料”页面

图 14-100 注册成功

(14) 当用户申请到 QQ 号码以后，要想和朋友们一起通过 QQ 实现在线聊天，还需要添加好友的 QQ 号码。

(15) 使用刚申请的号码登录 QQ，单击“查找”按钮，进入到“QQ2005 查找/添加好友”对话框，如图 14-101 所示。

(16) 选择“精确查找”单选按钮，在“对方 QQ 号码”文本框中输入对方的 QQ 号码。

(17) 单击“下一步”按钮，在图 14-102 所示的对话框中即可显示查找到的结果。

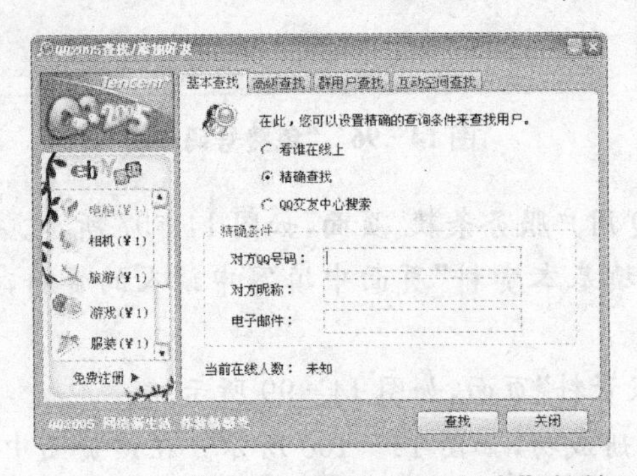

图 14-101 “QQ2005 查找/添加好友”对话框

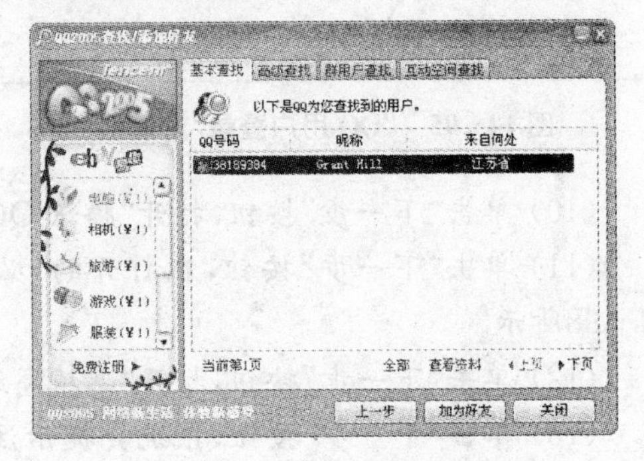

图 14-102 显示查找结果

(18) 选择该用户，单击“加为好友”按钮，此时，系统提示已经完成了好友的添加，选择好友分组后,单击"确定"按钮即可成功添加好友,如图14-103所示。

(19) 当用户申请了QQ号码并且添加了好友后,就可以和好友以收发信息的方式进行网络聊天了。

(20) 在QQ操作窗口中,右击好友的头像,从弹出的菜单中选择"发送即时消息"命令,如图14-104所示,用户也可以直接双击好友的头像。

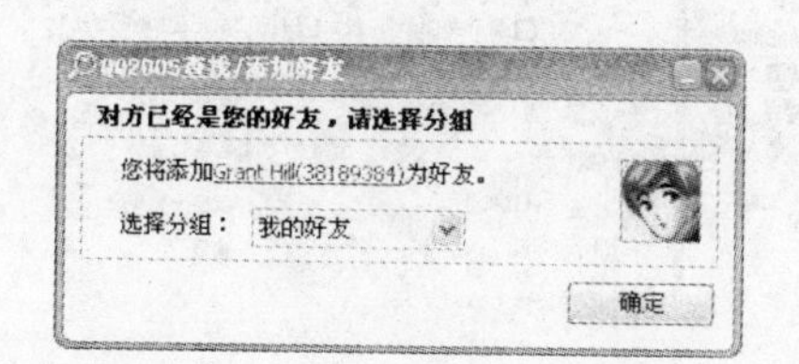

图14-103 成功添加好友

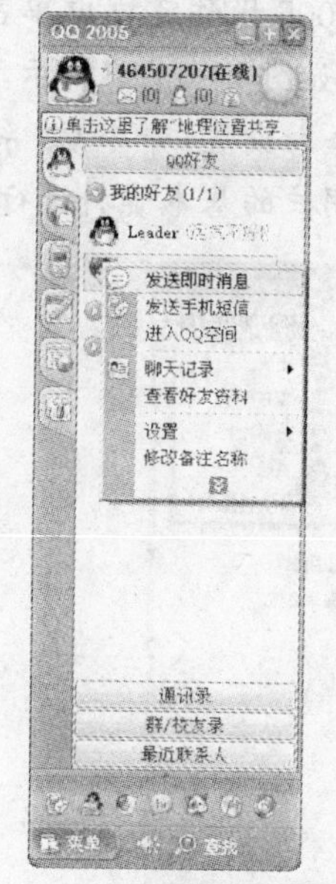

图14-104 选择"收发讯息"命令

(21) 此时系统将弹出图14-105所示的"发送消息"对话框,在对话框中下半部的文本框中输入要发送的信息,然后单击"发送"按钮,即可发送信息。

(22) 当好友的信息传过来后,用户操作窗口的"我的好友"组中会出现闪烁的好友头像,并有类似BP机呼叫的声音提示。

图14-105 "发送消息"对话框

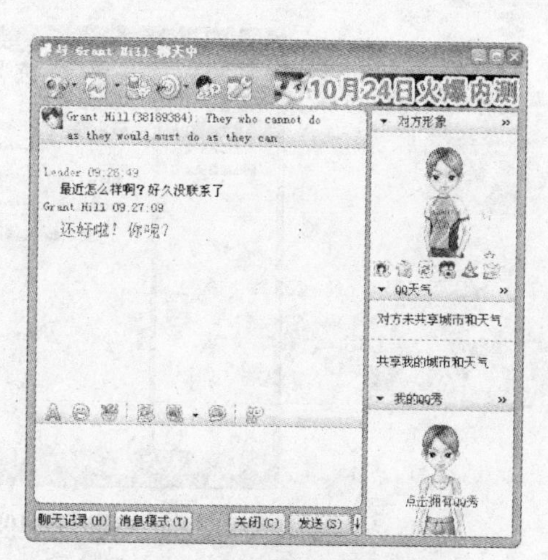

图14-106 "查看消息"对话框

(23) 单击"我的好友"中闪烁的好友头像,或者在桌面上的任务栏中单击闪烁的好友头像,此时将弹出图 14－106 所示的“查看消息”对话框。在聊天过程中,用户可能与多个好友在聊,如果突然忘记了刚才与某个好友聊的话题,不知道该怎么回答下一句话时,可以单击“聊天记录”按钮,查看聊天信息。

(24) 在申请 QQ 号码的过程中,用户向 QQ 服务器提交了个人信息。如果用户在使用的过程中,想修改一下自己的个人信息,可以通过 QQ 提供的服务修改。

(25) 在 QQ2005 操作窗口中单击头像旁边的下三角按钮,在弹出的快捷菜单中选择“个人设置”命令,如图 14－107 所示。

(26) 选择“个人设置”命令后,系统将打开图 14－108 所示的“QQ2005 设置”对话框。在该选项卡中对用户的基本资料进行修改。

14－107　选择“个人设定”命令

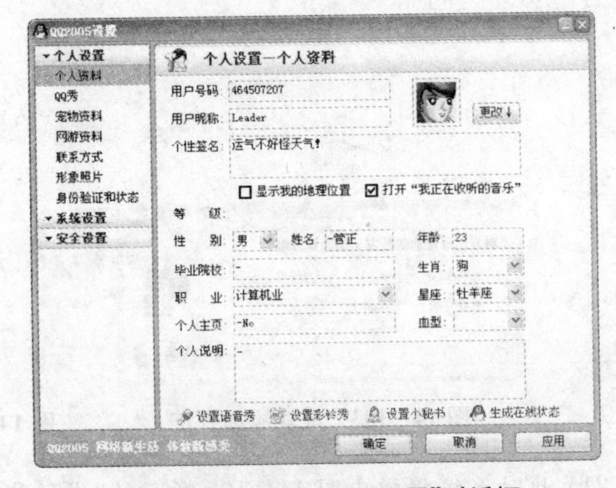

图 14－108　“QQ 2005 设置”对话框

(27) 要更改 QQ 的登录密码,则可在“安全设置”选项卡中选择“密码安全”选项,然后分别输入旧口令和新口令并进行确认,如图 14－109 中所示。

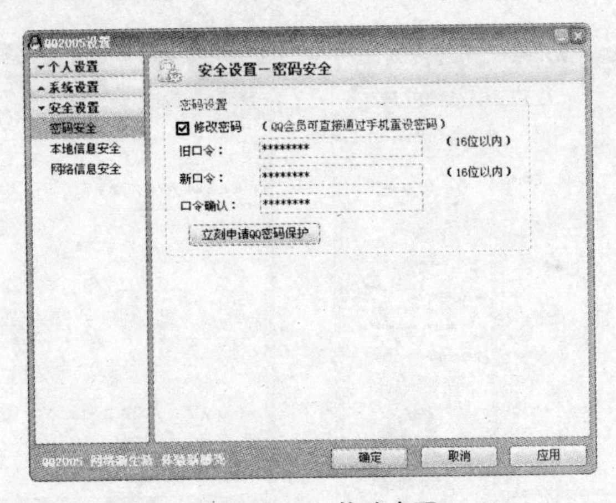

图 14－109　修改密码

(28) 修改完成后单击“确定”按钮即可。